暖通空调施工图设计实务

邬守春　编著

中国建筑工业出版社

图书在版编目（CIP）数据

暖通空调施工图设计实务/邬守春编著. —北京：中国建筑工业出版社，2017.5
ISBN 978-7-112-20484-7

Ⅰ.①暖… Ⅱ.①邬… Ⅲ.①采暖设备-建筑安装-工程施工-建筑制图②通风设备-建筑安装-工程施工-建筑制图③空气调节设备-建筑安装-工程施工-建筑制图 Ⅳ.①TU83

中国版本图书馆 CIP 数据核字（2017）第 038987 号

　　本书是专门为暖通空调及热能动力工程施工图设计的实际操作而编写的，目的在于为广大设计人员提高施工图设计水平提供一些帮助。本书共分三篇，上篇介绍施工图设计的基本知识，包括施工图设计必备常识、施工图设计文件的编制和施工图绘制细节，并以 70 个举例说明施工图的绘制细节；中篇针对施工图审查中发现的问题，对近 200 个案例进行分析，帮助设计人员学会思考问题的方法；下篇介绍了 5 个比较规范的设计实例，具有一定的代表性，供设计人员参考。

　　本书可供暖通空调及热能动力工程专业设计人员、施工图审查人员及相关人员参考，也可以作为专业院校的教学参考资料。

责任编辑：姚荣华　张文胜
责任设计：李志立
责任校对：焦　乐　王雪竹

暖通空调施工图设计实务
邬守春　编著

*

中国建筑工业出版社出版、发行（北京海淀三里河路 9 号）
各地新华书店、建筑书店经销
霸州市顺浩图文科技发展有限公司制版
北京君升印刷有限公司印刷

*

开本：787×1092 毫米　1/16　印张：23¼　字数：577 千字
2017 年 10 月第一版　2017 年 10 月第一次印刷
定价：60.00 元
ISBN 978-7-112-20484-7
（29960）

前　　言

随着国内建筑业的空前发展，建筑环境与能源应用工程（暖通空调）专业需要大批实用性的专业人员，这些实用性的专业人员分布在工程设计、建筑施工、产品生产与研发、产品营销、媒体及其他类似的领域，在我国从事暖通空调工程设计的专业人员是从业人数较多的领域之一。根据编者从业的经历，我国各类工程设计院（公司）大多数是 30 年内审核成立的，由于各种主观客观的原因，一些规模较小的设计院专业人员没有人员指导、兼顾给排水和暖通空调两个专业、忙于赶施工图而没有时间学习、对设计中的问题知其然不知其所以然等现象还相当普遍，这类设计人员的设计水平亟待提高。本书根据专业基础理论和工程设计标准规范的要求，详细叙述施工图设计的基本知识、方法。从编者审查的施工图中，搜集大量的案例，分析了施工图设计中出现的违反专业基本理论和原理、有悖或违反设计规范及技术措施的问题，这些问题有些是常识性的错误，有些是较深层次的——包括对理论的错误理解、专业理论基础知识的缺失、对设计规范的误读等。编者着力从专业基本理论和原理、设计规范及技术措施方面对发现的问题进行分析。本书的讨论只涉及设计阶段，以期对提高设计人员的设计水平尽绵薄之力，完全不涉及施工过程、施工质量、外部条件和运行管理等非设计阶段的问题，是本书的最大特点。本书从编者审查的大量施工图中搜集的一些典型案例都是真实工程的案例，以工程设计案例为主，结合案例讲解专业理论基础知识与原理，介绍学习规范、技术措施的心得体会，是本书的另一个特点。为了更好地配合对施工图设计方法及施工图设计深度规定的理解，本书下篇列举了 15 个有一定代表性的施工图设计实例，供设计人员参考。

本书和拙著《民用建筑暖通空调施工图设计实用读本》一样，编者对案例没有按"存在问题（现象）—原因分析—解决办法"的三段式进行叙述。编者深知，设计中出现的问题，并不仅仅是某一个（些）原因造成的，可能是很复杂的原因，不是"非此即彼"的简单思维，而且，所有对案例的分析及提出的"解决办法"也都不可能是"灵丹妙药"，不能指望"药到病除"。编者希望设计人员更多地关注、潜心钻研专业基础理论知识与原理、规范条文的内涵，而不要单纯地从"解决办法"中寻找现成的答案，特别是要学会思考问题、分析问题的方法。有时候一些典型的案例具有举一反三、触类旁通的启示作用，通过对案例的简要分析，明白了其中的道理，设计人员自然可以找到正确的答案。

2016 年是编者入行的第 60 周年，谨向同行奉献本书，以作纪念。

邬守春

目　　录

上篇　施工图设计基本知识

中篇　设计问题分析

下篇 设计实例

上篇　施工图设计基本知识

第1章 施工图设计必备常识

暖通空调设计人员从事工程建设项目的施工图设计，除了必须具备本专业的基本理论和专业知识以外，还必须熟悉施工图设计的基本常识。本章介绍暖通空调施工图设计必备的基本常识，包括：设计的前期准备工作、方案设计和初步设计、专业技术标准规范的应用、暖通空调专业与其他专业的配合、施工图设计各级人员职责、施工图设计的主要程序等。

1.1 施工图设计的前期准备工作

工程建设施工图是建筑业主意志、要求和目标的反映，是设计阶段的最后成果，是设计阶段与施工阶段之间承上启下的重要环节。施工图设计是设计人员应用专业理论知识和设计规范解决复杂技术问题的过程，是设计人员施展自身才能的园地，工程设计人员应该把参与施工图设计作为自己迅速成长的阶梯。暖通空调工程设计人员应该知道工程建设的设计阶段和施工图设计前期准备工作的详细内容。

1.1.1 工程建设过程中的设计阶段

施工图设计是工程建设全过程中最重要的一个环节。一个完整的工程建设过程通常包括以下环节：①工程前期策划、考察、调研与市场分析；②编制项目建议书或可行性研究报告大纲；③申请建设项目立项；④根据立项审批文件编制详细的可行性研究报告或方案设计；⑤根据审批的可行性研究报告或方案设计编制初步设计文件；⑥根据审批的初步设计文件进行施工图设计、编制施工图设计文件；⑦根据施工图审查机构或专项审查机构审批的施工图设计文件进行施工；⑧组织施工验收；⑨组织试运行、交工验收；⑩组织工程移交和竣工验收。在通常环节中也可能出现一些特殊情况需要特殊对待：①当建设项目比较复杂时，应该组织三阶段设计，即方案设计、初步设计和施工图设计，其中初步设计是对方案设计的细化和深化；有的文献称三阶段设计为可行性研究、初步设计和施工图设计，而对于某些项目的可行性研究，经行业主管部门指定，可简化为可行性方案设计（简称"方案设计"）。②对于技术要求相对比较简单（不是仅以建设规模大小界定）的民用建筑工程，经有关主管部门同意且设计合同委托书中没有做初步设计的约定时，可以采用扩大初步设计和施工图设计的两段设计，或在方案设计审批后直接进行施工图设计，例如很多大型住宅小区，虽然建设规模较大，但是技术内容比较单一，就可以采用扩大初步设计和施工图设计（或方案设计和施工图设计）的两阶段设计。

1.1.2 前期准备工作的详细内容

施工图设计的前期准备工作包括以下详细内容。

1. 了解建筑业主设计任务书提出的要求

设计任务书是建筑业主提交给设计单位的书面文件，暖通空调设计人员应从设计任务书中了解以下主要内容：

（1）建设项目的规模：建筑面积、总高度、楼层数等，建筑群（小区）还应了解总平面及子项构成情况；

（2）建设项目的性质（如居住建筑、办公、酒店、医疗卫生、文化体育、商业、交通运输等）；

（3）内部功能区域及分布；

（4）地上建筑面积、地下层数及建筑面积；

（5）项目定位（如星级酒店、绿色建筑等）；

（6）水暖电等设备配置标准；

（7）对维护管理工作的要求等。

2. 要求建筑业主提供详细的基础资料

由于在设计任务书中可能并没有包含施工图设计所需的全部基础资料，因此设计人员需要另外向建筑业主索取，这些基础资料包括：

（1）经主管部门审查批准的初步设计文件和审批意见；

（2）当地人防、消防、供电、电信等行业主管部门对该工程初步设计的审批意见；

（3）工程地质勘查资料；

（4）经市政、交通、园林、人防、环保等部门审查并同意的总平面布置图；

（5）特殊使用荷载要求及相关工艺设备的要求；

（6）特殊的建筑结构使用耐久年限要求；

（7）特殊用房的工艺设计图；

（8）冷热源、燃气及供电的外部条件；

（9）建筑业主补充的设计要求及内容；

（10）其他要求。

3. 暖通空调设计人员应熟悉建筑业主的"机电设计标准"对暖通空调设计的要求

现在有些大型综合体的建筑业主都对建筑设备的设计提出了明确具体的要求，设计人员应有深入的了解，例如"××集团酒店机电设计标准"对暖通空调设计的要求包括：

（1）计算条件；

（2）基本要求；

（3）各区域温湿度指标；

（4）各区域送、排风（新风）设计指标；

（5）噪声指标；

（6）各区域空气质量、风速要求；

（7）制冷主机系统设计要求；

（8）空调通风系统设计要求；

（9）蒸汽锅炉及蒸汽系统设计要求；

（10）选材要求；

（11）客房相关要求；

（12）大空间区域空调及通风；

（13）厨房相关要求；

（14）垃圾间及隔油池间相关要求；

（15）洗衣房相关要求；

（16）其他要求。

4. 熟悉所设计建筑周边环境的情况

周围环境情况是暖通空调施工图设计的重要前提，设计人员应收集以下资料：

（1）所设计建筑在总图中的位置，建筑群（小区）中各单项建筑的层数、高度；

（2）所设计建筑为独立建筑时，周围已建（或规划）建筑物的高度及各自与所设计建筑的距离；

（3）所设计建筑周围供水、供热、供电的情况，特别是供热管网的敷设路径、敷设方式、供热介质种类（蒸汽、热水或燃气）、温度、压力、管道直径及与所设计建筑的距离等；

（4）周围环境的背景噪声水平；

（5）周围有无锅炉房、厨房、排放有害物的工厂等；

（6）当所设计建筑采用土壤源地源热泵系统供冷、供热时，应收集建筑物场地岩土综合热物性参数、岩土热响应试验资料等；

（7）当所设计建筑采用水（地表、地下、江河湖泊）源热泵系统供冷、供热时，应收集可使用水的水量、温度、水质指标资料等；

（8）当所设计建筑采用污水源热泵系统供冷、供热时，应收集污水的水量、温度、水质指标资料等。

5. 相关的技术准备工作

相关的技术准备工作指收集与所设计建筑有关的技术方面的资料，包括：

（1）工程建筑设计标准规范，指针对所设计建筑的各种国家标准、行业标准、地方标准，例如国家标准《民用建筑供暖通风与空气调节设计规范》GB 50736—2012、行业标准《严寒和寒冷地区居住建筑节能设计标准》JGJ 26—2010 等；

（2）全国统一设计技术措施和重要的参考性手册，例如《全国民用建筑工程设计技术措施　暖通空调·动力（2009 年版）》、《实用供热空调设计手册》等；

（3）国家建筑标准设计图集，例如国家建筑标准设计图集《防空地下室通风设计（2007 年合订本）》FK01～02、《热交换站工程设计施工图集》05R103、地方标准设计图集《12 系列建筑标准设计图集　采暖通风部分》12N1～12N6 等；

（4）设备、材料的技术资料，指与所设计建筑有关的设备和材料的产品样本、说明书、选用手册等。

1.2　方案设计和初步设计

前已述及，除技术内容比较简单的建设项目外，一般工程建设项目应采用三段式设计——方案设计、初步设计和施工图设计，虽然大量的工作是在施工图设计阶段完成，最后的成果也是施工图，但是在此前的方案设计和初步设计阶段中，要确定暖通空调专业的设计原则、系统方案、主要设备选型等，这两个阶段是决定工程设计成败的关键，对整个暖通空调专业设计的重要性是不容忽视的，本节作以下简单介绍。

1.2.1 方案设计说明

一般工程在方案设计阶段的设计文件应包括设计说明书（含各专业的设计说明及投资估算）、总图专业和建筑专业出具的总平面图和建筑设计图等。暖通空调及热能动力专业设计人员在方案设计阶段，应根据设计合同委托书、建筑业主的相关要求及条件（见1.1.2）、设计规范与技术措施的规定，编制方案设计说明，其主要的内容包括：①工程概况；②设计依据；③暖通空调及热能动力专业设计范围；④室外空气设计参数、室内空气设计参数；⑤供暖热负荷、空调冷（热）负荷估算值；⑥供暖、空调冷（热）源方案；⑦供暖、空调方案及系统形式，基本控制方式；⑧通风系统配置简述；⑨防排烟系统和暖通空调系统防火措施；⑩节能、环保及安全的主要措施；⑪存在的问题及建议。

方案设计阶段工作的组织：方案设计由暖通空调及热能动力专业负责人负责组织、审核（审查）人员参加、设计（制图）人员参与。

对方案设计的要求：批准后的方案设计说明是编制设计任务书、进行设计招标和初步设计的依据，应满足设计招标及业主向主管部门送审的要求，满足编制初步设计文件的要求。方案设计说明一般只作文字说明，不需要附图和设备表。但是在严寒和寒冷地区有大型区域锅炉集中供热工程，也属于民用建筑的配套工程。有的锅炉房供热面积达到700多万平方米，因此对这样大规模的工程，应作多方案比较，绘制必要的图纸，甚至根据建设单位的要求作投资估算；对于大型区域集中供热锅炉房（两台14MW或单台29MW以上的热水锅炉房）主要图纸应包括：设备平面布置图及主要设备表、工艺流程图、工艺管网平面布置图等。

1.2.2 初步设计文件

初步设计文件应根据批准的可行性研究报告（或方案设计说明）进行编制，在初步设计阶段，暖通空调及热能动力专业设计人员应根据批准的方案设计说明，对设计进行深化和细化，形成比较完整的初步设计文件，初步设计文件应包括设计说明、设备表、设计图纸及计算书（小型简单的工程可适当简化）。初步设计文件由以下内容组成：

1. 设计说明

（1）工程概况：简述工程建设地点、规模、使用功能、层数、建筑高度等。

（2）设计依据：①与本专业有关的批准文件；②建设单位提出的符合有关法规、标准的要求；③本专业设计所执行的主要法规和所采用的主要标准（包括标准的名称、编号、年号和版本号）；④其他专业提供的设计资料等。

（3）设计范围。

（4）设计计算参数：①室外空气气象参数；②室内空气设计参数（可列表表示）。

（5）供暖系统，包括：供暖热负荷；热源状况、热介质种类及参数；系统补水定压方式；供暖系统及管道敷设方式；供暖热计量、室温控制、水系统平衡及调节手段；设备、散热器、管道及保温材料的选择等。

（6）通风系统，包括：确定设置通风系统的区域和系统形式；计算通风量（或通风换气次数）；通风系统设备选择：系统风量平衡及调节措施：有毒有害排风的净化处理措施等。

（7）空调系统，包括：空调冷（热）负荷；空调系统冷（热）源、冷（热）媒的确定；冷（热）水、冷却水参数；空调系统的分区；各空调区的空调方式、空调风系统形式简述、必要的气流组织形式说明；空调水系统设备配置及系统形式、水力平衡及调节控制措施；洁净空调的专门说明；检测与控制；管道与保温材料的选择等。

（8）防排烟系统和暖通空调系统防火措施，包括：设置防排烟设施的区域及方式；正压送风量、排烟量及补风量的计算；防排烟系统控制方式；暖通空调系统的防火措施等。

（9）节能、环保与安全技术措施。

（10）存在的问题及建议。

2. 设备表

应列出主要设备的名称、技术参数、数量等（宜采用表格形式）。

3. 设计图纸

（1）暖通空调及热能动力专业初步设计图纸包括图例、系统流程图和主要平面图，其中管道、风道可绘制单线图。

（2）系统流程图包括冷热源系统、供暖系统、空调水系统、通风及空调风系统、防排烟系统的流程图。应表示系统中的设备及设备编号（或代号）、主要风管的尺寸和水管的直径，必要时应注明检测控制仪表的位置。

（3）供暖平面图，绘制供暖干管的入口、散热器位置、地面辐射供暖加热盘管的布置等。

（4）空调、通风及防排烟平面图，绘制设备位置、风管及水管的走向、风管的尺寸和水管的直径、风口位置及尺寸等，出现管道交叉的复杂情况时，应绘制局部详图。

（5）冷热源机房和空调机房平面图，绘制主要设备位置及编号（或代号）、风管及水管的位置、风管的尺寸和水管的直径、必要的检测控制仪表等。

4. 计算书

初步设计阶段应进行较详细的设计计算，包括供暖热负荷、空调冷（热）负荷、通风量、正压送风量及排烟量、供暖系统与空调系统水量、水力平衡及阻力计算、主要设备选型计算等，对于复杂的空调系统应进行必要的气流组织计算。计算书是内部管理文件，当主管部门组织设计文件审查要求提供计算书时，应按要求提供相关的计算书。

初步设计阶段工作的组织：初步设计阶段的工作由专业负责人指导、审核（审查）人员具体组织、设计（制图）人员参加。

对初步设计的要求：初步设计文件应满足编制施工图设计文件、主要设备订货、招标及施工准备的要求，初步设计文件一般不仅要有编制文字说明，还需要有附图和主要设备表。

1.2.3　方案设计和初步设计的重要性

在工程建设的整个设计过程中，虽然施工图设计文件是设计的最终成果，但设计人员不应忽视方案设计和初步设计的重要性。方案设计阶段的主要任务是根据设计任务书、建筑业主的相关要求及条件、设计规范与技术措施的规定，确定所设计工程的暖通空调系统的技术方案与原则、主要的技术措施、关键设备等，即重要的方案、原则、措施、参数、系统划分、设备性能指标等，都是在方案设计阶段确定的，其对下一步的初步设计和施工图设计具有重要的指导意义。初步设计是对方案设计的深化和细化，初步设计阶段的主要任务是将方案设计阶段确定的方案、原则、措施等进行落实，形成完整的初步设计文件，除了"设计说明"要更加全面和细致外，还必须补充足够的图纸，初步设计的图纸上已经确定了冷热源机房、空调机房、风机房等的尺寸和位置，确定了供暖空调系统的划分，确定了主要水管、风管的走向及尺寸，确定了末端空调器或散热器等的布置，基本完成了与建筑、结构、水、电专业的配合等，这样就为施工图设计打下了基础。而从某种意义上来说，施工图设计仅仅是根据方案设计和初步设计确定的大原则，以更完整的文件形式，反映方案设计和初步设计中的思想。因此，方案设计和初步设计阶段从事的更多的是思维活动和创造性劳动，而施工图设计阶段从事的更多的是操作活动和重复性劳动。所以，一般设计院都是由经验丰富的设计人员进行方案设计和初步设计，目的就是为了保证工程设计的质量，由此可以看出方案设计和初步设计在整个设计过程中的重要性，希望引起设计人员的注意。

1.3 工程建设专业技术标准规范的应用

暖通空调及热能动力工程专业技术标准规范是工程设计的依据，在设计中起着举足轻重的作用。工程建设专业设计规范和规程、规定、措施及技术要求等一样，都是属于"标准"的范畴，根据国家标准《标准化工作导则　第 1 部分：标准的结构和编写》GB/T 1.1—2009 的定义，"标准"是"为了在一定的范围内获得最佳秩序，经协商一致制定并由公认机构批准，共同使用的和重复使用的一种规范性文件"；"技术规范"是"规定产品、过程或服务应满足的技术要求的文件"；"规程"是"为设备、构件或产品的设计、制造、安装、维护或使用而推荐惯例或程序的文件"；工程建设专业设计规范是对工程设计中有重复性内容的要求作出的统一规定，是工程设计工作的法规，是专业理论与专业实践的统一，是应用理论指导实践的准则，是实际经验的高度概括和总结。设计规范通常以国家法规和规定的形式发布，正确理解、掌握和应用专业设计规范是工程设计人员应尽的职责之一，也是提高自身素质和技术水平、提高设计质量的根本保证，对于确保设计质量具有极端的重要性。因此，每个工程设计人员都应努力学习规范，熟练掌握规范，正确应用规范，指导自己的工作。

下面简述执行设计规范时应注意的几个问题，供暖通空调及热能动力工程设计人员参考。

1. 注意标准的编号

标准的编号由"标准的代号"、"标准发布的顺序号"和"标准发布的年号"三部分构成，例如"GB 50736—2012"是国家标准《民用建筑供暖通风与空气调节设计规范》的编号；标准的编号主要供查询用，由标准的代号可以知道标准的级别，由发布的年号可以知道标准的发布时间。例如 GB 50736—2012 中，标准代号"GB"代表国家标准，顺序号为"50736"，发布年号为 2012 年。但是在"顺序号"的表述上有一个例外应引起注意，我国规定工程建设类国家标准从 GB 50001 号即《房屋建筑制图统一标准》GB/T 50001 开始排序，与 GB 50001 以前的标准并无连续性的顺序关系，如 GB 50019—2015 中，GB

代表国家标准，顺序号为 50019，表示工程建设类标准的第 19 号，并不是国家标准的第 50019 号，发布年号为 2015 年。

2. 注意标准的级别

按《中华人民共和国标准化法实施条例》的规定，我国的标准分为四级，按其级别由高到低依次为：国家标准、行业标准、地方标准和企业标准。国家标准和行业标准又分为强制性标准和推荐性标准，在国家标准中，"强制性标准"通常以"GB"标注，但对执行严格程度较低的国家标准界定为"推荐性标准"，并以"GB/T"标注。在我国，各级标准之间的原则是下级标准服从上级标准——企业服从地方，地方服从行业，行业服从国家，下级标准不得与上级标准相矛盾，但这并不意味着上级标准的水平一定高于下级标准，在国外往往代表先进水平的标准是企业标准，而不是国家标准。因此，我国要求企业标准的水平应高于国家标准（或行业标准），即鼓励企业制定高于国家标准（或行业标准）的企业标准。我们在选用标准时，应注意同一内容是否有不同级别的标准，如果有的话，应选用要求更为严格或级别较高的标准。

3. 注意标准的发布日期、实施日期和现行有效性

标准的发布日期是批准机关下发批文的日期，但是发布日期并不是实施日期，一般是把实施日期推后，两者之间要隔一段时间。如《住宅设计规范》GB 50096—2011 的发布日期是 2011 年 7 月 26 日，而实施日期是 2012 年 8 月 1 日，其间相隔一年时间。因此，一般不是在发布之日起就执行该标准，总要留出一段过渡期。另外应确认采用的标准是否为现行有效版本，尤其注意防止选用作废的过期标准，以免给工作造成损失。国家对工程建设标准作局部修改时，采用在标准编号后加注修改年号的办法，即是现行有效版本，例如《高层建筑设计防火规范》GB 50045—95（2005 年版）是《高层建筑设计防火规范》GB 50045—95 的 2005 年的局部修改版本，发布后，就替代了原来的 GB 50045—95 和 GB 50045—95（2001 年版）。同时，国家在发布新标准时，都是由建设主管部门（例如，住房和城乡建设部）发布公告，当此前有旧标准要被新标准代替时，均指出，"原《×××××》GB 50×××—××××同时废止。"这种情况即是原标准全部废止。但是也有例外，住房和城乡建设部 2012 年 1 月 21 日在发布《民用建筑供暖通风与空气调节设计规范》GB 50736—2012 的第 1270 号公告中指出，"《采暖空调与空气调节设计规范》GB 50019—2003 中相应条文同时废止。"即《采暖通风与空气调节设计规范》GB 50019—2003 仍为现行有效版本，只是其中"相应条文同时废止"，直到 2015 年 5 月 11 日，住房和城乡建设部在第 822 号公告中发布《工业建筑供暖通风与空气调节设计规范》GB 50019—2015 为国家标准，"原国家标准《采暖通风与空气调节设计规范》GB 50019—2003 同时废止。"即自 2016 年 2 月 1 日起，国家标准《采暖通风与空气调节设计规范》GB 50019—2003 才全部废止。这在当时是一个特例，希望大家注意。

4. 注意标准的层次

根据工程建设标准的特征，可将工程建设类标准自上而下分为三个层次，即基础标准、通用标准和专用标准。由于在制订标准时已经注意到了不同层次标准的统一协调性，因此，同一专业的上层标准的内容一般是下层标准共性内容的提升，上层标准制约下层标准。例如：暖通空调工程设计中，《民用建筑供暖通风与空气调节设计规范》GB 50763—2012 为基础标准，《公共建筑节能设计标准》CB 50189—2015 为通用标准，《多联机空调系统工程技术规程》JGJ 174—2010 为专用标准。

5. 注意标准的适用范围

根据国家标准《标准化工作导则　第1部分：标准的结构和编写》GB/T 1.1—2009 的规定，标准正文的第一章均应指明该标准的适用范围，以引起选用者的注意。因此，我们在选用时一定要仔细推敲，不能选用不符合适用范围的标准。以人民防空工程为例，目前常用的规范是：《人民防空地下室设计规范》GB 50038—2005 和《人民防空工程设计规范》GB 50225—2005。根据两个规范关于适用范围的条文，《人民防空地下室设计规范》GB 50038—2005 适用于新建或改建的属于规定抗力级别范围内甲、乙类防空地下室以及居住小区内的结合民用建筑易地修建的甲、乙类单建掘开式人防工程，适用于核4级及以下级别、常5级及以下级别的防空地下室；而《人民防空工程设计规范》GB 50225—2005 适用于新建、扩建的坑道、地道和单建掘开式人防工程（注：指除居住小区内的结合民用建筑易地修建的甲、乙类单建掘开式人防工程外的其他单建掘开式人防工程），以及地下空间兼顾人防工程需要的工程，没有规定抗力级别范围。因此两者的适用范围是不同的，设计人员在使用时应注意区别。

6. 注意认真阅读《条文说明》

我国发行工程建设类标准正文时，全部在正文后同时出版相应的《条文说明》。《条文说明》对照标准正文的各条，阐明了各该条的编写意图、依据、使用要点及注意事项，有些还提供了实验数据和调查研究的资料，以便更准确地掌握和执行标准。可见，《条文说明》是标准的重要组成部分，因此建议每个工程设计人员细心地阅读《条文说明》，不要认为是可有可无之事。但是应该注意，《条文说明》只是对条文正文的解释，只能作为参考，设计时仍应以条文正文为依据。

7. 应略知其他专业的标准

暖通空调及热能动力工程专业设计人员在选用标准时，除应熟知本专业的标准外，还应略知其他专业的相关标准，以便在确定本专业设计方案、相互提资时有所遵循，防止各专业间互相矛盾，或此专业的要求不符合彼专业的标准，应做到各专业间协调一致。对于有多专业内容的标准规范，各专业人员都要认真通读全文，以便略知其他相关专业的标准。例如，《人民防空地下室设计规范》GB 50038—2005 中关于室外进风口与排风口及柴油机排烟口位置的规定、关于与扩散室连接的通风管位置的规定，都是列在"第三章建筑"中，并不在"第五章采暖通风与空气调节"中。所以，暖通空调专业人员也要阅读并了解其他章节的内容。

8. 应了解设计标准外的其他标准

工程建设是一项复杂的系统工程，工程设计只是工程建设的一部分。工程设计人员在选用设计标准时，尚应了解与设计标准有关的其他标准，如：施工及验收标准、质量检验评定标准、建筑材料标准、建筑设备及制品标准、工程机械标准、安全卫生防灾标准等。同时在执行设计标准时，必须兼顾相关的标准，彼此呼应，相互吻合，不可出现顾此失彼的现象。因此，设计人员对设计标准外的其他标准亦应重视。在设计标准中有指定引用标准者，应与设计标准同等对待。标准的"用词说明"规定，标准中指明应按其他有关标准执行时，要求"应符合……的规定（或要求）"或"应按……执行"。

9. 注意标准中的用词

我国的现行工程建设类标准多在正文后附有"用词说明"，遵守"用词说明"的规定是正确执行标准的必要条件。按执行标准的严格程度，"用词说明"将用词分为：

（1）表示很严格，非这样做不可的：正面词采用"必须"，反面词采用"严禁"；

（2）表示严格，在正常情况下均应这样做的：正面词采用"应"，反面词采用"不应"或"不得"；

（3）表示容许稍有选择，在条件许可时首先应这样做的：正面词采用"宜"，反面词采用"不宜"；表示有选择，在一定条件下可以这样做的，正面词采用"应尽量"和"可"。

我们在执行标准时，应仔细斟酌标准用词，严格遵循条文的规定。

以上采用"用词说明"的方法是早期编制标准的一般做法，并一直保留至今。但是后来对标准中涉及人民生命财产安全、人身健康、节能、节地、节水、环境保护和公众利益方面的条文，界定为强制性条文，并用黑体字标明，表示比"必须"或"严禁"更严格，这些强制性条文也是施工图审查的重点。设计人员在设计时一定不要违反强制性条文的规定。

10. 注意确切理解与灵活运用

每个工程设计人员在执行标准时都应确切理解条文的内涵，融会贯通，切不可望文生义，要保持标准的严肃性。另外要求我们在确切理解、认真执行标准的同时，必须做到灵活运用，因为在制订标准时，考虑到综合技术-经济原则，有些条文中的数值给出了一定的取值范围，而不是一个固定值。此时工程设计人员应综合各方面的因素，并根据自己的经验选定一个合适的值（上限值、下限值或中间值）。因此，在执行标准时能否应用自如，也是检验工程设计人员技术功底的一个重要尺度。

1.4　暖通空调专业与其他专业的配合

工程建筑设计过程是暖通空调专业与建筑、结构、给排水、电气等专业共同配合、协同作战的过程，暖通空调设计人员应熟悉各专业之间协作配合的内容。

1.4.1　暖通空调专业与建筑专业的配合

暖通空调专业与建筑专业的配合包括以下内容：

（1）提出本专业各设备用房（例如冷热源机房、空调机房、通风机房、新风机房、热交换设备间、水泵房、膨胀水箱间或平台、控制室、技术夹层等）的平面位置、标高及尺寸。

（2）对有减振、吸声要求的设备用房，应向建筑专业提供设备振动、噪声的有关资料或样本。

（3）提出本专业对地沟风道和管沟的平面位置、断面尺寸、检查井位置及尺寸、地（管）沟内密封、防潮、防水、光洁度和排水的要求。

（4）提出竖向风道、管道井的位置、断面尺寸、密封、防潮、防水、光洁度及排水要求。

（5）提出风系统风口、风阀的预留孔洞的位置、尺寸及标高，检查门（口）的位置、尺寸及密封要求，预留木框或建筑构件的要求。

（6）提出风管或大直径水管穿建筑隔墙时，预留孔洞位置、尺寸及标高等要求。

（7）提出风管、水管及空调器安装位置距楼板或梁底的最小距离，与建筑专业设计人员一起确定吊顶的标高。

（8）提出墙面、吊顶面上风口或空调器预留孔洞的位置、尺寸及标高、预留构件的要求。

（9）当墙体、地面、屋面要求保温时，与建筑专业配合确定保温材料及厚度的要求。

（10）提出外墙面或屋面上的新风进风口百叶窗的位置、尺寸及标高，排风口、排气百叶窗的位置、尺寸及标高等要求。

（11）提出冷却塔的位置、尺寸及隔声要求。

（12）提出大型设备进出地下室机房的洞口位置及尺寸的要求。

（13）对于暖通空调专业与建筑专业配合时的具体要求及常用数据，建议如下：

1）按照防火分区面积 $4000m^2$ 计算地下车库，设置原则：两个排风机房，一个送风机房。

① 排风及送风机房面积：排风机房 4m×5m（两个）；送风机房 5m×6m。

② 排风及送风竖井面积：排风竖井 $2m^2$（两个）；送风竖井 $3m^2$。

③ 排风及送风百叶面积：排风防雨百叶 $5m^2$（两个）；送风防雨百叶 $8m^2$。

2）按照防火分区面积 $4000m^2$ 计算地下车库，设置原则：一个排风机房；一个送风机房。

① 排风及送风机房面积：排风机房 5m×7m；送风机房 5m×6m。

② 排风及送风竖井面积：排风竖井 $4m^2$；送风竖井 $3m^2$。

③ 排风及送风百叶面积：排风防雨百叶 $10m^2$；送风防雨百叶 $8m^2$。

3）按照防火分区面积 $1000m^2$ 计算地下需要设计风机房，设置原则：一个排风兼排烟机房，一个新风兼补风机房。

① 机房面积：

a. 排风兼排烟机房：排风、排烟风机水平布置为 $30m^2$，排风、排烟风机垂直布置为 $20m^2$，净高不低于 3.6m。

b. 新风兼补风机房为 $25m^2$，净高不低于 3.6m。

② 排风及送风竖井面积：排风竖井为 $0.7\sim0.8m^2$，送风竖井为 $0.6m^2$。

4）按照防火分区面积 $1000m^2$ 计算地下仅设计通风及防排烟房间，设置原则：一个排风兼排烟机房，一个送风兼补风机房。

① 机房面积：

a. 排风兼排烟机房：排风、排烟风机水平布置为 $30m^2$，排风、排烟风机垂直布置为 $20m^2$，净高不低于 3.6m。

b. 送风兼补风机房 $25m^2$，净高不低于 3.6m。

② 排风及送风竖井面积：排风竖井为 $0.4\sim0.5m^2$；送风竖井为 $0.4m^2$。

5）机械防烟

① 防烟楼梯间（前室不送风）加压送风，见表 1.4-1。

防烟楼梯间（前室不送风）加压送风　　　表 1.4-1

系统负担层数	加压送风量（m³/h）		竖井流速	竖井面积（m²）	
	最小	最大	m/s	计算值	对建筑专业的要求
<20 层	25000	30000	12	0.69	0.8
20～32 层	35000	40000	12	0.93	1.0

② 防烟楼梯间及其合用前室分别加压送风，见表 1.4-2。

防烟楼梯间及其合用前室分别加压送风　　　表 1.4-2

系统负担层数	送风部位	加压送风量（m³/h）		竖井流速	竖井面积（m²）	
		最小	最大	m/s	计算值	对建筑专业的要求
<20 层	防烟楼梯间	16000	20000	12	0.46	0.5
	合用前室	12000	16000	12	0.37	
20～32 层	防烟楼梯间	20000	25000	12	0.58	0.6
	合用前室	18000	22000	12	0.51	

③ 消防电梯前室加压送风，见表 1.4-3。

消防电梯前室加压送风　　　表 1.4-3

系统负担层数	加压送风量（m³/h）		竖井流速	竖井面积（m²）	
	最小	最大	m/s	计算值	对建筑专业的要求
<20 层	15000	20000	12	0.46	0.5
20～32 层	22000	27000	12	0.63	0.7

④ 防烟楼梯间自然排烟，前室或合用前室加压送风，见表 1.4-4。

防烟楼梯间自然排烟，前室或合用前室加压送风　　　表 1.4-4

系统负担层数	加压送风量（m³/h）		竖井流速	竖井面积（m²）	
	最小	最大	m/s	计算值	对建筑专业的要求
<20 层	22000	27000	12	0.63	0.7
20～32 层	28000	32000	12	0.74	0.8

注：1. 以上表格风量按照开启 2.00m×1.60m 的双扇门确定。当采用单扇门时，其风量可乘以 0.75 系数计算；当有两个或两个以上出入口时，其风量应乘以 1.5～1.75 系数计算。开启门时，通过门的风速不宜小于 0.7m/s。

2. 如果防烟楼梯间为剪刀楼梯间，则防烟楼梯间的加压送风量应乘以系数 2.0。

6）全空气空调系统

① 按服务区面积 800～1200m²（平均 1000m²）计算带热回收装置组合式空气处理机组。

a. 空调机房面积：48～60m²（8m～10m 长×6m 宽）。

b. 排烟机房面积：12m²（4m 长×3m 宽）。

c. 净宽最小值为：2.5m(机组宽度)＋0.7m(距墙距离)＋2.5m(机组宽度)＝5.7m。

d. 新风竖井面积：1.0m²，排风竖井面积：1.0m²。

② 按服务区面积 800～1200m²（平均 1000m²）计算常规组合式空气处理机组。

a. 空调机房面积：48m²（8m 长×6m 宽）。

b. 排风及排烟机房面积：24m²（6m 长×4m 宽）；两个排风机垂直安装，一个排烟风机水平安装。

c. 净宽最小值为：2.5m(机组宽度)＋0.7m(距墙距离)＋2.5m(机组宽度)＝5.7m。

d. 新风竖井面积：1.0m²，排风竖井面积：1.0m²。

7）新风空调系统

① 吊顶或落地式新风处理机组

a. 风量≤4000m³/h 吊顶式新风处理机组的机房最小面积为 6.0m×4.0m。

b. 风量≥5000m³/h 落地式新风处理机组，机房最小长度一般为：0.6m＋机组长度 L＋1.4m；机房最小宽度一般为：1.2m＋机组宽度 W＋1.8m。

② 带热回收新风处理机组

a. 风量＜4000m³/h 吊顶式新风热回收处理机组，机房最小面积为 6.0m×4.0m；

b. 风量≥4000m³/h 落地式新风热回收处理机组，机房最小长度一般为：0.3m＋机组长度 L＋1.2m；机房最小宽度一般为：0.8m＋机组宽度 W＋1.2m；

c. 机组风量在 4000～7500m³/h 之间时，机房最小面积一般为（3.2m×2.7m）～（3.5m×3.0m）；

d. 机组风量在 10000～20000m³/h 之间时，机房最小面积一般为（4.0m×3.0m）～（4.2m×3.2m）。

8）厨房通风及排油烟系统，按排油烟风速 8～10m/s 计算井道面积。

9）主要管井面积

① 住宅建筑

a. 高层住宅（大于等于 18 层，分高、低区），供暖：0.6m×2.15m；

b. 小高层住宅（小于 18 层，不分高、低区），供暖：0.6m×1.35m；

c. 多层住宅（不分高、低区），供暖：0.6m×1.35m。

② 公共建筑

a. 一类高层（大于等于 18 层，分高、低区），供暖：0.6m×2.15m；

b. 二类高层（小于 18 层，不分高、低区），供暖：0.6m×1.35m。

10）主要大型设备机房面积及高度

① 制冷机房（含小型换热间）：

a. 建筑面积的 0.5%～1.0%，通常取 0.8%。

b. 梁下净高度：对于离心式制冷机、大中型螺杆机 4.5～5m；

对于活塞式制冷机、小型螺杆机 3～4.5m；

对于吸收式制冷机 4.5～5m。

c. 楼板吊装孔：$(A+0.8)$m×$(B+0.8)$m。

② 换热站：

a. 换热站面积按服务建筑总建筑面积确定，见表 1.4-5。

按服务建筑总建筑面积确定换热站面积 表 1.4-5

服务建筑总建筑面积（m²）	换热站面积（m²）	服务建筑总建筑面积（m²）	换热站面积（m²）
50000	200	100000	300

b. 梁下净高度：《全国民用建筑工程设计技术措施 暖通空调·动力（2009）》要求净空高度一般不宜小于 3m。建议：小型换热站 3.6～3.9m；大型换热站 3.9～4.5m。

③ 锅炉房：

a. 按照服务建筑总建筑面积的比例计算，见表 1.4-6。

按服务建筑总建筑面积比例计算锅炉房面积 表 1.4-6

服务建筑总建筑面积（m²）	锅炉房面积（m²）	服务建筑总建筑面积（m²）	锅炉房面积（m²）
<10000	约占总建筑面积的 4%	10000～50000	约占总建筑面积的 1%

b. 按照锅炉房容量及台数计算，见表 1.4-7。

按照锅炉房容量及台数计算锅炉房面积 表 1.4-7

锅炉类型	锅炉容量	台数	锅炉房面积（不包含热交换间）
		台	m²
蒸汽锅炉	2t/h	2	150（使用较多）
		3	232
	4t/h	2	200（使用较多）
		3	240
	6t/h	2	250
		3	323
		5	496
	10t/h	3	453
		3	522（包含热交换间）
		5	648
	15t/h	3	612（包含热交换间）
	20t/h	3	535
		3	673（包含热交换间）
		5	1122
热水锅炉	1.4MW	3	181（使用较多）
	2.8MW	3	243（使用较多）
	4.2MW	3	320
		3	408（包含热交换间）
		2	496
	7MW	3	400
		3	612（包含热交换间）
		5	567
	14MW	3	773
		5	951

c. 梁下净高度

锅炉间：蒸发量 2～6t/h 锅炉一般要求在 5.0m 以上；蒸发量＞6t/h 以上锅炉一般要求在 6.0m 以上。

锅炉辅助间：一般要求在 3.5m 以上。

1.4.2　暖通空调专业与结构专业的配合

暖通空调专业与结构专业的配合包括以下内容：

（1）对于有减振要求的设备基础，提供设备样本、尺寸、重量及基础尺寸。

（2）提供梁、板或柱上预埋吊点所吊设备的重量、吊点位置、尺寸及数量。

（3）提出风管或大直径水管穿基础、楼板、梁、抗震墙及屋面时，预留孔洞的位置、尺寸及标高或对预埋件的要求。

（4）提供楼板或屋面上的设备的位置和重量。

（5）提出设备吊装、检修孔的位置、尺寸和所需吊钩、吊轨的位置及技术要求。

1.4.3　暖通空调专业与给水排水专业的配合

暖通空调专业与给水排水专业的配合包括以下内容：

（1）提出冷水机组冷冻水系统补充水的水量、水温、水压要求及连接管的位置与标高。

（2）提出冷却塔冷却水系统补充水的水量、水温、水压要求及连接管的位置与标高。

（3）提出空调器、风机盘管、新风机组排水、凝结水的排放位置、标高及管径。

（4）提出膨胀水箱、空调器中湿膜加湿器的补充水的位置、标高及管径。

（5）提出冷热源机房、空调机房室内清洁用水的要求及地面排水要求。

（6）提供机房运行管理人员生活用水人数。

1.4.4　暖通空调专业与电气、控制专业的配合

暖通空调专业与电气、控制专业的配合包括以下内容：

（1）提供各种冷水机组、换热机组、空调器、水泵、送风机、排风机、正压送风机、排烟风机等电动设备的电机的电功率、电压、接线位置及标高。

（2）提出各种电动风（水）阀、防火阀、电磁阀、调节阀、电加热器等的电功率、电压、接线位置及标高。

（3）提出各种设备、阀门的控制及连锁要求。

（4）提出机房、控制室等场所的照明要求。

（5）提出变频电动机、双速电动机及各种报警、防爆等特殊要求。

1.5　施工图设计各级人员职责

施工图设计阶段是施工图设计各级人员组成的团队共同完成既定任务的阶段，因此，国家规定具有设计资质的设计机构必须配备足够数量的工程技术人员。设计过程中，设计（制图）人、校对人、审核人、审定人和专业负责人都要参与其中，校对、审核、审定三

级校审人员都要履行自己的职责；最后在提交的施工图上，各级人员都要按各自的职责，进行校对、审核、审定，并在标题栏内签名，以示负责。目前的施工图设计，许多单位的设计（制图）人只是个人单独作战，得不到正确的指导和帮助，其他人员既不参与设计过程，会签时又马虎潦草，不能做到层层把关，致使不合格的施工图也能出手，设计（制图）人还沾沾自喜，以为自己的设计通过了审查，没有问题。这样既影响了设计单位的声誉，设计（制图）人也得不到任何提高。鉴于这种情况，为了让各级人员明确自己的职责，加强责任心，现将暖通空调施工图设计各级人员的职责介绍如下。

1.5.1　设计（制图）人职责

设计（制图）人执行施工图设计阶段具体的设计制图任务，其职责为：

（1）设计（制图）人对工程设计的内容负直接具体的责任。

（2）进行各种计算（冷负荷、热负荷、通风量、正压送风量及排烟量、风管和水管的水力计算、设备选型计算等）。

（3）提出系统形式与方案，选择和布置设备；绘制所有的施工图。

（4）设计（制图）人员应该做到：①各种计算正确无误，计算书完整、清晰、成册；②系统形式与方案符合规范的规定及节能减排的要求；③设备选型正确并符合规范规定；④设备和系统布置应科学合理，并应考虑运行管理方便；⑤图面设计深度应符合《建筑工程设计文件编制深度规定》（2016 年版）的要求；⑥施工图不应有违反规范的错误，特别是不能违反强制性条文的规定。

（5）施工图在送交校对人员校对之前应首先认真进行自检，消除所有发现的错误，保证施工图出手质量；设计（制图）人对施工图图面质量负责。

（6）按校对人、审核人、审定人和专业负责人提出的意见进行修改，并在"校对审核记录单"上记载修改结果。

1.5.2　校对人职责

校对人负责对设计（制图）人提供的施工图图面进行校对，其职责为：

（1）校对各种计算书的计算数据、计算过程和结果是否正确。

（2）检查施工图图面及深度是否符合《建筑工程设计文件编制深度规定》（2016 年版）的规定，制图是否符合国家标准《暖通空调制图标准》GB/T 50114—2010 的要求。

（3）检查所设计工程的各系统有没有错、漏、碰、缺等现象。

（4）检查、协调本专业与相关专业的留洞、预埋是否正确；对建筑、结构、给排水、电气及自控专业提供的资料是否满足本专业的要求。

（5）检查平面图、剖面图、系统图、详图是否齐全，表达是否清楚，有无互相矛盾的地方。

（6）检查各图页上的标注是否齐全正确，有无遗漏的地方。

（7）校对人对所有校对过的内容负责。

（8）校对人将修改意见交给设计（制图）人，督促设计（制图）人进行修改，并在"校对审核记录单"上记载修改结果。在提交给审核人审核之前，应认真进行自检。

1.5.3　审核人职责

审核人重点审核校对人的校对内容及修改结果，其职责为：

（1）审核主要计算书的数据、计算过程和结果是否正确。

（2）审核设计原则、系统方案是否合理，是否符合设计规范的要求，有无违反强制性条文的内容。

（3）审核设备选型是否符合设计原则，规格及技术参数是否正确，是否选用了淘汰产品或高耗能、高噪声产品。

（4）审核校对人的校对内容是否合理；审核所设计内容有没有重大的技术性错误。

（5）审核人对所审核的内容负责。

（6）审核人将审核意见交给设计（制图）人，督促设计（制图）人进行修改，并在"校对审核记录单"上记载修改结果。

（7）审核人将校对、审核过程中不能确定的问题整理汇总，提交审定人审定。

1.5.4　审定人职责

审定人根据校对人和审核人提出的问题做出最后审定，其职责为：

（1）根据设计任务书和规范的要求，检查、分析设计基础文件，及时指导确定设计规范和技术措施。

（2）指导下级设计人员准确贯彻国家、行业的设计规范和技术措施，实施已经确定的设计原则和设计方案。

（3）重点审定设计规范和技术措施、设计原则和设计方案的落实情况；审查主要计算书、贯彻标准规范、重要设备选型等重大原则性问题。

（4）检查校对人、审核人的校对和审核内容，检查设计（制图）人的修改情况。

（5）对校对、审核过程中不能确定的问题做出最后的审定。

1.5.5　专业负责人职责

专业负责人对所设计工程的整个设计过程全面负责，其职责为：

（1）负责本专业设计文件的验证和完整性，包括各种原始资料、互提资料、计算书、图纸、各级人员的"校对审核记录单"。

（2）执行本专业的规范、规程、标准，编制本工程的技术措施和统一技术条件，采用有效的标准图、通用图及计算软件等。

（3）负责暖通空调专业与其他专业的配合协作及互提资料，指导和参加会审、会签工作。

（4）检查下级设计人员在设计过程中所负的责任是否达到要求。

（5）负责工程的技术交底、施工配合和工程验收。

1.6　施工图设计的主要程序

确定必要的设计程序是为了提高设计效率、减少不必要的返工、缩短设计周期并保证设计质量，从事施工图设计的人员应熟悉施工图设计的基本步骤及主要设计程序。暖通空调及热能动力专业施工图设计基本步骤及主要设计程序如下。

1. 熟悉设计建筑物的原始设计资料

原始设计资料应包括建设方提供的文件、建筑用途及其工艺要求、设计任务书、建筑作业图等，见上述 1.1.2 的内容。

2. 资料调研

收集与设计有关的技术资料，包括设计手册、设计规范或标准、标准图集、技术措施等；收集相关设备与材料的技术资料，包括产品样本、说明书、选用手册等。

3. 确定室内外设计计算参数

室内、室外空气计算参数是进行暖通空调设计的重要基础和依据，正确选用空气计算参数对负荷计算、水力计算、设备选型、方案制定乃至运行管理等都是十分重要的，设计人员应该对计算所用的各种空气计算参数有全面深刻的理解，做到正确选择、正确运用。设计人员在确定室内外设计计算参数时，必须注意以下两点：

（1）根据所设计建筑物所处地区，选取冬、夏季室外空气计算参数，这些参数应以《民用建筑供暖通风与空气调节设计规范》GB 50736—2012 附录 A 和《工业建筑供暖通风与空气调节设计规范》GB 50019—2015 附录 A 的数据为准，而不应采用其他教科书、参考资料或设计手册中的数据。

（2）根据所设计建筑物的使用功能，确定冬、夏季室内空气设计参数，一般应按建筑物功能进行确定，当建筑物有相应的专门设计规范（标准）时，应以专门设计规范（标准）的规定为准，当建筑物没有相应的专门设计规范（标准）时，应采用《民用建筑供暖通风与空气调节设计规范》GB 50736—2012 和《工业建筑供暖通风与空气调节设计规范》GB 50019—2015 的数据。例如综合医院、中小学、图书馆和商店应分别选用《综合医院建筑设计规范》GB 50139—2014、《中小学校设计规范》GB 50099—2011、《图书馆建筑设计规范》JGJ38—2015 和《商店建筑设计规范》JGJ 48—2014 的室内空气设计参数，虽然都是民用建筑，但不能泛泛的选用《民用建筑供暖通风与空气调节设计规范》GB 50736—2012 的数据。

4. 确定设计建筑物的围护结构热工参数及其他参数

施工图设计过程中，建筑专业设计人员在建筑设计阶段要确定设计建筑物的体形系数、窗墙面积比等建筑参数，在热工设计阶段要确定设计建筑围护结构的热工参数，包括外墙、屋面、外门、外窗的传热系数、地面热阻及其他参数；暖通设计人员应收集围护结构的热工参数，同时要根据建筑物的使用功能，确定在室人员数量、灯光负荷、设备负荷、工作时间段等参数。当建筑专业的围护结构的热工参数发生变化时，暖通设计人员应及时修改参数，并重新进行相应的计算，不要出现两个专业围护结构的热工参数互相矛盾的情况。

5. 进行必要的冷、热负荷及通风量等计算

根据规范的规定，采用计算软件进行空调房间的夏季逐时逐项冷负荷和冬季热负荷计算，进行建筑物每个房间的冬季供暖热负荷计算，有通风、排烟的场所进行通风量、排烟量计算，设备选型计算。设计建筑物在最不利条件下的空调热、湿负荷（余热、余湿）；进行建筑节能方案比较，确定合理的供暖热负荷和空调冷（热）、湿负荷。

6. 进行系统划分和设备布置

根据建筑专业提供的作业图（平面图及主要的剖面图）、防火分区图等，进行室内供暖系统、空调水系统、空调风系统的划分，完成主要设备的布置、系统水管风管的初步布置。通过技术经济比较，选择并确定适合所设计建筑物的供暖空调系统方式、冷热源方式以及供暖空调系统控制方式。

7. 空调系统送风量与气流组织计算

根据计算的空调冷（热）负荷、湿负荷以及送风温差，确定冬、夏季送风状态和送风量；根据设计建筑物的工作环境要求，计算确定最小新风量；根据空调方式及计算的送、回风量，确定送、回风口形式，布置送、回风口，进行气流组织设计。

8. 供暖空调水系统、通风空调风系统设计

对于供暖空调的水管道，进行水管路系统的水力计算，确定管径、阻力等。对于通风空调的风管道，进行风道系统的水力计算，确定圆形风管管径或矩形风管的宽×高、阻力等。

9. 主要空调设备的设计选型

根据空调系统的空气处理方案，进行空调设备的设计选型；确定空气处理设备的容量（供冷、热量）及送风量，确定各类空气处理机组的性能参数；根据空调风道系统的水力计算，确定空气处理机组的风机流量、风压及型号，根据空气处理过程确定空气处理机组的功能段。

10. 通风及防、排烟系统设计

根据建筑物通风系统服务区的范围、防火分区、防烟分区的划分、正压送风区的位置，进行系统通风量、排风量、正压送风量和排烟量的计算；进行风管系统及设备布置，进行系统水力计算，计算风管（井）的断面尺寸、系统阻力；根据系统的风量和阻力，选择风机的风量、风压及型号。

11. 冷、热源机房设计

根据供暖空调系统的冷、热负荷，确定冷源（制冷机）或热源（锅炉、换热器）的容量及型号；根据管路系统的水力计算，确定水泵的流量、扬程及型号，进行机房内设备管道的布置；确定补水定压方式及补水定压装置。

12. 暖通空调设备及管道的保冷与保温、消声与隔振设计

确定保冷与保温材料类型、性能参数、设计厚度等；在通风风管中布置消声装置，布置主机、水泵风机等设备及管道的隔振装置。

13. 设计过程中与相关专业互提资料和修改设计

设计人员在完成上述设计步骤（程序）的过程中，应随时与相关专业设计人员进行沟通、互提资料，并对本专业的设计进行修改。这些沟通、互提资料和设计修改在整个设计过程中是不断、反复进行的，而不是仅限于其中的某个程序。

14. 设计过程中的校对、审核和审定工作

在施工图设计的各个步骤中，都要随时组织校对、审核和审定工作，即在整个施工图设计过程中，对各项局部成果（说明书、计算书、设备表、图纸等），设计（制图）人要逐级交给校对人、审核人和审定人进行校对、审核和审定，各级人员都要提出修改意见，由设计（制图）人进行修改，各级人员都要认真填写校对、审核和审定记录，以保证设计质量，校对、审核和审定工作在整个设计过程中也是不断、反复进行的，最后，各级人员都要在施工图上签字，以示负责。

15. 整理"设计说明"

施工图中的"设计说明"是施工图设计文件的重要组成部分，应根据《建筑工程设计文件编制深度规定》（2016 年版）的规定，整理形成全面、完整的"设计说明"。

16. 确定本工程的施工要求

施工图中的"施工说明"也是施工图设计文件的重要组成部分，应该根据规范的规定，在"施工说明"中明确提出对施工的要求，"施工说明"应与"设计说明"分开单独编写，不应混在一起。

17. 出具施工图设计成果

绘制施工图，整理图纸目录、设计说明、施工说明、设备表、图纸与计算书等设计文件。

第2章 施工图设计文件的编制

现在的建筑工程设计市场基本上处于买方市场，设计单位必须最大限度地满足建筑业主的需求，除了交易价格以外，最突出的矛盾就是出图工期。工程设计人员为了赶工期，没有充分的时间进行方案比较，有时候并不认真研究设计方案的经济合理性，也不进行详细的计算，设计文件的编制也很不规范，本章讨论施工图设计文件编制阶段应注意的一些问题。

2.1 施工图设计文件编制深度规定

我国对施工图设计文件编制深度做出具体规定的文件有：

（1）由住房和城乡建设部于 2016 年 11 月 17 日发布的《建筑工程设计文件编制深度规定（2016 年版）》自 2017 年 1 月 1 日起施行，规定了民用建筑、工业厂房、仓库及其配套工程各个设计阶段设计文件的编制深度，其中第 4 章是关于施工图设计文件编制深度的规定，第 4.7 节为暖通空调部分，第 4.8 节为热能动力部分；

（2）由住房和城乡建设部于 2013 年发布的《市政公用工程设计文件编制深度规定（2013 年版）》，规定了市政公用工程各个设计阶段设计文件的编制深度，其中包括"第七篇　燃气工程"、"第八篇　热力网工程"；

（3）由建设部和国家人民防空办公室于 2008 年 2 月 2 日批准国家建筑标准设计图集《防空地下室施工图设计深度要求及图样》08FJ06，其中 2-6 和 2-7 为暖通空调部分。

以上三份文件均为住房和城乡建设部的法规性文件，对施工图设计文件编制深度有明确的规定，设计人员应认真执行。本书结合工程实例，重点对施工图绘制细节作深入的介绍。

2.2 "设计说明"与"施工说明"的编写

《建筑工程设计文件编制深度规定》（2016 年版）对"设计说明"与"施工说明"的编写有比较明确的规定，本节简要地介绍两者的要点，着重说明两者的区别，提请设计人员注意。

2.2.1 "设计说明"编写要点

与《建筑工程设计文件编制深度规定》（2008 年版）相比，《建筑工程设计文件编制深度规定》（2016 年版）的变化有：

（1）变更了"设计依据"和"简述工程建设地点……"的顺序；

（2）补充了"设计依据"的内容；

（3）调整了关于节能设计的内容；

（4）增加了绿色建筑设计的内容；

（5）增加了暖通空调专项内容。

《建筑工程设计文件编制深度规定》（2016 年版）4.7.3 指出，"设计说明"的内容如下：

1. 设计依据

（1）摘述设计任务书和其他依据性资料中与暖通空调专业有关的主要内容；

（2）与本专业有关的批准文件和建设单位提出的符合有关法规、标准的要求；

（3）本专业设计所执行的主要法规和所采用的主要标准等（包括标准的名称、编号、年号和版本号）；

（4）其他专业提供的设计资料等。

2. 工程概况

简述工程建设地点、建筑面积、规模、建筑防火类别、使用功能、层数、建筑高度等。

3. 设计内容和范围

根据设计任务书和有关设计资料，说明本专业设计的内容、范围以及与有关专业的设计分工。当本专业的设计内容分别由两个或两个以上的单位承担设计时，应明确交接配合的设计分工范围。

4. 室内外设计参数（同 3.8.2 条第 4 款）

5. 供暖

（1）供暖热负荷、折合耗热量指标；

（2）热源设置情况，热媒参数、热源系统工作压力及供暖系统总阻力；

（3）供暖系统水处理方式、补水定压方式、定压值（气压罐定压时注明工作压力值）等；

注：气压罐定压时，工作压力值指补水泵启泵压力、补水泵停泵压力、电磁阀开启压力和安全阀开启压力。

（4）设置供暖的房间及供暖系统形式、管道敷设方式；

（5）供暖热计量及室温控制，供暖系统平衡、调节手段；

（6）供暖设备、散热器类型等。

6. 空调

（1）空调冷、热负荷，折合耗冷、耗热量指标；

（2）空调冷、热源设置情况，热媒、冷媒及冷却水参数，系统工作压力等；

（3）空调系统水处理方式、补水定压方式、定压值（气压罐定压时注明工作压力值）等；

（4）各空调区域的空调方式，空调风系统简述等；

（5）空调水系统设备配置形式和水系统制式，水系统平衡、调节手段等；

（6）洁净空调净化级别及空调送风方式。

7. 通风

（1）设置通风的区域及通风系统形式；

（2）通风量或换气次数；

（3）通风系统设备选择和风量平衡。

8. 监测与控制要求，有自动监控时，确定各系统自动监控原则（就地或集中监控），说明系统的使用操作要点等。

9. 防排烟

（1）简述设置防排烟的区域及其方式；

（2）防排烟系统风量确定；

（3）防排烟系统及其设施配置；

（4）控制方式简述；

（5）暖通空调系统的防火措施。

10. 空调通风系统的防火、防爆措施。

11. 节能设计

节能设计采用的各项措施、技术指标，包括有关节能设计标准中涉及的强制性条文的要求。

12. 绿色建筑设计

当项目按绿色建筑要求建设时，说明绿色建筑设计目标，采用的主要绿色建筑技术和措施。

13. 废气排放处理措施。

14. 设备降噪、减振要求，管道和风道减振做法要求等。

15. 需专项设计及二次深化设计的内容应提出设计要求。

根据编者的实际经验，认为施工图的"设计说明"的书写除应满足《建筑工程设计文件编制深度规定》（2016年版）4.7.3和4.8.3、《市政公用工程设计文件编制深度规定》（2013年版）及国家建筑标准设计图集《防空地下室施工图设计深度要求及图样》08FJ06的规定外，至少应达到以下要求：

（1）内容全面完整　"设计说明"应全面完整地表述该项目设计范围的技术内容、要求，交代实现这些要求的所有技术措施、设计方案、系统划分、设备选型、监测控制及运行指导等等，不要遗漏和缺失。

（2）表述清楚准确　设计人员应将上述的设计内容、技术措施等用清楚准确的语言文字加以正确表述，一些有确定要求的内容（例如供暖空调水系统的水压试验等），应提出具体的要求，不要采用"当……；当……"等不确定用语，不要误导识图者或让对方产生歧义。

（3）文字详简适当　"设计说明"的文字应紧扣设计内容，技术内容要讲深讲透，无关的内容不写或少写；在采用"通用说明"时，应该认真地进行补充和删改，保留所设计项目有的内容，删去项目中没有的内容，要做到"该详则详，能简就简"。

（4）主次轻重有别　"设计说明"叙述的是设计方案、技术措施等内容，是主要的、重要的内容，是"设计说明"的重点，应详细叙述，不应将对画图方法的说明、施工工艺等内容混在"设计说明"中。

总之，一篇精彩的"设计说明"，应该做到让识图者看后有过目不忘的印象，即使不再看分图页的内容，也可以知道该项目的设计情况，对设计的技术内容不会产生任何误解或歧义。编写的"设计说明"能达到上述四条标准，就表明设计者达到了炉火纯青的程度，这是需要一定功底和多年磨炼的，也是人人都可以做到的。

设计人员除了在施工图图册前列编写"设计说明"外，一般习惯于在某些个别图页上增加"说明"或"附注"，这样可以方便就近识图，也是施工图设计中经常采用的一种方式。但是需要补充说明的是，工程设计施工图的"说明"可以分为两个层次，即①施工图图册前列的"设计说明"；②分图页上的"说明"或"附注"。但是两个"说明"涵盖的内容和制约的范围是不同的：施工图图册前列的"设计说明"是针对整个工程设计的，是纲领性的，涵盖后列各图页的内容，对后列各图页都有制约作用，所有与后面各图页设计有关的内容都应尽量列入。但绘制施工图时，也有个别图页的细节内容在"设计说明"中没有涵盖，此时可以采用在该图页上加"说明"或"附注"的办法加以补充。应该注意的是，该图页上的"说明"或"附注"只针对个别图页的情况，只制约所在的图页，对其他图页没有制约作用；如果还需要制约其他图页，应该给予明确交代，如标注"本说明适用于暖施-××、暖施-××"，或在暖施-××、暖施-××上明示"'说明'另见暖施-××"，这样就可以避免产生误解或歧义。

2.2.2　"施工说明"编写要点

"施工说明"也是施工图设计文件的组成部分，根据《建筑工程设计文件编制深度规定》（2016 年版）4.7.3 的要求，暖通空调部分的"施工说明"应包括以下内容：

（1）设计中使用的管道、风道、保温等材料选型及做法；

（2）设备表和图例没有列出或没有标明性能参数的仪表、管道附件等的选型；

（3）系统工作压力和试压要求；

（4）图中尺寸、标高的标注方法；

（5）施工安装要求及注意事项，大型设备安装要求及预留进、出运输通道；

（6）采用的标准图集、施工及验收依据。

2.2.3　"设计说明"和"施工说明"的区别

根据施工图审查中发现的问题，编者特别提醒设计人员要树立一个基本概念——"设计说明"和"施工说明"是有本质区别的，它们的内容和作用是不同的，不能把两者混为一谈。

（1）"设计说明"属于决策层的范畴，是表达和体现设计意图的，是解决（回答）"①工程建设项目对本专业有什么要求；②设计人员实现这些要求要做什么，应该怎么做才能达到这些要求；③设计应该达到什么标准；④设计人员是这样做的"这一环节问题。

（2）"施工说明"属于执行层的范畴，是执行设计意图的，是解决（回答）"①设计人员对施工有什么要求；②施工方应该做些什么完成设计人员对施工的要求；③工程施工应达到什么标准；④施工单位应该怎么做"这一环节的问题。

由此可以看出，设计单位执行（完成）"设计说明"的任务，提出"施工说明"的要求，施工单位执行（完成）"施工说明"的任务。所以，"设计说明"和"施工说明"两者的任务和目的是不同的。但是将"设计说明"和"施工说明"的内容混为一谈的现象是屡见不鲜的，详见本书中篇 12.2。

2.3　施工图"设计说明"、"施工说明"范本

根据编者的体会，建议设计人员在设计文件中，将"设计说明"和"施工说明"分开编写，不要采用"设计和施工说明"的表述，更不要将"设计说明"和"施工说明"的内容混为一谈（详见本书中篇 12.2）。一方面是因为《建筑工程设计文件编制深度规定》（2016 年版）中，"设计说明"和"施工说明"是分为两节提出要求的；另一方面，分开编写"设计说明"和"施工说明"，可以更准确的传达设计人员的思想，区分"设计"和"施工"之间的界限，给识图者或施工人员以清晰的概念。本书下篇的设计实例中，一些施工图的"设计说明"和"施工说明"书写比较规范，作为临摹的范本，可供设计人员参考。

2.4　暖通空调及热能动力工程制图标准

为了统一暖通空调及热能动力工程设计制图规则，保证制图质量，提高制图效率，做到图面清晰、简明，满足设计、施工、存档的要求，中华人民共和国住房和城乡建设部、中华人民共和国国家质量监督检验检疫总局联合发布了国家标准《暖通空调制图标准》GB/T 50114—2010，与此相配套，中华人民共和国住房和城乡建设部、中华人民共和国国家质量监督检验检疫总局还联合发布了行业标准《供热工程制图标准》CJJ/T 78—2010和《燃气工程制图标准》CJJ/T 130—2009，以规范暖通空调、供热及燃气工程设计制图的相关活动，暖通空调及热能动力工程设计人员应遵守这些制图标准的规定，本书不再重复。需要特别说明的是，如果设计人员采用的图例与上列制图标准不同，应该在"设计说明"中注明。

2.5　暖通空调及热能动力工程计算书

暖通空调及热能动力工程计算书是暖通空调及热能动力工程施工图设计文件的重要组成部分，根据我国工程设计行业的习惯做法，设计单位提供的施工图设计文件一般不包括设计计算书，即一般不向建设单位提供计算书（除建设单位明确要求提供计算书的以外）。但是设计单位和技术人员必须按规定进行设计计算，这些计算书作为重要的技术文件供内部使用、保存和归档，在例行的市级、省级或国家工程设计施工图设计质量检查时，必须按要求提供必要的计算书。但是，目前设计单位完成计算书的情况十分不理想；由于《民用建筑供暖通风与空气调节设计规范》GB 50736—2012 第 5.2.1 条、第 7.2.1 条和《公共建筑节能设计标准》GB 50189—2015 第 4.1.1 条均是强制性要求进行供暖热负荷计算和空调冷、热负荷计算，一些设计单位还将违反强制性条文与奖金挂钩，所以，设计单位一般都能提供供暖热负荷计算书和空调冷、热负荷计算书，个别设计单位还能提供水力计算书和水力平衡计算书。此外，再没有其他计算书。

我们知道，进行设计计算并编制相应的计算书，不仅是施工图设计文件编制深度规定的要求，更是工程设计必须的基础性工作。以供暖设计为例，如果不进行供暖热负荷计

算，则所有的设计都不能进行；以供暖空调水系统为例，如果不进行流量计算，就不可能选择管径、计算水力不平衡度和设置水力平衡装置；在通风系统设计时，设计人员并不计算通风量和风系统的阻力，就直接选择通风机以致无法达到通风效果的现象是十分普遍的。由此可以看出，不进行设计计算就无法进行正确的工程设计，设计人员应该熟悉各种计算方法。本书结合《建筑工程设计文件编制深度规定》（2016 年版）的有关条文并略加展开，将暖通空调及热能动力工程计算书的主要内容介绍如下。

2.5.1　供暖系统计算书

（1）进行供暖热负荷计算，供暖热负荷计算应采用经鉴定合格的热负荷（耗热量）计算软件进行计算，计算书应包括：①封面包括设计、校对、审核人员签字及单位盖章；②工程项目名称及概况；③项目建设地址及室内外空气计算参数；④计算公式及依据；⑤计算简图；⑥计算过程及表格；⑦计算耗热量汇总；⑧必要的说明。

（2）散热器面积的计算，地面辐射供暖系统埋地盘管管径、间距及长度的计算；

（3）供暖系统总入口及各环路的流量计算；

（4）供暖系统总入口及各环路的管径计算，阻力损失计算，各环路间水力平衡度计算及平衡装置的选择计算；

（5）供暖系统循环水泵、膨胀水箱或补水定压装置等辅助设备及附件的选择计算；

（6）进行热膨胀补偿装置及固定支架、保温设施计算等。

2.5.2　通风及防排烟系统计算书

（1）通风场所余热量、余湿量及有害物散发量的计算；

（2）根据风量平衡、热量平衡、湿量平衡及有害物散发量平衡，计算通风系统的送（排）风量；

（3）防排烟系统的正压送风量、排烟量、补风量计算；

（4）根据系统风量进行风道直径（或宽×高）计算、通风系统阻力计算；

（5）根据系统风量和阻力进行通风机选型计算；

（6）通风系统中风阀、送回风口尺寸的选择计算；

（7）通风系统中加热器、加湿器、消声器、除尘及过滤装置等的选择计算；

（8）计算风道系统的单位风量耗功率 W_s。

2.5.3　空调系统计算书

（1）夏季空调冷负荷和冬季空调热负荷计算，空调系统夏季空调冷负荷和冬季空调热负荷计算应采用经鉴定合格的冷、热负荷计算软件进行计算，夏季冷负荷应按非稳态法，进行逐时冷负荷计算。计算书应包括：①封面包括设计、校对、审核人员签字及单位盖章；②工程项目名称及概况；③项目建设地址及室内外空气计算参数；④计算公式及依据；⑤计算简图；⑥计算过程及表格；⑦计算冷负荷、热负荷汇总；⑧必要的说明。

（2）空调场所人体散热量及散湿量计算、照明和设备散热量计算；

（3）在湿空气焓湿图上绘制冬、夏季空气处理的过程线，根据冷、热负荷、湿负荷确定处理过程的热湿比，计算系统送风量、回风量、新风量或换气次数等；

（4）计算加湿系统的加湿量（或减湿量）；

（5）空调水系统的流量计算、管道直径及管道阻力（水力）计算、水力不平衡度及水力平衡装置选择计算；

（6）根据空调系统风量进行风道直径（或宽×高）计算、空调风系统阻力计算；

（7）根据空调系统风量和阻力进行通风机选型计算；

（8）空调装置中冷却（加热）器、加湿器、过滤器等的选择计算；

（9）热膨胀补偿装置及固定支架、保温设施计算；

（10）必要的气流组织设计与计算等；

（11）计算空调风系统的单位风量耗功率 W_s。

2.5.4　冷热源系统计算书

（1）根据夏季冷负荷进行制冷（水、冷剂）机组选型计算；根据冬季热负荷进行锅炉、换热器（机组）选型计算；

（2）根据夏季冷负荷进行冷却塔选型计算；

（3）根据夏季冷负荷计算冷冻水流量、冷却水流量，计算管道直径及阻力损失；

（4）根据夏季冷冻水流量、冷却水流量及阻力损失进行冷冻水泵、冷却水泵选型计算；

（5）根据冬季热水流量计算管道直径及阻力损失；根据热水流量和阻力损失进行热水泵选型计算；

（6）进行膨胀水箱或补水定压装置等辅助设备及附件的选择计算；进行系统的定压点压力等参数的计算；

（7）进行热膨胀补偿装置及固定支架、保温设施计算等；

（8）进行设备与系统的消声隔振计算；

（9）进行冷、热水循环水泵耗电输冷（热）比 ECR 或 EHR 的计算。

2.5.5　防空地下室防护通风系统计算书

（1）计算战时清洁通风新风量 L_Q；

（2）计算新风竖井的断面面积 S；

（3）选择防爆波活门及连接风管；

（4）校核计算战时隔绝防护时间 τ；

（5）计算油网滤尘器的数量 n；

（6）计算战时滤毒通风新风量 L_D；

（7）计算过滤吸收器的数量 n；

（8）校核最小防毒通道换气次数 K_H；

（9）计算超压排气活门的数量 n；

（10）计算风管的直径（或宽×高）及风系统的阻力损失；

（11）根据通风量及风管系统阻力损失，进行清洁通风风机、滤毒通风风机和清洁通风排风机的选型计算；

（12）进行各种通风短管断面积和直径计算；进行送（排）风口面积及尺寸计算。

2.5.6 热能动力计算书

热能动力部分计算书的内容参看《建筑工程设计文件编制深度规定》（2016 年版）4.8.9。

2.6 标准图或重复利用图的应用

《建筑工程设计文件编制深度规定》（2016 年版）规定，图纸目录"应先列新绘图纸，后列选用的标准图或重复利用图。"所以，标准图或重复利用图作为施工图设计文件，与新绘图纸具有同等效力，设计人员应把搜集标准图或重复利用图作为设计前期准备的重要工作，在施工图的图纸目录中正确列举该工程设计引用的标准图或重复利用图的图号及名称。编者审查施工图发现，设计人员虽然能在"图纸目录"或"设计说明"中列举相关的标准图编号、名称甚至注明页码，但普遍存在的问题是，大多数设计人员对大多数标准图中的技术内容不甚了解，有些只是一知半解，有些甚至自己没有看过，时常出现错误引用标准图、影响施工进度甚至发生事故的情况。为了帮助设计人员正确选用标准图或重复利用图，编者提出以下注意事项，希望引起设计人员的重视。

（1）按我国的标准化体系，工程建筑标准设计图分为两类：一类注以"国家建筑标准设计图集"，由中华人民共和国住房和城乡建设部发布，例如：05R103《热交换站工程设计施工图集》、06K301-2《空调系统热回收装置选用与安装》等；另一类为地方（包括省、自治区、市或地区）的建筑标准设计图集，由省（区、市）住房和城乡建设主管部门发布，例如：河北省等六省（区、市）的《12 系列建筑标准设计图集 采暖通风部分》12N1～12N6 等。设计人员应根据所设计项目的实际情况，选择适宜的建筑标准设计图集。

（2）要仔细阅读"编制说明"，标准图或重复利用图的"编制说明"一般包括编制依据、编制目的、编制原则、主要技术内容及注意事项等；设计人员应该认真阅读，深刻理解其精神。

（3）当标准图或重复利用图的"选用事项"、设备材料表等标注有类似"由设计者确定"这样的内容时，设计人员应准确写书相关内容，不能不作交代、不了了之。例如河北省等六省（区、市）地方标准设计图集《12 系列建筑标准设计图集 采暖通风部分》12N1 中 P13 页为供暖系统热力入口的图示，设计人员应按图集附件表的要求，列举所有附件的名称、型号、规格等，对于图集 12N1-13 中件号为 2、3、7、8、10 的附件，规格栏有"单体工程设计定"的提示，表示该附件的要求应由设计人员在设计中予以确定。但是现在很多设计人员忽略这一要求，只标注"热力入口装置参见 12N1-P13"，这样的设计是错误的，应该予以纠正。

（4）应熟悉所引用标准图图页的详细内容，设计人员应认真研究所引用标准图图页的技术内容，对图页中的各项技术参数、安装尺寸及详细的节点构造有透彻的了解，特别要熟悉"注意事项"中交代的问题，以便在施工过程中及时处理碰到的问题。

（5）随着技术进步和设计、施工规范的不断更新，标准图也是不断更新的，设计人员一定要引用最新有效版本，例如，关于地面辐射供暖系统施工的标准图，2003 年发布的是 03K404《低温热水地面辐射供暖系统施工安装》；2005 年发布的是局部修订的 03（05）K404《低温热水地面辐射供暖系统施工安装（含 2005 年局部修改版）》；2012 年发布了完全修订的 12K404《地面辐射供暖系统施工安装》，即 2005 年标准图 03（05）K404 代替了 2003 年的 03K404，2012 年标准图 12K404 代替了 2005 年的 03（05）K404。又例如水泵的安装，2016 年 9 月 1 日开始实施的 16K702《水泵安装》代替了 2003 年的 03K202《离心式水泵安装》，应引起设计人员的注意。

（6）对于标准图或重复利用图中，凡是用列表方式表示设备、部件或施工节点等的尺寸或其他技术参数时，技术人员应该选定确定的尺寸或技术参数等，并在显著位置做出说明。例如，选择防空地下室战时清洁通风的油网滤尘器，设计人员不能只列举型号（如LWP-D），还应该注明每块油网滤尘器的风量和阻力，因为根据 07Fk02《防空地下室通风设备安装》第 8 页的技术参数表，LWP-D 型油网滤尘器有 6 档技术参数，设计人员一定要注明每块油网滤尘器的风量和阻力，不能不做交代，任凭施工人员在现场处置。

（7）设计人员一定要深入了解标准图的技术内容，并学会正确应用。不了解标准图的技术内容、不能正确应用的情况是十分普遍的；有些设计人员不但没有了解标准图的技术内容，甚至出现张冠李戴的情况。编著审查的××住宅小区的 1 号住宅楼，室内为低温热水地面辐射供暖系统。设计人员在"设计说明"中称，管道设备保温作法详见河北标"12S8"《管道及设备防腐保温》P12 及 P39～40。经查，2013 年实施的河北标准图集"12S8"的名称是"排水工程"，设计人员把"12S8"作为管道设备保温做法的依据，是不应该出现的错误，说明设计人员缺乏最起码的责任心。

第3章 施工图绘制细节

施工图图样是设计工程师的语言,是设计与施工之间交流的重要载体。绘制施工图,应做到正确精准,图样清晰,文字流畅,前后衔接,详简恰当,不致产生歧义和误解。早年有个别设计单位在施工图的"设计说明"中增添"关于制图的说明",对其制图方法进行说明,这是没有必要的,因为国家标准《暖通空调制图标准》GB/T 50114—2010 已经对制图方法作出了详细的规定,设计人员只要遵照执行就可以了;而且在各版《建筑工程设计文件编制深度规定》中都没有这一要求,现在这种情况已经不多了。本章介绍施工图绘制的一些细节问题,供大家参考。

3.1 平面图的绘制

将建筑物用一个假想的水平面沿某一层顶板下的地方切开,对剖切面以下部分作出的水平剖面图称为平面图,平面图采用正投影法绘制。

暖通空调和热能动力工程施工图的平面图图纸设计深度在《建筑工程设计文件编制深度规定》(2016 年版)4.7.5、4.7.6、4.8.4、4.8.5、4.8.6 及 4.8.7 中有详细的规定,设计人员应遵从其规定,以下就不同的平面图的绘制细节作具体介绍。

3.1.1 供暖平面图

供暖平面图的设计深度见《建筑工程设计文件编制深度规定》(2016 年版)4.7.5,其绘制细节如下:

(1)各层平面图中应有建筑物主要轴线号、轴线尺寸、室内地面标高、房间名称等;其中,首层平面还应标注室外地面标高,并有指北针。

(2)散热器供暖平面图应绘出散热器的位置,注明散热器的片数或长度,供暖干管和立管位置及编号;管道的阀门、放气、固定支架、伸缩器、入户装置、管沟及检查人孔位置。

(3)注明干管管径及标高、坡度及坡向(在竖直立管图或系统图中,清晰的标注有干管标高、坡度及坡向,而不致造成误解的,可以在平面图中省略干管标高、坡度及坡向)。

(4)地面辐射供暖平面图设计文件的内容和深度,应符合《地面辐射供暖供冷技术规程》JGJ142-2012 第 3.1.13 条的规定,应按房间标注管道、发热电缆的定位尺寸、管道(线)长度、直径或发热电缆规格、管线间距以及伸缩缝的位置等,不允许仅将热负荷标注在平面图中,并不绘制管道(线)布置图,而是将所有设计技术内容全部交给所谓的"二次设计"。

(5)二层及以上的多层建筑,其建筑平面相同的供暖标准层平面可合用一张图纸,但应标注各层楼面标高和散热器数量。对于地面辐射供暖系统,由于存在顶层屋面耗热量,顶层房间的加热盘管的长度应比其他楼层的长些，绘制时可以合用一张图纸，但应特别注明顶层房间的加热管道（线）的长度，正确的做法是单独出具顶层房间的加热管道（线）布置图。

（6）供暖热力入户装置应绘制大样图（平面图），当引用标准图集时，不能只注明"参照图集××"（如"参照天津市建筑标准设计图集12N1-13"），而应按图集附件表的要求，列举所有附件的名称、型号、规格等，对于图集12N1-13中标注"单体工程设计定"的附件（件号2、3、7、8、10），应注明其技术参数，不能不作任何交代，由施工单位在现场随意处置。

（7）采用分户计量时，应标注分户热力入口及热量表的位置，并绘制必要的详图。

（8）室外管网从首层（或其他层）引入时，该层平面图应标注热力入口的平面位置，注明管道直径、标高及室外部分敷设方式；必要时注明该系统的热负荷和阻力。

（9）标注热力入口的编号时，建议不要采用容易造成误解的"一单元"、"左单元"、"东单元"或"甲单元"等，而应用字母和数字组合编号，如 R1、L2 等标注，并与竖直立管图或系统图的编号一致。

（10）当管道（井）竖向贯通若干楼层时，应该在管道（井）经过每一楼层的平面图上相应位置标注管道（井）的种类、管道编号及定位尺寸，这样就便于识图，而且该管道编号应与热力入口的编号一致（图 3.1-1）。

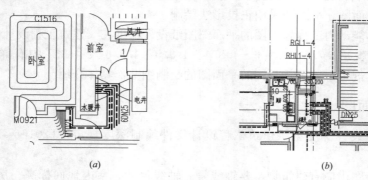

图 3.1-1　各层管道（井）平面图
(a) 错误的管道（井）平面图示图；(b) 正确的管道（井）平面图示图

【举例 1】　某地陆景园 1 号住宅楼，建筑面积 3489.2m²，地上 6 层，室内为分户水平串联单管跨越式散热器供暖系统，供回水温度为 80/60℃，设计热负荷 109.9kW。

【介绍】　图 3.1-2 为该住宅楼 3 至 5 层供暖平面图，该平面图标注了各个场所的功能名称、管道井的位置、管道的走向、散热器的位置、形式及数量、立管位置及编号（立/1-1 至立/1-6），该设计特别用表格对不同场所、不同楼层的散热器形式及数量作了明确的交代，符合深度规定的要求；同时，建筑物轴线号、轴线尺寸标注齐全。

【举例 2】　某住宅小区 1 号楼，建筑面积 18798.92m²，地下 1 层，两个单元，一个单元地上 26 层，另一个单元地上 18 层，室内为分户水平双管散热器供暖系统，供回水温度为75℃/50℃，热负荷 522.8kW，建设地区为寒冷 A 区，室外供暖计算温度为−13.6℃。

【介绍】　图 3.1-3 为 1 号楼的供暖平面图，该平面图标注了各个场所的功能名称、管道井的位置、管道的走向及直径、散热器的位置及数量、立管位置及编号（RGL1-1、

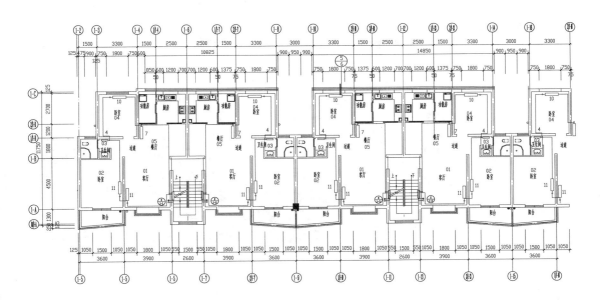

供暖散热器(LGLR－20－4型)明细表
(LGLR－20－2型)

管径	楼层	01	02	03	04	05
		客厅	卧室	卫生间	卧室	餐厅
20x3.4	6	12	12	5	11	8
	5	11	11	4	10	7
	4					
	3					

注：卫生间采用LGLR－20－2型散热器

图 3.1-2　1 号住宅楼分户水平串联单管跨越式散热器供暖平面图（局部）

RHL1-1 等），并列表注明了楼层数及其标高（省略）；同时，建筑物轴线号、轴线尺寸标注齐全。

【举例 3】　某高层员工住宅楼，建筑面积 6154.3m²，地上 17 层，室内为分户地面辐射供暖系统，供回水温度为 60℃/50℃，设计热负荷 225.77kW，竖向水系统分为两个区，1～8 层为低区，9～17 层为高区。

【介绍】　图 3.1-4 为二层平面图，图名下方标注了层建筑面积和总建筑面积（省略），平面图标注了各个场所的功能名称，标注了热力入口高区、低区的系统编号（NL1-H、NL1-L）、干管的位置、立管管井位置及立管的编号（RG1、RG2）、分集水器的位置及回路数、埋地加热管的长度和管间距，在图面的"说明"中交代了加热盘管的材料及规格、热量表的形式及技术参数（省略），本例的热力入口系统编号（NL1-H、NL1-L）与立管的编号（RG1、RG2）不一致，应在竖直立管图或系统图中作出说明，以免造成误解；该平面图建筑物轴线号、轴线尺寸标注齐全。

3.1.2　通风平面图

通风平面图的设计深度见《建筑工程设计文件编制深度规定》（2016 年版）4.7.6，

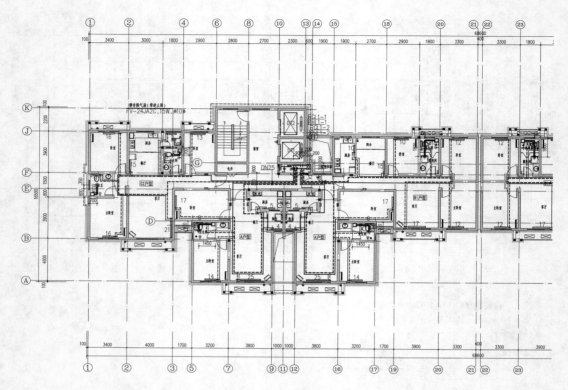

图 3.1-3　××住宅小区 1 号楼分户水平双管散热器供暖平面图（局部）

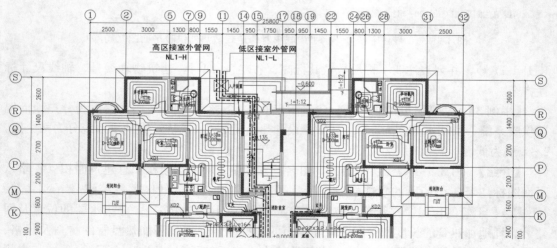

图 3.1-4　员工住宅楼分户地面辐射供暖平面图（局部）

其绘制细节如下：

（1）通风平面图应有各层建筑物主要轴线号、轴线尺寸、室内地面标高、房间名称等；首层平面还应标注室外地面标高，并有指北针。

（2）通风平面图用双线绘出风管走向及定位尺寸，标注风管尺寸（矩形风管标注宽×

高，圆形风管标注直径）、风口尺寸及定位尺寸，风口均应标注设计风量。

（3）对于平面图不能表达复杂管道、风管相对关系及竖向位置而采用剖面图时，通风平面图上应标注剖面位置（剖切线）、剖切范围及视图方向箭头，由两条短粗线（剖切线）、两个箭头及两个相同的数字或字母（例如"A"-"A"）组成的符号即为剖切符号，在剖面图上则用"剖面 A-A"表示。

（4）当在平面图上标注风管安装标高时，应注明圆形风管为中心标高，矩形风管为管底或管顶标高，建议不要标注"沿梁底敷设"；当采用剖面图能清晰表示风管安装标高时，平面图可以不标注标高，但应标注剖面图编号。

（5）应标注各种设备及风口安装的定位尺寸和编号，必要时绘制设备的外形尺寸。

（6）标注消声器、调节阀、防火阀、软接头等部件的位置，以图例代号或编号表示。

（7）通风系统主管、干管、支管均应标注气流方向和风口的气流方向。

（8）标注通风系统主管、干管、支管的风管测定口、风管检查口和清洗口的尺寸及位置。

（9）风管平面图应表示出防火分区、防烟分区的标识线；注意保留建筑专业图中防火门、防火卷帘、挡烟垂壁等的图形或文字。

（10）对于安装在外墙上的室外风口，应在平面图中注明防雨、防倒灌风及防虫鸟的要求。

（11）竖向布置的风管穿过楼板或屋面时，除标注定位尺寸和风管尺寸外，还应在每层平面图的相同位置标注系统的编号及管道走向。

（12）风管中的变径管、弯头、三通等均应适当地按比例绘制。

【举例 4】　某大学基础实验楼，地上 4 层，局部 5 层，实验楼有综合实验室、普通实验室、无机实验室、等离子实验室、化学分析室、物化室等，供从事基础实验用。

【介绍】　图 3.1-5（a）为 5 层（即 4 层屋面）的通风平面图，该实验楼共设置有 28 套排风系统和风机，分别是：1 层的 P-1-1～P-1-6 系统、2 层的 P-2-1～P-2-5 系统、3 层的 P-3-1～P-3-3 系统、4 层的 P-4-1～P-4-13 系统和 5 层的 P-5-1 系统，各系统排风机的位置、排风井的位置及尺寸、风管尺寸、水平位置、系统编号标注齐全，并附有详细的剖面图见图 3.1-5（b），该平面图建筑物轴线编号及轴线尺寸标注齐全。

【举例 5】　某科研机构为地上 3 层建筑，建筑面积 4938m²，室内为各种类型的实验柜、试验台，分别设置排风柜和排风罩。

【介绍】　图 3.1-6 为二层通风平面图，该工程二层布置单列排气罩 12 台，对应 12 个排风竖井；布置多列排气罩 43 台，多台共用风管，对应 11 个排风竖井；屋面布置 23 台排风机，全部采用机械排风、自然进风的方式。该平面图各系统的排风机、排风井、风管尺寸、水平位置、附件编号标注齐全，建筑物轴线编号及轴线尺寸标注齐全（图 3.1-6）。

【举例 6】　某地医院洁净手术部设置在医院二层，共设置 12 个手术室，分别为Ⅰ级手术室、Ⅱ级手术室、Ⅲ级正/负压切换手术室及辅助用房。配置 10 套净化空调机组（JK-1～JK-10）。

【介绍】　Ⅰ级手术室、Ⅱ级手术室、Ⅲ级正/负压切换手术室分设净化空调机组和辅助用房分设净化空调机组，Ⅲ级普通手术室一台为两间共用机组，一台为 3 间共用机组。手术室辅助用房、ICU、ICU 辅助用房均分设净化空调机组。采用此种方式可以在某间手

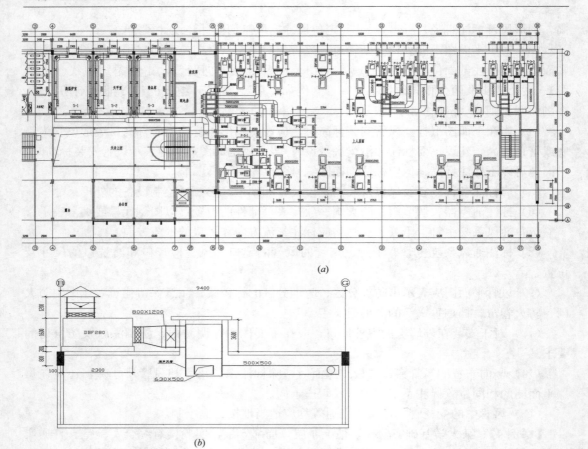

图 3.1-5　某大学基础实验楼 5 层通风平面图（局部）

(a) 平面图；(b) 6-6 剖面图

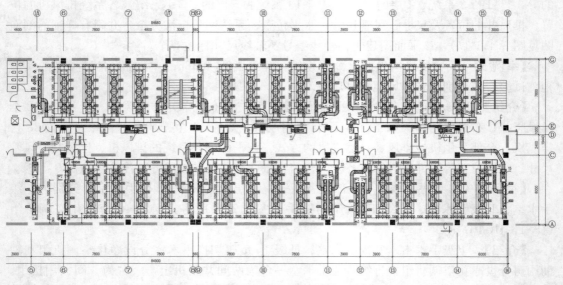

图 3.1-6　某科研机构二层通风平面图（局部）

术室未使用时，关闭该间手术室的循环净化机组，从而节能。集中设置新风机组可以在部分手术室工作时仍能维持手术室的压力梯度。图3.1-7为2层洁净手术部的排风平面图，设置有7个净化排风系统（JP-1～JP-7，在设备层平面图上显示），该平面图注明了房间名称或手术室编号（OP-01～OP-12），绘制了7个净化排风系统的风管及风口的布置，标注了风管和风口的尺寸、风管的定位尺寸，图面清晰整洁，建筑物轴线编号及轴线尺寸标注齐全（图3.1-7）。

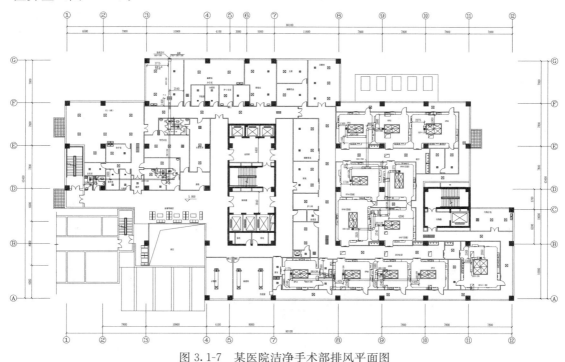

图3.1-7 某医院洁净手术部排风平面图

注：除手术室外连接送、回（排）风口的支管上均装风阀。

3.1.3 空调系统水管平面图

空调系统水管平面图的设计深度见《建筑工程设计文件编制深度规定》（2016年版）4.7.5的规定，其绘制细节如下：

（1）空调系统水管平面图应有各层建筑物主要轴线号、轴线尺寸、室内地面标高、房间名称等；首层平面图还应标注室外地面标高，并有指北针。

（2）单线绘制空调系统冷热水、冷媒、凝结水等，除标注管道的走向及定位尺寸外，还应标注管道的直径。

（3）空调系统水管平面图应标注末端设备的位置，注明末端设备的编号；标注管道的阀门、放气、泄水、固定支架及伸缩器等的位置。

（4）注明干管管径及标高、坡度及坡向（在竖直立管图或系统图中，清晰的标注有干管标高、坡度及坡向，而不致造成误解的，可以在平面图中省略干管标高、坡度及坡向）。

（5）二层及以上的多层建筑，对于建筑平面和空调系统设备管道均相同的标准层平面，可合用一张图纸，否则应分层出图。

（6）当管道（井）竖向贯通若干楼层时，应该在管道（井）经过每一楼层的平面图上相应位置标注管道（井）的种类、管道编号及定位尺寸，管道编号应与竖直立管图或系统图的编号一致。

【举例7】 某地新媒体基地 A3 楼，地上 9 层，建筑面积 9971m²，设置集中空调系统，夏季冷负荷 1122kW，冷冻水供回水温度 7/12℃，冬季热负荷 793kW，热水供回水温度 60/50℃。

【介绍】 图 3.1-8 为该工程首层空调系统水管平面图。图中标明了空调末端（风机盘管）的图示和型号、冷冻水管、冷凝水管走向及定位尺寸，标注了管道的直径，绘制了管道的固定支架、调节阀、平衡阀和放气阀，注明了水管的标高，图面清晰整洁，建筑物轴线编号及轴线尺寸、指北针标注齐全。

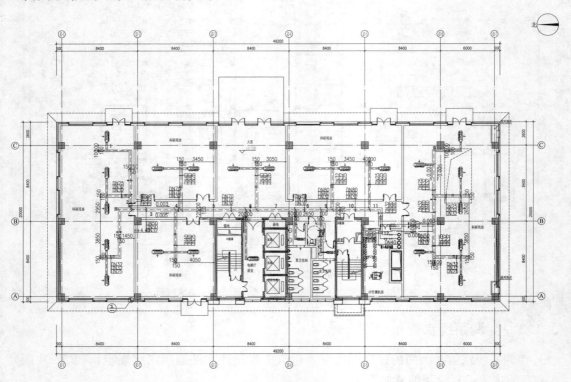

图 3.1-8　新媒体基地 A3 楼空调水管平面图

【举例8】 该工程为石家庄市某医院门诊病房综合楼，地下 2 层，地上 19 层，总建筑高度为 76.5m，总建筑面积为 57366.3m²。综合楼设置集中空调系统，夏季空调冷负荷 6300kW，冬季空调热负荷 5200kW；夏季空调供回水温度 7/12℃，冬季空调供回水温度 60/50℃，冷热源为电制冷冷水机组供冷和汽—水换热器供热。

【介绍】 图 3.1-9 为石家庄某医院门诊病房综合楼 9 层空调水管平面图。该平面图标明了空调末端（风机盘管）的图示和型号、冷冻水管、冷凝水管走向及定位尺寸，标注了管道的直径，绘制了管道的固定支架、调节阀、平衡阀和放气阀，图面清晰整洁，建筑物轴线编号及轴线尺寸标注齐全（图 3.1-9）。

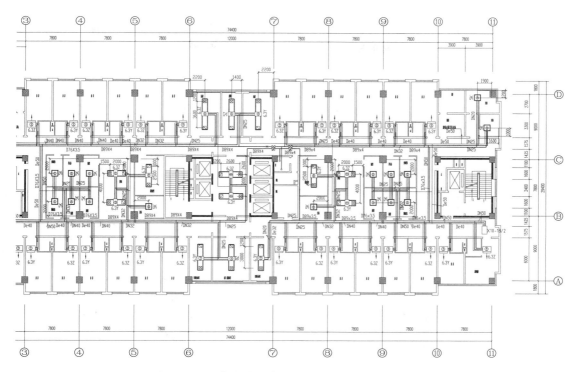

图 3.1-9　石家庄某医院 9 层空调水管平面图（局部）

3.1.4　空调系统风管平面图

空调系统风管平面图的设计深度见《建筑工程设计文件编制深度规定》（2016 年版）4.7.6 的规定，其绘制细节如下：

（1）空调系统风管平面图应有各层建筑物主要轴线号、轴线尺寸、室内地面标高、房间名称等；首层平面还应标注室外地面标高，并有指北针。

（2）空调系统风管平面图用双线绘出风管走向及定位尺寸，标注风管尺寸（矩形风管标注宽×高，圆形风管标注直径）、风口尺寸及定位尺寸，风口均应标注设计风量。

（3）当平面图不能表达复杂管道、风管相对关系及竖向位置而采用剖面图时，空调系统风管平面图上应标注剖面位置（剖切线）、剖切范围及视图方向箭头，由两条短粗线（剖切线）、两个箭头及两个相同的数字或字母（例如"A"-"A"）组成的符号即为剖切符号，在剖面图上则用"剖面 A-A"表示。

（4）当在平面图上标注空调系统风管安装标高时，应注明圆形风管为中心标高，矩形风管为管底或管顶标高，建议不要标注"沿梁底敷设"；当采用剖面图能清晰表示风管安装标高时，平面图可以不标注标高，但应标注剖面图编号。

（5）应标注各种设备及风口安装的定位尺寸和编号，必要时绘制设备的外形尺寸。

（6）标注消声器、调节阀、防火阀、软接头等部件的位置，以图例代号或编号表示。

（7）空调系统风管主管、干管、支管均应标注气流方向和风口的气流方向。

（8）标注空调系统风管主管、干管、支管的风管测定口、风管检查口和清洗口的尺寸及位置。

（9）空调系统风管平面图应表示出防火分区、防烟分区的标识线；注意保留建筑专业图中防火门、防火卷帘、挡烟垂壁等的图形或文字。

（10）对于安装在外墙上的室外风口，应在平面图中注明防雨、防倒灌风及防虫鸟的要求。

（11）竖向空调系统风管穿过楼板或屋面时，除标注定位尺寸和风管尺寸外，还应在每层的相同位置标注系统的编号及管道走向。

（12）空调系统风管中的变径管、弯头、三通等均应适当地按比例绘制。

【举例9】 某地新媒体基地 A3 楼，地上 9 层，建筑面积 9971m²，设置集中空调系统，夏季冷负荷 1122kW，冷冻水供回水温度 7℃/12℃，冬季热负荷 793kW，热水供回水温度 60/50℃。

【介绍】 图 3.1-10 为该工程首层空调、通风及防排烟平面图，图中绘制了设备（风机盘管、卫生间排风扇等）的图示、空调新风风管的尺寸及水平位置、风系统的编号 XF-1F 和 PF-1F，标注了新风口的位置、尺寸和风量、卫生间排风扇的位置、尺寸和风量，绘制了风量调节阀、防火阀、电动风阀，标注了空调新风风管的标高，绘制了防烟楼梯间的正压送风口和外门处的热风幕，标记了剖面图 1-1 的剖切符号，送风散流器标注了气流方向，该设计将空调新风直接送入人员活动区，符合《民用建筑供暖通风与空气调节设计

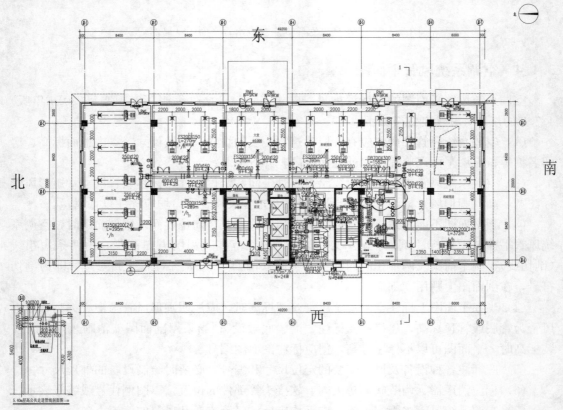

图 3.1-10 新媒体基地 A3 楼首层空调、通风及防排烟平面图

规范》GB 50736—2012 第 7.3.10 条的规定。另外，在图面上附有 5.4m 层高公共走道管线剖面图，同时用"注"提出了对施工的相关要求，列表规定了连接风机盘管的送风管、回风管、送风口、回风口及供回水管的尺寸（省略），图面清晰整洁。平面图标注了建筑朝向，建筑物轴线编号及轴线尺寸标注齐全、指北针标注齐全。

【举例 10】　某地测绘地理信息中心，建筑面积 27088m²，地下 2 层，地上 17 层，室内设置冬夏共用集中空调系统，冷水温度 7/12℃，热水温度 45/40℃，空调面积 19450.5m²，设计冷负荷 1713.5kW，设计热负荷 1250.4kW，室内配置全空气空调系统和风机盘管加新风系统。

【介绍】　图 3.1-11 为该工程 2 层空调平面图，其包括空调系统末端设备（组合式空调机、新风机组、风机盘管）、全空气空调系统风管、新风风管、卫生间及设备间的排风管及排风机、内走道的排烟管等；另外，该工程风机盘管加新风系统的新风都是直接送入室内人员活动区，符合《民用建筑供暖通风与空气调节设计规范》GB 50736—2012 第 7.3.10 条的规定，新风系统还标注了风口的风量。该平面图设计图面清晰，表述齐全、完整，符合深度规定的要求，图中设备编号及位置、管道的尺寸、水平位置及标高、系统的编号、附件的编号、功能区的名称、管井位置等标注比较齐全，平面图附有防火分区示图和设备表（省略），图面清晰整洁，建筑物轴线编号及轴线尺寸标注齐全。

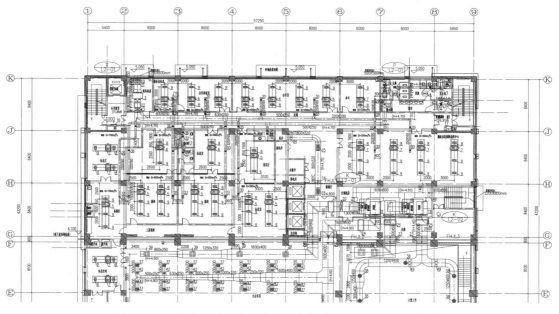

图 3.1-11　测绘地理信息中心二层空调系统风管平面图（局部）

3.1.5　冷热源机房平面图

冷热源机房平面图的设计深度见《建筑工程设计文件编制深度规定》（2016 年版）4.7.6 的规定，其绘制细节如下：

（1）冷热源机房平面图应有该机房平面的建筑轴线号、轴线尺寸、室内地面标高、房间名称等。

（2）机房平面图应根据需要增大比例，绘出制冷换热设备（如冷水机组、换热器、冷热水泵、冷却水泵等）及分集水器、水处理设备等辅助设备的轮廓位置及编号（代号），注明设备外形尺寸和基础距离墙或轴线的尺寸（当单独出具设备基础图时，可省略该内容）。

（3）绘出连接设备的管道及走向，注明管道代号和定位尺寸、管径、标高，并绘制仪表、阀门、过滤器等各种管道附件。

（4）冷热水或蒸汽管道一般采用单粗线绘制，如机房内有多种管道并存时，则以代号标注区分。所绘内容应充分反映冷热水或蒸汽管道与机房设备之间的连接关系和安装位置，对于管道上的附件（如水过滤器、调节阀等），可按比例画出其安装位置。

（5）应用箭头标注管道介质流向，注明管道补偿器、固定支架、软接头、排水阀等的位置。

（6）当平面图不能表达复杂管道、设备之间相对关系及竖向位置而采用剖面图时，应绘制剖面图，机房平面图上应标注剖面位置（剖切线）、剖切范围及视图方向箭头，由两条短粗线（剖切线）、两个箭头及两个相同的数字或字母（例如"A"-"A"）组成的符号即为剖切符号，在剖面图上则用"剖面 A-A"表示。

【举例 11】　某地超高层建筑，地下 1 层，地上 29 层，高度 127.5m，建筑面积 73834m²，该工程采用集中空调系统，夏季冷负荷为 6407kW，冬季热负荷为 2824kW。

【介绍】　图 3.1-12 为冷热源机房平面图，该工程夏季由制冷量为 1758kW 的水冷螺杆式冷水机组 2 台（L-1、L-2）和制冷量为 1530kW 的空气源螺杆式热泵机组 2 台（L-3、L-4）同时供冷，冷水供回水温度为 6/12℃；冬季由空气源螺杆式热泵机组提供热水，热水供回水温度为 45/40℃。其中 2 台空气源螺杆式热泵机组设置在屋面。图 3.1-12 所示的地下 1 层的机房平面图，包括 2 台水冷螺杆式冷水机组、冷冻水循环水泵 3 台（BL-1～BL-3）、热水循环水泵 3 台（BL-4～BL-6）、冷却水循环水泵 3 台（B-1～B-3）、分集水器、水处理设施（SCL-1～SCL-3、RS-1）、附件及管道等。该平面图图面清晰，设备的平面位置、管道的代号及直径、水平位置及定位尺寸、标高（以"中-"标注）和设备、附件编号等标注比较齐全，图面清晰整洁，为了清楚反映管道上下空间交叉及遮挡关系，在平面图上截取了 5 个剖面图。该平面图建筑物轴线编号及轴线尺寸标注齐全。

【举例 12】　江西某地××商业综合楼，地下 2 层，地上 5 层，建筑面积 196589m²，设计范围内的局部区域设置集中空调，夏季总冷负荷 20783kW，冬季总热负荷 3560kW。

【介绍】　该商业综合楼冷热源机房采用制冷量为 4571kW（1300RT）的高压水冷离心式冷水机组 4 台（L-B2-1～L-B2-4）和制冷量为 1406kW（400RT）的低压水冷离心式冷水机组 2 台（L-B2-5、L-B2-6），与高压离心式冷水机组（L-B2-1～L-B2-4）对应的冷冻水泵（B-B2-1～B-B2-5）5 台（4 用 1 备），与低压离心式冷水机组（L-B2-5、L-B2-6）对应的冷冻水泵（B-B2-6～B-B2-8）3 台（2 用 1 备）；与高压离心式冷水机组（L-B2-1～L-B2-4）对应的冷却水泵（b-B2-1～b-B2-5）5 台（4 用 1 备），与低压离心式冷水机组（L-B2-5、L-B2-6）对应的冷却水泵（b-B2-6～b-B2-8）3 台（2 用 1 备）；另有冷冻水化学水处理器、冷却水化学水处理器、真空脱氧机、分水器、集水器等。热源部分采用供热量为 2.5MW 的燃气热水锅炉 2 台，锅炉（一次侧）供回水温度为 85/60℃；热交换器二次侧的供回水温度为 55/45℃。一次侧设置 3 台水泵（2 用 1 备），一次泵与锅炉一一对应，二次侧设置 3 台水泵（2 用 1 备），二次泵采用变频水泵，实现变流量运行。该平面图绘

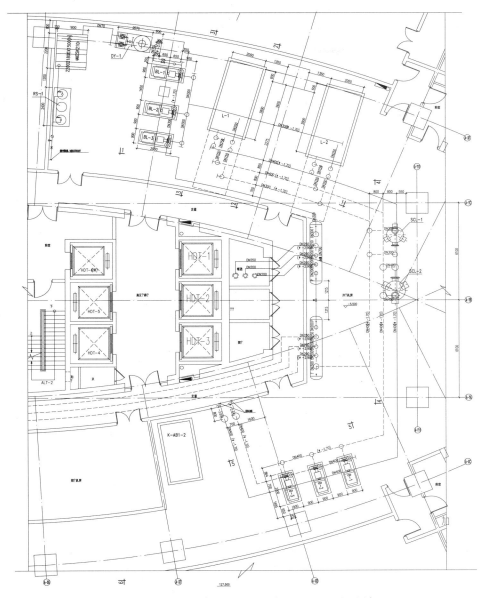

图 3.1-12　超高层建筑冷热源机房平面图示图（局部）

制十分完整，各种管道均以双线绘制，管道上下空间交叉及遮挡关系表述清楚仔细，标注
了各种设备的代号、各种管道种类的代号、管道直径、走向及定位尺寸，管道介质的流
向，注明了各种阀件、仪表、软接头等。该平面图以"H＋"的形式标注管道相对标高，
为了清楚反映管道上下空间交叉及遮挡关系，在平面图上截取了 2 个剖面，另以剖面图标
注管道的标高，该平面图上建筑物轴线编号及轴线尺寸标注齐全，见图 3.1-13。

【举例 13】　某大型公共建筑，地下 1 层，地上 21 层，采用集中空调系统，包括柜式
空调机全空气空调系统和风机盘管加新风系统。

【介绍】　该冷热源机房配置以下设备：1）制冷量为 495kW 的水冷螺杆式冷水机组
（CH-1）2 台，制冷量为 871kW 的水冷螺杆式冷水机组（CH-2）2 台；2）流量为 85m³/h

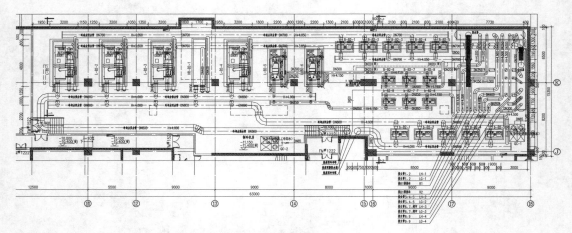

图 3.1-13　某商业综合楼冷热源机房平面图示图（局部）

的冷冻水泵（CHWP-1）3 台，流量为 150m³/h 的冷冻水泵（CHWP-2）3 台；3）流量为 106m³/h 的冷却水泵（CWP-1）3 台，流量为 187m³/h 的冷却水泵（CWP-2）3 台；4）流量为 60m³/h 的热水泵（AHWP-1）2 台；5）流量 125m³/h 的热水泵（AHWP-2）2 台；6）蓄能集水箱 2 台；7）分水器、集水器各 1 台；8）除污器 SR-1；9）补水定压装置 ECTP-1 和 ECTP-2；10）软化水处理器 AWS-1；11）软化水箱 AWST-1。

　　该平面图绘制十分完整，标注了各种设备的代号、各种管道种类的代号、管道直径、走向及定位尺寸，管道介质的流向，注明了各种阀件、仪表、软接头等。平面图没有标注管道标高，为了清楚反映管道上下空间交叉及遮挡关系，在平面图上截取了 6 个剖面图，另以剖面图标注管道的标高，该平面图上建筑物轴线编号及轴线尺寸标注齐全，见图 3.1-14。

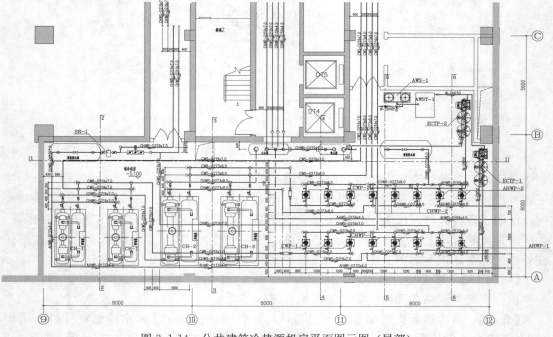

图 3.1-14　公共建筑冷热源机房平面图示图（局部）

3.1.6　锅炉房及动力站平面图

锅炉房及动力站平面图的设计深度见《建筑工程设计文件编制深度规定》(2016 年版) 4.8.4、4.8.5 的规定，其绘制细节如下：

(1) 锅炉房及动力站平面图应有本机房平面的建筑轴线号、轴线尺寸、室内地面标高、房间名称等。

(2) 绘出设备布置图，注明设备定位尺寸及设备编号（应与设备表中编号一致）或代号。

(3) 应绘制燃气、水、风、烟、渣管道平面图，并注明管道阀门、补偿器、固定支架的安装位置及就地安装的测量仪表的位置。

(4) 注明各种管道的代号及直径、定位尺寸及标高，注明介质的流向，注明管道坡度及坡向。

(5) 当管道系统较复杂时，还应绘制设备及管道布置剖面图，在平面图中标注剖切符号。

【举例 14】　某地妇幼保健医院锅炉房，设置蒸发量为 4t/h 燃气蒸汽锅炉 2 台，为医院的医疗和生活服务。

【介绍】　图 3.1-15 为妇幼保健院燃气蒸汽锅炉房平面图，图中管道采用双线绘制。锅炉房设置蒸发量为 4t/h 燃气蒸汽锅炉 2 台，额定工作压力 1.25MPa，配置流量 5m³/h 的循环水泵 2 台，换热量 2.8MW 的汽-水换热机组 1 套，配置流量 200m³/h 的二次热网循环水泵 2 台，流量 12m³/h 的二次热网补水泵 2 台；另配置分汽缸、分集水器、全自动软水器、软水箱、直通除污器。平面图标注了管道种类代号、直径、定位尺寸，标注了设备编号、介质流向，绘制阀门、软接头等附件。为了清楚反映管道上下空间交叉及遮挡关系，该设计在平面图上截取了 3 个剖面图，另以剖面图标注管道的标高，图面清晰，尺寸标注齐全；该平面图建筑物轴线编号及轴线尺寸标注齐全，标注了室内地面标高。

【举例 15】　青岛某大型城市广场为商业综合体，总建筑面积 200697m²，地下 2 层，地上 11 层，主要功能为商业、餐饮、影剧院、酒店、超市等，设置集中空调系统和生活热水供热系统。

【介绍】　图 3.1-16 为酒店锅炉房平面图，酒店生活热水负荷为 800kW，热水水温为 60℃/50℃。该锅炉房设置供热量 0.7MW 和 0.35MW 燃气热水锅炉各 1 台，一次水循环水泵 3 台，换热器 2 台，二次水循环水泵 3 台，另设置补水箱、定压补水装置；该平面图标注了设备名称、管道走向及定位尺寸、管道直径及标高，为了清楚反映管道上下空间交叉及遮挡关系，该设计在平面图上截取了 3 个剖面图，另以剖面图标注管道的标高，图面清晰，尺寸标注基本齐全；建筑物轴线编号及轴线尺寸标注齐全。

【举例 16】　某居住小区建设集中供热换热站，该换热站负担该小区 42 万 m² 住宅的供暖，按热负荷指标 42W/m² 计算，总热负荷为 17.6MW，换热站一次水的供回水温度为 130/70℃。小区供暖水系统分为高区和低区，低区热负荷 11.0MW，高区热负荷 6.6MW。

【介绍】　按住宅室内供暖系统竖向分区工作压力的不同，换热站内设置 2 套供暖系统，分别是：1) 供回水温度为 85/60℃ 的低区散热器供暖系统，低区建筑面积 26.2 万

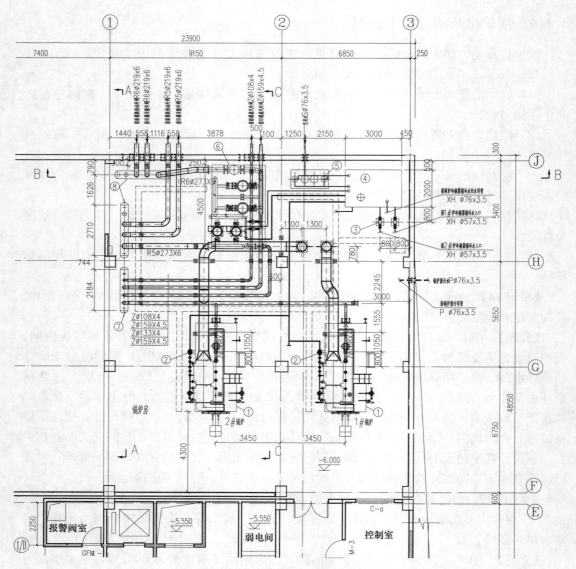

图 3.1-15　妇幼保健医院燃气蒸汽锅炉房平面图示图（局部）

m², 热负荷 11.0MW；2）供回水温度为 85/60℃的高区散热器供暖系统，高区建筑面积 15.8 万 m²，热负荷 6.6MW。该换热站设置低区换热器 5 台（每台换热量为 2.2MW）及循环水泵 2 台（每台流量 400m³/h）；高区换热器 3 台（每台换热量为 2.2MW）及循环水泵 2 台（每台流量 240m³/h），换热站内设置了 2 套定压补水装置，为高低区各系统补水。该设计平面图图面清晰，注明了各场所的名称、设备的编号及位置、管道的直径、水平位置及标高、设备、附件编号等标注比较齐全，为了清楚反映管道上下空间交叉及遮挡关系，该设计在平面图上截取了 2 个剖面图，另以剖面图标注管道的标高，该平面图建筑物轴线编号及轴线尺寸标注齐全，见图 3.1-17。

　　【举例 17】　该换热站为某酒店提供空调系统与生活热水。站内设置空调与生活热水两个热力系统，空调热负荷 6.542MW，生活热水热负荷 1.72MW，总热负荷 8.262MW，

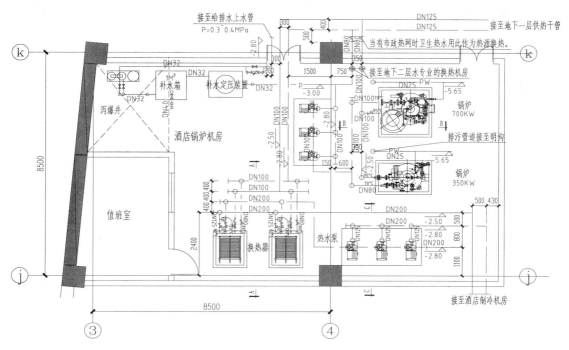

图 3.1-16　城市广场酒店燃气热水锅炉房平面图示图（局部）

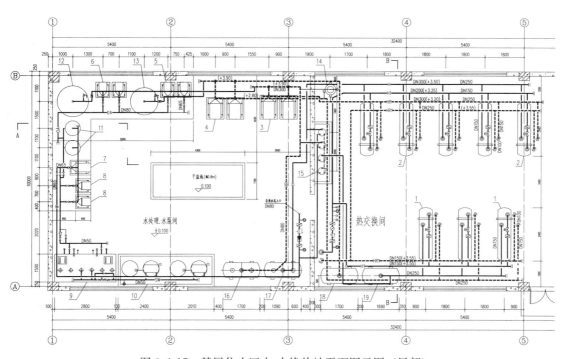

图 3.1-17　某居住小区水-水换热站平面图示图（局部）

一次热媒为压力 0.8MPa 减压至 0.4MPa 的饱和蒸汽，流量 13t/h。空调与生活热水二次水供、回水温度均为 60/50℃。

【介绍】 该换热站内空调系统设置供热量为 2.45MW 的立式半即热式浮动盘管汽-水换热器 3 台，流量 280m³/h 的循环水泵（变速）3 台（二用一备），流量 7m³/h 的补水泵 2 台（一用一备）；生活热水系统设置供热量为 0.86MW 的立式导流浮动盘管半容积式汽-水换热器 2 台，流量 6.30m³/h 的循环水泵 2 台（一用一备）；换热站设置自动软水器、凝结水泵、软化水箱和凝结水箱、密闭式定压罐等，自来水补水设置了流量计和防回流阀，蒸汽管入口设置流量计和减压阀。平面图标注了设备编号、管道代号、管道直径及标高、介质流向、设备和管道的定位尺寸，所有的阀门、附件及仪表标注齐全；为了清楚反映管道上下空间交叉及遮挡关系，该设计在平面图上截取了 2 个剖面图，另以剖面图标注管道的标高，该平面图建筑物轴线编号及轴线尺寸标注齐全，见图 3.1-18 所示。

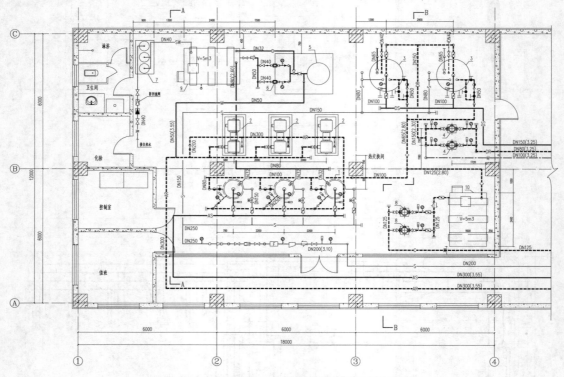

图 3.1-18　某酒店汽—水换热站平面图示图（局部）

3.1.7　人民防空地下室工程平面图

人民防空地下室工程平面图的设计深度见《防空地下室施工图设计深度要求及图样》08FJ06，其绘制细节如下：

(1) 暖通空调平面图通常在建筑专业提供的平面图上绘制完成，平面图上要标注主要轴线号、轴线尺寸、房间名称、室内地面标高等。在人防首层平面图上应绘出指北针。

(2) 供暖平面图应绘制散热器、干管、管道阀门、放气或泄水装置或阀门、固定支架、伸缩器、入口装置等的位置，注明散热器片数和长度、干管直径及标高、管道坡度及坡向等。

(3) 通风、空调平面图用双线绘制风管、单线绘出空调冷热水、凝结水等管道。平面图上应标注风管尺寸或直径、标高以及定位尺寸；标注风口形式、规格和定位尺寸；标注空调水管的管径、标高、坡度、坡向及定位尺寸；标注各种设备安装定位尺寸和编号；标注消声器、调节阀、防火阀、测压孔等部件和设施的位置。

(4) 对设置了三种通风方式的防空地下室，进风口部一般由进风竖井、扩散室、滤毒室、密闭通道和通风机房等组成。排风口部由排风管道、密闭阀门、自动排气活门、通风短管、排风机、扩散室及排风竖井等组成。

(5) 进风口部平面图中应绘制进风管道、密闭阀门的位置以及油网滤尘器、过滤吸收器、进风机等主要设备的轮廓位置及编号，图中应标注风管尺寸或直径、标高、坡度、坡向及定位尺寸；标注设备及基础距墙或轴线的尺寸。

(6) 排风口部平面图应绘制排风管道、密闭阀门、自动排气活门、通风短管、排风机的位置，图中应标注风管尺寸或直径、标高、坡度、坡向及定位尺寸、设备安装尺寸等，注明设备和管道的编号。

(7) 进风口部平面图中应绘制增压管、尾气监测取样管、空气放射性监测取样管、滤尘器压差测量管、气密测量管的位置、直径及附件，还应绘制值班室测压装置的位置及附件等。

(8) 标注滤尘室、送风机房、简易洗消间等剖面图的剖切符号。

(9) 必要时，应单独出具预埋通气短管及管件的平面图。

【举例 18】　某地某小区 6 号楼，地下 1 层，地上 18 层住宅，防护单元位于地下 1 层，建筑面积 984.3m²，为甲类核 6 常 6 二等人员掩蔽所，人员掩蔽面积 587.7m²。

【介绍】　该人防地下室工程掩蔽人数为 588 人，战时设置清洁通风、滤毒通风和隔绝通风三种方式。战时清洁通风量 3234m³/h，滤毒风量 1294m³/h，该平面图图面清晰，设备、管道的尺寸、水平位置、标高及设备、附件编号等标注齐全，防火阀、密闭阀、换气堵头、超压排气活门等设置齐全，防毒监测取样设施设置齐全，在滤尘室和送风机房截取了 2 个剖面图，图面清晰整洁，设备管道连接关系正确。该平面图建筑物轴线编号及轴线尺寸标注齐全，见图 3.1-19。

【举例 19】　某地瀚唐城 5 号地块车库人防地下室共 3 个防护单元，战时为甲类核 6 常 6 二等人员掩蔽所；防护单元 1 的面积 1874.02m²，掩蔽面积 1050m²，掩蔽人数 1050 人。

【介绍】　该人防地下室设置战时清洁通风、滤毒通风和隔绝通风三种方式。战时清洁通风量 3234m³/h，滤毒通风量 1294m³/h，图 3.1-20 为排风口部示图。该平面图（截图）图面清晰，设备、管道的尺寸、水平位置、标高及设备、附件的代号等标注齐全，地面标高 −5.70m，超压排气活门标高 −4.9m，与排风管在竖向错开，排风管进入扩散室设置的弯管符合规范要求。

3.1.8　屋面层、设备层平面图

屋面层、设备层是非人员活动区的特殊楼层，多数屋面层都可能布置正压送风机、卫生间或其他场所的排风机、冷却塔等，有的布置集中处理新风机房，甚至有的还布置空气源冷水热泵机组、冷热水循环水泵、新风热回收机组等。设备层则是专门为水、暖、电专业布置设备及管道而留出的楼层，该楼层可能布置各种各样的设备及管道，需根据具体情

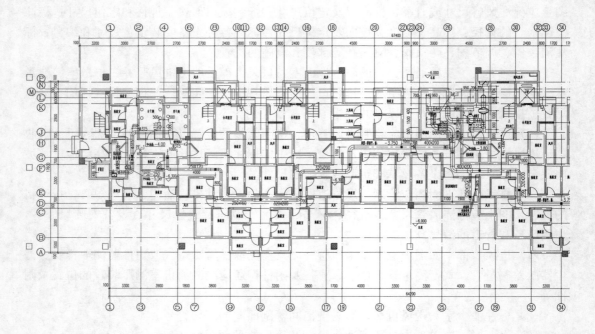

图 3.1-19 地下 1 层人防战时通风平面图示图（局部）

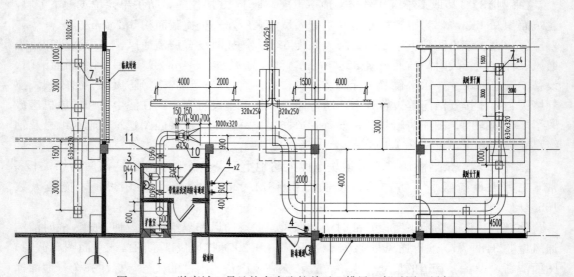

图 3.1-20 瀚唐城 5 号地块车库防护单元 1 排风口部示图（局部）

况而定，设备层有时兼作避难层。屋面层、设备层平面图也是暖通空调施工图不可缺少的重要内容。

屋面层、设备层平面图设计深度可参照上述各节（3.1.1～3.1.4）的内容。

【举例 20】 某地新媒体基地 A3 楼，地上 9 层，建筑面积 9971m²，设置集中空调系统，夏季冷负荷 1122kW，冷冻水供回水温度 7/12℃，冬季热负荷 793kW，热水供回水温度 60/50℃。

【介绍】 图 3.1-21 为 A3 楼屋面层空调、通风及防排烟平面图。该平面图包括以下内容：1）3 个正压送风机 ZS-WD-1、ZS-WD-2（电梯机房屋顶）、ZS-WD-3 及 3 个正压送风井 ZS-1、ZS-2、ZS-3；2）1 个排风机 PF-WD 及其排风井 PF-2；3）1 个排烟风机 PY-WD 及其排烟竖井 PY-1；4）1 台转轮排风热回收机组 RHS-WD 及新风井 XF-1、排风井 PF-1；5）2 台冷却塔 LQT-1、LQT-2；6）消防电梯机房排风扇等设备及相应的风管。

该平面图图面清晰，标注了几个功能区的名称及屋面标高，绘制了设备、管道井的代号及定位尺寸、用双线绘制风管的水平位置、尺寸，风管标高（本介绍省略）及风系统编号等标注齐全，调节阀、防火阀、风口等标注齐全，该平面图建筑物轴线编号及尺寸标注齐全。

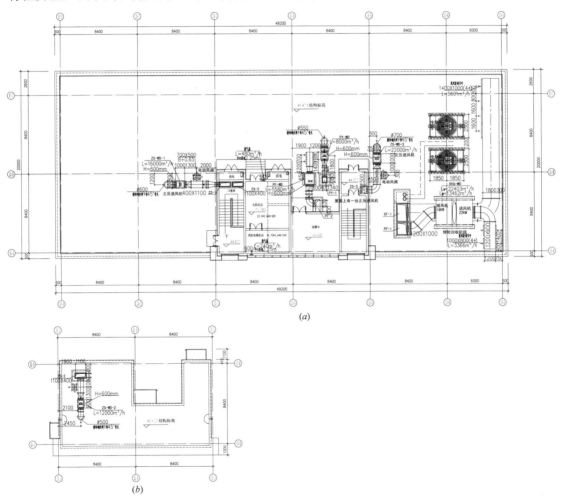

图 3.1-21　A3 楼屋面层空调、通风及防排烟平面图示图
（a）机房层空调、通风及防排烟平面图；（b）屋顶通风及防排烟平面图

【举例 21】　南通某商贸大楼，地下 2 层，地上 37 层，建筑面积 79703m²，建筑高度 149.5m，为超高层大型办公建筑。

【介绍】　图 3.1-22 为避难层空调通风设备管道平面图。该工程的避难层设在 13 层，该平面图包括以下内容：1）设置正压送风机 3 台及竖井；2）避难层送风机 2 台、排风机 2 台及竖井；3）厨房排油烟风机 2 台、厨房排烟风机 2 台；4）新风管及竖井；5）走道排烟风机 1 台及竖井；平面图注明了水管代号及管道直径、水管道井及调节阀、防火阀、耐高温软接头、防雨百叶、风口等附件，注明了空气流动方向，截取了 3 个剖面图。该平面图图面清晰，设备、管道的尺寸、水平位置、标高及风系统设备编号等标注齐全，该平面图建筑物轴线编号及轴线尺寸标注齐全。

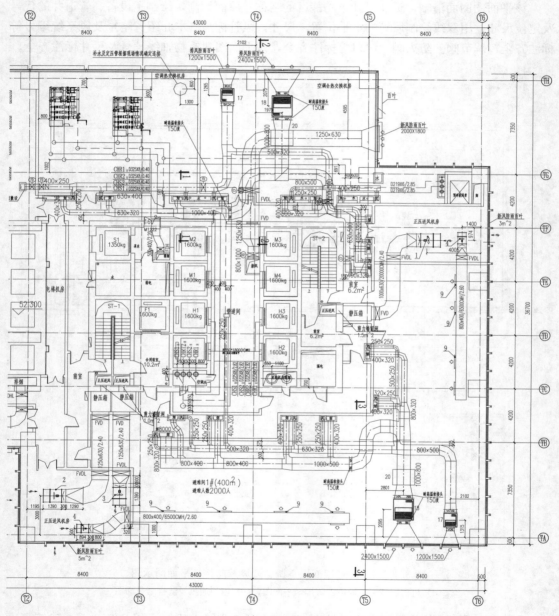

图 3.1-22 商贸大楼避难层空调通风设备管道平面图示图（局部）

3.1.9 多联机空调系统平面图

绘制多联机空调系统平面图应该掌握以下细节：

（1）各层平面图中应有建筑物主要轴线号、轴线尺寸、室内地面标高、房间名称等；其中，首层平面图还应标注室外地面标高，并有指北针。

（2）平面图上应绘制室内机的位置，注明其定位尺寸及编号或代号。

（3）应绘制冷媒管的走向及定位尺寸，分别标注供液管和回气管的直径，标注分歧管的位置。

（4）应注明冷凝水管的走向及定位尺寸，标注冷凝水管的直径、坡向及坡度。

（5）对于风管式室内机的送风管，应绘制风管的位置及定位尺寸，注明风管的尺寸或直径、送风口的位置及尺寸。

（6）对于采用新风换气机的空间，应标注新风换气机的位置及定位尺寸，注明新风、送风、回风和排风管的尺寸或直径、走向及定位尺寸，注明管道内的气流方向，注明各类风口的位置及尺寸，注明室外新风口和排风口的形式及相互之间的距离。

（7）对于尚不能确定室内建筑装饰方案的多联机空调工程，应在平面图的"注"中，特别注明与建筑装饰相配合的要求。

（8）多联机空调系统平面图应有供施工用的完整的技术内容，不容许只注明室内冷负荷或热负荷，交由"二次设计"的施工单位随意处置，以保证工程设计质量。

（9）多联机空调系统室外机平面图应注明机组的外形尺寸、机组距墙及机组相互之间的距离，以保证机组换热器的空气流动顺畅。

（10）室外机和对应的室内机组应采用相同的编号或代号进行标识，竖井内的冷媒管，也应在平面图上按连接机组相同的编号或代号进行标识，以满足施工要求。

（11）对于由供货商配合完成"二次设计"的多联机空调系统，设计人员应跟踪参与设计，不能放任不管，并由设计单位出具正式施工图。

【举例22】　某地铁路运输学校1号实训楼，地上6层，建筑面积6635.75m²，采用变制冷剂流量多联机空调系统，夏季冷负荷714.9kW，冬季热负荷509.27kW。

【介绍】　图3.1-23为二层平面图，该平面图图面清晰，室内机的型号及水平位置、供液回气管的直径、分歧头、冷凝水管的坡度、坡向及设备、附件编号等标注齐全，图面的"注"对安装提出了明确的要求（省略）：嵌入式室内机贴吊顶安装，风管式室内机板

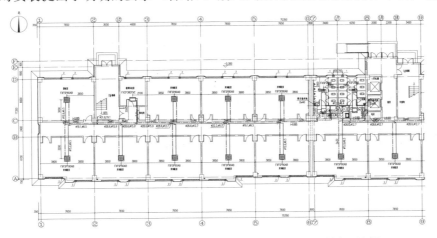

图3.1-23　1号实训楼二层多联机空调通风平面图示图（局部）

下 400mm 吊装，室内的冷凝水接管均为 De32；空调冷媒管贴梁底敷设；冷凝水管坡向拖布池，冷凝水集中排放至卫生间拖布池。该平面图建筑物轴线编号及轴线尺寸标注齐全。

【举例 23】 某地学生食堂，地上 2 层，建筑面积 12000m²，空调面积 6000m²，空调冷负荷 1400kW，采用变制冷剂流量多联机空调系统。

【介绍】 图 3.1-24 为该工程二层平面图，该平面图图面清晰，室内机的编号及水平位置、供液回气管的直径、分歧头、冷凝水管的位置及设备、附件编号等标注齐全，图中

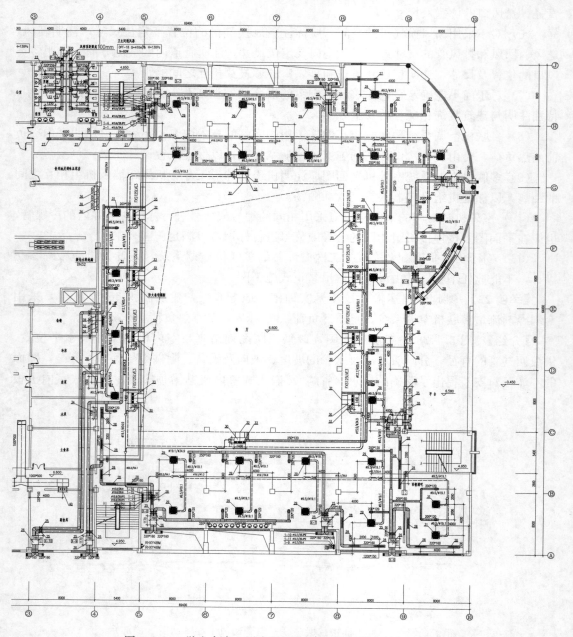

图 3.1-24 学生食堂 2 层多联机空调通风平面图示图（局部）

标注了供液回气立管的位置及直径；餐厅部分采用 10 台风管机侧送风，其他场所为嵌入式室内机；为改善室内空气品质，设置了 10 台新风换气机，注明了新风、送风、回风和排风管的走向及室外气流方向，注明了各类风口和调节阀的位置及尺寸；平面图中建筑物轴线编号及轴线尺寸标注齐全。

3.1.10 地下室、地下车库及设备间通风、排烟平面图

地下室、地下车库及设备间通风、排烟平面图绘制可参照对通风平面图（上述 3.1.2、3.1.4）的要求，但应特别注意以下一些细节：

（1）各层平面图均应在图面空白处小比例单独绘制防火分区、防烟分区划分图，注明防火分区编号及面积、防烟分区编号及面积。

（2）在"设计说明"中，应说明地下室、地下车库及设备间的平时送排风与火灾的排烟补风是合用系统还是分别设置系统。

（3）对于只在火灾时设置机械排烟及补风系统，而平时为窗井或其他方式自然通风的情况，应在"设计说明"中说明平时排风、补风的方式，不能不做交代。

（4）在"设计说明"中，应分别或列表注明各防烟分区的计算排烟量、排烟风机风量、防火（防烟）分区的补风量、补风机风量；对于车库、设备间平时送排风按换气次数计算的情况，也应注明计算送风量、计算排风量、送风机风量、排风机风量，而不能只列换气次数。

（5）应特别说明平时或火灾时，风机、排风（烟）口转换和控制的要求。

（6）标注各送（补）风系统、排风（烟）系统的防火阀的位置和熔断温度，并符合规范的要求。

（7）应注明各送（补）风系统、排风（烟）系统的编号。

【举例 24】 某地大型综合商业体，其中 1 号楼商业建筑面积 28149.4m²，机房层建筑面积 407.56m²。1 号楼地下车库的总建筑面积为 6796.8m²，配电室和消防控制室布置在 1 号楼地下车库内。

【介绍】 图 3.1-25 为该地下车库的通风、排烟平面图。该地下车库的总建筑面积为 6796.8m²，根据防火分区的最大限值，将车库分为 2 个防火分区，防火分区 1 的面积为 3882.1m²，防火分区 2 的面积为 2914.7m²，在图面范围内，绘制了车库防火分区示意图（省略）。每个防火分区以隔墙或设置挡烟垂壁分成两个面积不大于 2000m² 的防烟分区，每个防烟分区都设置独立的排烟系统和机械补风系统。通风系统均为排风兼排烟系统，该设计采用每个防烟分区排烟系统配置两台小风量风机的方案，平时根据车库内的 CO 浓度开启一台或两台风机，做到节能运行。为配电室设置了灭火后的排风系统和消防控制室的排风兼排烟系统，符合规范的要求。该平面图中各系统的送排风机、送排风井、风管尺寸、水平位置、风机型号、风口尺寸及防火阀等附件标注齐全，平面图中建筑物轴线编号及轴线尺寸标注齐全。

【举例 25】 某住宅楼，地下 1 层，地上 15 层，建筑面积 14220m²，地下室分为 2 个防火分区，第 1 防火分区建筑面积 3945.34m²，第 1 防火分区分为 2 个防烟分区，每个防烟分区的面积不大于 2000m²，第 2 防火分区建筑面积 672.33m²，为 1 个防烟分区。

【介绍】 图 3.1-26 为地下室通风（排烟）平面图，第 1 防火分区为汽车库，按防

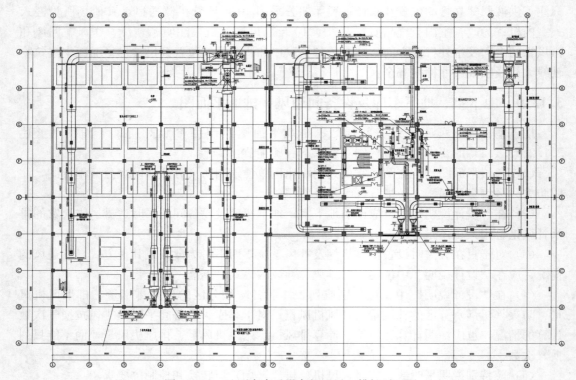

图 3.1-25 地下车库及设备间通风、排烟平面图

烟分区设置排烟系统，采用汽车道自然补风；第 2 防火分区为设备用房——生活水箱间、水泵房设置排风系统，配电房设置平时和火灾后排风系统，另设置地下室防烟楼梯间的正压送风机 2 台。该平面图中各系统的送排风机、送排风井、风管尺寸、水平位置、风机型号、风口尺寸及防火阀等附件标注齐全，建筑物轴线编号及轴线尺寸标注齐全。

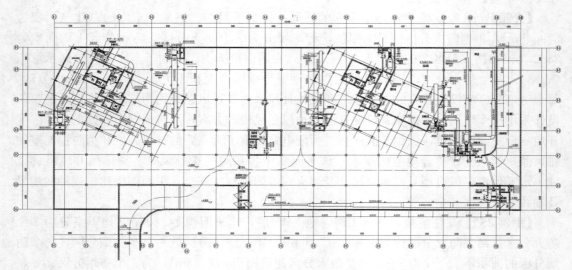

图 3.1-26 某住宅楼地下室通风（排烟）平面图

3.1.11　室外热力网平面图

室外热力网平面图设计深度见《建筑工程设计文件编制深度规定》（2016 年版）4.8.7 的规定，其绘制细节如下：

（1）平面图应绘制建筑红线范围内的总图平面，包括建筑物、构筑物、道路、坎坡、水系等，并标注建筑物、构筑物的名称或编号及层数、定位尺寸或坐标；标注指北针；标注设计建筑物室内±0.00 对应的绝对标高和室外地面主要区域的绝对标高。

（2）绘制管道布置图，图中包括补偿器、固定支架、阀门、检查井、排水井的位置等。

（3）标注管道的走向及定位尺寸，设备、设施的定位尺寸或坐标。

（4）标注管段编号（或节点编号）、管道直径、管线长度及管道介质代号。

（5）标注补偿器类型、补偿器的补偿量（方形补偿器应标注尺寸）、固定支架编号等。

（6）标注管道拐弯处的弯曲角度和弯曲半径。

（7）对于没有绘制管道纵断面图的小型室外热力网，应补充管道横断面图，标注管道埋深和横断面图构造，并特别在平面图上标注控制点的管道标高、管道坡度与坡向。

【举例 26】　图 3.1-27 为某小区室外二次热力网，热力网为 33 栋建筑物冬季供暖系统供热，供热面积大约 50.7 万 m²，总热负荷 22.815MW，由市政热力网提供一次水，一次水的供回水温度为 120/60℃，在小区换热站进行热交换，为小区内的建筑物供暖系统提供二次水。

【介绍】　该热力网属于大型供热管网，根据小区建筑物的功能（住宅或公共建筑）、末端供暖方式（散热器供暖或地面辐射供暖）及建筑物内水系统的竖向分区，换热站内设置 4 个系统，分别是：1）供回水温度为 50/40℃ 的公共建筑内的地面辐射供暖系统；2）供回水温度为 65/50℃ 的住宅低区散热器供暖系统；3）供回水温度为 65/50℃ 的住宅中区散热器供暖系统；4）供回水温度为 65/50℃ 的住宅高区散热器供暖系统。为 4 个系统分别配置 4 套换热器、循环水泵及补水定压装置，合并配置 1 套水处理装置。小区室外二次热力网共有 4 对供回水管道，该室外热力网平面图标注了指北针、小区内的道路、有代表性的地面等高线、建筑物的位置、建筑物编号及层数、4 对管道的介质（种类）代号、平面走向及定位尺寸、各管段的直径及长度，标注了 76 个井室的位置，设计文件附有所有井室的详图，见图 3.1-27。

3.1.12　其他（温控器、穿梁套管及人防工程预埋管等）

编者在审查施工图时发现，由于在《建筑工程设计文件编制深度规定》（2016 年版）中没有作出更明确的规定，许多设计细节容易被设计人员忽视，例如房间温控器的位置、供暖空调水平干管穿梁套管、人防工程预埋管的位置及要求等。对于房间温控器，一般设计人员只在"设计说明"注明设置房间温控器，并不在平面图中显示具体位置或单独出具温控器位置平面图；对于穿梁套管，即使有预埋套管图，也是在结构图上显示；对于人防工程预埋管，一般设计人员认为，管道穿越防护墙时，理所当然的有预埋管，因此都不会

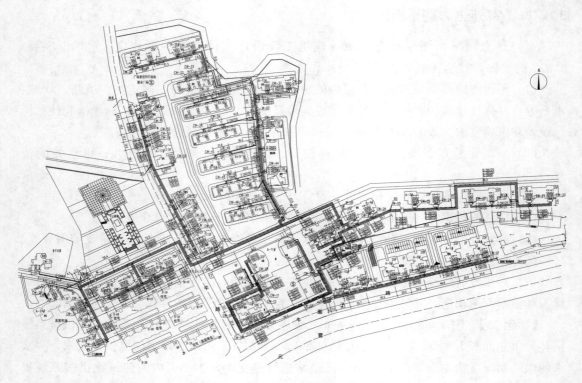

图 3.1-27　室外热力网平面图示图

单独出具预埋管图，甚至也忽视了给结构专业提资，造成在现场开凿防护墙，这是绝对不容许的。因此，凡是对工程质量有重大影响的设计细部，即使《建筑工程设计文件编制深度规定》（2016 年版）中没有作出更明确的规定，设计人员也应该在施工图中准确的交代清楚，以免施工人员的误解而造成人员伤害或财产损失，应引起设计人员的足够重视。

　　【举例 27】　某地山水豪庭 1 号住宅，地下 1 层，地上 14 层，建筑面积 7965m²，室内采用地面辐射供暖系统，供、回水温度为 45/35℃，热负荷 260.28kW。

　　【介绍】　该设计按设计规范要求，在典型房间中设置了温控器，并在地面辐射供暖系统地面埋管平面图中显示，很好地体现了规范的要求，在一般施工图中是不多见的，平面图中建筑物轴线编号及轴线尺寸标注齐全，见图 3.1-28。

　　【举例 28】　某地王家庄 A-9 号住宅，地下 1 层，地上 19 层，建筑面积 9759.68m²，室内为地面辐射供暖系统，供、回水温度为 45/35℃，热负荷 223.4kW。

　　【介绍】　该设计按设计规范要求，在典型房间中设置了温控器，设计人员单独提供了地面辐射供暖温控器位置平面图，不仅极大地方便了施工，而且反映设计人员的负责精神，是编者审查施工图少见的案例，平面图中建筑物轴线编号及轴线尺寸标注齐全（图 3.1-29）。

　　【举例 29】　某地幼儿园，地上 3 层，建筑面积 3462.5m²，供暖建筑面积 3443.9m²，室内为地面辐射供暖系统，供、回水温度为 45/35℃，热负荷 122.74kW，热负荷指标

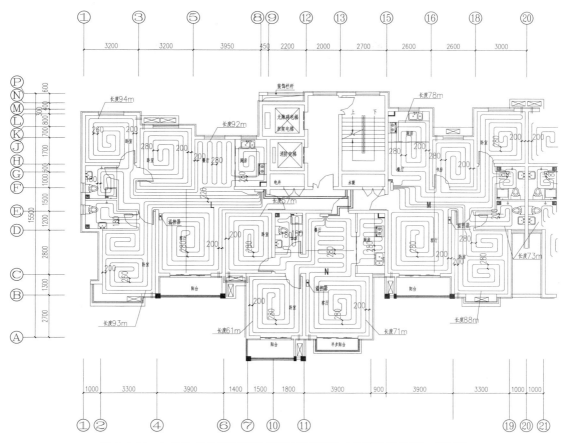

图 3.1-28　1号住宅地面辐射供暖平面图示图（有温控器标识）（局部）

35.64W/m^2。

【介绍】　该工程采用沿纵梁布置供暖供回水干管，立管为中分式，上段为 2、3 层，下段为 1 层，再从立管连接分集水器。从建筑专业图得知，2 层地面标高为 3.6m，按梁板高 500mm，梁底标高为 3.1m。为不影响走道净空高度，设计人员采用穿梁套管布置方式，设定的套管中心标高为 3.25m，为指导施工，设计人员在干管平面图上专门绘制了穿梁套管位置示图，同时，又标注了房间温控器的位置，为施工提供了极大的便利，这种精神值得大力推崇，平面图中建筑物轴线编号及轴线尺寸标注齐全，见图 3.1-30。

【举例 30】　某地花园地下车库，地下 1 层，建筑面积 7814.07m^2，平时为储藏间，战时为防空地下室，乙类常 6 级二等人员掩蔽所。人防建筑面积 1996.8m^2，掩蔽区面积 1160m^2，掩蔽人员 1160 人。设置战时清洁通风、滤毒通风和隔绝通风三种通风方式。

【介绍】　该工程设计人员详细的绘制了战时通风系统中所有的预埋密闭肋和预留洞口，共计 20 个预埋密闭肋，3 个预留洞口。其中预埋密闭肋标注了预埋管的位置、管道直径、中心标高及选用的标准设计图集的图号；预留洞口标注了洞口的位置、洞口尺寸及洞顶标高。这样就可以避免在现场开凿防护墙，破坏防空地下室的密闭性，平面图中建筑物轴线编号及轴线尺寸标注齐全，见图 3.1-31。

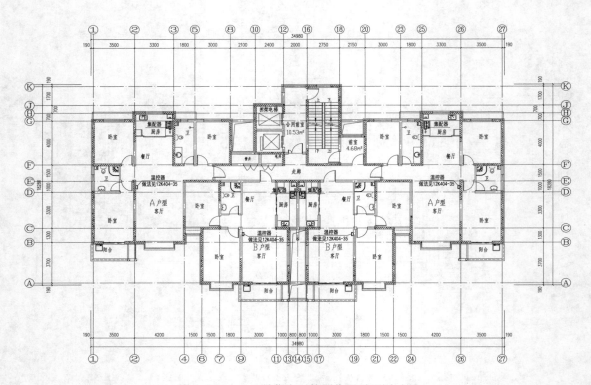

图 3.1-29 A-9 号住宅温控器位置平面图示图

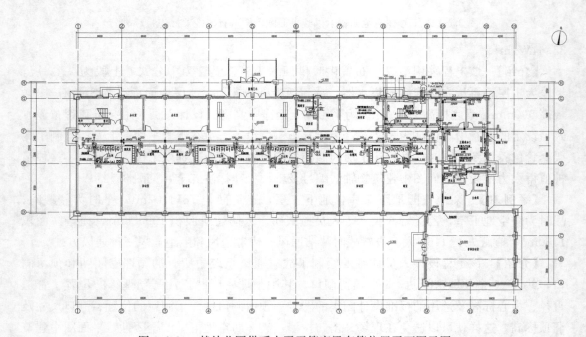

图 3.1-30 某幼儿园供暖水平干管穿梁套管位置平面图示图

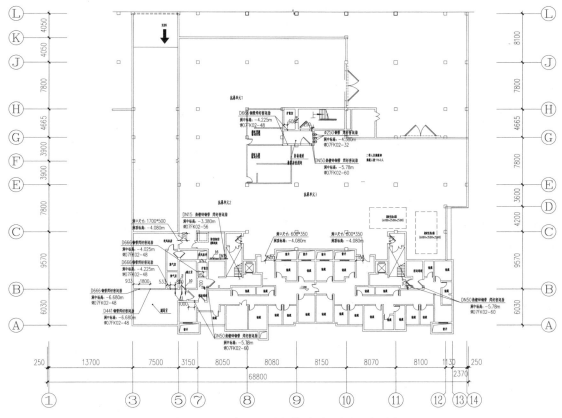

图 3.1-31   防空地下室战时通风留洞平面图

3.2 立（剖）面图的绘制

观察者从前、后或侧面观察并绘制的图称为立面图，图面反映的是实物（系统）的外部状况；从某一视点，通过对平面图剖切观察绘制的图称为剖面图，剖面图是为说明平面图难以表达的内容而绘制的。与平面图相同，立（剖）面图采用正投影法绘制。图中所表述的内容必须与平面图一致。常见的剖面图有：空调通风系统剖面图、空调机房剖面图、制冷机房剖面等，经常用于表述比较复杂、部件较多以及设备、管道、风口等纵横交错时垂直方向上的关系。立（剖）面图中设备、管道与建筑之间的线型设置等规则与平面图相同。

3.2.1 通风、空调系统剖面图

通风、空调系统剖面图设计深度见《建筑工程设计文件编制深度规定》（2016 年版）4.7.6 的规定。其绘制细节如下：

（1）通风、空调系统剖面图的范围及方向应与平面图上的剖切符号相一致。

（2）凡在平面图上剖到或见到的有关建筑、结构、工艺设备均应用细实线画出。应标注地板、楼板、门窗、顶棚的剖面及与空调通风有关的建筑物、工艺设备的标高，并应注

明建筑物地面土壤图例等。

（3）标注通风、空调设备及其基础、构件、风管、风口的定位尺寸及相应的标高，标注风管管径（圆形风管）或宽×高（矩形风管）和系统编号。

（4）立（剖）面图与平面图在同一图页上时，按平面图在下、立（剖）面图在上或平面图在左、立（剖）面图在右的规则绘制。

（5）立（剖）面图应根据需要增大比例，绘出通风、空调、制冷换热设备的编号及轮廓位置，注明设备外形尺寸和基础距离墙或轴线的尺寸。

（6）绘出连接设备的风道、水管的走向及定位尺寸、标高，并绘制管道附件。

（7）风道或管道与设备连接交叉复杂的部位，当平面图不能表达复杂管道、风道相对关系及竖向位置时，应绘制局部剖面或详图。

（8）立（剖）面图应绘出对应于机房平面图的设备、设备基础、管道和附件，注明设备编号及详图索引编号，标注竖向尺寸和标高；在平面图中无法标注清楚的尺寸，应在剖面图中标注。

（9）立（剖）图应注明风道、水管的介质流向及详图索引编号。

（10）立（剖）图应注明建筑物轴线的编号，并与平面图建筑物轴线的编号一致。

【举例 31】 石家庄市某综合楼，地下 1 层，地上 20 层，总建筑面积约 24100m²，设置集中空调系统，夏季冷负荷 3799kW，冷冻水供回水温度 7/12℃，冬季热负荷 3410kW，热水供回水温度 60/50℃。空调系统形式为全空气系统和风机盘管加新风系统，水系统竖向分为两个区，地下 1 层至地上 10 层为低区，地上 11 层至 20 层为高区。

【介绍】 图 3.2-1 为该工程的通风、空调系统剖面图，剖切位置为Ⅰ-Ⅰ（摘录标高 43.00m 至 58.00m 段，略去 21.00m 至 43.00m 段），剖面图绘制了走道内新风管和供回水管的安装位置，风管的安装高度，送风口、回风口的形式及尺寸，送风管、回风管的尺寸，风机盘管的型号；注明了功能区的名称，标注了建筑物轴线及各层楼面的标高。

3.2.2　冷热源机房剖面图

冷热源机房剖面图设计深度见《建筑工程设计文件编制深度规定》（2016 年版）4.7.6 的规定。其绘制细节如下：

（1）冷热源机房剖面图的范围及方向应与平面图上的剖切符号相一致。

（2）绘制冷水机组、锅炉、换热机组、水泵等设备及其基础的轮廓尺寸、定位尺寸。

（3）绘出连接设备的风道、水管的走向及定位尺寸、直径及标高，并绘制管道附件。

（4）冷热源机房剖面图应注明风道、水管的介质流向及详图索引编号。

（5）冷热源机房剖面图应注明建筑物轴线的编号，并与平面图建筑物轴线的编号一致。

【举例 32】 某地新媒体基地 A3 楼，地上 9 层，建筑面积 9971m²，设置集中空调系统，夏季冷负荷 1122kW，冷冻水供回水温度 7/12℃，冬季热负荷 793kW，热水供回水温度 60/50℃。

【介绍】 图 3.2-2 和图 3.2-3 剖面图的剖切位置为 A-A 和 B-B，剖面图绘制了冷水机组、分水器、集水器的外形尺寸及基础尺寸，标注了管道介质代号、管道直径、管道定位尺寸、标高（高度），绘制了调节阀、平衡阀、软接头等附件及温度计、压力表等仪表，标注了介质的流向，注明了建筑轴线及建筑标高等，内容比较齐全。

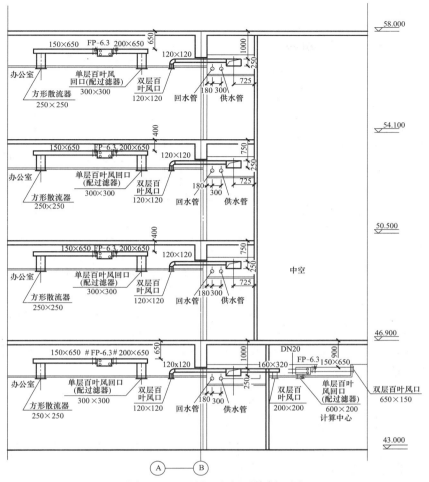

图 3.2-1　通风、空调系统剖面图

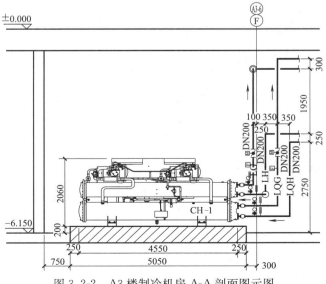

图 3.2-2　A3 楼制冷机房 A-A 剖面图示图

【举例33】 江西某综合商业体，地下2层，地上5层，总建筑面积196589m²，设有商业、商铺、影院、餐饮等场所，分区域设置了集中空调系统。

【介绍】 该项目商业部分的夏季空调冷负荷为20783kW，预留1054.8kW，机房内设置单台制冷量为4571kW的高压水冷离心式冷水机组4台，单台制冷量1406kW的低压水冷离心式冷水机组2台，冷冻水供回水温度为7/12℃，冬季空调热负荷为3560kW，设置单台供热量2.5MW的燃气热水锅炉2台，锅炉供回水温度为85/60℃，

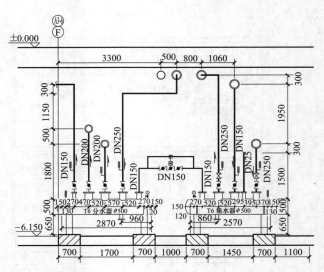

图3.2-3 A3楼制冷机房B-B剖面图示图

通过板式热交换器制备的末端空调热水供回水温度为55/45℃。该剖面图标注了设备（水泵）和管道的图示，注明了设备的编号、管道的水平位置，注明了管道的直径及介质流向，注明了水平管道的标高，绘制了调节阀、软接头和压力表等附件，标注了建筑物轴线编号、尺寸及建筑标高等，见图3.2-4。

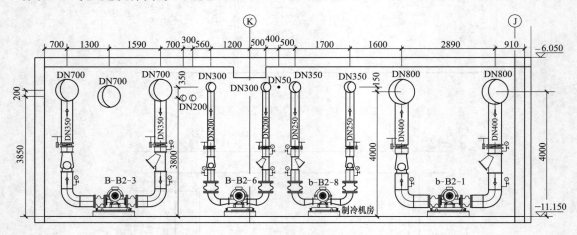

图3.2-4 综合商业体制冷机房2-2剖面图示图

3.2.3 通风空调机房剖面图

通风空调机房剖面图设计深度见《建筑工程设计文件编制深度规定》（2016年版）4.7.6的规定。其绘制细节如下：

（1）通风空调机房剖面图的范围及方向应与平面图上的剖切符号相一致。

（2）标注通风、空调设备及其基础、构件、风管、风口的定位尺寸及相应的标高，标注风管管径（圆形风管）或宽×高（矩形风管）和系统编号。

（3）绘出连接设备的风道、水管的走向及定位尺寸、标高，并绘制管道附件。

（4）通风空调机房剖面图应注明风道、水管的介质流向及详图索引编号。

（5）通风空调机房剖面图应注明建筑物轴线的编号，并与平面图建筑物轴线的编号一致。

【举例 34】　某华南城展厅，建筑面积 3570m²，地上 1 层，设置集中空调系统，夏季冷负荷 945kW。

【介绍】　图 3.2-5 为某华南城展厅空调机房剖面图，该剖面图图面完整，标注了设备的位置、风管的尺寸、水平位置及标高，标注了风量调节阀、防火阀及室外风口等附件，标注了建筑场所名称、层标高、建筑物轴线编号及轴线尺寸。

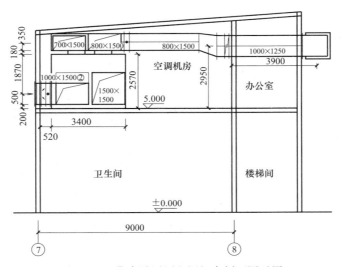

图 3.2-5　华南城展厅空调机房剖面图示图

【举例 35】　某医院门诊楼，地上 6 层，建筑面积 5365.36m²，空调面积 3887m²，夏季冷负荷 722kW，冷负荷指标 186W/m²，冷水供回水温度为 7/12℃；冬季热负荷 413kW，热负荷指标 106W/m²，热水供回水温度为 55/45℃。

【介绍】　图 3.2-6 为某医院门诊楼空调机房 A-A 剖面图，该剖面图图面完整，标注了设备的位置、风管的尺寸及标高，标注了风量对开多叶调节阀、防火调节阀、消声百叶窗及连接软管等附件，标注了对开多叶调节阀、消声百叶窗的尺寸及标高，标注了空调冷冻水管的直径、连接点标高、过滤器及调节阀，标注了建筑物轴线编号及尺寸、地面标高。

【举例 36】　本工程为秦皇岛某安置房工

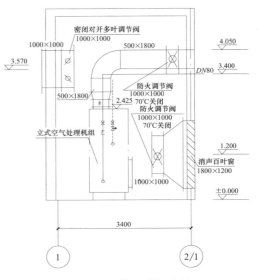

图 3.2-6　某医院门诊楼空调机房 A-A 剖面图示图

程地下车库，总建筑面积为 19175.1m²，总停车数量为 600 辆。地下车库划分为 8 个防火分区：其中防火分区 1 至防火分区 6 为车库；防火分区 7 为自行车库；防火分区 8 为水池和泵房。

【介绍】 图 3.2-7 为地下车库排烟风机机房剖面图，该剖面图图面完整，标注了设备的位置、风管的尺寸、水平位置及标高，标注了风量调节阀、防火阀及连接软管等附件，标注了建筑物轴线编号及地面标高。

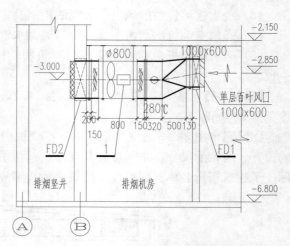

图 3.2-7 地下车库排烟风机机房剖面图

3.2.4 走道剖面图

在施工图设计中，走道吊顶是各种管道（线）最密集的地方，一般都布置有生活水管、消防水管、空调供回水管及冷凝水管、新风管、动力电线缆及桥架、弱电线缆及支架、轻型龙骨及吊杆，还有走道顶灯。由于吊顶内的空间十分狭小，如果在设计过程中各专业不能很好地配合，没有进行管道综合，就会出现谁先进场就施工顺利、后进场就施工困难的情况，甚至后进场的施工单位踩坏或拆除先进场施工单位的管道（线）或设备，造成施工单位之间的矛盾，而且影响工程的质量和进度，是施工过程中常见的十分严重的问题。为了解决施工过程中的这一问题，设计单位应绘制走道剖面图，进行管道综合，安排各种管道（线）的水平位置及标高，并保证满足规范要求的彼此之间的间距。

走道剖面图的绘制细节可参考上述 3.2.2 和 3.2.3。

【举例 37】 某办公楼，地上 4 层，建筑面积 3990m²，夏季采用风机盘管加新风系统的集中空调系统，冷冻水温度为 7/12℃，冷负荷 502.25kW；冬季采用地面辐射供暖系统，供回水温度为 50/40℃，热负荷 155.61kW。

【介绍】 图 3.2-8、图 3.2-9 为走道管线剖面图示图，两个剖面图图面完整清晰，绘制了电桥架、风管和水管的位置，标注了风管尺寸及高度，注明了建筑层高及吊顶位置、标注了空调水管、冷凝水管的高度。

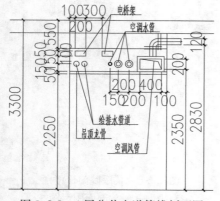

图 3.2-8 4 层公共走道管线剖面图

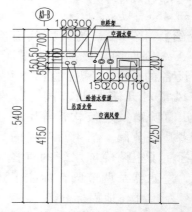

图 3.2-9 5.40m 标高公共走道管线剖面图

3.3　系统图（立管图或竖风道图）的绘制

为了更清楚的表达平面图上设备、管道及附件等在空间的关系，让识图者或施工人员更好地了解设计意图，明确设备、管道及附件等在空间相对位置，除了极简单清晰的小型工程外，一般都要求绘制系统图（立管图或竖风道图）。系统图（立管图或竖风道图）采用机械制图的投影透视规律，其主要作用是从整体上表明系统的构成情况，系统图中应包括设备、配件的型号、尺寸、定位尺寸、数量以及连接于各设备之间的管道在空间的折转、交叉、走向和尺寸、定位尺寸等，系统图还应注明系统编号，系统图能显示设备、管道及附件等在三维空间中前后、上下、左右的相对位置；系统图可采用单线绘制，也可以采用双线绘制，一般采用 45°投影法，尽可能按比例绘制。在功能强大的 CAD 制图软件中，根据平面、立面、侧面三视图可以直接生成系统图。

3.3.1　供暖系统图

供暖系统图主要表达供暖系统中的管道、设备的连接关系、规格及数量，不表达建筑专业内容。供暖系统图设计深度应满足《建筑工程设计文件编制深度规定》（2016 年版）4.7.7 的规定，其绘制细节如下：

（1）绘制系统中所有的设备、管道、管道附件等。

（2）注明管道直径、水平管道的标高、坡度及坡向。

（3）散热设备的规格、数量、标高，散热设备与管道的连接方式。

（4）系统中的排气、泄水装置、补偿器、固定支架等。

（5）供暖系统图应按轴侧投影法绘制，并宜用正等轴侧或正面斜轴侧投影法，采用正面斜轴侧投影法时，Y 轴与水平线的夹角应选用 45°或 30°。

（6）供暖系统图宜用单线绘制，供水干管、立管用粗实线，回水干管用粗虚线，散热器支管、附件轮廓等用中粗实线，标注线用细实线。

（7）供暖系统图宜采用与相应的平面图相同的比例。

（8）需要限制高度的水平管道，应标注标高，以管道中心线为准，并应标注在管道的始端或末端，散热器宜标注底标高。对于垂直式系统，同一层、同标高的散热器只标注右边的一组；标高标注应采用以首层地面标高±0.00 为基准的方法标注，应该摒弃采用"$H+\times\times$"的标注方法。

（9）柱式散热器等的数量应标注在散热器内，光管式散热器等应标注在散热器的上方。

（10）供暖热水分支水路采用竖向输送时，应绘制立管图并编号，标明管径、标高及设备编号，立管的编号应与平面图的编号一致。

【举例 38】　某地京北中央公园 1 号住宅，建筑面积 18798.92m²，地下 1 层，地上由两个单元组成，分别为 18 层和 26 层，室内为分户水平双管散热器供暖系统，供、回水温度为 75/50℃。

【介绍】　图 3.3-1 为该工程某层散热器供暖系统图。该图标注了管道走向、直径，散热器位置及数量，标注了散热器温控阀。

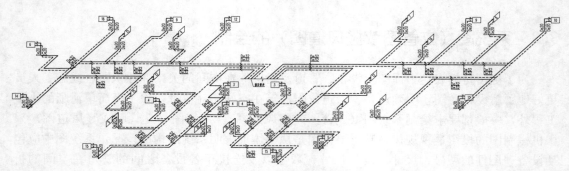

图 3.3-1　分户水平双管散热器供暖系统图示图

【举例 39】　某地防腐保温管制造厂房，主体 7 层，局部 8 层，建筑面积 6192.54m²，室内采用供回水温度为 95/70℃ 的散热器供暖系统，制式为上供下回垂直单管带跨越式系统。

【介绍】　图 3.3-2 为该工程供暖系统图，该设计图图面表述比较完整，标注了立管编号、立管直径、水平管标高、楼层标高及散热器数量等。由于厂房主体为 7 层，根据《民用建筑供暖通风与空气调节设计规范》GB 50736—2012　第 5.3.4 条关于"垂直单管带跨越式系统的楼层层数不宜超过 6 层，水平单管跨越式系统的散热器组数不宜超过 6 组"的规定，设计人员将水管竖向分为两个系统：1～3 层系统和 4～8 层系统。供水干管分别布置在 3 层和 7 层顶板下，回水干管分别上翻至 1 层和 4 层顶板下。根据本书中篇的分析可知（见案例 42），虽然第 1 层的回水干管上翻至 1 层顶板下可以避开 1 层的外门或通道，但是 4 层的回水干管则不应该上翻至 4 层顶板下，应该将立管下到 3 层，在 3 层顶板下布置回水干管，与下部的供水干管共支架敷设，这样既节省了 4 层散热器上翻的回水立

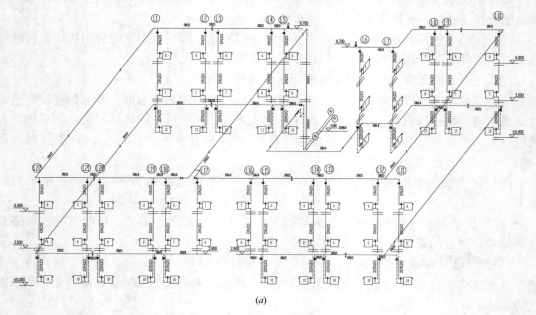

(a)

图 3.3-2　供暖系统图示图（一）

(a) 一～三层供暖系统

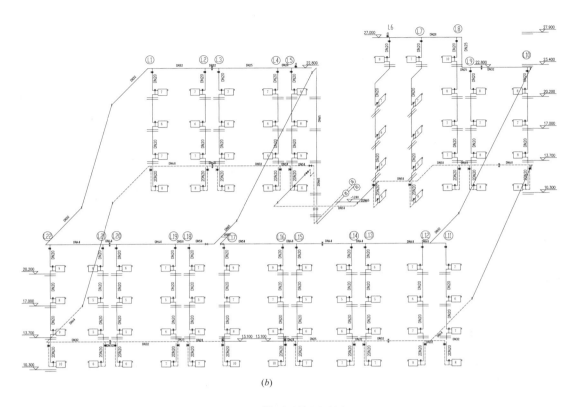

(b)

图 3.3-2　供暖系统图示图（二）

(b) 四～七层供暖系统

管和立管底部的放水阀，又减少了施工工作量。设计人员不作认真的分析，千篇一律采用这种底层水平干管上翻的方式是十分普遍的现象，是一种极不合理的情况，设计人员应该学会选择优化的方案。

【举例 40】　某地铁路运输学校学生生活用房，建筑面积 6744.52m²，地上 6 层，室内为上供下回垂直单管跨越式散热器供暖系统，供回水温度为 85/60℃，设计热负荷 206.43kW。供水干管在 6 层顶板下，回水干管从 1 层地面上翻至 1 层顶板下。

【介绍】　该设计图面表述较完整，标注了立管编号、立管直径、水平干管的直径、标高、坡向及坡度、固定支架、水平干管放气阀、立管底部泄水阀等。另外，该系统图虽然没有标注散热器数量，但是图面的"注 4"注明，"系统图中散热器数量与平面图相对应"。编者特别提醒设计人员，如果系统图中没有标注散热器数量，可以像该例一样，在图面的"注"中加以说明，而不要忽视这个环节，见图 3.3-3。

3.3.2　供暖系统立管图

为了清楚地了解建筑物供暖系统从下至上的概况，楼层较高时，应绘制供暖系统立管图，这是目前施工图设计中经常采用的一种表示方法。供暖系统立管图的绘制深度应满足《建筑工程设计文件编制深度规定》（2016 年版）4.7.7 的规定，绘制细节如下：

（1）供暖系统立管图是供暖系统图的简化形式，绘制时只显示立管及水平支管与立管

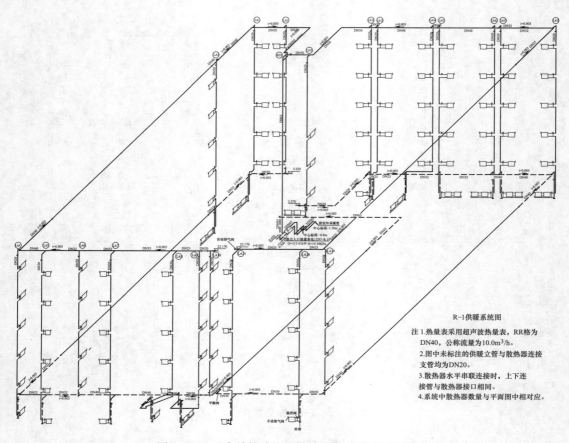

R-1供暖系统图

注 1.热量表采用超声波热量表，RR格为
DN40，公称流量为10.0m³/h。
2.图中未标注的供暖立管与散热器连接
支管均为DN20。
3.散热器水平串联连接时，上下连
接管与散热器接口相同。
4.系统中散热器数量与平面图中相对应。

图 3.3-3　垂直单管跨越式散热器供暖系统图示图

的连接部分，但应另外绘制水平支管及末端设备的局部透视图，并在立管图的水平支管处
注明与该局部透视图相同。

（2）供暖系统立管图反映系统竖向分区情况，应按不同分区分别绘制。

（3）立管图应注明各段的管道直径、所连接水平支管的直径及调节附件。

（4）立管图应注明固定支架位置、补偿器的位置及补偿量、楼层层数及标高。

（5）立管顶部应设置放气阀，底部最低处应设置排水阀。

（6）立管应进行编号，立管图上立管的编号应与平面图上立管的编号一致，不应出现
互相矛盾的情况。

【举例41】　图 3.3-4 为某地新合作 6 号楼供暖系统立管图，该工程地下 1 层，地
上 18 层，建筑面积 20333.65m²，室内设计为 45/35℃地面辐射供暖系统，根据该小
区居住建筑高度总体分区，水系统竖向分为两个区，1～13 层为低区，14～18 层为
高区。

【介绍】　目前设计的多层或高层居住建筑中，严寒和寒冷地区室内供暖系统均采用共
用立管的单独分户计量系统，针对这种形式，《建筑工程设计文件编制深度规定》（2016
年版）4.7.7规定："多层、高层建筑的集中采暖系统，应绘制采暖立管图并编号。"因
此，设计图纸应出具供暖系统立管图。该立管图表述比较完整，显示了立管竖向分区的高

度、立管直径、分户管的位置及直径、固定支架位置、补偿器的位置及补偿量、楼层层数及标高、立管顶部放气阀等。但是正如该设计一样，采用"一单元"、"二单元"甚至还有"左单元"、"右单元"或"A 单元"、"B 单元"等来标注立管特质，是工程设计中普遍存在的陋习，应该加以改正。因为"一单元"、"二单元"、"左单元"、"右单元"或"A 单元"、"B 单元"等都是容易产生歧义的表述，当立管特质不相同时，很可能出现施工错误甚至造成损失。因此设计人员应该摒弃采用不确定用语的陋习，正确的做法是采用由字母或字母与数字组合的编号，例如用"RG1"、"RH1"或"立 1"、"L1"等进行编号，要求平面图 1 层（或地下室）热力入口和立管图均标注立管编号，并且编号应一致，而不应产生矛盾。

3.3.3　空调末端水系统图

空调末端水系统图用轴侧投影法绘制，一般用单线表示，基本方法与供暖水系统图相似。联系平面图和系统图一起识图可以帮助理解空调水系统管道的走向及其与设备的关联。空调末端水系统图的绘制深度应满足《建筑工程设计文件编制深度规定》（2016 年版）4.7.7 的规定，绘制细节如下：

（1）绘制系统中所有的设备、管道、管道附件等。

（2）注明立管及水平管道的直径、水平管道的标高、坡度及坡向。

（3）注明空调末端设备的编号（代号）、数量及与管道的连接方式。

（4）系统中的排气、泄水装置、补偿器的位置及补偿量、固定支架的位置等。

（5）空调末端水系统图应按轴侧投影法绘制，并宜用正等轴侧或正面斜轴侧投影法，采用正面斜轴侧投影法时，Y 轴与

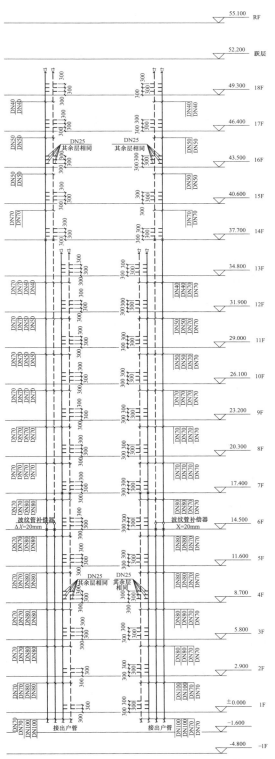

一单元供暖立管系统图　二、三单元供暖立管系统图

图 3.3-4　某地 6 号楼供暖系统立管图示图

水平线的夹角应选用 45°或 30°。

（6）系统图应显示立管和水平支管的位置及管径，绘出设备、阀门、计量和观测仪表、配件，标注介质流向、管径及设备编号，且管路分支和设备的连接顺序应与平面图相符。

（7）空调末端水系统图宜用单线绘制，供水干管、立管用粗实线，回水干管用粗虚线，末端设备供回水支管、附件轮廓等用中粗实线，标注线用细实线。

（8）空调末端水系统图宜采用与相应的平面图相同的比例。

（9）需要限制高度的水平管道，应标注标高，以管道中心线为准，并应标注在管道的始端或末端。标高标注应采用以首层地面标高±0.00 为基准的方法标注，应该摒弃采用"$H+\times\times$"的标注方法。

（10）空调冷热水分支水路采用竖向输送时，应绘制立管图并编号，标明管径、标高及设备编号，立管的编号应与平面图的编号一致。

【举例 42】 某科研楼，地下 1 层，地上 4 层，建筑面积 6770m²，设置集中空调系统。冷负荷 615.9kW，热负荷 462.8kW，机房内设置换热量 650kW 的热交换器 2 台，冬季供回水温度 55/45℃，夏季冷冻水为外供空调水，温度 7/12℃。

【介绍】 图 3.3-5 为科研楼室内空调末端水系统图，该设计标注了立管的直径、排气阀和泄水阀，标注了立管的编号（GL1、HL1 等），标注了水平干管、支管的直径、末端空调器的编号或型号（柜式空调机标注编号，如 X-4-1；风机盘管标注型号，如 FP-12），标注了过滤器、调节阀和软接头等附件，标注了竖向楼层数，是一份比较完整的系统图。

3.3.4　空调水（含制冷剂）系统立管及末端展开图

空调水系统立管及末端展开图的绘制深度应满足《建筑工程设计文件编制深度规定》（2016 年版）4.7.7 的规定，其绘制细节如下：

（1）由于设置空调系统的建筑物一般规模较大，空调系统相对复杂，不便于采用正等轴侧或正面斜轴侧投影法绘制系统图，为了简化制图的工作量和使图面清晰，空调水系统普遍采用立管及末端展开图。

（2）空调水系统立管及末端展开图只显示立管、水平支管及末端设备的连接关系，不表示管道、设备之间的立体透视关系，只在平面上显示。

（3）空调水系统立管及末端展开图应显示立管的竖向分区，标注各区段立管的直径、水平管的直径、末端设备的序号（编号或代号）等。

（4）立管部分应标注补偿器的位置及补偿量、固定支架的位置。

（5）立管顶部应设置放气阀，底部最低处应设置排水阀；水平干管的高点和末端亦应设置放气阀。

（6）空调水系统应进行编号（或标注代号），立管图上立管的编号或代号应与平面图上立管的编号或代号一致，不应出现互相矛盾的情况。

（7）竖向应标注楼层数及标高。

【举例 43】 图 3.3-6 为某工程的空调立管及末端设备展开图，该工程为某地××超高层建筑，地下 3 层，地上 36 层，总高度 138m，其中 6 层和 21 层为避难（设备）层，空调水系统竖向分为三个系统：1～7 层（局部）的裙楼为低区（酒店）系统，8～20 层为中区（办公）系统，21 层为避难-设备层，22～36 层为高区（公寓）系统。

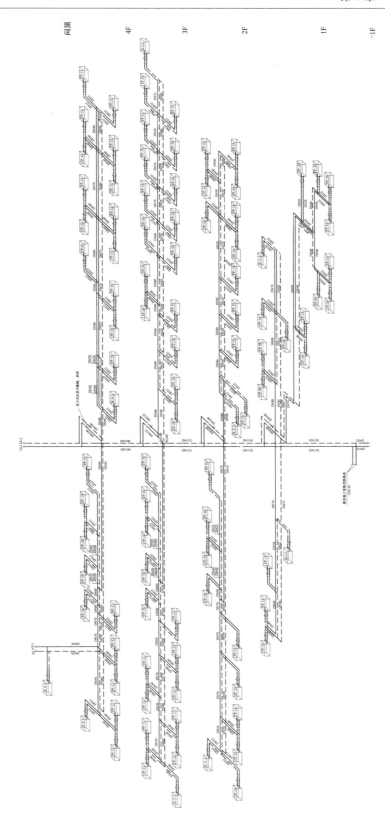

图 3.3-5 某科研楼室内空调末端水系统图示图

【介绍】　该工程规模较大，冷源部分设置离心式水冷冷水机组（SL-）3台，设置在地下室，为中区和高区提供冷冻水，冷水机组单台制冷量为1758kW（500RT），冷冻水温为7/12℃，冷却水温为37/32℃。设置流量330m³/h的冷冻水泵（BsL-）3台，流量450m³/h的冷却塔（T-）3台，流量400m³/h的冷却水泵（Blg-）3台。低区为冷水机组直接供水，同时为高区设置板式热交换器（HRg-）2台，进行二次换热，单台供热量为1200kW，一次水温度为7/12℃，二次水温度为9/14℃，二次侧设置流量190m³/h的冷冻水泵（Bg2-）3台（2用1备）。另外为高区设置空气源冷水热泵机组（FL-）3台，设置在36层的屋面，单台制冷量为476kW，单台制热量为490kW，冷冻水温度为9/14℃，热水温度为45/40℃，同时设置流量90m³/h的循环水泵（Bfl-）4台（3用1备）。为酒店部分设置板管蒸发式冷凝螺杆三联供机组（ZLs-）1台和板管蒸发式冷凝螺杆热泵机组（ZL-）2台，为酒店提供生活热水，机组设置在6层避难层，同时配置流量220m³/h的冷热水泵（Bzl-）4台（3用1备）。为了减小立管直径，设计采用了两对立管（DLRG1-DL-RH1和DLRG2-DLRH2）。需要特别指出的是，该工程各区空调水系统均采用高位膨胀水箱进行定压补水，是目前空调水系统设计中极罕见的实例，也是符合建筑节能设计规定的，值得在类似工程中推广。

该空调水系统立管及末端展开图绘制的内容十分齐全。包括除地下室以外所有板式热交换器、空气源冷水热泵机组、板管蒸发式冷凝螺杆三联供机组、板管蒸发式冷凝螺杆热泵机组、冷冻水泵、二次水泵及冷热水泵等主要设备的图示及各设备的代号，空调机组、新风空调机组及风机盘管等空调系统末端的图示，分集水器、高位膨胀水箱等辅助设备的图示。图中注明了立管的代号、各区段立管的直径、立管顶部排气阀、底部排水阀，注明了立管上固定支架的位置、补偿器的位置、工作压力及补偿量，标注了水平管末端的排水阀，标注了阀门、调节阀、平衡阀、流量表、温度计、压力表等附件，另外，在中区和高区图上完整的标注了竖向楼层数及标高。

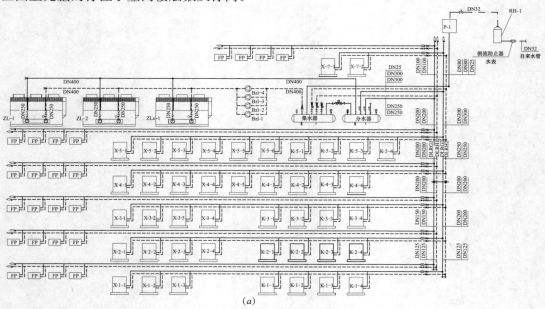

图3.3-6　空调水系统立管及末端展开图示图（一）

(a)　低区（一～七层）

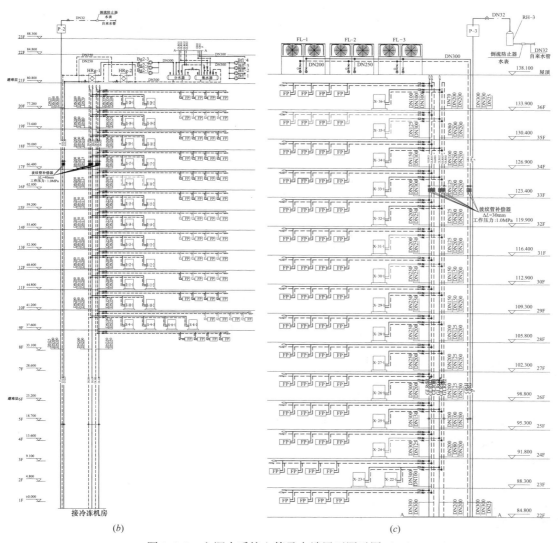

图 3.3-6　空调水系统立管及末端展开图示图（二）

（b）中区（八～二十一层）；（c）高区（二十二～二十六层）

【举例 44】　某地文体中心，地上 5 层，总建筑面积为 2999.4m²，室内设置变制冷剂多联机集中空调系统，图 3.3-7 为制冷剂系统末端展开图。

【介绍】　该末端展开图绘制了室外机、室内机的示图及型号，标注了供液管、回气管的直径，分歧管的位置，注明了建筑场所名称和建筑楼层数，图面清晰完整。

3.3.5　风管（含空调风管）系统图

风管（含空调风管）系统图一般应包括以下内容：表示风管（含空调风管）系统中空气所经过的所有管道、设备及附件，并标注设备与附件的编号或名称。绘制风管（含空调风管）系统图应注意以下事项：

（1）用单线或双线绘制风管系统轴侧图，标注管径（圆形）或宽×高（矩形）、标高，在各分支管上标注管径（圆形）或宽×高（矩形）及风量，在风机出口段标注管径（圆

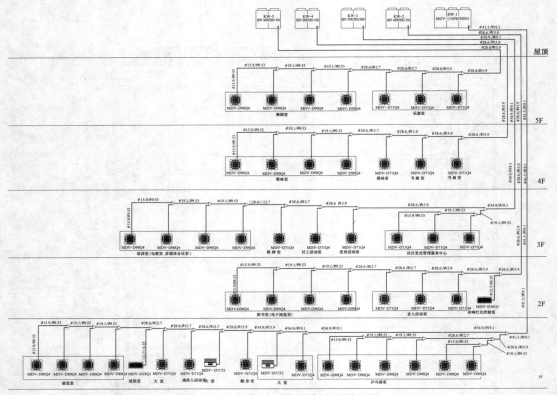

图 3.3-7　制冷剂系统末端展开图示图

形）或宽×高（矩形）及总风量，注明送（排）风口的风量。

（2）按比例（或示意）绘制送风口、回风口、排风口，并标注风口的形式、尺寸及定位尺寸。注明风管、送风口、排风口的空气流向。

（3）考虑管道排水有坡度要求时，应在风管上表示出排水管及阀门。

（4）当系统较复杂会出现图面重叠时，为使图面清晰，可将一个系统断开成几个子系统，分别绘制，断开处应标识相应的折断符号，也可以将系统断开后平移，使各部分管道不致聚集在一起而影响识图，断开处应绘出折断线或用细虚线相连。

（5）应注明风管（含空调风管）系统的编号。

【举例45】　该工程为办公楼工程。建筑物为地下 1 层，地上 6 层，总建筑面积为 14669.4m²，建筑总高度 22.2m。设计内容包括：供暖系统、通风系统、防排烟系统、换热站系统。通风系统包括：1）标准间卫生间设置了排风扇。2）操作间设置了机械排风、自然补风的通风系统。3）餐厅内设置了全面排风系统。

【介绍】　该系统标注了排风机、排风口、防火阀、风量调节阀的编号、风管的尺寸，绘制了风管的大小头，标注了排风口的气流方向及风管的安装高度，图面清晰完整，见图3.3-8。

3.3.6　冷热源机房系统图

冷热源机房系统图的设计深度应满足《建筑工程设计文件编制深度规定》（2016 年版）4.7.7 的规定，其绘制细节如下：

（1）冷热源机房系统图应按轴侧投影法绘制，并宜用正等轴侧或正面斜轴侧投影法，

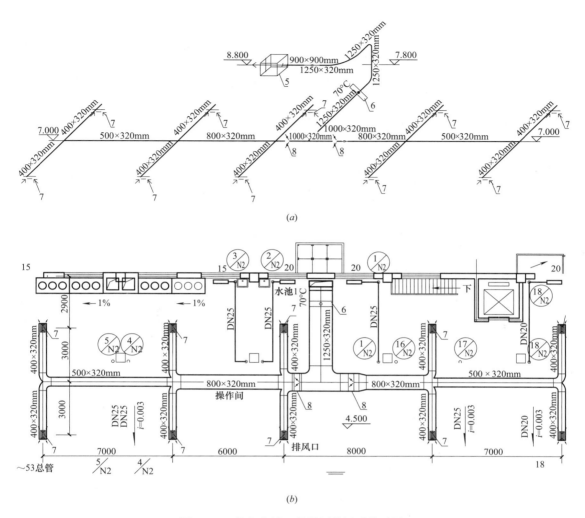

图 3.3-8 某办公楼工程餐厅排风系统示图

(*a*) 系统图;(*b*) 平面图

采用正面斜轴侧投影法时,Y 轴与水平线的夹角应选用 45°或 30°。

(2) 绘制系统中所有设备的图示,并注以编号或代号。

(3) 绘制系统中所有的管道,并注以编号或代号;注明管道直径、标高及介质流向。

(4) 绘制系统中所有的阀门、调节阀、过滤器、软接头及温度计、压力表等。

(5) 绘制系统中的排气、泄水装置、补偿器、固定支架等。

(6) 系统图宜采用与相应的平面图相同的比例。

(7) 当系统过于复杂,图面上出现线条交叉(或重叠)的情况时,为使图面清晰,可将一个系统断开成几个子系统,分别绘制,断开处应标识相应的折断符号,也可以将系统断开后平移,使各部分管道不致聚集在一起而影响识图,断开处应绘出折断线或用细虚线相连。

(8) 当图面中出现上下、前后、左右交叉的情况时,应将被遮挡的部分线条断开。

【举例 46】 某地文化艺术中心,地下 1 层,地上 28 层,室内设置集中空调系统,图 3.3-9 为冷热源机房系统图。

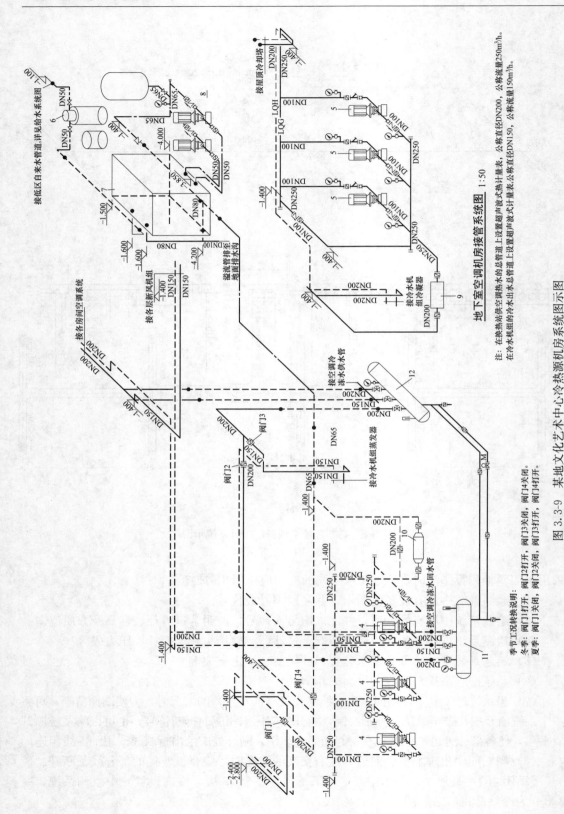

地下室空调机房接管系统图 1:50

注：在换热站供空调热水的总管道上设置超声波式热计量表，公称直径DN200，公称流量250m³/h。
在冷水机组的冷水出水总管道上设置超声波式计量表，公称直径DN150，公称流量150m³/h。

图 3.3-9　某地文化艺术中心冷热源机房系统图示图

季节工况转换说明：
冬季：阀门T1打开，阀门T2关闭，阀门T3关闭，阀门T4关闭。
夏季：阀门T1关闭，阀门T2打开，阀门T3打开，阀门T4打开。

【介绍】 该冷热源机房设置制冷量 1044kW 水冷螺杆式冷水机组 1 台，流量为 35L/s 的冷冻水泵 3 台，流量为 35L/s 的冷却水泵 3 台，出水量为 4m³/h 的水处理装置、软水箱 1 套、膨胀定压罐及分集水器等主辅设备，绘制了调节阀、平衡阀、压差旁通阀、止回阀、过滤器、软接头等附件，注明了压力表、温度计等监测仪表。图中标注了设备编号、管道代号、管道直径及标高，图面表述清晰，管道设备连接关系正确，见图 3.3-9。

【举例 47】 某地一办公楼建筑，地下 1 层，地上 4 层，建筑面积 4135m²，室内设置集中空调系统，分别为全空气系统和风机盘管加新风系统。夏季冷负荷为 542kW，冬季热负荷为 474kW。

【介绍】 该工程冷热源机房布置在办公楼地下室，采用土壤源地源热泵作为空调系统的冷热源，夏季供冷，冬季供暖，该系统图由室外地埋管系统和室内机房两部分组成。机房内设置某型号水源热泵机组 2 台，单台制冷量为 564kW，制热量为 305kW，源侧设置流量为 50m³/h 的循环水泵 3 台（二用一备）、室内侧设置流量为 56m³/h 的循环水泵 3 台（二用一备），设置流量为 66m³/h 的电子水处理仪 1 台，容积 1.25m³ 的膨胀水箱 2 台。夏季空调冷水供回水温度为 7/14℃，冬季空调热水供回水温度为 52/42℃，水系统工作压力为 1.0MPa，源侧和室内侧水系统均采用高位膨胀水箱补水定压。室外地埋管孔内埋设 U 形管，管材为 PE 管，型号为 PE80（SDR11），机房设置 10 对分集水器，所有的 U 形管通过 10 台集水器汇集换热水，通过 10 台分水器分配换热水。该系统图注明了设备编号、管道代号、管道直径及标高、水平管道的坡度及坡向，标注了介质流向和转换阀的编号，系统控制阀门和检测仪表等标注齐全。在"注"中列举了施工技术要求和阀门切换表，见图 3.3-10。

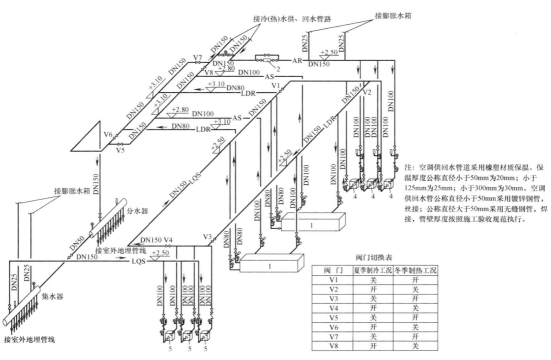

图 3.3-10 办公楼地埋管冷热源机房系统图示图

3.3.7　正压送风及排风（烟）系统竖向布置图

当平面图无法清楚地表示正压送风及排风（烟）系统的竖向关系时，应绘制正压送风及排风（烟）系统竖向布置图，这是目前施工图设计中常用的一种方式。正压送风及排风（烟）系统竖向布置图的绘制深度应满足《建筑工程设计文件编制深度规定》（2016 年版）4.7.7 的规定，其绘制细节如下：

（1）竖向布置图应采用双线绘制送风井或排风（烟）井，并用箭头在井内标明气流方向。

（2）正压送风竖向布置图上应标注送风口的位置（设置的楼层）、风口尺寸及距地面的高度。

（3）正压送风竖向布置图上应注明系统编号，绘制送风机图示，绘制旁通泄压阀。

（4）排风（烟）系统竖向布置图上应绘制各层水平排风（烟）管的图示，注明排风（烟）管的尺寸、排风（烟）口的位置及尺寸。

（5）排风（烟）系统竖向布置图上应注明系统编号，绘制排风（烟）风机的图示。

（6）排风（烟）系统竖向布置图上应标注水平支管处的（排烟）防火阀和风机入口处的（排烟）防火阀。

（7）竖向布置图应标注楼层数及标高。

（8）对于层数较多、分段加压、分段排烟或中途竖井转换的防排烟系统，或平面表达不清竖向关系的风系统，应绘制系统示意图或竖风道图。

【举例 48】　福建某超高层建筑，总建筑面积 110314m²，地下 3 层，地上 36 层，高度 138.4m，其中 6 层和 21 层为避难层。

【介绍】　图 3.3-11 为福建某超高层建筑的排风（烟）系统竖向布置图，排风（烟）竖向分为 4 个系统：1）地下 1 层～5 层裙楼的 KTV 室、餐厅、卫生间等场所的机械排风，6 台排风机设在避难层 6 层；2）8～20 层卫生间、棋牌室的排风机设置在避难层 21 层；3）22～36 层的卫生间排风机设置在 36 层的屋顶；4）1～36 层的排烟（风）风机设置在屋顶。图中标注了排风系统的编号、餐厅排风机代号、排烟（风）气流的方向、卫生间排风支风管的尺寸、防火阀、KTV 室排烟管的尺寸及防火阀的位置等；标注了楼层数及标高。

【举例 49】　南通某商贸建筑，地下 2 层，地上 37 层，建筑面积 79703m²，高度 149.5m，为超高层建筑，其中 13 层、26 层为避难层。

【介绍】　图 3.3-12 为某商贸建筑核心筒竖向排风系统图，该排风系统图包括 KTV 包房、卫生间的排风，排风系统分为低区（5～12 层）、中区（14～27 层）和高区（28～37 层）三区，排风竖井升至避难层或屋面，排风经转轮式全热交换器排至室外，室外新风经转轮式全热交换器预降温后，进入新风竖井至各层的新风处理机组，回收排风中的能量，全热交换器风量为 15000m³/h 和 24000m³/h，KTV 包房采用熔断温度为 70℃ 的百叶防火排风口，卫生间排风管上设置止回阀，从新风竖井连接新风机组的风管上设置调节阀。图中标注了卫生间吊扇的风量，转轮式全热交换器的风量，百叶防火排风口的尺寸，排风管及新风管的尺寸等，标注了楼层层数。

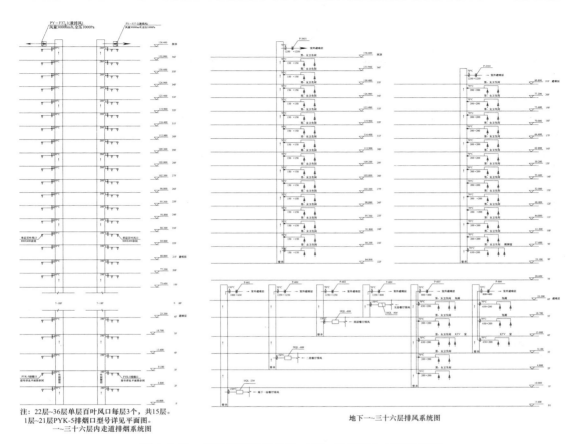

注：22层~36层单层百叶风口每层3个，共15层。
　　1层~21层PYK-5排烟口型号详见平面图。
　　　一~三十六层内走道排烟系统图

地下一~三十六层排风系统图

图 3.3-11　某超高层建筑排风（烟）系统竖向布置图示图

3.3.8　换热站系统图

换热站系统图的设计深度应满足《建筑工程设计文件编制深度规定》（2016 年版）4.8.5 的规定，其绘制细节如下：

（1）换热站系统图应按轴侧投影法绘制，并宜用正等轴侧或正面斜轴侧投影法，采用正面斜轴侧投影法时，Y 轴与水平线的夹角应选用 45°或 30°。

（2）绘制系统中所有设备的图示，并注以编号或代号。

（3）绘制系统中所有的管道，并注以编号或代号。注明管道直径、标高。

（4）绘制系统中所有的阀门、调节阀、过滤器、软接头等。

（5）绘制系统中的排气、泄水装置、补偿器、固定支架等。

（6）系统图宜采用与相应的平面图相同的比例。

（7）标明就地安装的温度计、压力表、传感器等的位置。

（8）标注流体介质的流向。

（9）当系统过于复杂，图面上出现线条交叉（或重叠）的情况时，为使图面清晰，可将一个系统断开成几个子系统，分别绘制，断开处应标识相应的折断符号，也可以将系统断开后平移，使各部分管道不致聚集在一起而影响识图，断开处应绘出折断线或用细虚线

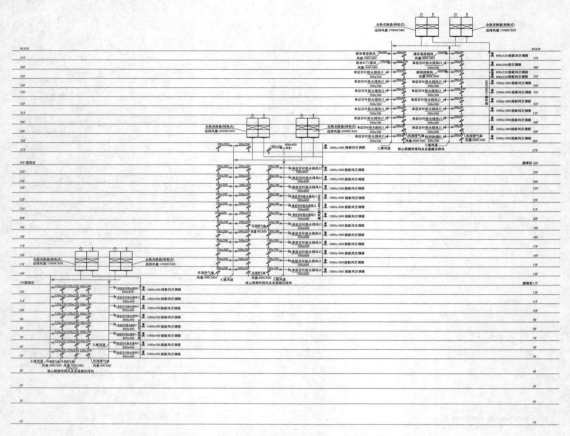

图 3.3-12　某商贸建筑核心筒竖向排风系统示图

相连。

【**举例 50**】　某地区域换热站负担现代城小区 50.7 万 m² 住宅的供暖，按热负荷指标 45W/m² 计算，总热负荷为 22815kW，换热站一次水的供回水温度为 120/60℃，二次水温度根据末端的系统而定。

【**介绍**】　图 3.3-13 为该换热站系统图。本设计根据住宅室内供暖系统的供回水温度不同、各竖向分区工作压力的不同，换热站内设置 4 套供暖系统，分别是：1）供回水温度为 65/50℃ 的低区散热器供暖系统；2）供回水温度为 65/50℃ 的中区散热器供暖系统；3）供回水温度为 65/50℃ 的高区散热器供暖系统；4）供回水温度为 50/40℃ 的低温辐射地面供暖系统。低区建筑面积 12 万 m²，热负荷 5400kW，中区建筑面积 25.5 万 m²，热负荷 11475kW，高区建筑面积 9.3 万 m²，热负荷 4185kW，地面供暖系统建筑面积 3.9 万 m²，热负荷 1755kW。该换热站设置低区换热器 2 台（每台换热面积 130m²）及循环水泵 1 台（每台流量 400m³/h）、中区换热器 4 台（每台换热面积 92m²）及循环水泵 2 台（每台流量 374m³/h）、高区换热器 2 台（每台换热面积 95m²）及循环水泵 1 台（每台流量 300m³/h）、地面供暖系统换热器 1 台（每台换热面积 56m²）及循环水泵 1 台（每台流量 173m³/h）。换热站内设置了 4 套定压补水装置，为各分区系统定压补水。该平面图图面清晰，设备的图示及位置、管道的直径、标高及坡向和坡度、介质流向及设备、附件等标注比较齐全，唯一的不足是未标注温度计、压力表等仪表。

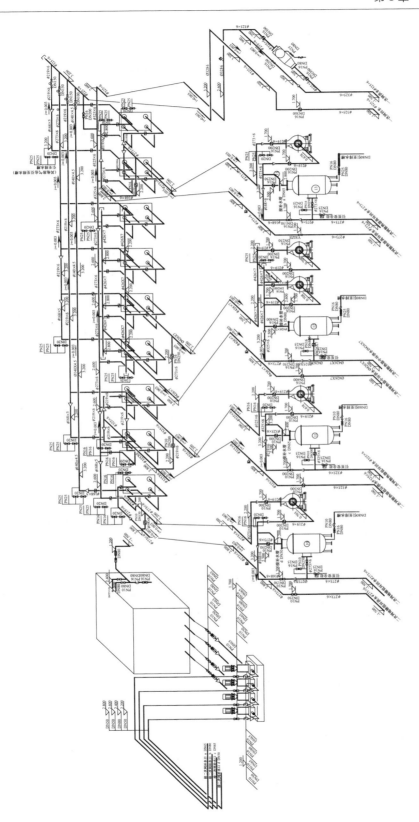

图 3.3-13　换热站系统图示图

3.4 流程图（原理图）的绘制

流程图又称为原理图，主要包括：系统的工作原理及工作介质的流程；控制系统相互之间的关系；系统中的管道、设备、仪表、部件；控制方案及控制点参数等。它应该能充分表达设计者的设计思想和设计方案。流程图（原理图）不按投影规则绘制，也不按比例绘制。流程图（原理图）的风管和水管一般采用粗实线单线绘制，设备轮廓采用中粗线。流程图（原理图）可以不受物体实际空间位置的限制，根据系统流程表达的需要，规划图面的布局使图面线条简洁，系统的流程清晰。如果可能，应尽量与物体的实际空间位置大致一致。对于比较简单的供暖空调水系统、送（排）风系统、排风（烟）及其补风系统等可用系统图（立管图或竖风道图）表示，而对于比较复杂的、有两个及两个以上循环的系统，则采用"流程图"或"原理图"比较恰当。这种图上一般应明示检测点和仪表，称为"带检测仪表的流程（原理）图"（例如冷热源机房流程图、锅炉房工艺流程图、加气站工艺流程图等），流程图（原理图）只反映介质（水、空气）流程上各设备、附件等的相互位置（串联或并联、串联设备的上下游关系等）、管道直径、标高、坡度及介质流向等，不代表设备、管道、附件的具体位置，不要反映直观效果，不适合转换成投影轴测图，这是流程图（原理图）与系统图的区别。

暖通空调和热能动力工程的流程图（原理图）绘制深度应满足《建筑工程设计文件编制深度规定》（2016 年版）规定，《建筑工程设计文件编制深度规定》（2016 年版）第4.7.7 条规定："冷热源系统、空调水系统及复杂的或平面表达不清的风系统应绘制系统流程图。系统流程图应绘出设备、阀门、计量和现场观测仪表、配件，标注介质流向、管径及设备编号。流程图可不按比例绘制，但管路分支及与设备的连接顺序应与平面图相符。"

在实际工程中，对于大型的工程，要在一张图上完整的表达全部的系统和过程有时候是不可能的。这时候就要绘制多张流程图（原理图），各流程图（原理图）重点表达系统的一部分或者子项。例如，可以将冷热源机房的流程图（原理图）与末端系统的流程图（原理图）分开绘制；将水系统和风系统的流程图（原理图）分开绘制；水系统可细分为冷水系统和热水系统；风系统可细分为循环风系统、新风系统、排风系统、排烟系统等。在实际工程中，应用较多的是水系统（包括或不包括冷热源部分）流程图（原理图）、冷热源机房部分流程图（原理图）、不含冷热源的末端水系统流程图（原理图）等。

3.4.1 空调水系统流程图

空调水系统流程图的绘制深度应满足《建筑工程设计文件编制深度规定》（2016 年版）4.7.7 的规定，其绘制细节如下：

（1）绘制系统中所有设备及相连的管道，注明各设备名称（或代号）及编号。

（2）注明系统中的管道的种类（冷水、热水、冷凝水）及代号，注明介质流向。

（3）注明管道的直径。

（4）绘制管路上的控制阀、平衡阀、调节阀、排水阀、放气阀、过滤器及软接头等附件。

（5）标注系统上的压力表、温度计、流量计及其他计量监测仪表。

【举例 51】　郑州某酒店，地下 1 层，地上 4 层，建筑面积 19025m²，室内设置集中空调系统。空调冷热源采用水源热泵机组夏季供冷，冬季供热；夏季冷水温度为 7/12℃，冷负荷 2592kW，冬季热水温度为 45/40℃，热负荷为 2315kW，空调末端风系统为全空气系统及风机盘管加新风系统。

【介绍】　图 3.4-1 为该酒店空调末端水系统图，从冷热源流程图可知，空调冷热水系统分酒店南侧、酒店北侧和预留三个环路，该图为北侧的环路，总管直径为 DN250，该工程采用高位膨胀水箱补水定压，简化了补水定压系统，符合《民用建筑供暖通风与空气调节设计规范》GB 50736—2012 第 8.5.18 条的规定。该流程图标注了立管的编号，注明了末端设备的代号 KT、XF 和风机盘管的型号，标注了立管、干管、支管的直径，绘制了控制阀、平衡阀、排气阀、过滤器、立管的固定支架以及压力表、温度计、膨胀水箱液位计等，但没有注明水平管的坡度、坡向和末端的放气阀。该流程图显示，水系统的立管和部分水平管为异程式系统，另一部分风机盘管较多的水平管为同程式系统。流程图注明了建筑的楼层和标高。

【举例 52】　青岛某城市广场为一个大型综合体，地下 2 层，地上 11 层，建筑面积 200679m²，其功能包括影剧院、超市、酒店和商业区。图 3.4-2 为酒店区空调水系统图（包括机房和末端）。

【介绍】　图 3.4-2 为该酒店包括机房和末端的空调水流程图示图，该酒店区制冷机房系统包括制冷量 757kW 的螺杆式水冷冷水机组 2 台，流量 100m³/h 的冷冻水循环水泵 3 台，冷冻水温度 6/13℃；换热量 0.67MW 的换热器 2 台，流量 653m³/h 的热水循环水泵 3 台，热水温度 60/50℃；设置水处理器和补水定压装置各 1 套。由于冬夏季水系统的流量和管网阻力特性及水泵工作特性不吻合，因此该设计分别设置了夏季冷水循环泵和冬季热水循环泵，符合《民用建筑供暖通风与空气调节设计规范》GB 50736—2012 第 8.5.11 条的规定。末端水系统立管为异程式系统，水平管为同程式系统，图中标注了立管直径、各层回水管总管末端的平衡阀、楼层及标高等。但没有标注末端水平管的直径。

3.4.2　冷热源机房流程图

冷热源机房流程图的设计深度应满足《建筑工程设计文件编制深度规定》（2016 年版）4.7.7 的规定，其绘制细节如下：

（1）绘制系统中所有设备及相连的管道，注明各设备名称（或代号）及编号。

（2）注明系统中的管道的种类（冷水、热水、冷凝水）及代号，注明介质流向。

（3）注明管道的直径。

（4）绘制管路上的控制阀、平衡阀、调节阀、排水阀、放气阀、过滤器及软接头等附件。

（5）绘制冷热源机房的冷冻水、冷却水、蒸汽、热水等循环介质的流程（包括全部设备和管道、系统配件、仪表等），并宜根据相应的设备标注各主要参数，如温度、流量等。

（6）标注系统上的压力表、温度计、流量计及其他计量监测仪表。注明测量元件（压力、温度、湿度、流量等测试元件）与调节元件之间的关系、相对位置等。

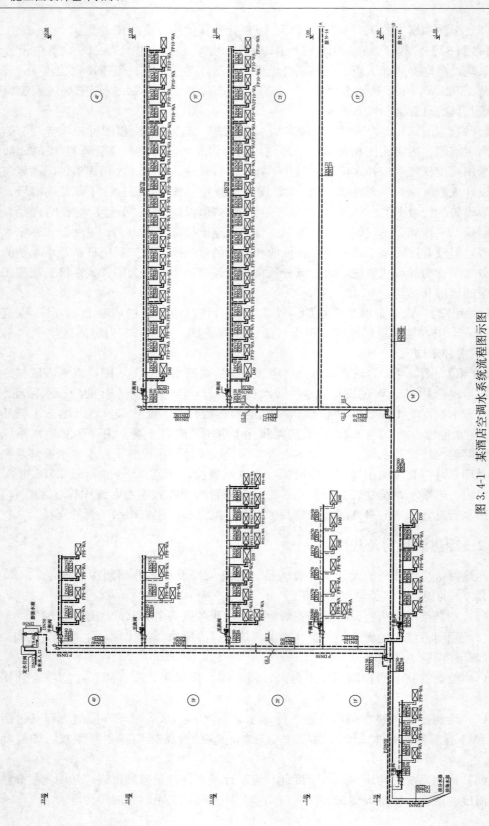

图 3.4-1　某酒店空调水系统流程图示图

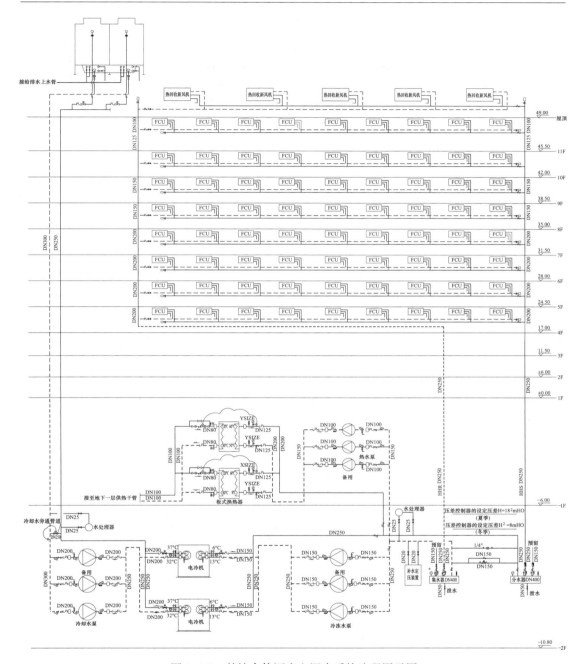

图 3.4-2　某综合体酒店空调水系统流程图示图

【举例 53】　某医疗建筑，地下 1 层，地上 12 层，建筑面积 17264m²，1～3 层为公共区域，4～12 层为医疗及住院部，设置集中空调系统，空调面积 14500m²，夏季冷负荷为 1645kW，冬季热负荷为 1826kW。

【介绍】　图 3.4-3 为该医疗建筑冷热源机房流程图示图。该制冷机房设置制冷量为 919kW 的水冷螺杆式冷水机组 2 台，流量为 188m³/h 的冷冻水循环水泵 3 台（二用一备），流量为 214m³/h 的冷却水循环水泵 3 台（二用一备），流量为 120m³/h 的热水循环水泵 3 台（二用一备），换热量为 1370kW 的板式换热器 2 台，该系统分别设置冷冻水循环水泵和热水循环水泵，符合《民用建筑供暖通风与空气调节设计规范》GB 50736—2012 第 8.5.11 条的规定。另外设置了水处理装置、流量为 6m³/h 的补给水泵和补水定压装置、分集水器、过滤器、调节阀、软接头、平衡阀、压差控制阀及检测仪表等。该流程图标注了主辅设备的编号（个别为名称）、冷冻水管道、冷却水管道、自来水管道的代号及直径、干管的介质流向，设备管道连接关系正确。

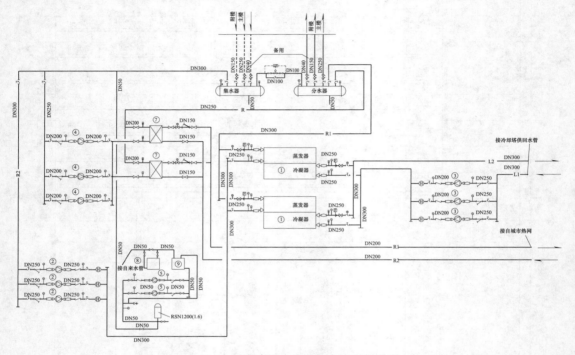

图 3.4-3 医疗建筑冷热源机房流程图示图

【举例 54】 某大型公共建筑，地下 1 层，地上 21 层。1～2 层为公共区域，3～13 层为包间，14～18 层为客房，19 层为高管办公区，20～21 层为展厅、报告厅及专业用房。冷热源机房设置在地下 1 层。

【介绍】 图 3.4-4 为该公共建筑冷热源机房流程图，该制冷机房设置以下设备：1）制冷量为 495kW 的冷水机组（CH-1）2 台，制冷量为 871kW 的冷水机组（CH-2）2 台；2）流量为 85m³/h 的冷冻水泵（CHWP-1）3 台，流量为 150m³/h 的冷冻水泵（CHWP-2）3 台；3）流量为 106m³/h 的冷却水泵（CWP-1）3 台，流量为 187m³/h 的冷却水泵（CWP-2）3 台；4）流量为 60m³/h 的热水泵（AHWP-1）2 台；5）流量 125m³/h 的热水泵（AHWP-2）2 台；6）蓄能集水箱 2 台；7）分水器、集水器各 1 个；8）除污器 SR-1；9）补水定压装置 ECTP-1 和 ECTP-2；10）软化水处理器 AWS-1；11）软化水箱 AWST-1；12）流量为 125m³/h 的冷却塔（C.T-1）2 台；13）流量为 200m³/h 的冷却塔（C.T-2）2 台；14）供热量为 700kW、1450kW、700kW 的天然气热水锅炉（OB.B）各一台。

该流程图绘制清晰完整，标注了各种设备的代号、各种管道的代号、管道直径，管道介质的流向，注明了各种阀件、仪表、软接头等，设备管道连接关系正确。

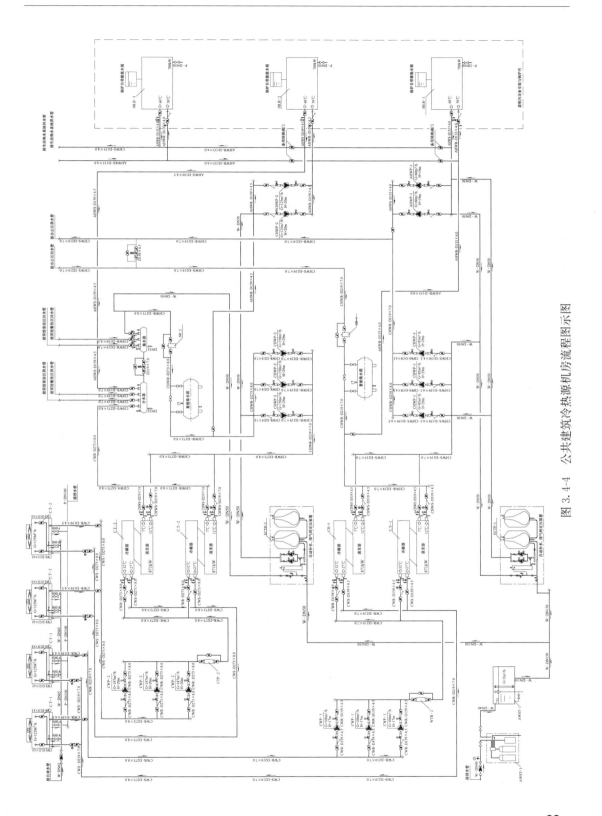

图 3.4-4 公共建筑冷热源机房流程图图示图

【举例55】 某公司研发中心大楼，地下3层，地上15层，建筑面积39319.4m²，空调面积22716m²，空调冷负荷2257kW，空调热负荷1215kW。

【介绍】 图3.4-5为研发中心大楼冷热源机房流程图示图，该冷热源机房设置单台制冷量为1376kW的水冷螺杆式冷水机组2台［1-(-1)-01A、1-(-1)-01B］，冷冻水温度为7/12℃，配置冷冻水循环水泵3台［B-(-1)-01A～B-(-1)-01C，二用一备］，冷却水循环水泵3台［B-(-1)-02A～B-(-1)-02C，二用一备］；冷却水系统设置综合水处理器［CLQ-(-1)-01］。热水系统配置换热量为1750kW的板式水-水热交换机组1台［BJ-(-1)-01］，一次侧的城市热网热水温度为95/70℃，二次侧供回水温度为60/50℃，热交换机组配置热水循环水泵2台；冷热水系统共用分水器FSQ-(-1)-01、集水器JSQ-(-1)-01、全自动软水器RSQ-(-1)-01、软水箱RSX-(-1)-01、补水泵2台［B-(-1)-03A、B-(-1)-03B］。

该流程图绘制内容十分齐全，除绘制上述主、辅设备的图示及代号外，图中完整的标注了冷（热）水管道、冷却水管道、自来水管道的代号及直径，冷（热）水、冷却水的流向，一次侧、二次侧热水的温度，绘制了关闭阀、止回阀、过滤器、排气阀、泄水阀及大小头、软接头等附件，绘制了监测用的外供冷（热）水流量计、补充水流量计、压力表、温度计及压差控制器，在热交换机组图示中，特别绘制了压力传感器、温度传感器、电动调节阀和控制柜图示。系统分冬季、夏季分别设置热水循环水泵和冷冻水循环水泵，符合《民用建筑供暖通风与空气调节设计规范》GB 50736—2012第8.5.11条的规定，而且热水循环水泵和冷冻水循环水泵均采用变速调节（VFD），符合《民用建筑供暖通风与空气调节设计规范》GB 50736—2012第8.5.5条等的规定。该流程图在所附"说明"中，叙述了水系统的特点、压差控制方法及开关调节阀的限值、系统中设备的启停程序及补水泵的控制要求（省略）。整个设计思路清楚、表述完整、图面清晰、比例合适。该设计唯一的不足是补充水系统的设计及对控制方法的叙述存在问题（另见中篇）。

【举例56】 由编者参加设计的某地新闻中心，地下2层，地上29层，建筑面积54832m²，建筑标高99.8m。主楼部分设置集中式空调系统，其他的特殊功能的房间采用多联机和分体空调。夏季冷负荷为3397kW，冬季热负荷为1955kW。

【介绍】 图3.4-6为该新闻中心制冷机房流程图。夏季采用部分冰蓄冷系统作为夏季冷源，其流程为主机下游串联、分量蓄冰模式流程。制冷机房设置1台双工况螺杆式冷水机组，空调工况温度为5/10℃，空调制冷量1528kW，蓄冰工况温度为-2/-6℃，蓄冰制冷量1036kW，设置1台1044kW单工况螺杆式冷水机组，供回水温度为7/12℃，2台供热量2800kW的燃气热水锅炉，供回水温度为95/70℃，夏季空调设置换热量2128kW换热器1台，冬季空调设置换热量1250kW换热器2台，生活热水系统设置换热量930kW换热器2台，4台冷冻水泵，2台释冷循环泵，3台空调热水泵，2台生活热水泵，1台流量为400m³/h的冷却塔，2台流量为250m³/h的冷却塔，5台冷却水泵，另外设置了蓄冰桶、乙二醇储液箱、乙二醇补液泵和定压补液装置、热水系统水处理器和补水定压装置及附属设备等。该流程图图面清晰，标注了设备的编号及名称、管道介质代号、管道直径、调节控制阀的编号、检测计量控制仪表等，图面上列出了"运行方式阀门开启情况表"，提出了控制要求，在图面下方列举了详细的图例。该流程图设备管道连接关系正确。

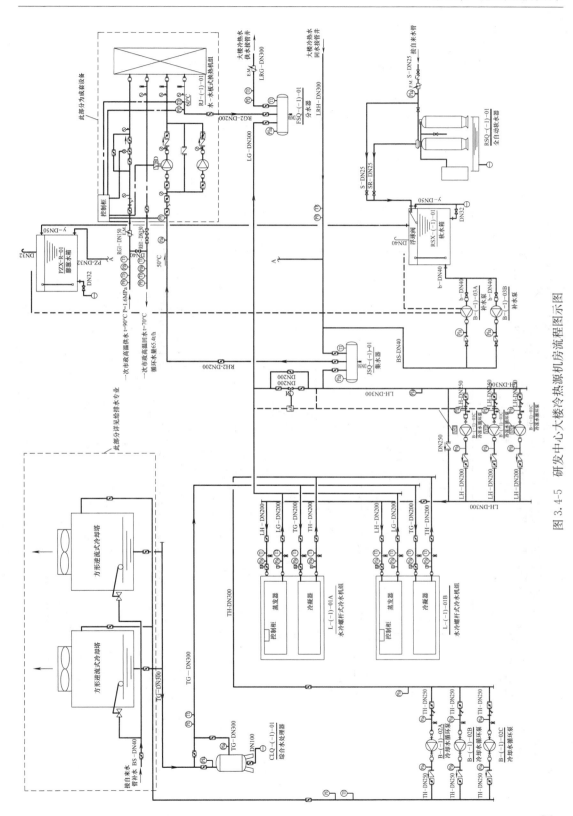

图3.4-5 研发中心大楼冷热源机房流程图图示图

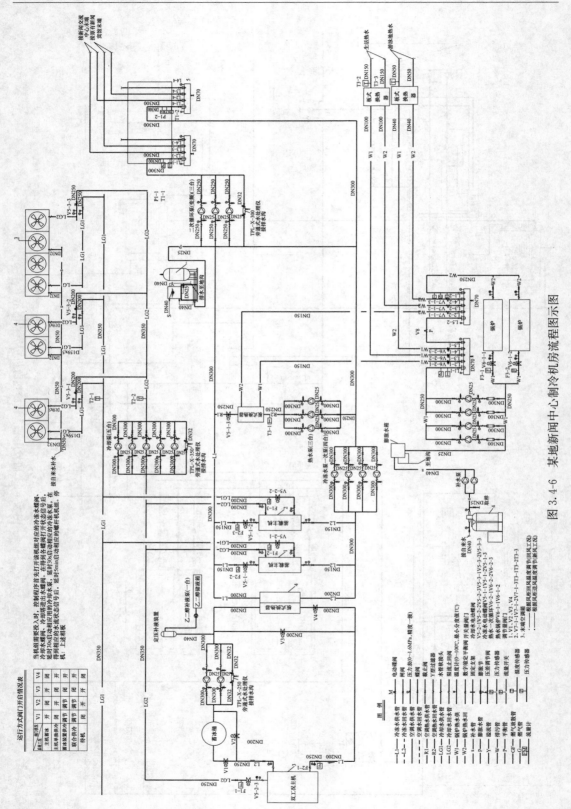

图 3.4-6 某地新闻中心制冷机房流程图示图

【**举例 57**】　某地新媒体基地 A3 楼，地上 9 层，建筑面积 9971m²，设置集中空调系统，夏季冷负荷 1122kW，冷冻水供回水温度 7/12℃，冬季热负荷 793kW，热水供回水温度 60/50℃。

【**介绍**】　图 3.4-7 示图为 A3 楼冷热源机房流程图示图，图中只有冷冻水部分的内容。该流程图绘制了所有主辅设备及附件的图示，包括冷水机组 CH-1、CH-2，冷却塔 LQT-1、LQT-2，冷冻水泵 LDP-1、LDP-2，冷却水泵 LQP-1、LQP-2，补水泵 BP-1、BP-2，软水箱 T1，软水器 T2，补水膨胀罐 T3，全程水处理器 T4，分水器 T5，集水器 T6。标注了冷冻水、冷却水、补充水及空调供回水管道的代号，绘制了控制阀、调节阀、压差调节阀、防污隔断阀、过滤器、软接头、排气阀、放水阀及水表等附件的图示，绘制了压力表、温度计、压力传感器等监测仪表，标注了水流方向，在补水膨胀罐部分注明了补水泵启动压力 P1、补水泵停泵压力 P2、电磁阀开启压力 P3、安全阀开启压力 P4，并绘制了压力传感器及控制图示。

【**举例 58**】　南通某商贸大楼，建筑面积 79703m²，地下 2 层，地上 37 层，建筑高度 149.5m，为超高层建筑。

【**介绍**】　图 3.4-8 为机房流程图。机房内设置 2 台制冷量为 2700kW 的水冷离心式冷水机组，1 台制冷量为 1400kW 的水冷螺杆式冷水机组，5 台冷冻水泵（3 台流量为 500m³/h，二用一备，2 台流量为 280m³/h，一用一备），5 台流量为 350m³/h 冷却塔，5 台冷却水泵（3 台流量为 600m³/h，二用一备，2 台流量为 330m³/h，一用一备）；2 台供热量 2800kW 燃气（油）热水锅炉，3 台板式水-水换热机组（换热量分别为 1000kW、4000kW 和 2500kW，均带热水循环泵和定压补水装置），1 台制热量为 900kW 电热水锅炉（蓄热），3 台热水锅炉循环水泵（流量为 140m³/h，二用一备），1 台蓄热水箱，2 台释热循环泵，全自动软化水装置、软水箱、夏季冷水分集水器、冬季热水分集水器，绘制了关闭阀、止回阀、过滤器、排气阀、泄水阀、倒流防止器阀组及软接头等附件。绘制了监测用的补充水流量计、压力表、温度计及压差控制器，该流程图图面清晰，图中绘制了主、辅设备的图示，完整的标注了冷（热）水管道、冷却水管道、自来水管道的代号及直径，冷（热）水、冷却水的流向、检测计量控制仪表等。

【**举例 59**】　某地广场，建筑面积 31007.54m²，地下 2 层，地上 18 层，建筑高度 88.18m，为一类高层建筑。地下 1、2 层为设备用房、卫生间及储藏室等，1~4 层为裙楼，5~18 层为 282 间酒店客房。

【**介绍**】　图 3.4-9 为该广场的冷热源机房及末端（裙楼）流程图示图。该广场从地下 2 层至地上 18 层均为集中空调系统；空调冷负荷为 3623kW，冷负荷指标为 100W/m²，冷冻水供回水温度 7/12℃，空调热负荷为 2240kW，热负荷指标为 62W/m²，热水供回水温度 60/50℃。该工程在游泳池周边和 1 层大厅周边均设置地面辐射供暖系统，供回水温度 60/50℃。该工程的冷源为设置在地下二层制冷机房内的三台螺杆式冷水机组，单台制冷量为 1196.8kW（340.4RT）；冷却塔设在裙楼的屋面。该工程的热源为设置在地下一层锅炉房内的 2 台蒸汽锅炉及 2 台热水锅炉；蒸汽锅炉的设计总容量为 3t/h，其中空调加湿用汽 1t/h，其余为洗衣房用汽及备用蒸汽；热水锅炉的设计总容量为 4.2MW，冬季空调用热 2.4MW，地暖用热 70kW，其余为卫生热水和泳池加热用热。该工程在地下二层制冷机房内分别设置 2 台空调及 2 台供暖水水换热器，与来自锅炉的热水进行热交换，

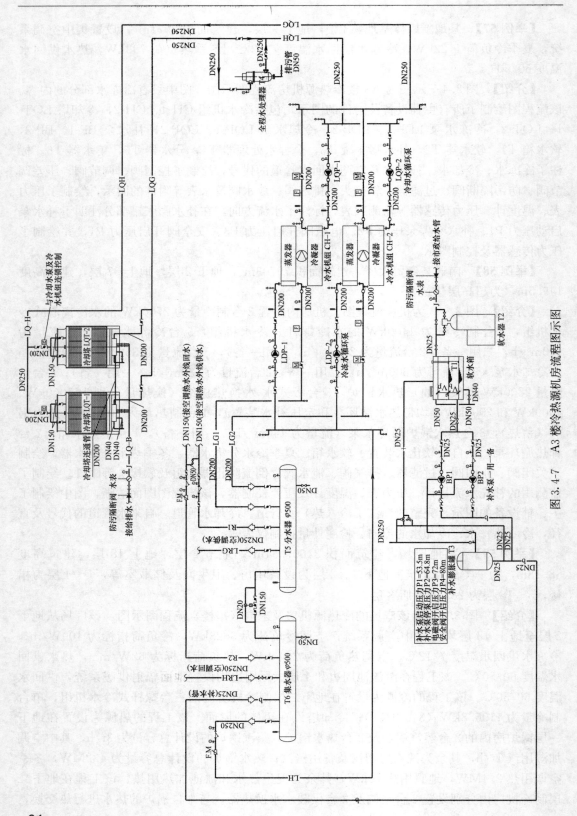

图 3.4-7　A3 楼冷热源机房流程图示图

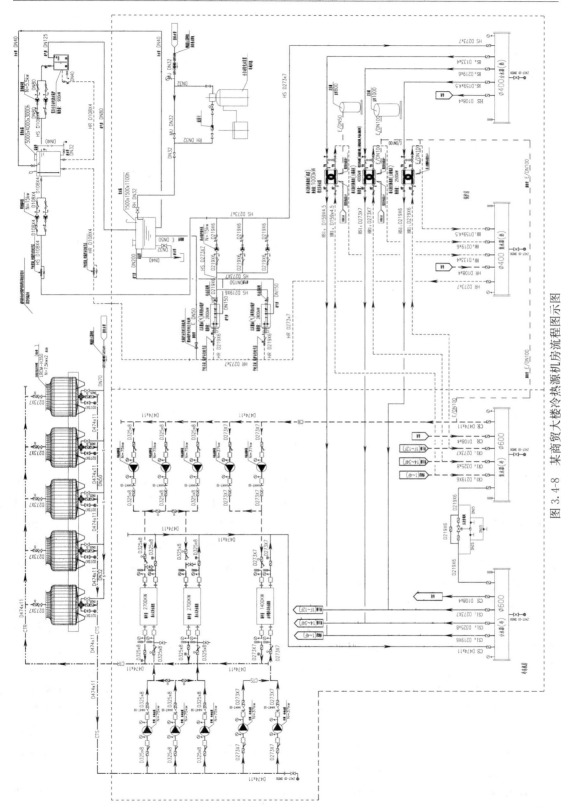

图 3.4-8　某商贸大楼冷热源机房流程图示意图

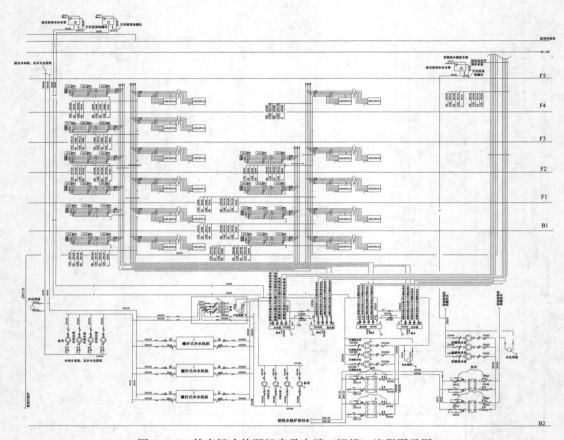

图 3.4-9 某广场冷热源机房及末端（裙楼）流程图示图

为冬季空调及地暖提供热水。空调水系统为四管制系统，裙楼 1～4 层的立管为异程式系统，5～18 层客房竖向不分区，立管为同程式系统。裙楼 1～4 层为全空调系统和风机盘管加新风系统，5～18 层客房为风机盘管系统，并配置热回收新风机组，热回收新风机组分别设置在 4～5 层之间的设备转换层和 18 层屋顶，下部转换层的机组通过竖井从下往上向 5～11 层客房送新风，上部屋顶的机组通过竖井从上往下向 18～12 层客房送新风，客房的回风通过回风竖井进入热回收新风机组，进行能量回收。

冷热源机房设备配置如下：单台制冷量为 1196.8kW（340.4RT）的水冷螺杆式冷水机组 3 台，流量为 200m³/h 的冷冻水泵 4 台（3 用 1 备），冷却塔设置在 4 层裙楼的屋面，配置冷却水循环水泵 4 台（3 用 1 备）；空调热水系统设置换热量 1.6MW 的水-水换热器 2 台，二次水温度 60/50℃，配置流量为 173m³/h 的热水循环水泵 3 台（2 用 1 备），地面辐射供暖系统设置换热量 70kW 的水-水换热器 2 台，二次水温度 60/50℃，配置流量为 6.7m³/h 的供暖热水循环水泵 2 台。另外为实现过渡季节的冷却塔免费供冷，设置了换热量为 1.2MW 的水-水换热器 1 台，一次水温为 8.5/12℃，二次水温为 10/15℃。按照空调四管制水系统的要求，空调冷、热水系统完全分开，各自设置独立的循环水泵、分集水器和末端管路。该工程最大的特点是，空调冷、热水系统和地面辐射供暖系统均采用高位膨胀水箱补水定压，是符合《民用建筑供暖通风与空气调节设计规范》GB 50736—2012 的规定的，其中，地面辐射供暖系统的高位膨胀水箱设置在4层裙楼的屋面，空调冷、热水系统的高位膨胀水箱设置在18层的屋面，结构标高为86.68m，这在同类工程中是极罕见的。

该流程图图面清晰，在机房部分标注的是设备名称，没有采用代号，末端设备标注的是设备代号；绘制了冷水机组、换热器、循环水泵等主要设备，水处理器、软水箱、夏季冷水分集水器及高位膨胀水箱、冬季热水分集水器及高位膨胀水箱，绘制了关闭阀、止回阀、过滤器、排气阀、泄水阀、倒流防止器阀组及软接头等附件，绘制了监测用的压力表、温度计及压差控制器，标注了冷（热）水、冷却水、供暖水的管道直径及水的流向。

【举例60】　由编者参加设计的某地劳业大厦，建筑面积24140m²，地下1层，地上18层，地下1层为设备层，地上1层为公共区，2层为劳动力市场，4层为餐厅，3层、5～17层为办公室、写字间，18层为会议室。

【介绍】　图3.4-10为某地劳业大厦冷热源机房系统原理图。该工程冷热源采用主机上游式外融冰的冰蓄冷结合电热水锅炉水蓄热的共用储槽的蓄冷兼蓄热方式，充分利用夜间低谷时段的电力资源，达到减少主机容量和节省运行费用的目的。该冷热源机房流程共有8个循环，分别是：1) 冷却水循环A1-A2，其路径为——冷凝器—1—2—3—4—5—6—7—8—9—10—11—12—13—14—15—16—冷凝器；2) 乙二醇溶液蓄冷循环B1-B2，

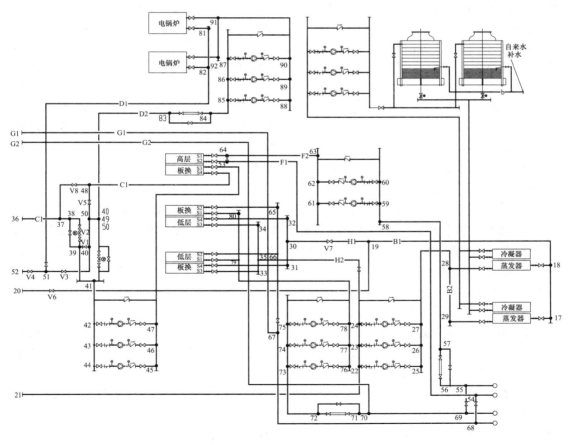

图 3.4-10　某地劳业大厦冷热源机房系统原理图

其路径为——蒸发器—17—18—19—V6—20—蓄能池—21—22—23—24—25—26—27—28—29—蒸发器；3）低层空调板换一次侧乙二醇溶液循环 B1-H1-H2-B2，其路径为——蒸发器—17—18—19—V7—30—31—32—低层空调板换—33—34—35—24—23—22—25—26—27—28—29—蒸发器；4）高层空调板换一次侧释冷循环 C1-C2，其路径为——蓄能池—36—37—38—V2—39—41—42—43—44—45—46—47—S3—高层空调板换—S4—48—V5—49—50—V3—51—V4—52—蓄能池；5）高层空调板换二次侧循环 F1-F2，其路径为——高层空调板换 S2—53—54—高层系统—55—56—57—58—59—60—61—62—63—64—S1 高层空调板换；6）低层空调板换二次侧循环 G1-G2，其路径为——低层空调板换 S2—65—66—67—68—低层系统—69—70—71—72—73—74—75—76—77—78—79—80—S1 低层空调板换；7）电锅炉热水蓄热循环 D1-D2，其路径为——电锅炉—81—82—51—V4—52—蓄能池—36—37—38—V2—39—V1—40—50—49—83—84—85—86—87—88—89—90—91—92—电锅炉；8）高层空调板换一次侧释热循环 E1-E2，其路径为——蓄能池—52—V4—51—V3—50—40—V1—39—41—42—43—44—45—46—47—S3—S4—48—V8—37—36—蓄能池。

【举例 61】 某建筑为小型公寓，地上 2 层，建筑面积约 450m²，室内冷、热的用途及形式为：夏季供冷采用风机盘管，冬季供热包括住宅的地面辐射供暖、室内泳池的冬季地面辐射供暖和散热器供暖、泳池水加热及生活热水加热。

【介绍】 该建筑夏季空调冷负荷为 70kW，住宅冬季地面辐射供暖热负荷为 65kW，泳池水加热负荷为 115kW，生活热水热负荷为 32kW，图 3.4-11 为该工程的热水系统原理图。该工程主热源为燃气热水炉，供热量为 180kW，供、回水温度为 85/75℃，辅助热源为太阳能热水系统，配置 1.6m³ 太阳能热水水箱 1 个，另配置 1.8m³ 闭式蓄热水箱 1 个，蓄热水温度为 70℃，散热器系统供、回水温度为 70/50℃，直接由蓄热水箱供热，地面辐射供暖系统供、回水温度为 40/35℃，地面辐射供暖系统换热器的换热量为 40kW，一次水温为 60/56℃，二次水温为 40/35℃。泳池水系统换热器的换热量为 180kW（平时为 30kW），一次水温为 60/56℃，二次水温为 28/24℃；生活热水供水温度为 70℃。

该系统原理图为公寓太阳能-燃气热水炉-蓄热水箱供热、供泳池热水-生活热水-泳池地暖-散热器的热水系统。系统图绘制了低压燃气热水炉、太阳能集热板、太阳能热水水箱、闭式蓄热水箱、板式换热器及循环水泵等主要设备；绘制了净水装置、分集水器、开式膨胀水箱、散热器、过滤器、止回阀等附件及压差控制器、温度计、压力表等检测控制仪表。系统图标注了介质的流向，系统图所示设备管道连接关系正确，图面清晰，唯一的不足是没有标注管道直径。

【举例 62】 某医院综合病房楼，地下 1 层，地上 10 层，建筑面积约 9100m²，设置集中空调系统，夏季冷负荷约为 1364.8kW，冬季热负荷约为 1158.5kW，采用地源热泵空调供暖系统。

【介绍】 图 3.4-12 为综合病房楼地源热泵空调供暖系统原理图，该工程采用地源热泵机组 2 台，1 台机组带全热回收，制冷量为 431.9kW，制热量 305kW；1 台机组不带全热回收，制冷量为 1048.6kW，制热量 841.9kW；通过板式换热器回收热回收机组的冷凝热，提供生活用热水，并设置了蓄热水箱 1 台。为了克服夏季土壤吸热达到饱和时无法

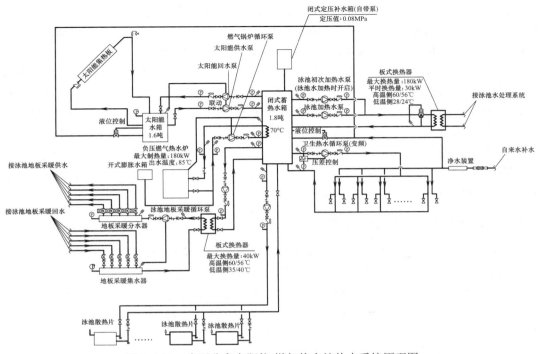

图 3.4-11　小型公寓太阳能-燃气热水炉热水系统原理图

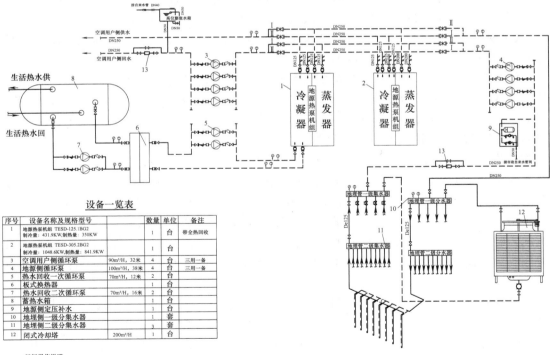

设备一览表

序号	设备名称及规格型号	数量	单位	备注
1	地源热泵机组 TESD-125.1BG2 制冷量：431.9KW,制热量：350KW	1	台	带全热回收
2	地源热泵机组 TESD-305.2BG2 制冷量：1048.6KW,制热量：841.9KW	1	台	
3	空调用户侧循环泵	90m³/H, 32米	4	台	三用一备
4	地源侧循环泵	100m³/H, 38米	4	台	三用一备
5	热水回收一次循环泵	70m³/H, 12米	2	台	
6	板式换热器		1	台	
7	热水回收二次循环泵	70m³/H, 16米	2	台	
8	蓄热水箱		1	台	
9	地源侧定压补水		1	套	
10	地埋侧一级分集水器		1	套	
11	地埋侧二级分集水器		3	套	
12	闭式冷却塔	200m³/H	1	台	

运行操作说明

(1) 夏季：Ⅰ类阀门开；Ⅱ类阀门关；

(2) 冬季：Ⅱ类阀门开；Ⅰ类阀门关；

图 3.4-12　综合病房楼地源热泵空调供暖系统原理图

制冷，设计了流量为 200m³/h 的闭式冷却塔 1 台作为辅助排热用。系统中设置了两级分集水器，母管直径为 DN250，地埋管采用直径 De32×3.0 的 HDPE 高密度聚乙烯材料（SDR100），单 U 结构，钻孔直径 130～150mm，钻孔间距 4m×4m，水平管埋深 1.5m，单 U 管埋深 81.5m。源侧水系统采用定压补水装置，负荷侧水系统采用高位膨胀水箱定压补水装置。系统原理图绘制了地源热泵机组、冷却塔、板式换热器、热回收一次水泵、热回收二次水泵、源侧循环水泵、负荷侧循环水泵、蓄热水箱及定压补水装置等主辅设备；绘制了分集水器、调节阀、过滤器、止回阀、软接头等附件及压差控制器、温度计、压力表等检测控制仪表。系统图标注了介质的流向和管道直径，附列了设备一览表和"运行操作说明"。系统原理图所示设备管道连接关系正确，图面清晰。

3.4.3　锅炉房热力系统流程图

锅炉房热力系统流程图的设计深度可参照冷热源系统流程图，执行《建筑工程设计文件编制深度规定》（2016 年版）4.7.7 的规定，其绘制细节如下：

（1）注明系统中所有设备及相连的管道，注明各设备名称（或代号）及编号。

（2）注明系统中的管道的种类（蒸汽、冷水、热水、冷凝水）及代号，注明介质流向。

（3）注明管道的直径。

（4）绘制管路上的控制阀、平衡阀、调节阀、排水阀、放气阀、过滤器及软接头等附件。

（5）标注系统上的压力表、温度计、流量计及其他计量监测仪表。

【举例 63】　该工程为某市妇幼保健院燃气锅炉房工程，为妇幼保健院提供空调、医疗和生活用热，总供热量为 2.8MW。

【介绍】　图 3.4-13 为某市妇幼保健院燃气锅炉房的热力系统流程图。该锅炉房设置 2 台 WNS4-1.25-Q 型天然气锅炉，蒸发量 4t/h，工作压力 1.25MPa，锅炉房配置流量 5m³/h 的锅炉给水泵 2 台（一用一备），流量 5m³/h 的冷凝器循环水泵 2 台（一用一备），壳管式汽—水换热器 2 台，供热量 2.8MW，一次蒸汽压力 0.6MPa，饱和温度，二次侧供、回水温度 85/60℃，二次侧配置流量 200m³/h 循环水泵 2 台，流量 12m³/h 补水泵 2 台，分水器、集水器、分汽缸各 1 台。流程图图面清晰，图中绘制了主、辅设备的图示，完整的标注了蒸汽管道、供暖热水管道、自来水管道、循环水管道、软化水管道、凝结水管道及排污管道的代号及直径，蒸汽、供暖热水、自来水、排污水的流向，补充水设有防污隔断阀和水表，绘制了控制阀、调节阀、过滤器、软接头、排气阀、放水阀等附件及检测计量控制仪表的图示等，在图面上方列举了详细的图例（省略）。

【举例 64】　某住宅小区的供暖锅炉房，为建筑面积 15 万 m² 住宅供暖系统供热，配置供热量 4.2MW 的燃煤热水锅炉 3 台，供、回水温度 95/70℃，工作压力 0.7MPa。

【介绍】　图 3.4-14 为燃煤热水锅炉房热力系统流程图，锅炉配置省煤器、送风机、引风机及脱硫除尘器；并配有钠离子交换器、软化水箱、除氧器、流量 25m³/h 的除氧水泵、除氧水箱、分集水器、流量 200m³/h 的循环水泵及流量 16.4m³/h 的补水泵等。该流程图内容齐全，标注了各种设备名称，各种管道的介质代号、管道直径，介质流向，供暖

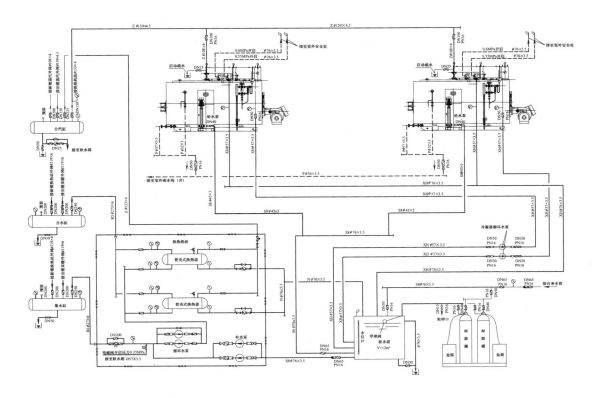

图 3.4-13　天然气蒸汽锅炉房热力系统流程图示图

循环水泵设置有带止回阀的旁通管，补充水设有防污隔断阀和水表，系统上温度计、压力表、泄水阀、过滤器、安全阀、软接头等设置齐全，设备管道连接关系正确，附有图例。

【举例 65】　建筑面积 14.8 万 m² 的某办公楼，附属锅炉房配置供热量 2.8MW 的燃气热水锅炉 4 台，供、回水温度 95/70℃，工作压力 0.6MPa。

【介绍】　图 3.4-15 为燃气热水锅炉房热力系统流程图。锅炉热水作办公楼空调、供暖和生活热水的一次热媒，锅炉房配置流量 135m³/h 的循环水泵 5 台（四用一备）、分集水器、处理水量 1t/h 的软化水处理器 1 套，1m³ 软化水箱兼高位水箱作定压补水，空调、供暖和生活热水系统设置 6 台换热器（未注明换热器参数及二次水系统），换热器一次侧供、回水管之间设置带三通调节阀的旁通管，进行换热器的供热量调节。锅炉回水管上均设置电子除污器，换热器一次侧供水管和循环水泵入口管设置过滤器，而且过滤器前后均设置压力表，该流程图内容齐全，标注了各种设备编号、各种管道的介质代号、管道直径、介质流向，温度计、压力表、泄水阀、过滤器、安全阀、软接头等设置齐全，图面左上方标注图例，设备管道连接关系正确。

3.4.4　换热站流程图

换热站流程图的设计深度可参照冷热源系统流程图，执行《建筑工程设计文件编制深度规定》（2016 年版）4.7.7 的规定，其绘制细节如下：

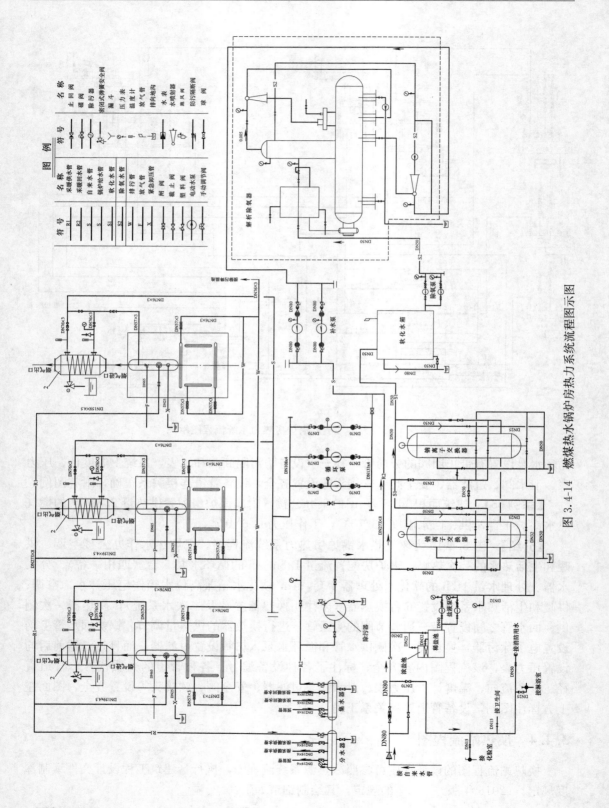

图 3.4-14 燃煤热水锅炉房热力系统流程图示图

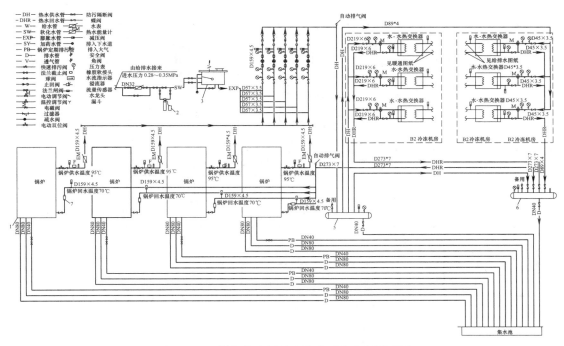

图 3.4-15 燃气热水锅炉房热力系统流程图示图

（1）绘制系统中所有设备及相连的管道，注明各设备名称（或代号）及编号。

（2）注明系统中的管道的种类（蒸汽、冷水、热水、冷凝水）及代号，注明介质流向。

（3）注明管道的直径。

（4）绘制管路上的控制阀、平衡阀、调节阀、排水阀、放气阀、过滤器及软接头等附件。

（5）标注系统上的压力表、温度计、流量计及其他计量监测仪表。

【举例66】 某住宅小区的水-水换热站，设置供暖热水与生活热水两个系统。热负荷：供暖系统热负荷 3.0MW，生活热水热负荷 0.75MW，总热负荷 3.75MW。系统参数：锅炉房供、回水温度 110/70℃，工作压力 0.6MPa。供暖系统供、回水温度 85/60℃，生活热水供、回水温度 60/50℃。

【介绍】 换热站的供暖系统配置换热量 2.25MW 的板式换热器 2 台，流量 115m³/h 循环水泵 2 台（一用一备），生活热水系统配置换热量 1.5MW 的立式浮动盘管半容积式水加热器 2 台，流量 6m³/h 循环水泵 2 台（一用一备），流量 4m³/h 的供暖系统补水泵 2 台（一用一备）。

该流程图内容齐全，标注了各种设备编号，各种管道的介质代号、管道直径，锅炉水流量计设置在回水管上，供暖循环水泵设置有带止回阀的旁通管，补充水设有防回流阀及水表，软水箱设有液位水位控制阀，水系统设有二次水温传感器和一次水的流量调节阀（设置在回水管上），温度计、压力表、泄水阀、过滤器、安全阀、软接头等设置齐全，设备管道连接关系正确，见图 3.4-16。

【举例67】 为某大厦提供空调热水和地面辐射供暖热水的换热站。由于水温相同，

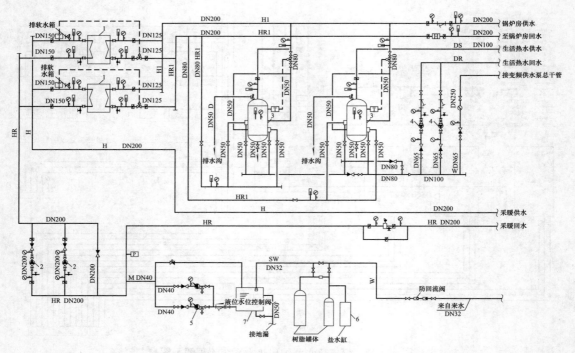

图 3.4-16 供暖与生活热水水-水换热站流程图示图

空调热水与地面辐射供暖热水共同设置一套换热系统。空调系统热负荷 8.70MW，地面辐射供暖系统热负荷 1.0MW，总热负荷 9.70MW。系统参数：锅炉房供、回水温度 110/70℃，工作压力 0.6MPa；空调系统供、回水温度 60/50℃，地面辐射供暖系统供、回水温度 60/50℃。

【介绍】 图 3.4-17 为空调与地板辐射供暖水-水换热站流程图。换热站配置换热量 3.65MW 的板式换热器 3 台，换热器二次侧为二级泵系统，一级水系统共用流量 420m³/h 的循环水泵 3 台（二用一备），空调系统设置流量 380m³/h 的二级循环水泵 3 台（二用一备），地面辐射供暖系统设置流量 95m³/h 的二级循环水泵 2 台（一用一备）。共用一套流量 6m³/h 的定压补水泵 2 台（一用一备）。由于空调末端分为两个系统，所以采用分集水器。该流程图内容齐全，标注了各种设备编号，各种管道的介质代号、管道直径，锅炉水流量计设置在回水管上，空调系统和地面辐射供暖系统循环水泵均设置有带止回阀的旁通管，补充水设有防回流阀，水系统设有二次水温传感器和一次水的流量调节阀（设置在回水管上），空调水系统末端回水管设置有平衡阀，温度计、压力表、泄水阀、过滤器、安全阀、软接头等设置齐全，设备管道连接关系正确。

3.4.5 带检测控制仪表的流程（原理）图

《建筑工程设计文件编制深度规定》（2016 年版）虽然对绘制带检测控制仪表的流程（原理）图没有作出规定，但从常规控制和节能减排提出的更高要求出发，《建筑工程设计文件编制深度规定》（2016 年版）4.7.3 要求在施工图的"设计说明"中说明采暖系统的"调节手段"、空调系统的"监测与控制要求；有自动监控时，确定各系统自动监控原理

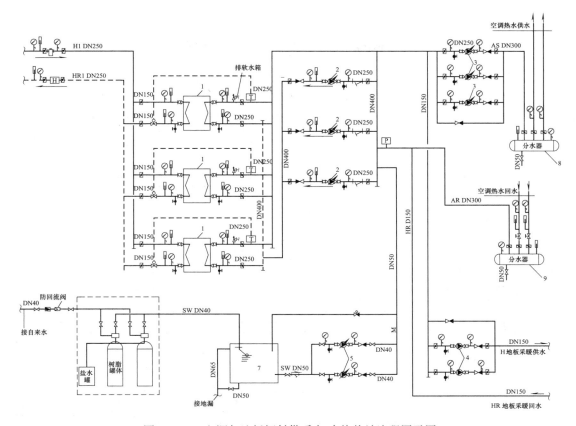

图 3.4-17　空调与地板辐射供暖水-水换热站流程图示图

（就地或集中监控），说明系统的使用操作要点等。"所以设计人员应尽量绘制带检测控制仪表的流程（原理）图。带检测控制仪表的流程（原理）图的绘制细节如下：

（1）绘制系统中所有设备及相连的管道，注明各设备名称（或代号）及编号。

（2）注明系统中的管道的种类（蒸汽、冷水、热水、冷凝水）及代号，注明介质流向。

（3）注明管道的直径。

（4）绘制管路上的控制阀、平衡阀、调节阀、排水阀、放气阀、过滤器及软接头等附件。

（5）标注系统上的压力表、温度计、流量计及其他计量监测仪表。

（6）标注系统上的温度传感器、压力（差）传感器、流量传感器及相应的电动调节器。

（7）应表示控制原理，标明控制柜的模拟量（AI、AO）、数字量（DI、DO）等。

【举例 68】　某地××大厦工程，地下 2 层，地上 29 层，总建筑面积 73834m^2，建筑高度 127.5m，属于超高层建筑。地下室为设备用房，1～6 层为公共用房，7～14 层为会议及办公室，15 层为避难层，16～26 层为标准办公室，27 层及以上为集团办公室。该工程设置集中空调系统，夏季空调冷负荷为 6407kW，冬季空调热负荷为 2428kW。

【介绍】　图 3.4-18 为该工程的冷热源机房系统控制原理图。该工程设置离心式冷水机组 2 台（L-1、L-2，单台制冷量 1758kW），空气源冷水热泵机组 2 台（L-3、L-4，单台制冷量 1530kW，制热量 1620kW）；夏季冷冻水供回水温度为 6/12℃，冬季热水供回

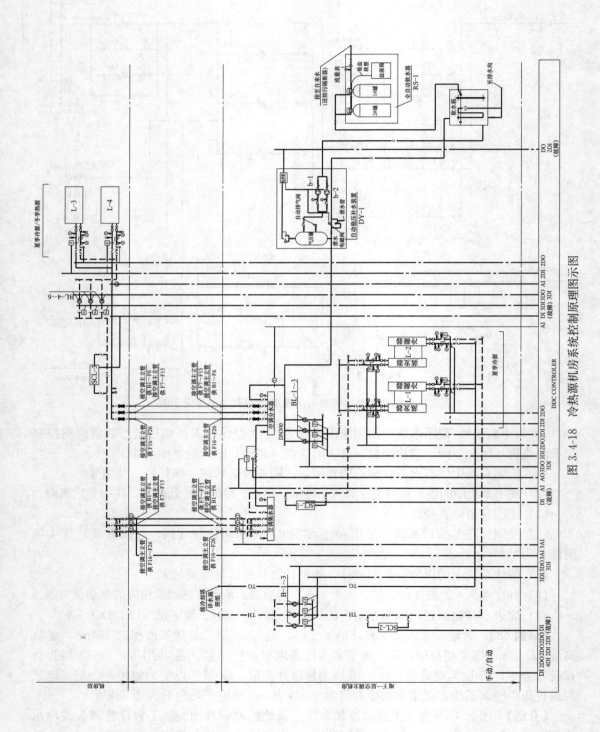

图 3.4-18 冷热源机房系统控制原理图示图

水温度 45/40℃。同时设置流量 265m³/h 的冷水循环水泵 3 台（（BL-1～BL-3，二用一备）、流量 300m³/h 的冷热水循环水泵 3 台（BL-4～BL-6，二用一备）、流量 400m³/h 的冷却水循环水泵 3 台（B-1～B-3，二用一备）、全自动稳压补水装置 DY-1、全自动软化水设备 RS-1 和全程水处理设备 SCL-1～SCL-3。该系统控制原理图绘制完整，绘制了所有的主辅设备及附件、监测用温度计、压力表、控制系统的流量传感器、温度传感器、压差传感器；表示了控制原理，控制柜的模拟量（AI、AO）、数字量（DI、DO）等，是一份完整的冷热源机房系统控制原理图。

【举例 69】 贵州省某县人民医院外科楼，地下 1 层，地上 11 层，建筑面积大约 9000m²，建筑高度为 43.5m，属于一类公共建筑；地下室为设备用房，地上 1 层为急诊区及挂号、药房，2 层为检验科，3 层为妇产科，4～9 层为各类外科诊室及病房，10 层为洁净手术部，11 层为设备机房层。

【介绍】 该工程 10 层为洁净手术部，洁净手术部共设置 7 间手术室，其中 1 间手术室为Ⅰ级，手术区净化级别为 100 级；2 间手术室为Ⅱ级，手术区净化级别为 1000 级，其余 4 间手术室为Ⅲ级，手术区净化级别为 10000 级；洁净辅助房间（含洁净通道）为Ⅲ级，净化级别为 100000 级。洁净手术部的 7 间手术室共设置 1 套集中新风系统 X-11-1（兼作值班送风系统），其中Ⅰ级、Ⅱ级手术室分别设置 3 套净化空调机组（K-11-3～K-11-5），4 间Ⅲ级手术室共设两台净化空调机组（K-11-1～K-11-2）；各手术室分别独立设置局部排风系统（P-11-1～P-11-7），洁净手术部的辅助房间设置 1 台净化空调机组（K-11-6）。图 3.4-19 为 K-11-1～K-11-5 净化空调机组控制原理图示图，该系统控制原理图绘制完整，绘制了所有的主辅设备及附件，标明了电动调节阀、电磁阀、电动执行器、压差开关、温度湿度传感器、风机控制箱；表示了控制原理，控制柜的模拟量（输入 AI、输出 AO）、数字量（输入 DI、输出 DO）等，是一份完整的空调机组系统控制原理图。

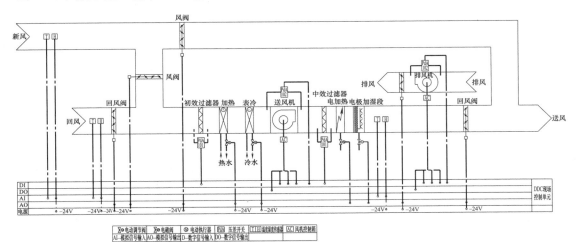

图 3.4-19　净化空调机组控制原理图示图

3.4.6　洁净空调风量平衡及控制原理图

【举例 70】 某医药工程的洁净车间，共有 13 个工部为洁净工部，按医药工业 GMP

标准设置洁净空调系统，全年室内设计参数为：温度 $t=25℃$，相对湿度 $\varphi<60\%$。

　　【介绍】　风量平衡及控制是洁净空调设计中不可缺少的内容。图 3.4-20 为洁净空调风量平衡及控制原理图，洁净空调系统配置 1 台送风量为 7885m³/h、回风量为 7120m³/h、新（排）风量为 675m³/h 的洁净空调机组 AHU-1；换鞋间 280m³/h 的排风通过风机 1-GEX-F-1 有组织的排出，其他洁净工部都是通过建筑物的缝隙向室外渗透，由此达到风量平衡。各洁净工部的回风通过竖向风道集中到空调机组 AHU-1 的回风、新风混合段，进行下一个循环的处理。每个洁净工部采用扩散板送风，每个送风支管都设置有风量调节阀，室外新风管和回风总管也设有风量调节阀，以实现风量的控制。系统中设置了温度传感器、湿度传感器，通过 DDC 系统，实现冷却或加热及加湿量调节，达到设计的室内温、湿度。该图面完整清晰，控制逻辑关系正确。

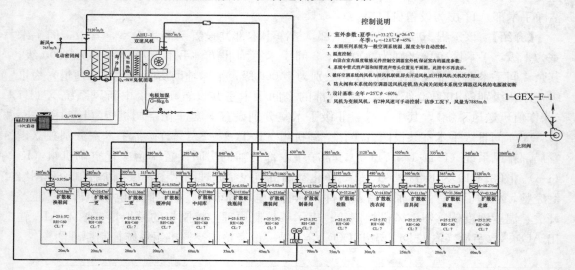

图 3.4-20　洁净空调风量平衡及控制原理图

中篇　设计问题分析

第4章　室内、室外空气计算参数

室内、室外空气计算参数是进行暖通空调及热能动力工程设计的重要基础和依据，正确选用空气计算参数对负荷计算、水力计算、设备选型、方案制定乃至运行管理等都是十分重要的，设计人员应该对计算所用的各种空气计算参数有全面深刻的理解，做到正确选择、正确运用。编者审图发现许多不能正确选择室内、室外空气计算参数的情况，希望引起设计人员注意。

4.1　室内空气计算参数

按照暖通空调专业的基本原理，不论是计算供暖热负荷、空调冷（热）负荷，还是计算通风量，所采用的室内空气计算参数应该是符合所设计建筑功能需要的。编者提醒设计人员，室内空气计算参数不仅只是室内空气温度、湿度，主要的室内空气计算参数应该包括：供暖热负荷计算的室内空气计算温度；空调冷（热）负荷计算的室内空气计算温度、相对湿度、新风量；暖通空调系统消声隔振计算的室内容许噪声值；通风量计算的室内容许含尘浓度、有害物浓度等等。室内空气计算参数的确定不仅直接影响到系统设备的初投资、运行费用等经济问题，更涉及节约能源和保护环境的基本国策。以降低室内有害物浓度的通风量计算为例，我们知道，在室内有害物散发量一定的情况下，计算通风量与室内容许有害物浓度和室外送风初始浓度之差成反比，即确定的室内容许有害物浓度越高、浓度之差越大，则计算通风量越小，初投资和运行费用就小；反之，确定的室内容许有害物浓度越低、浓度之差越小，则计算通风量越大，初投资和运行费用就高。所以，设计人员选用的室内空气计算参数，既要符合所设计建筑功能的需要，也要符合设计标准规范的规定。这里还要提醒设计人员，根据设计建筑物的使用功能，确定冬、夏季室内空气设计参数时，一般应按建筑物功能，选择相应设计规范（标准）中的数据，例如，洁净厂房的室内设计参数就应该采用《洁净厂房设计规范》GB 50073—2013 的数据，而不应采用《工业建筑供暖通风与空气调节设计规范》GB 50019—2015 的数据；又例如，综合医院虽然属于民用建筑，但因为《综合医院建筑设计规范》GB 51039—2014 有专门针对综合医院的室内设计参数，此时也不应采用《民用建筑供暖通风与空气调节设计规范》GB 50736—2012 的数据，即，对于有专门设计规范（标准）的建筑物，应采用相应设计规范（标准）中的数据，只是在没有专门设计规范（标准）时，才采用《民用建筑供暖通风与空气调节设计规范》GB 50736—2012 和《工业建筑供暖通风与空气调节设计规范》GB 50019—2015 的数据，这一点同样应引起设计人员特别注意。

4.1.1　不是按规范规定的方法确定室内供暖热负荷计算温度

【案例1】　某地怡都会所，建筑面积 2146m²，地上 3 层，室内采用 55/45℃地面辐射供暖系统，"设计说明"称室内设计温度18℃；设计人员在热负荷计算书中采用室内计算温度仍然为18℃。

【案例2】　某房地产公司的某居住小区6号楼，建筑面积34359.65m²，地下2层，地上33层，设计为50/40℃地面辐射供暖系统。"设计说明"称卧室室内设计温度为18℃，编者审查热负荷计算书发现，计算书中卧室等场所的室内计算温度也为18℃，设计者未按规定方法（将室内温度降低2℃）计算热负荷，编者审图要求设计人员修改。但是设计者回复称，把室内设计温度提高到20℃，在计算书中保持18℃，坚持不改计算温度和热负荷计算书。

【案例3】　河北某房地产公司二期有5栋4～5层的居住建筑，采用50/40℃低温热水地面辐射供暖系统，室内计算温度为18℃。设计者报送的热负荷计算书，没有将室内计算温度降低2℃进行计算，计算温度仍为18℃。编者审图后提出让设计者修改，设计者在回复意见中称"按当地热力公司的要求，室内温度不能降低2℃"，最后竟称：《民用建筑供暖通风与空气调节设计规范》GB 50736—2012第3.0.1条规定，民用建筑的主要房间宜采用18～24℃或16～22℃，坚持不作修改。

【分析】　施工图设计中，不按降低2℃进行地面辐射供暖热负荷计算的情况是十分普遍的，在审图人员提出意见后，设计者应进行修改。根据《民用建筑供暖通风与空气调节设计规范》GB 50736—2012第3.0.5条和《地面辐射供暖供冷技术规程》JGJ 142—2012第3.3.2条的规定，在设计地面辐射供暖时，若室内供暖设计温度为18℃，则供暖热负荷计算书中的计算温度应为16℃，一些设计人员为了不修改计算书，强调要将室内设计温度改成20℃，这种做法是不正确的。

地面辐射供暖耗热量（热负荷）计算书中，错误填写室内计算温度是十分普遍的现象。早期文献《采暖通风与空气调节设计规范》GB 50019—2003第4.4.4条规定："全面辐射采暖的耗热量，应按本规范第4.2节的有关规定计算，并应对总耗热量乘以0.9～0.95的修正系数或将室内计算温度取值降低2℃"。同时，《地面辐射供暖技术规程》JGJ 142—2004第3.3.2条规定："计算全面地面辐射供暖系统的热负荷时，室内计算温度取值应比对流采暖系统的室内计算温度低2℃，或取对流采暖系统计算总热负荷的90%～95%。"这两条规定的本意是，可以不按"室内计算温度低2℃"计算地面辐射供暖耗热量（热负荷），而在按设计温度（例如18℃）计算热负荷后，"乘以0.9～0.95的修正系数"得到计算热负荷。编者提醒广大设计人员，早期文献规定的"乘以0.9～0.95的修正系数"的方法实际上是把简单的问题复杂化了，因为设计人员在热负荷计算软件中，直接输入计算温度（例如16℃）是没有障碍的，不必先按18℃进行计算，再在计算结果上"乘以0.9～0.95的修正系数"，现在还有许多设计人员采用这种计算方法。《民用建筑供暖通风与空气调节设计规范》GB 50736—2012第3.0.5条规定，"辐射供暖室内设计温度宜降低2℃"；《辐射供暖供冷技术规程》JGJ 142—2012第3.3.2条规定，"全面辐射供暖室内设计温度可降低2℃"。这两条都是规定直接按室内设计温度降低2℃计算耗热量，两个规范都没有规定采用修正系数法。请设计人员设计时注意这一点，不要再采用修正系数法，应采用直接降低2℃的方法计算耗热量。

4.1.2　盲目提高冬季供暖室内设计温度或降低夏季空调室内设计温度

【案例 4】　河北某小区有 5 栋 26～28 层的居住建筑，其中 11 号楼建筑面积 27229.53m²，地下 2 层，地上 28 层，供暖热负荷 543.1kW，采用 50/40℃低温热水地面辐射供暖系统，设计单位提交的热负荷计算书中没有注明室内外计算温度。编者针对某一围护结构表面的耗热量 Q，用 $\Delta T = t_n - t_{wn} = Q/KF$ 进行校核时，发现室内设计温度 t_n 与"设计说明"的 18℃不符合，住宅的室内温度为 24℃，商业用房的室内温度为 27.5℃，比"设计说明"的 18℃高的太多。经询问设计者，称建设地点为北方沿海地区，担心冬季供暖效果不好，要求将室内设计温度提高。

【分析】　这种盲目提高供暖设计温度的方法是一种错误的方法。一方面，我国规范规定的室内设计温度已能满足工作和生活的需要，从热舒适感角度不必再提高；另一方面，计算温度由 16℃提高到 18℃，必然会增大热负荷。实际上，室内设计温度 18℃是指实际应达到的标准，即经过检测应达到的温度（或称为"等感温度"），而降低到 16℃是指计算耗热量时采用的温度，或称为"计算温度"，并不是把室内温度标准降低 2℃。编者建议设计人员在"设计说明"或计算书中予以明确是按规范规定的降低 2℃进行计算的。众所周知，供暖热负荷与室内供暖计算温度和室外计算温度之差成正比，因此，室内供暖计算温度越高，耗热量及热损失越大，这样会造成无谓的能量浪费。相反，冬季供暖室温越低，室内外温差越小，系统能耗越小。有研究表明，室内设计温度从 20℃降到 18℃，可降低能耗 22.8%，数量是十分可观的。因此，在满足热环境要求的前提下，不盲目提高冬季供暖室内设计温度是重要的节能措施之一。以住宅建筑为例，《住宅建筑规范》、《住宅设计规范》等均规定，卧室、起居室（厅）、厕所的设计温度不低于 18℃，虽然说这是最低要求，但也不应该盲目提高，这可以说是最重要、最有效、实施起来最简单的节能措施之一，盲目提高冬季供暖室内设计温度也是一种不负责任的态度。

【案例 5】　某公司的多功能食堂，建筑面积 11182.5m²，地下 1 层，地上 3 层，设计方案为散热器供暖和冬夏两用空调系统（冬季空调在法定供暖期前后使用），在地下 1 层的健身、舞蹈及其他运动场所，设计人员采用的冬季室内温度为 18℃，夏季室内设计温度也是 18℃。

【分析】　采用夏季室内设计温度 18℃，既违反了舒适性要求，因为室内外温差太大，人们走出房间时无法适应，容易患感冒，又极大地增加了能源消耗，在常规空调系统中也是不能达到的。这种情况虽然比较罕见，却应该引起设计人员的足够重视。编者认为，适度合理降低室内温、湿度标准，是节约能源的重要措施之一。编者界定的适度合理降低室内温、湿度标准的含义是：在满足人体舒适度的前提下，选取确定的室内温、湿度值尽量接近当时的自然界空气参数，如夏季尽量选取较高的室内温、湿度，冬季尽量选取较低的室内温、湿度。夏季室内温、湿度越低或冬季室内温、湿度越高，系统能耗就越大，研究表明，夏季空调室内设计温度每提高 1℃，可减少能耗 6%左右，因此设计人员不应盲目提高室内温、湿度标准，应采用适度合理的室内温、湿度值。

4.1.3　对室内空气设计参数提出错误的要求

【案例 6】　某工程附属的气化配电室，建筑面积 1824m²，地上 3 层，设计人员在

"设计说明"的室内设计参数中要求"冬季室内空气相对湿度 $\varphi < 70\%$"。

【分析】 我们知道，根据《民用建筑供暖通风与空气调节设计规范》GB 50736—2012附录A的资料，各地冬季空气调节室外计算相对湿度一般都不低，但是由于冬季室外计算温度很低，因此室外空气的含湿量也是很低的。例如，某市冬季空气调节室外计算相对湿度为55%，冬季空气调节室外计算温度为−8.8℃，从焓-湿图查得室外空气的含湿量为 $d = 1.07 \mathrm{g/kg_{干空气}}$。如果以此含湿量的空气送入室内而不进行加湿，则必然不能达到需求的室内空气设计相对湿度。正因为冬季室外空气的含湿量较低，所以，要求达到需求的室内空气设计相对湿度，一般要求采用加湿措施，设定冬季室内空气设计相对湿度的界限应该是"不小于"或"大于"；该例设计人员要求"冬季室内空气相对湿度 $\varphi < 70\%$"，是基本理论的错误；设计人员应该懂得，要求室内空气设计相对湿度的界限为"不大于"或"小于"是指夏季的情况，例如，某市夏季空气调节室外计算干球温度为35.1℃，夏季空气调节室外计算湿球温度为26.8℃，从焓-湿图查得室外空气的含湿量为 $d = 18.88 \mathrm{g/kg_{干空气}}$。若以此含湿量的空气送入室内而不进行除湿，当室内设计温度为26℃、室内没有湿量转移时，室内相对湿度将达到88.8%。所以，我们一般设定夏季室内空气设计相对湿度的界限为"不大于"或"小于"，夏季空调的空气一般要经过除湿处理（包括不设置专用除湿段时，空调末端表冷器的冷却除湿处理），以达到需求的室内空气设计相对湿度。例如，室内设计温度为26℃，室内相对湿度为60%，此时室内空气的含湿量为 $d = 12.64 \mathrm{g/kg_{干空气}}$，处理的含湿量差为 $\Delta d = 18.88 - 12.64 = 6.24 \mathrm{g/kg_{干空气}}$。所以要求冬季室内空气设计相对湿度 $\varphi < 70\%$ 是错误的，根源在于设计人员缺乏最基本的理论知识。虽然这种案例是极个别的，也应引起我们的高度重视。

4.1.4 选取室内环境参数错误

上文已指出，室内空气计算参数不仅只是室内空气温度、湿度，上述内容主要讨论的是室内空气的温度、湿度等属于气象学领域的参数，但是在非气象学领域的空气参数或环境参数更是比比皆是，例如，室内空气的最大粉尘含量、污染物的极限浓度、噪声声级限值、辐射强度卫生限值、洁净空调区的洁净度等级等；向室外排风的污染物最高允许排放浓度、室外允许噪声级别等，这些参数的确定与取值都直接影响到设计方案、系统的合理性、经济性及节能减排的政策的落实。

【案例7】 某化工厂生产过程中产生某种有害物质，设计人员设置了全面通风系统，排除生产过程中产生的有害物质。系统投入运行后，试运行初期，没有满负荷生产，通风系统未发生什么问题。但满负荷生产后，出现部分工作人员中毒晕厥的现象，一时间在工作人员中产生严重的不良影响。

【分析】 消除有害物的通风量应根据有害物的散发量和允许的极限浓度按下式计算确定：

$$L = \frac{627 \times \gamma \times 10^6 \times W \times K}{M \times TLV}$$

式中　L——通风空气量，$\mathrm{m^3/h}$；

　　　627——常数；

　　　W——有害物量；

M——有害物的分子量；

TLV——有害物质的允许极限浓度（ppm）；

K——安全因素，取 $3\sim10$。

由上式可知，通风空气量 L 的大小与有害物质的允许极限浓度 TLV 成反比，即确定的允许极限浓度 TLV 越小，则通风空气量 L 越大；反之，通风空气量 L 越小。由于设计人员没有深入了解有害物质的毒性，按轻微毒性物质计算的通风空气量为 $L=4800\mathrm{m^3/h}$；发生事故后进行原因分析，并查阅相关资料，证明实际产生的有害物质的毒性应定为中等毒性物质，若中等毒性物质的 $TLV=200\mathrm{ppm}$、轻微毒性物质的 $TLV=500\mathrm{ppm}$，则按轻微毒性物质计算的通风量只有按中等毒性物质计算的通风量的 40%，因此造成严重的人身伤害事故，应该引以为教训。说明暖通空调设计人员不仅需要熟悉气象学领域的空气参数，还必须熟悉非气象学领域的空气参数或环境参数，这样才能成为一个合格的设计人员。

4.2 室外空气计算参数

暖通空调及热能动力工程设计人员应根据设计建筑物所处地区，选取冬、夏季室外空气计算参数，这些参数应以《民用建筑供暖通风与空气调节设计规范》GB 50736—2012 附录 A 和《工业建筑供暖通风与空气调节设计规范》GB 50019—2015 附录 A 的数据为准，不应采用设计手册、技术措施或其他资料中介绍的数据，这一点应引起设计人员的注意；错误地选用室外空气计算参数的情况虽然不多，也是值得设计人员注意的。

4.2.1 错误地选用室外空气计算参数

2003 年我国发布了第二次修订的规范《采暖通风与空气调节设计规范》GB 50019—2003，规范没有附列室外气象参数表，在《前言》中指出：取消"室外气象参数表"，另行出版《采暖通风与空气调节气象资料集》，但在规范发布以后，由于种种原因，该气象资料集一直没有出版。此后的几年中，全国各地执行的很不统一：有的仍引用《采暖通风与空气调节设计规范》GBJ 19—87 附录的数据；有的引用《空气调节设计手册（第二版）》或《实用供热空调设计手册（第二版）》的数据；有的引用地方标准中的数据，例如河北省引用河北省工程建设标准《居住建筑节能设计标准》DB13（J）63—2007 和《公共建筑节能设计标准》DB13（J）81—2009 中的数据。以石家庄市冬季供暖室外计算温度为例，《采暖通风与空气调节设计规范》GBJ 19—87 和《空气调节设计手册（第二版）》为 $-8℃$，《实用供热空调设计手册（第二版）》为 $-6℃$，《居住建筑节能设计标准》DB13（J）63—2007 和《公共建筑节能设计标准》DB13（J）81—2009 为 $-4.8℃$，这样就造成了设计工作的困难。

《民用建筑供暖通风与空气调节设计规范》GB 50736—2012 设专题研究了室外空气计算参数的确定方法，这一研究的成果即是规范的"附录 A 室外空气计算参数"。该附录共录入全国 294 个气象台站（城市）的室外空气计算参数，是目前国内用于暖通空调设计计算最完整、最准确、最权威的气象资料，今后设计人员应一律引用《民用建筑供暖通风与空气调节设计规范》GB 50736—2012 附录 A 的参数，不要随意选取其他文献的室外空气计算参数。

【案例8】 有些设计人员错误地采用冬季供暖室外计算温度计算冬季空调热负荷。例如，某地运输研发实验中心，建筑面积9345m²，空调面积7676.4m²，设计人员采用冬季供暖室外计算温度计算冬季空调热负荷，计算热负荷为306.8kW，热负荷指标为34W/m²，造成室内温度低，严重影响热舒适性。

【分析】 由于冬季空调热负荷对空调区运行经济性、舒适性的影响不如夏季冷负荷的影响明显，因此，冬季空调热负荷计算方法比夏季宽松，即我国规范规定，冬季空调热负荷计算和冬季供暖热负荷计算方法一样，采用稳态传热理论计算，同时，应注意以下三点：1) 室内冬季空调对热环境的要求比冬季供暖高，因此，室外计算温度的保证率也应比供暖高，这样就应该采用历年平均不保证1天的日平均温度作为冬季空调室外计算温度，代替历年平均不保证5天的日平均温度的冬季供暖室外计算温度，提高了保证率。由于本案例当地的冬季空调室外计算温度为−8.8℃，而冬季供暖室外计算温度为−6.2℃，因此冬季空调热负荷减少了很多，设备选型也减少，造成冬季室温非常低，这种情况应引起设计人员的注意。2) 空调区一般都保持足够的正压，因此，不必计算由门窗缝隙渗入室内的冷空气和由门洞孔口侵入室内的冷空气引起的热负荷。3) 对工艺性空调、大型公共建筑等，当室内有稳定的散热热源时，应从得热量中扣除这部分散热量，即为冬季空调热负荷。本案例说明，采用冬季供暖室外计算温度计算冬季空调热负荷，必然会造成室内温度低，严重影响热舒适性，应该引起设计人员的注意。

4.2.2 对夏季室外空气参数的误解

【案例9】 许多设计人员对室外空气计算参数的应用不甚了解，不能按规范的规定加以引用。河北某国际大酒店，建筑面积30721m²，地下1层，地上20层。工程设计采用冬夏双制空调系统，设计人员在"设计说明"中称，"夏季空调室外计算温度35.1℃，夏季空调室外相对湿度61%。"

【分析】 室外空气计算参数是暖通空调工程设计各项计算的基础数据，例如，供暖热负荷计算、空调冷/热负荷计算、通风风量计算、冷却塔及各种设备的选型计算等等；我国民用建筑工程建设技术标准中的室外空气计算参数是进行暖通空调和制冷设计的基础性资料，没有这些室外空气计算参数，就无法进行设计。但是，室外空气计算参数的确定是一项既严肃又科学的工作，第一，要收集足够年代的气象参数记录，一般统计年代为近30年；第二，从原始气象参数记录中筛选的数据应具有足够高的覆盖率和保证率，例如，夏季的温度要足够高，冬季的温度要足够低，以保证按各季节的计算负荷和设备选型最大限度的满足生产、生活的需求；第三，由于室外气象参数的极端值出现的频率是极低的，如果完全按极端值确定计算值，将会使计算负荷和设备配置达到最大，就会造成极大的浪费。因此，室外空气计算参数不是取极端值，而是按允许全年有少量不保证率，而保证率又达到足够高的原则，经过科学合理的统计分析而确定的。该案例的书写是错误的：1) 35.1℃是指夏季空调室外计算干球温度，以区别于夏季空调室外计算湿球温度，不能泛称"温度"；2) 61%不能冠以"夏季空气调节室外计算相对湿度"，因为各种文献（教材、规范、手册等）列举的暖通空调室外空气计算参数中，都没有"夏季空调室外相对湿度"这一说法，夏季空调室外空气状态点应由夏季空调室外计算干球温度和夏季空调室外计算湿球温度确定，出现这种情况，说明设计人员的基本概念很模糊。

【案例 10】　笔者审查的某医院医技综合楼夏季空调冷负荷计算书，计算表格中的夏季空调室外空气计算温度，不分外墙、屋面、外窗、结构、朝向、时刻，全部都是《民用建筑供暖通风与空气调节设计规范》GB 50736—2012 "附录 A　室外空气计算参数"的 35.1℃，这是不符合冷负荷计算基本原理的，应该予以纠正。

【分析】　该例是错误地采用夏季室外空气参数计算空调冷负荷的典型例子。我们知道，计算冬季供暖热负荷的室外参数一定是冬季供暖室外计算温度，计算冬季空调热负荷的室外参数也是冬季空调室外计算温度，两者都是直接引用《民用建筑供暖通风与空气调节设计规范》GB 50736—2012 "附录 A　室外空气计算参数"的数据；但是，编者要提醒广大读者，计算夏季空调冷负荷的室外参数一定不是采用夏季空调室外计算干球温度，也不能直接引用《民用建筑供暖通风与空气调节设计规范》GB 50736—2012 "附录 A　室外空气计算参数"的数据，这一点应引起大家的注意。那么，计算夏季空调冷负荷的室外空气参数是什么呢？

20 世纪 60 至 70 年代的十多年间，国外先后发表了多种用不稳定传热法计算建筑物空调冷负荷的方法，包括：蓄热系数法、反映系数法、Z 传递函数法、冷负荷系数法及时间平均法、吸热修正系数法、加权系数法（重量系数法）和公比法等等。1982 年 6 月，由我国 14 个单位历时 4 年（1978 年 4 月至 1982 年 5 月）完成的《设计用建筑物冷热负荷计算方法》科研成果在评议会上获得通过，课题组在分析比较了国外几种先进的计算方法的基础上，选择了 Z 传递函数法，用以建立国内设计用建筑物冷负荷计算方法，就是著名的"空调负荷实用计算法—冷负荷系数法"。此后两次修编的暖通规范《采暖通风与空气调节设计规范》GBJ 19-87 和《采暖通风与空气调节设计规范》GB 50019—2003 均引入了该研究成果的内容。《采暖通风与空气调节设计规范》GB 50019—2003 第 6.2.12 条虽然提出了"确定人体、照明和设备等散热形成的冷负荷"的要求，但没有给出具体的计算方法，而《民用建筑供暖通风与空气调节设计规范》GB 50736—2012 补充了附录 H 夏季空调冷负荷简化计算方法计算系数表，列举了外墙、屋面、外窗的逐时冷负荷计算温度、透过无遮阳标准玻璃太阳辐射冷负荷系数值和人体、照明、设备的冷负荷系数，完善了计算冷负荷的资料。

空调冷负荷计算的两种计算类型

我国的空调冷负荷计算虽然称为"冷负荷系数法"，但却按得热量在转变成冷负荷时是否出现时间的延迟和能量的衰减而分为两种类型，编者称为"第一类冷负荷"和"第二类冷负荷"。

（1）第一类冷负荷——需按"冷负荷系数法"计算的冷负荷

这一类冷负荷是指得热量不能直接视为冷负荷的那一类，计算时应考虑得热量转化为冷负荷时，出现时间的延迟和能量的衰减。其本质是非稳态法计算，即在传热量（冷负荷）计算公式中，不能直接应用夏季空调室外计算干球温度 t_{wg}（温度差），而是应用逐时冷负荷计算温度（简称"冷负荷温度"），或冷负荷系数，因为冷负荷温度或冷负荷系数不是固定的，是随时间而变化的，因此计算的是不同时刻冷负荷的逐时值。《民用建筑供暖通风与空气调节设计规范》GB 50736—2012 沿袭《采暖通风与空气调节设计规范》GB 50019—2003 的精神，规定第一类冷负荷应按非稳态法进行计算，这一类得热量包括：

1）通过围护结构传入的非稳态传热量；

2）通过透明围护结构进入的太阳辐射热量；

3）人体散热量；

4）非全天使用的设备、照明灯具散热量等。

在求围护结构传热、太阳辐射热及人员、照明、设备散热等形成的冷负荷时，《民用建筑供暖通风与空气调节设计规范》GB 50736—2012 引入了如下重要的参数，应该引起我们足够的重视：

1）求外墙、屋面的温差传热形成的逐时冷负荷时，引入"逐时冷负荷计算温度"；

2）求外窗的温差传热形成的逐时冷负荷时，引入"逐时冷负荷计算温度"；

3）求外窗的太阳辐射得热形成的逐时冷负荷时，引入"标准玻璃太阳辐射冷负荷系数"；

4）求人体显热散热形成的逐时冷负荷时，引入"人体冷负荷系数"；

5）求照明显热散热形成的逐时冷负荷时，引入"照明冷负荷系数"；

6）求设备显热散热形成的逐时冷负荷时，引入"设备冷负荷系数"。

（2）第二类冷负荷——不按"冷负荷系数法"计算的冷负荷

这一类冷负荷基本上是指得热量直接转化冷负荷的那一类，按稳态法进行计算，即计算时不考虑时间的延迟和能量的衰减，也不要求计算不同时刻冷负荷的逐时值。这一类得热量包括：

1）室温允许波动范围大于或等于±1℃的空调区，通过非轻型外墙传入的传热量；

2）空调区与邻室的夏季温差大于 3℃时，通过隔墙、楼板等内围护结构传入的传热量；

3）人员密集空调区的人体散热量；

4）全天使用的设备、照明灯具散热量等。

第一类冷负荷计算

空调区的夏季冷负荷宜采用计算机软件进行计算；当采用简化计算方法时，第一类冷负荷应按非稳态法计算各项逐时值。

（1）通过围护结构传入的非稳态传热形成的逐时冷负荷，按式（4.2-1）～式（4.2-3）计算。

1）外墙温差传热形成的逐时冷负荷（W）

$$CL_{Wq} = KF(t_{W1q} - t_n) \tag{4.2-1}$$

2）屋面温差传热形成的逐时冷负荷（W）

$$CL_{Wm} = KF(t_{W1m} - t_n) \tag{4.2-2}$$

3）外窗温差传热形成的逐时冷负荷（W）

$$CL_{Wc} = KF(t_{W1c} - t_n) \tag{4.2-3}$$

式中　K——外墙、屋面或外窗的传热系数，$W/(m^2 \cdot ℃)$；

　　　F——外墙、屋面或外窗的传热面积，m^2；

　　t_{W1q}——外墙的逐时冷负荷计算温度，℃；

　　t_{W1m}——屋面的逐时冷负荷计算温度，℃；

　　t_{W1c}——外窗的逐时冷负荷计算温度，℃；

t_n——夏季空调区设计温度，℃。

《民用建筑供暖通风与空气调节设计规范》GB 50736—2012 的附录 H.0.1 将 36 座典型城市按照纬度和气象条件相近的原则，分成以北京、上海、西安、广州四座城市为代表的 4 个城市分组；对于不同的设计地点，选择其所在城市的分组，对相应的逐时冷负荷计算温度进行修正。附录 H.0.1 还提供了 13 种典型外墙、8 种典型屋面的类型及热工性能指标。附录 H.0.2 提供了 36 座典型城市的典型外窗传热逐时冷负荷计算温度，供设计时选用。

（2）透过玻璃窗进入的太阳辐射得热形成的逐时冷负荷（W），按式（4.2-4）计算。

$$CL_C = C_{clC} C_Z D_{jmax} F_C \tag{4.2-4}$$

其中

$$C_Z = C_W C_n C_s \tag{4.2-5}$$

式中　CL_C——透过玻璃窗进入的太阳辐射得热形成的逐时冷负荷，W；

　　　C_{clC}——透过无遮阳标准玻璃太阳辐射冷负荷系数；

　　　C_Z——外窗综合遮阳系数，按式（4.2-5）计算；

　　　C_W——外遮阳修正系数；

　　　C_n——内遮阳修正系数；

　　　C_s——玻璃修正系数；

　　D_{jmax}——夏季透过标准窗玻璃的太阳总辐射照度最大值；

　　　F_C——窗玻璃净面积，m²。

《民用建筑供暖通风与空气调节设计规范》GB 50736—2012 的附录 H.0.3 提供了 4 座典型城市东、西、南、北四个方向透过无遮阳标准窗玻璃太阳辐射冷负荷系数 C_{clC}；附录 H.0.4 提供了 36 座典型城市东、西、南、北四个方向夏季透过标准窗玻璃的太阳总辐射照度最大值 D_{jmax}，供设计时选用。

（3）人体、照明和设备等形成的逐时冷负荷，按式（4.2-6）～式（4.2-8）计算。

1）人体逐时冷负荷（W）　　　$CL_{rt} = C_{cl_{rt}} \phi Q_{rt}$ 　　　　　　　　　　（4.2-6）

2）照明逐时冷负荷（W）　　　$CL_{zm} = C_{cl_{zm}} C_{zm} Q_{zm}$ 　　　　　　　（4.2-7）

3）设备逐时冷负荷（W）　　　$CL_{sb} = C_{cl_{sb}} C_{sb} Q_{sb}$ 　　　　　　　（4.2-8）

式中　CL_{rt}——人体散热形成的逐时冷负荷，W；

　　　$C_{cl_{rt}}$——人体冷负荷系数；

　　　ϕ——群集系数；

　　　Q_{rt}——人体散热量，W；

　　CL_{zm}——照明散热形成的逐时冷负荷，W；

　　　$C_{cl_{zm}}$——照明冷负荷系数；

　　　C_{zm}——照明修正系数；

　　　Q_{zm}——照明散热量，W；

　　CL_{sb}——设备散热形成的逐时冷负荷，W；

　　　$C_{cl_{sb}}$——设备冷负荷系数；

　　　C_{sb}——设备修正系数；

　　　Q_{sb}——设备散热量，W。

《民用建筑供暖通风与空气调节设计规范》GB 50736—2012 的附录 H.0.5 提供了人

体、照明、设备的冷负荷系数 $C_{cl_{rt}}$、$C_{cl_{zm}}$、$C_{cl_{sb}}$，供设计时选用。上述遮阳修正系数 C_w、C_n、玻璃修正系数 C_s、群集系数 ϕ、照明修正系数 C_{zm} 和设备修正系数 C_{sb} 可以查阅相关的技术手册或技术指南。

第二类冷负荷计算

第二类冷负荷有以下两种。

（1）室温允许波动范围大于或等于 ±1℃ 的空调区，通过非轻型外墙传入热量形成的冷负荷（W），按式（4.2-9）计算。

$$CL_{Wq} = KF(t_{zp} - t_n) \tag{4.2-9}$$

其中

$$t_{zp} = t_{wp} + \frac{\rho J_p}{\alpha_w} \tag{4.2-10}$$

式中　t_{zp}——夏季空调室外计算日平均综合温度，℃；

t_{wp}——夏季空调室外计算日平均温度，℃；

J_p——围护结构所在朝向太阳总辐射照度的日平均值，W/m²；

ρ——围护结构外表面对于太阳辐射热的吸收系数；

α_w——围护结构外表面换热系数，W/(m² · ℃)。

（2）空调区与邻室的夏季温差大于 3℃ 时，通过隔墙、楼板等内围护结构传入热量形成的冷负荷（W），按式（4.2-11）计算。

$$CL_{Wn} = KF(t_{ls} - t_n) \tag{4.2-11}$$

其中

$$t_{ls} = t_{wp} + \Delta t_{ls} \tag{4.2-12}$$

式中　CL_{Wn}——内围护结构传热形成的冷负荷，W；

t_{ls}——邻室计算平均温度，℃；

Δt_{ls}——邻室计算平均温度与夏季空调室外计算日平均温度的差值，℃，见表 4.2-1。

邻室计算平均温度与夏季空调室外计算日平均温度的差值　　　　表 4.2-1

邻室散热量（W/m²）	很少（如办公室和走廊等）	<23	23~116
Δt_{ls}（℃）	0~2	3	5

编者在此提醒读者，在《民用建筑供暖通风与空气调节设计规范》GB 50736—2012 发布之前，2008 年出版的《实用供热空调设计手册》（第二版）提供了空调冷负荷计算的完整资料，工程设计使用的各技术公司的冷负荷计算软件也是按照该设计手册的公式编制的。经比较后发现，设计手册的公式与《民用建筑供暖通风与空气调节设计规范》GB 50736—2012 的公式存在较大的差异，而编者审查的冷负荷计算书，仍有一大部分采用设计手册的公式，这种现象应该改变。设计规范（例如《民用建筑供暖通风与空气调节设计规范》GB 50736—2012）是设计依据，而设计手册只是参考资料，因此希望设计人员使用依据《民用建筑供暖通风与空气调节设计规范》GB 50736—2012 编制的冷负荷计算软件。

如上所述，在计算第一类冷负荷时，冷负荷计算参数采用的是外墙、屋面和外窗的逐时冷负荷计算温度（冷负荷温度）t_{w1q}、t_{w1m} 和 t_{w1c}、透过无遮阳标准玻璃太阳辐射冷负荷系数 C_{clC} 或人体冷负荷系数 $C_{cl_{rt}}$、照明冷负荷系数 $C_{cl_{zm}}$ 及设备冷负荷系数 $C_{cl_{sb}}$；在计算第二类冷负荷时，冷负荷计算参数采用的是夏季空调室外计算日平均综合温度 t_{zp} 或邻

室计算平均温度 t_{ls}，都不是采用夏季空调室外计算干球温度 t_{wg}。现将夏季空调冷负荷计算参数汇总如表 4.2-2 所示。

夏季空调冷负荷计算参数汇总表 表 4.2-2

	温差型		非温差型	
	计算项	计算参数	计算项	计算参数
第一类冷负荷（非稳态传热）	外墙、屋面的温差传热形成的逐时冷负荷	逐时冷负荷计算温度 t_{wlq}、t_{wlm}、t_{wlc}	外窗的太阳辐射得热形成的逐时冷负荷	标准玻璃太阳辐射冷负荷系数 C_{clC}
			人体显热散热形成的逐时冷负荷	人体冷负荷系数 C_{clrt}
	外窗的温差传热形成的逐时冷负荷		照明显热散热形成的逐时冷负荷	照明冷负荷系数 C_{clzm}
			设备显热散热形成的逐时冷负荷	设备冷负荷系数 C_{clsb}
第二类冷负荷（稳态传热）	室温允许波动范围大于或等于 $\pm1℃$ 的空调区，通过非轻型外墙传入热量形成的冷负荷	夏季空调室外计算日平均综合温度 t_{zp}		
	空调区与邻室的夏季温差大于 $3℃$ 时，通过隔墙、楼板等内围护结构传入热量形成的冷负荷	邻室计算平均温度 t_{ls}		

以下举例介绍夏季空调冷负荷简化计算确定室外计算参数的方法。

以外墙为例，计算地处石家庄工程的外墙逐时冷负荷计算温度 t_{wlq} 分为 7 步：（1）确定围护结构名称——外墙；（2）确定外墙结构编号——5 号；（3）确定外墙朝向——南；（4）确定计算时刻——14 时；（5）确定北京的冷负荷计算温度——32.7℃；（6）确定石家庄的地点修正值——+1℃；（7）确定石家庄的冷负荷计算温度——32.7+1＝33.7℃。可知确定一个逐时冷负荷计算温度（冷负荷温度）或冷负荷系数需要经过很复杂的过程；同时，由上述的过程可知，前述 6 个因素中，改变任何一个因素，都会改变最后的计算结果。因此，求取逐时冷负荷计算温度（冷负荷温度）或冷负荷系数的过程是十分麻烦的。

那么，夏季空调室外计算干球温度 t_{wg} 到底用于那些场合呢？编者在拙著《民用建筑暖通空调施工图设计实用读本》第 1.2 节中，列举了夏季空调室外计算干球温度 t_{wg} 的应用场合，包括：求制冷机风冷冷凝器的冷凝温度 t_k；求制冷机风冷冷凝器的风量 V；求表面式空气冷却器的接触系数 ε；求表面式空气冷却器的析湿系数 ξ；求表面式空气冷却器的冷冻水初温 t_{s1}；求夏季室外计算平均日较差 Δt_r 和室外计算逐时温度 t_{sh} 等，可供参考。夏季空调室外计算干球温度 t_{wg} 最重要的应用就是确定夏季室外空气状态点 W 及其参数，根据气象学理论，夏季室外空气状态点 W 应该由夏季空调室外计算干球温度 t_{wg} 和夏季空调室外计算湿球温度 t_{ws} 决定，例如石家庄市的夏季空调室外计算干球温度为 35.1℃，夏季空调室外计算湿球温度为 26.8℃，在焓湿图上输入两个参数描点即为室外空气状态点

W，由此得到室外空气状态点 W 的其他参数为：露点温度 23.992℃，相对湿度 52.76％，含湿量 18.879g/kg干空气，比焓 83.893kJ/kg干空气，比容 0.901m³/kg干空气，水蒸气分压力 2984.79Pa（图 4.2-1）。利用这些参数就可以进行空气处理过程的计算。

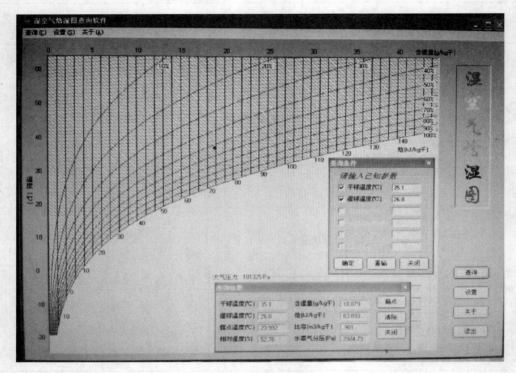

图 4.2-1　在焓湿图上确定室外空气状态点

第5章 供暖系统设计

本章介绍室内供暖系统设计的内容和任务、供暖系统的热媒温度、供暖热负荷计算和供暖系统的形式。

5.1 室内供暖系统设计的内容及任务

一项完整的室内供暖系统设计应包括以下内容和任务：

(1) 进行供暖热负荷计算，这是整个供暖系统设计的前提和基础；

(2) 确定供暖热媒种类及温度；

(3) 选择供暖系统形式；

(4) 确定和选择计算供暖末端装置；

(5) 确定供暖系统管材；

(6) 进行供暖系统水力计算，确定管道直径、系统阻力、工作压力和系统资用压头；

(7) 确定供暖水系统补水定压方式及装置；

(8) 其他附属部件（热计量表、温控阀、水力平衡部件、排水放气阀等）的选择；

(9) 确定系统水压试验压力和检验方法；

(10) 提出施工技术要求。

5.2 供暖系统的热媒温度

《民用建筑供暖通风与空气调节设计规范》GB 50736—2012 第 5.3.1 条规定："散热器供暖系统应采用热水作为热媒；"因此本书只讨论以热水作为热媒的供暖系统。供暖系统的供水温度对室内的舒适度、能源消耗、设备管材使用寿命及运行费用等有重要的影响，长期以来国内外学者对此进行了大量研究和实践。以前的散热器供暖系统，基本上是按水温 95/70℃ 进行设计的，散热器的标准散热量也是按水温 95/70℃、室温 18℃、温差 64.5℃ 测定和给出数据的。实践运行情况表明，合理降低建筑物内供暖系统的水温，有利于提高散热器供暖的舒适度、降低能耗和节省运行费用。经过国内学者多年的研究，认为对于采用散热器的集中供暖系统综合考虑供暖系统的初投资和年运行费用，当二次网设计水温为 75/50℃ 时，方案最优，其次是 85/60℃ 时。根据国内外研究和实践的结果，国家标准《民用建筑供暖通风与空气调节设计规范》GB 50736—2012 作了如下规定：

(1) 散热器集中供暖系统宜按 75/50℃ 连续供暖进行设计，且供水温度不宜大于 85℃，供回水温差不宜小于 20℃。

(2) 热水地面辐射供暖系统供水温度宜采用 35~45℃，不应大于 60℃；供回水温差不宜大于 10℃，且不宜小于 5℃。

（3）毛细管网辐射系统供水温度宜满足：顶棚布置采用 25～35℃，墙面布置采用 25～35℃，地面布置采用 30～40℃；供回水温差宜采用 3～6℃。

（4）热水吊顶辐射板的供水温度宜采用 40～95℃。

这些规定应该成为今后热水集中供暖系统设计的基本准则。

【案例 11】　河北某住宅小区的 8 栋 11 层至 27 层的居住建筑，设计采用散热器供暖系统，水温为 65/50℃。但是居住楼栋内有部分商业用房，采用的是低温热水地面辐射供暖系统，设计人员不做分析，仍然采用水温 65/50℃。

【分析】　这里特别提醒设计人员，采用热塑性塑料管或铝塑复合管时，应注意其使用温度，根据塑料管的使用条件级别及使用温度（表 5.2-1），低温热水地面辐射供暖系统采用的塑料管的使用级别是 4 级，其正常使用温度为 40℃、使用时间 20 年和使用温度为 60℃、使用时间 25 年，累计使用时间 45 年，最高工作温度 70℃允许使用时间 2.5 年，故障温度 100℃允许使用时间 100 小时。该工程出现供水温度高于使用温度的情况，这是非常危险的，设计时应该杜绝这种情况的出现。塑料管的使用条件级别及使用温度见表5.2-1。

塑料管的使用条件级别及使用温度　　　　　　　　　表 5.2-1

使用条件级别	正常工作温度		最高工作温度		故障温度		典型应用范围举例
	℃	时间(年)	℃	时间(年)	℃	时间(h)	
1	60	49	80	1	95	100	供热水(60℃)
2	70	49	80	1	95	100	供热水(70℃)
4	40 60 20	20 25 2.5	70	2.5	100	100	地板下的供热和低温暖气
5	60 80 20	25 10 14	90	1	100	100	高温暖气

注：3 级已基本上不采用。

【案例 12】　河北某住宅小区，有 4 栋 3 层商业建筑，采用地面辐射热水供暖系统，水温为 60/50℃；另有 8 栋 11 层至 27 层的居住建筑，设计采用散热器供暖系统，水温为 65/50℃。

【分析】　施工图审查发现的最普遍的问题是，设计人员在设计成片小区多栋居住建筑时，不注意各单体建筑设计的供、回水温度是否一致，经常出现同一小区内供水温度不同的情况，特别是多栋居住建筑由不同的设计单位设计时，更容易出现这种情况。同一个设计单位，同一小区内，没有设置热交换设备，却采用两种不同的水温，设计时应该避免这种情况。

【案例 13】　散热器供暖系统采用过低的供水温度，造成大幅度增加散热器面积。某地一机修仓库，建筑面积 2507.5m²，地上 1 层，室内采用供回水温度 45/40℃的散热器供暖系统，造成大幅度增加散热器面积。

【分析】　散热器供暖系统的供水温度和供、回水温差对散热器的初投资、系统流量及运行能耗有明显的影响。由传热学原理和实验可知，散热器的散热量 Q_s 与 $\Delta T^{(1+B)}$ 成正比，而 $(1+B)>1$，所以 $Q_s-\Delta T$ 为指数曲线。有学者研究指出，在低温水区域（60℃

以下）范围，Q_s—ΔT 曲线可采用与高温水区域（95/70℃）相同的形式，即认为是高温水区 Q_s—ΔT 曲线的延伸，因此散热器的散热量 Q_s 随 ΔT 的减少而急剧下降。举例如下：

某铸铁散热器高温水区的 $K = 6.607(t_p - t_n)^{0.275} = 6.607\Delta T^{0.275}$ $\left[\text{W}/(\text{k}\cdot\text{m}^2) \right]$

高温水区散热量 $Q_s = K\Delta T = 6.607\Delta T^{1.275}$（W/m²）

实验得出低温水区的散热量 $Q_s = 7.571\Delta T^{1.251}$ （W/m²）

由于相对误差为 5%，对于未作实验的散热器，低温水区可以采用高温水区的 Q_s—ΔT 曲线进行计算，见表 5.2-2：

散热器的 Q_s—ΔT 关系　　　　　　　　　　　　　　表 5.2-2

参数及 ΔT（℃）		高温区 Q_s，W/m²（%） $\Delta T = 65\sim45$℃	低温区 Q_s，W/m²（%） $\Delta T = 40\sim15$℃
95/70/18	64.5	1340.3(100)	
85/60/18	54.5	1081.2(80.7)	
75/50/18	44.5	835.0(62.3)	
60/50/18	37		693.4(51.7)
55/45/18	32		578.0(43.1)
50/40/18	27		467.5(34.9)

$$\therefore t_p \downarrow \rightarrow \Delta T \downarrow \rightarrow K \downarrow \rightarrow Q_s \downarrow \rightarrow F = \frac{Q}{Q_s} \uparrow$$

由上表可知，该案例中，45/40℃的散热器系统，散热器实际散热量不及标准散热量的 1/3，因此，散热器的面积要增加 2 倍以上。设计人员应该注意避免这种情况。

另外，供暖系统供、回水温差太小，必然增加系统流量，造成水泵选型偏大和运行能耗增加，所以，《民用建筑供暖通风与空气调节设计规范》GB 50736—2012 规定，散热器供暖系统的供、回水温差不宜小于 20℃，设计人员必须遵守这些规定。该案例供暖系统的供回水温差只有 5℃，也是违反规范关于"散热器供暖系统的供、回水温差不宜小于 20℃"的规定的。对于采用地（水）源热泵的系统，由于供、回水温度都比较低，为了避免大幅度增加散热器面积，应该采用低温热水地面辐射供暖系统。

5.3　供暖热负荷计算

供暖热负荷是进行供暖系统设计的最重要的基础性数据，正确地进行供暖热负荷计算，对选择管道直径、供暖设备、进行水力计算及节能运行管理都是至关重要的，可以说，没有正确的供暖热负荷数据就根本不能进行供暖系统设计，所以，施工图设计阶段，必须对每个房间进行热负荷计算。是否掌握供暖热负荷计算方法、能否准确的进行供暖热负荷计算，是对暖通空调设计人员能力和水平的检验，希望大家不要忽视这一点。

【案例 14】　河北某居住建筑 18 号楼，总面积 17007.6m²，地下 1 层，地上 21 层，设计人员计算高层建筑门窗冷风渗透耗热量（热负荷）时，不采用热压与风压共同作用进行计算，而是采用换气次数法。在编者提出这样计算概念不对、应进行修改时，设计人员称，《严寒和寒冷地区居住建筑节能设计标准》JGJ 26—2010 第 4.3.10 条规定用换气次数计算。

【分析】　其实，这种认识属于概念上的错误：(1)《严寒和寒冷地区居住建筑节能设计标准》JGJ 26—2010 第 4.3.10 条的规定，只是在进行权衡判断，计算建筑物耗热量指标 q_H 中的空气渗透耗热量 q_{INF} 的冷风渗透量 NV 时，采用换气次数法，是指特定的场合；(2)《采暖通风与空气调节设计规范》GB 50019—2003 附录 D 规定，门窗冷风渗透耗热量（热负荷）中的渗透冷空气量 L 应按热压与风压共同作用计算 (D.0.2-1)，但是，D.0.3 指出，当无相关数据时，多层建筑可以按换气次数法计算渗透冷空气量，D.0.4 指出，工业建筑按围护结构总耗热量的百分比计算冷空气的耗热量；D.0.3 和 D.0.4 的规定是由于当时对供暖热负荷的理论研究不透、按热压与风压共同作用计算的方法比较复杂而提出的一种简化方法，但是我们不应该以简化的方法来代替经典的方法；(3)《全国民用建筑工程设计技术措施　暖通空调·动力 2009》第 2.2.13 条规定，当无准确的数据时，多层民用建筑按缝隙法或换气次数法计算冷风渗透量；第 2.2.14 条规定，高层民用建筑应按热压与风压共同作用进行计算，即对多层和高层作了区别对待。但是，《民用建筑供暖通风与空气调节设计规范》GB 50736—2012 在正文中没有规定可以按换气次数法计算渗透冷空气量 L，而在《条文说明》中明确了"采用缝隙法确定多层和高层民用建筑渗透冷空气量"。因此，即使是多层民用建筑，也不可以采用换气次数法计算渗透冷空气量，应一律采用缝隙法计算，这一点请设计人员特别注意。

【案例 15】　河北某居住建筑 3 号楼，总面积 13986.86m²，高度 51.20m，地下 1 层，地上 27 层。最早报送的热负荷计算书为 1 层、2～16 层和 17 层三部分，其中 2～16 层只有一层的数据，注明按"2 层×15"计算总负荷，而且 2～16 层就是采用的换气次数法。当时编者指出，高层建筑应按热压与风压联合作用分层计算热负荷，设计人员便将按换气次数计算的 2 层所有数据和热负荷一字不差的复制到 3～16 层，并不严格地进行分层负荷计算。

【案例 16】　不进行分层供暖热负荷计算，将上下不同的楼层简化为标准层，只出具一层（冠以"标准层"字样）的计算结果，是供暖热负荷计算书中经常遇到的情况。例如河北某房地产公司××二期有 5 栋 4～5 层的居住建筑，热负荷计算书只有 1 层、2 层的结果。编者审图后要求设计者补充其他楼层的计算结果，但设计人员坚持不予补充，在其回复意见中称："其中一层数据表示的是标准层的计算数据，二层的计算数据是顶层的计算数据，标准层的相同计算数据没有必要每层列出来。"设计者没有作修改，审图被迫终止。

【案例 17】　不按基本理论计算高层居住建筑的门窗冷风渗透耗热量，有些计算书中反映，高层居住建筑中只有 1、2 层出现外窗冷风渗透耗热量，其他各层均为零。例如河北某房地产公司住宅小区 1 号楼，建筑面积 22853.43m²，地下 2 层，地上 25 层，采用 50/40℃ 低温热水地板供暖系统。报送的热负荷计算书中只有 1、2 层出现外窗冷风渗透耗热量，其他各层均为零。出现这种情况是计算软件的问题，还是数据输入的问题，应引起设计人员的高度重视。

【案例 18】　与上例相反的情况是，计算书在中和面以上各层出现门窗冷风渗透耗热量。例如河北某房地产公司××住宅小区有 5 栋居住建筑，地下 2 层，地上 17 层，建筑面积为 8201.5～17304.5m²，室内为 80/60℃ 散热器供暖系统，计算书中在 17 层还出现外窗冷风渗透耗热量，这种情况是错误的。

【案例 19】　更极端的情况是，在计算书的冷风渗透耗热量一项中，所有的楼层都是 0，说明设计人员根本不知道应计算冷风渗透耗热量，这是理论知识的严重缺失。

【分析】　不严格地进行分层负荷计算是供暖热负荷计算中存在的普遍问题之一，是供暖热负荷计算书中经常遇到的情况，而且是十分严重的。《民用建筑供暖通风与空气调节设计规范》GB 50736—2012 第 5.2.1 条规定："集中供暖系统的施工图设计，必须对每个房间进行热负荷计算。"该规定包括两层含义：（1）长期以来，国内许多设计人员错误地利用设计手册中供方案设计或初步设计推荐的单位建筑面积热负荷指标估算热负荷，并直接作为施工图设计阶段确定散热设备的依据，而这样估算的热负荷往往偏大，也导致热源装机容量偏大、管道直径偏大、水泵配置偏大等现象，其结果是供暖效果不理想，初投资也增高，能量消耗也增加。因此，应摒弃按热负荷指标估算热负荷的方法；（2）不能按所谓"标准层"、采用相同的换气次数法进行计算，而应按热压与风压联合作用分层对每个房间进行热负荷计算。因为建筑物中和面以下各房间门窗中心线与中和面的高差不同，因此，各层门窗缝隙的冷风渗透量和冷风渗透耗热量也是不一样的，不会出现所谓"标准层"，这既是规范规定"对每个房间进行热负荷计算"的理由，更是供暖热负荷计算的基本理论之一。有研究表明，一般建筑的冷风渗透耗热量占总耗热量的 10% 以上，有时高达 30% 左右，在各类民用建筑中，特别是高层建筑中，冷风渗透耗热量是不容忽视的。所以，设计人员必须认真进行冷风渗透热负荷计算，也希望设计人员不要违反本专业的基本理论。

以下是某设计院报送的冷风渗透耗热量详细计算过程的实际案例，值得设计人员借鉴。

【举例】　某地××住宅小区 1 号楼，位于石家庄地区，建筑层数 32 层，高度 99m，冷风渗透耗热量计算汇总表如表 5.3-1 所示。

冷风渗透耗热量计算汇总表　　　　　　　　　　　　表 5.3-1

名称框	A 空气比热 C_p	B 空气密度 ρ_{wn}	C 基准高度风速 V_0	D 窗的气密性系数 a	E 单位缝隙冷风渗透量 l 空气渗透量	F 室内计算温度 T_n	G 室外计算温度 T_w	H 竖井计算温度 T_z	I 楼层	J 楼层高度	K 窗中高度	L 中和面高度	M 热系数 C_r	N 风压系数 ΔC_f	O 高度修正系数 C_h	P 门窗缝隙渗风指数 b	Q 朝向修正系数	R 有效热压差与风压之比 C	S 朝向修正系数	T 冷风渗透综合修正系数	U 单位长度冷风渗透量 L	冷风渗透耗热量 q
	常数取为 1.005 (kJ/kg·℃)	石家庄冬季为 1.33 (kg/m³)	石家庄冬季为 2.3 (m/s)	石家庄7~30层时应为 0.3		石家庄住宅取为 18℃	石家庄冬季计算温度 -8℃	石家庄住宅楼梯间不供暖取为 5℃					室内气密性好，取为 0.4	一般取为 0.7	一般取为 0.67		一般取为 0.67		石家庄 N=1.0 NE=0.7 E=0.5 SE=0.65 S=0.5 SW=0.55 W=0.85 NW=0.9			
3	1.005	1.33	2.3	0.3	0.69683	18	-8	5	32	96	97.5	26	0.4	0.7	1.8737994	0.67	-10.11922	1	-4.78453	#NUM!		
4	1.005	1.33	2.3	0.3	0.69683	18	-8	5	31	93	94.5	26	0.4	0.7	1.8505208	0.67	-9.816592	1	-4.56828	#NUM!		
5	1.005	1.33	2.3	0.3	0.69683	18	-8	5	30	90	91.5	26	0.4	0.7	1.8267945	0.67	-9.508582	1	-4.35216	#NUM!		
6	1.005	1.33	2.3	0.3	0.69683	18	-8	5	29	87	88.5	26	0.4	0.7	1.8025967	0.67	-9.19487	1	-4.13617	#NUM!		
7	1.005	1.33	2.3	0.3	0.69683	18	-8	5	28	84	85.5	26	0.4	0.7	1.7779015	0.67	-8.875103	1	-3.92032	#NUM!		
8	1.005	1.33	2.3	0.3	0.69683	18	-8	5	27	81	82.5	26	0.4	0.7	1.7526808	0.67	-8.54889	1	-3.70462	#NUM!		
9	1.005	1.33	2.3	0.3	0.69683	18	-8	5	26	78	79.5	26	0.4	0.7	1.7269036	0.67	-8.215799	1	-3.48908	#NUM!		
10	1.005	1.33	2.3	0.3	0.69683	18	-8	5	25	75	76.5	26	0.4	0.7	1.700536	0.67	-7.875347	1	-3.2737	#NUM!		
11	1.005	1.33	2.3	0.3	0.69683	18	-8	5	24	72	73.5	26	0.4	0.7	1.6735404	0.67	-7.526994	1	-3.05849	#NUM!		
12	1.005	1.33	2.3	0.3	0.69683	18	-8	5	23	69	70.5	26	0.4	0.7	1.6458752	0.67	-7.170134	1	-2.84348	#NUM!		
13	1.005	1.33	2.3	0.3	0.69683	18	-8	5	22	66	67.5	26	0.4	0.7	1.6174943	0.67	-6.804081	1	-2.62866	#NUM!		
14	1.005	1.33	2.3	0.3	0.69683	18	-8	5	21	63	64.5	26	0.4	0.7	1.5883461	0.67	-6.428057	1	-2.41406	#NUM!		
15	1.005	1.33	2.3	0.3	0.69683	18	-8	5	20	60	61.5	26	0.4	0.7	1.5583726	0.67	-6.041172	1	-2.19969	#NUM!		
16	1.005	1.33	2.3	0.3	0.69683	18	-8	5	19	57	58.5	26	0.4	0.7	1.5275084	0.67	-5.6424	1	-1.98557	#NUM!		
17	1.005	1.33	2.3	0.3	0.69683	18	-8	5	18	54	55.5	26	0.4	0.7	1.4956792	0.67	-5.230554	1	-1.77171	#NUM!		
18	1.005	1.33	2.3	0.3	0.69683	18	-8	5	17	51	52.5	26	0.4	0.7	1.4628001	0.67	-4.804244	1	-1.55816	#NUM!		
19	1.005	1.33	2.3	0.3	0.69683	18	-8	5	16	48	49.5	26	0.4	0.7	1.4287733	0.67	-4.361829	1	-1.34492	#NUM!		
20	1.005	1.33	2.3	0.3	0.69683	18	-8	5	15	45	46.5	26	0.4	0.7	1.3934854	0.67	-3.901356	1	-1.13204	#NUM!		
21	1.005	1.33	2.3	0.3	0.69683	18	-8	5	14	42	43.5	26	0.4	0.7	1.3568035	0.67	-3.420466	1	-0.91955	#NUM!		
22	1.005	1.33	2.3	0.3	0.69683	18	-8	5	13	39	40.5	26	0.4	0.7	1.3185702	0.67	-2.916278	1	-0.70749	#NUM!		
23	1.005	1.33	2.3	0.3	0.69683	18	-8	5	12	36	37.5	26	0.4	0.7	1.2785972	0.67	-2.385219	1	-0.49592	#NUM!		
24	1.005	1.33	2.3	0.3	0.69683	18	-8	5	11	33	34.5	26	0.4	0.7	1.236656	0.67	-1.82278	1	-0.2849	#NUM!		
25	1.005	1.33	2.3	0.3	0.69683	18	-8	5	10	30	31.5	26	0.4	0.7	1.1924645	0.67	-1.223151	1	-0.07456	#NUM!		
26	1.005	1.33	2.3	0.3	0.69683	18	-8	5	9	27	28.5	26	0.4	0.7	1.1456691	0.67	-0.578689	1	0.135151	0.1822958	1.77	
27	1.005	1.33	2.3	0.3	0.69683	18	-8	5	8	24	25.5	26	0.4	0.7	1.0958152	0.67	0.1210032	1	0.343955	0.3408659	3.32	
28	1.005	1.33	2.3	0.3	0.69683	18	-8	5	7	21	22.5	26	0.4	0.7	1.0423037	0.67	0.8905082	1	0.551735	0.4678286	4.55	
29	1.005	1.33	2.3	0.3	0.69683	18	-8	5	6	18	19.5	26	0.4	0.7	0.9843173	0.67	1.7512268	1	0.758262	0.5789035	5.63	
30	1.005	1.33	2.3	0.3	0.69683	18	-8	5	5	15	16.5	26	0.4	0.7	0.920693	0.67	2.736358	1	0.963211	0.6795493	6.61	
31	1.005	1.33	2.3	0.3	0.69683	18	-8	5	4	12	13.5	26	0.4	0.7	0.8496788	0.67	3.9013902	1	1.16609	0.7723916	7.52	
32	1.005	1.33	2.3	0.3	0.69683	18	-8	5	3	9	10.5	26	0.4	0.7	0.768417	0.67	5.3493235	1	1.3661	0.8588164	8.36	
33	1.005	1.33	2.3	0.3	0.69683	18	-8	5	2	6	3.5	26	0.4	0.7	0.4951633	0.67	12.050309	1	1.80937	1.0367412	10.09	
34	1.005	1.33	2.3	0.3	0.69683	18	-8	5	1	3	0.5	26	0.4	0.7	0.2273575	0.67	29.743700	1	1.957147	1.0927349	10.63	

　　【介绍】　表中显示的是该住宅楼北向外墙上单位长度缝隙的冷风渗透量 L（《民用建筑供暖通风与空气调节设计规范》GB 50736 为"L_0"）和单位长度冷风渗透耗热量 Q 的计算过程，表中列举了计算过程所需的 15 个基本参数——单位换算系数 0.28、空气的定压比热容 c_p、供暖室外计算温度下的空气密度 ρ_{wn}、外门窗缝隙渗风系数 α_1、冬季室外最多风向的平均风速 v_0、门窗缝隙渗风指数 b、热压系数 C_r、风压差系数 ΔC_f、单纯风压作用下，渗透冷空气量的朝向修正系数 n、建筑物中和面的标高 h_z、计算门窗的中心线标高 h、竖井计算温度 t'_n、供暖室外计算温度 t_{wn}、高度修正系数 C_h 和供暖室内计算温度 t_n；由此计算出以下 3 个中间参数——有效热压差与有效风压差之比 C、热压与风压共同作用下考虑建筑体型、内部隔断和空气流通等因素后，不同朝向、不同高度的门窗冷空气渗透压差综合修正系数 m 和每米缝隙理论渗透冷风量 L_0；再按公式 $Q_0 = L_0 \times m^b$ 计算每米缝隙渗入室内的耗热量 Q_0，再按缝隙的长度 l_1 求冷风渗透耗热量 $Q = Q_0 \times l_1$。所以，计算过程是十分复杂的，这就是许多技术人员采用换气次数法或不进行分层计算的原因。编者经过审查，发现计算过程存在以下问题：（1）建筑层数 32 层，高度 99m，中和面高度为 26m，取在第 8 层房间高度的 2/3 处，这是不妥的，一般应该近似地取建筑物总高度的 1/2 处为中和面，即应该在 16 层、标高 48m 处；（2）从 10～32 层均无单位长度冷风渗透量及单位长度冷风渗透耗热量，10～16 层应该有冷风渗透量及风渗透耗热量；（3）表中只显示了单位长度冷风渗透量 L_0 及单位长度冷风渗透耗热量 Q_0，而没有引入缝隙的长度 l_1 并由此计算总冷风渗透耗热量 $Q = Q_0 \times l_1$。尽管如此，报送十分详细的冷风渗透耗热量计算过程的情况还是极少见的。

　　【案例 20】　目前市场上使用的供暖热负荷计算软件只列举围护结构的基本耗热量、附加耗热量以及门窗缝隙渗透冷空气耗热量的计算过程和单项计算结果，并没有计入个别工程的外门开启时经外门进入室内的冷空气耗热量和其他耗热量。编者审查的热负荷计算书，绝大多数计算表格中，没有设计热负荷汇总的痕迹，更没有扣除室内得热量，设计人员提供的只是一份计算表格，不是真正意义上的供暖热负荷计算书，设计人员可以随意填写或修改计算书中的参数，由于计算过程冗长，审图人员也无法校核，总热负荷的真实性无法保证。

　　【案例 21】　热负荷计算软件中出现违反专业基本原理的错误。编者审查的河北省某房地产公司的××花园住宅小区的供暖热负荷计算书，计算书显示的计算软件的信息为："热负荷计算软件用'谐波法'，热负荷计算方法和公式鉴定情况：建设部科技成果评估证建科评〔2004〕019 号，软件版本：××负荷计算〔谐波法〕V6.0、20110117.740"。

　　【分析】　众所周知，谐波法是基于现代控制理论提出的空调动态负荷计算的新方法，论述的是用状态空间法求取平壁热力系统的衰减度和延迟时间的原理和具体方法，是一种不稳定传热的计算方法，用于建筑物的空调动态负荷计算。这种计算方法考虑了传热过程中辐射因素的影响，形成得热量转化为冷负荷时，出现时间的延迟和能量的衰减，冷负荷计算的室外空气参数不是不变的，而是动态变化的——称为"逐时冷负荷计算温度"（简称"冷负荷温度"）。而供暖热负荷计算采用的是稳态传热计算法，并不考虑热量传递时出现时间的延迟和能量的衰减，热负荷计算的室外温度也是固定的。所以，称采用"谐波法"编制供暖热负荷计算软件来计算供暖热负荷完全是理论上的错误。

　　【案例 22】　许多设计人员只按户型（如 A、B、C 等…）计算热负荷，而不按组合平面（如：A—B—B 反或 A 反—C—C 反等）进行楼栋热负荷汇总，同时，也不进行单元热负荷汇总。

【分析】 我们知道，单元热负荷是进行管径选择和水力计算的重要数据，设计人员在进行热负荷计算时，中间必须计算单元热负荷，才能选择管径和进行水力计算，而且，单元热负荷值应标注在单元热力入口平面图和单元供暖系统图的总管处，以便检查。

【案例 23】 有些设计单位的热负荷计算书完全缺乏真实性，设计人员也缺乏认真负责的态度，出现违反常规的情况。例如，河北某房地产公司的住宅小区有 5 栋高层住宅，地下 2 层，地上 18 层，建筑面积 8494～18354m²；计算书中没有反映出各单元的负荷，但 1 号楼有 3 个单元，审查单元热力入口平面图发现，有山墙的 R_1 入口和没有山墙的 R_2 入口的热负荷都是 50.37kW，这是一种不应该出现的错误。

【分析】 设计规范以强制性条文规定，集中供暖系统的施工图设计，必须对每个房间进行热负荷计算，一方面是为了杜绝按供暖热负荷指标确定计算热负荷，避免出现散热器、水泵、管道及附件的选型偏大，造成资金和能量的浪费，另一方面是为了便于分区进行负荷统计、进行管道直径选择、水力计算以及阻力损失不平衡度计算，并确定系统调节方式。例如居住建筑中的单元式住宅，热力管道一般是从单元楼梯间引入，所谓户内的阻力损失也是以单元为基础的，所以必须进行单元热负荷统计，再以此为基础选择管道直径和进行系统阻力计算。上述【案例 22】的计算书中只有户型（如 A、B、C 等…）的计算热负荷，而没有进行单元热负荷汇总，这样就无法选择管道直径和进行系统阻力计算。【案例 23】中的 R_1 入口是有山墙的单元，计算热负荷应该包括山墙的热负荷，而 R_2 入口是没有山墙的单元，不会出现山墙的热负荷，但提交的施工图中，两个单元的热负荷是一样的，一般都是没有认真计算的原因，也是一种极不负责任的态度。

【案例 24】 供暖热负荷计算书中的原始参数（围护结构热阻、传热系数等）与"说明"、"节能表"的数值不一致。

【分析】 这种情况大多数是因为建筑专业人员修改围护结构和传热系数后没有通知暖通专业人员，因此出现彼此矛盾的情况。

【案例 25】 编者审图时，常提请设计人员在修改计算温度或传热系数后，应提供重新计算的供暖热负荷和热负荷指标，但是有的设计人员在对计算温度或传热系数等作修改后，返回的热负荷计算书的总热负荷、热负荷指标仍和以前的一样，并没有修改。

【分析】 这样回复明显是错误的。因为利用软件计算时，任何一个输入参数的变化都会改变最后的计算结果，改变输入参数而不改变计算结果的情况也是不能容许的，这种情况在实际工作中相当普遍，设计人员应该避免这种情况。

【案例 26】 河北某修理厂房施工图，厂房共三层，总面积约 10300m²，层高 15m。供暖热负荷为 305kW 左右，通风换气面积约 9300m²，设计人员为三层厂房共布置 30 台轴流风机，总换气风量为 116000m³/h，没有进行送风加热处理。编者曾提出冬季送冷风不合适，应该对通风空气进行加热。设计人员称，供暖散热器考虑了通风热负荷。

【分析】 实际上，经计算通风热负荷约为 790kW，比供暖热负荷大得多，是供暖散热器无法承担的。出现这种情况是由于设计人员不知道供暖热负荷与通风热负荷的区别及满足不同热负荷需求的不同方式。严寒与寒冷地区的标准化菜市场或类似场所（如大开间厂房）中，冬季设置供暖设备是为了补偿围护结构耗热量和门窗缝隙渗透冷空气耗热量。

但是，菜市场或大开间厂房内还设有机械排风，大门也是经常开启的，设计人员没有对冬季通风进行加热处理，编者询问设计人员是如何考虑通风耗热量的，设计人员回复审查意见时称"通风耗热量由供暖设备分担"，由于没有设备选型计算书，也无法判断。编者强调指出，这类场所应遵循专业基本原理，围护结构热负荷和门窗缝隙渗透冷空气热负荷由供暖设备负担，而通风热负荷宜由设置 SRZ、SRL 型空气加热器的通风系统负担，因为围护结构耗热量、门窗缝隙渗透冷空气耗热量计算参数、计算方法与通风耗热量计算参数、计算方法都是不同的，严寒与寒冷地区的这类场所宜进行冬季通风加热处理才合理。

对于承担室外通风热负荷需要经过空气加热器来实现的基本知识，不仅许多只从事民用建筑设计的设计人员不熟悉，如上例一样，认为供暖散热器可以承担室外通风热负荷，而且一些技术文献也持这样的观点。例如，《中小学校设计规范》GB 50099—2011 第10.1.9 条规定，"……，严寒与寒冷地区除化学、生物实验室外的其他教学用房及教学辅助用房冬季的自然通风进风口宜设在进风能被散热器直接加热的部位……，"其条文说明称："将进风口设在散热器后方，让新风经散热器加热后送入教室内。"这是一种违反专业基本理论的观点。我们知道，散热器工作的原理是，依靠散热器内温度高于室内空气温度的热媒，加热散热器周围的空气，由于散热器周围热空气的上升和远离散热器冷空气的下降，形成自然对流而补偿围护结构耗热量和门窗缝隙渗透冷空气耗热量，以保持室内的温度。这里需要着重指出的是，散热器的功能只是循环加热室内空气，不具备加热大量室外空气的功能，提出"让新风经散热器加热后送入教室内"是违反专业的基本原理的，建筑空间的通风热负荷只能靠设置了通风机和 SRZ、SRL 型空气加热器的通风系统承担。设计人员在设计类似功能建筑的供暖通风系统时，一定要分别计算供暖热负荷（围护结构热负荷和门窗缝隙渗透冷空气热负荷等）和通风热负荷，分别设置供暖系统和空气加热通风系统，不能由供暖散热器来承担通风热负荷。这是暖通空调专业的基本理论，设计人员应引起高度注意。

【案例 27】 某设计单位设计的河北某度假山庄有 70 栋别墅全部为 2 层，建筑面积为 150～650m²。设计单位提供的各建筑热负荷指标如下表。

某度假山庄建筑热负荷指标

楼号	9 号	31/32 号	31/32 号	25/26 号	27/28 号	49 号	54 号
热负荷指标(W/m²)	85.7	92.0	139.0	105.3	105.3	97	89

【分析】 仅按热负荷指标评价，这样的建筑物供暖热负荷指标比 20 世纪 60 年代末至 70 年代的非节能建筑还高得多。编者审查的施工图中，这种情况是十分普遍的，现在的设计人员对建筑物供暖热负荷和热负荷指标应该多大才比较合理，不太清楚，这里提供一些背景材料供大家参考。

（1）20 世纪 60 年代末至 70 年代，我国工程和学术界有个大致的看法：在一般情况下，北方供暖地区 1 吨蒸汽可以供 10000m²（建筑面积）建筑物供暖；按压力 0.3MPa 的饱和蒸汽计算，扣除回收凝结水的焓以后，折合单位建筑面积的热负荷指标约为 60W/m²。当时金属框单层玻璃外窗的传热系数为 6.40W/(m²·℃)，单框双层窗的传热系数为 3.49W/(m²·℃)，是目前外窗传热系数的 2～3 倍。

（2）20 世纪 90 年代末，中国建筑科学研究院空调所（现建筑环境与节能研究院）在北京和沈阳对已建住宅的供暖热负荷进行了测定，经过数据整理，得到建筑物的供暖热负荷指标如下。北京：多层砖混结构，46～58W/m²；多层加气砖混结构，67～74W/m²；高层壁板结构，46～51W/m²；沈阳：52～58W/m²。

要知道，这些指标是没有执行建筑节能设计标准之前的情况，但是现在的施工图设计中的单位建筑面积的热负荷指标比这些指标大得多，出现这样的问题是不应该的，也说明设计人员缺乏最基本的专业知识。

【案例 28】　少数工程项目的供暖热负荷计算书中，建筑物中和面以上的外窗和所有的外墙都出现耗热量（热负荷）。编者审查的某房地产公司的××家园住宅小区 3 号楼，建筑面积 11437.46m²，地下 2 层，地上 18 层，室内采用 45/35℃地面辐射供暖系统，热负荷为 230.5kW，在供暖热负荷计算书中，建筑物中所有各层的外窗和所有的外墙都出现冷空气渗透耗热量（热负荷）。

【分析】　供暖建筑物中，由外门、窗缝隙渗入室内的冷空气的耗热量是建筑物耗热量的重要组成部分，有研究表明，一般建筑的冷风渗透耗热量占总耗热量的 10%以上，有时高达 30%左右，所以，设计人员必须认真进行冷风渗透耗热量的计算，我国历来的暖通设计规范对此都有明确的规定。分析建筑物外墙冬季的风压图可知，建筑物外墙中和面以下的外门、窗缝隙为进风渠道，中和面以上的外门、窗缝隙为出风渠道，由建筑物外墙中和面以下的外门、窗缝隙的进风由室外流向室内，需要由室内供暖系统加热，而形成冷风渗透耗热量；但是中和面以上的外门、窗缝隙的出风由室内流向室外，不会形成冷风渗透耗热量。由于空气流动状态的不确定性，一般近似选室外墙面高度的 1/2 处为中和面，上例工程中，应该是 1～9 层有外门、窗缝隙渗入室内的冷空气的耗热量，而 10～18 层不应该有外门、窗缝隙渗入室内的冷空气的耗热量，该例的热负荷计算是不符合基本理论的。另外，上例工程中，所有的外墙都出现冷空气渗透耗热量，这更是违反专业基本理论的，是不应该出现的明显的错误。

【案例 29】　不同层数、不同面积的建筑热负荷指标完全相同。某地名邸小区有 8 栋住宅建筑，各栋建筑的层数、供暖面积、热负荷和热负荷指标见下表。

住宅楼号	1 号	2 号	3 号	4 号	5 号	6 号	7 号	8 号
层数	18/12	18/12	11	11	9	9	9	9
供暖面积(m²)	8430	10338	5263	4054	4212	3195	4320	3195
热负荷(kW)	286.6	351.5	179	137.8	143	109	147	109
热负荷指标(W/m²)	34	34	34	34	34	34	34	34

【分析】　同一小区多栋建筑的供暖热负荷指标完全相同是设计文件中十分普遍的现象。以该例为例，且不管各栋建筑的供暖面积和热负荷的准确性，1 号和 2 号、3 号和 4 号、5 号和 6 号、7 号和 8 号各组的层数相同而面积不同，说明彼此的单元数不同，按大体相近的户型分析，3 个单元的住户中，中间的一个单元没有山墙；由于两端山墙的热负荷占很大的比例，2 个单元的热负荷指标肯定比 3 个单元的热负荷指标大，所以，8 栋住宅建筑的热负荷指标都是 34W/m²，是没有经过认真计算的，更有可能就是按供暖面积和指标 34W/m² 相乘反算的总热负荷。

【案例 30】 某县城供热管网二期工程，一次管网供回水温度为 130℃/70℃，工作压力 1.6MPa，共有 6 个区段；沿途建有 4 个换热站，每个换热站服务 1 个住宅小区。设计文件显示，第 1 换热站服务的小区建筑面积 18 万 m²，设计人员没有提出准确的住宅设计热负荷，只是根据估计的热负荷选择换热器，高区选择换热量 5103kW 的换热器 2 台，低区选择换热量 810kW 的换热器 1 台。根据末端用户的室内设备，二次网的供回水温度为 50℃/40℃，工作压力 1.0MPa。第 2，3，4 换热站服务的小区建筑面积都是 3 万 m²，设计人员也没有提出准确的住宅设计热负荷，而是按供暖热负荷指标 70W/m² 选择换热器的换热量为 2100kW，二次网的供回水温度为 65℃/50℃，工作压力 1.0MPa。

【分析】 进行换热站设计时，不是根据已有末端用户的设计热负荷确定换热器的换热量，而是根据随意确定的供暖热负荷指标进行设计也是十分普遍的现象。根据《民用建筑供暖通风与空气调节设计规范》GB 50736—2012 第 8.11.3 条和《城镇供热管网设计规范》CJJ34—2010 第 3.1.1 条的规定，换热器的供热量应根据用热系统（用户）的设计热负荷来确定，施工图设计不得套用热负荷指标。该工程的住宅小区已完成施工图设计，应该可以收集到设计热负荷，但是设计人员不愿从事这些工作，随意确定的第 1 换热站服务的小区高区热负荷指标是 63W/m²，低区的热负荷指标是 45W/m²，第 2，3，4 换热站服务的小区的热负荷指标都是 70W/m²，这样的设计是完全不负责任的。按照《民用建筑暖通空调施工图设计实用读本》的介绍，这样的建筑物供暖热负荷指标 70W/m²，比 20 世纪 60 年代末至 70 年代的非节能建筑还高得多。即使是没有设计热负荷数据，按《城镇供热管网设计规范》CJJ 34—2010 表 3.1.2 的规定，节能住宅建筑的热负荷指标也不应该超过 45W/m²，所以，这样的设计是完全错误的。

【案例 31】 某地名仕豪庭 1 号楼，地下 2 层，地上 26 层，建筑面积 41797.9m²，热负荷计算书中，"1 号楼 2 层×5"（即 2、3、4、5、6 层）出现地面热负荷。同时，热负荷计算书中的 2052 室只有外窗热负荷，没有外墙热负荷。见下表。

【分析】 该计算书显示，2、3、4、5、6 层均出现地面热负荷，这是最基本的理论错误，同时，热负荷计算书中的 2052 室只有外窗热负荷，没有外墙热负荷，我们知道，外窗一般设置在外墙上，没有外墙只有外窗，也是违反基本规律的。

新建工程 1　热负荷计算书（详尽表）

楼号	楼层	房间	负荷源 名称	面积计算 长(m)	面积计算 高(宽)(m)	面积计算 面积(m²)	传热系数 K [W/(m²·℃)]	温差修正系数 α	耗热量修正 朝向 X_{ch}	耗热量修正 风力 X_f	耗热量修正 间歇附加 X_{jan}	修正后热负荷 Q_1 (W)	冷风渗透耗热量 Q_2 (W)	外门冷风侵入耗热量 Q_3 (W)	总热负荷 $Q_1+Q_2+Q_3$ (W)
1号楼2层*5	2026		北外墙	0.5	2.9	1.4	0.45	1.00	0.05	0.00	0.00	18.0			18.00
			北外窗	2.4	2.0	4.7	2.00	1.00	0.05	0.00	0.00	276.7	88.8		365.5
			北外窗	2.4	2.0	4.7	2.00	1.00	0.05	0.00	0.00	276.7	88.8		365.5
			地面	4.0	3.3	13.3	平均 0.39	1.00	0.00	0.00	0.00	144.7			144.7
			房间小计	室内温度(℃) 20	室外温度℃ −7.9			房高修正	0			716.2	177.6	0.0	893.8

续表

楼号	楼层	房间	负荷源 名称	面积计算 长(m)	面积计算 高(宽)(m)	面积计算 面积(m²)	传热系数 K [W/(m²·℃)]	温差修正系数 α	朝向 X_{ch}	风力 X_f	间歇附加 X_{jan}	修正后热负荷 Q_1 (W)	冷风渗透耗热量 Q_2 (W)	外门冷风侵入耗热量 Q_3(W)	总热负荷 $Q_1+Q_2+Q_3$ (W)
			地面	4.0	2.1	8.3	平均 0.39	1.00	0.00	0.00	0.00	90.5			90.5
		2027	北外墙	1.2	2.9	3.4	0.45	1.00	0.05	0.00	0.00	44.3			44.3
			北外门	1.8	2.0	3.6	2.50	1.00	0.05	0.00	0.00	263.7	102.0	0.0	365.7
		房间小计		室内温度(℃)	20	室外温度℃	−7.9	房高修正	0			398.5	102.0	0.0	500.5
1号楼2层*5	2051		东外墙	1.7	2.9	4.9	0.45	1.00	−0.05	0.00	0.00	58.8			58.8
			东外窗	0.7	2.0	1.4	2.00	1.00	−0.05	0.00	0.00	71.6	88.8		160.4
			地面	4.0	1.1	4.2	平均 0.39	1.00	0.00	0.00	0.00	45.7			45.7
		房间小计		室内温度(℃)	20	室外温度℃	−7.9	房高修正	0			176.1	88.8	0.0	264.9
		2052	北外窗	0.3	2.0	0.6	2.00	1.00	0.05	0.00	0.00	35.2	79.2		114.4
			地面	4.0	1.1	4.0	平均 0.39	1.00	0.00	0.00	0.00	43.4			43.4
		房间小计		室内温度(℃)	20	室外温度℃	−7.9	房高修正	0			78.6	79.2	0.0	157.8

【案例 32】　某地国源和天下 14 号楼，地下 2 层，地上 20 层，建筑面积为 16485.5m²，供暖面积为 13060m²，室内采用 45/35℃地面辐射供暖系统，热负荷为 352.15kW，热负荷指标为 26.96W/m²。热负荷计算书（部分）见下表。

【分析】　由设计人员提供的热负荷计算书可知，表中所列房间编号、类别、围护结构、传热系数、温差修正、基本耗热量直至围护结构耗热量各栏，没有什么原则性的问题，但是审查发现，表列"冷风渗透耗热量"一栏中，既有"外窗"，又有"空气渗透"，以 1001［卧室］为例，"外窗［北］"耗热量为 218W，房间"空气渗透"耗热量为 61W。查看全部热负荷计算书可知，设计人员既在中和面以下各层有外窗的房间按缝隙法计算了"外窗"缝隙的冷风渗透耗热量，又在各层的所有房间（包括无外窗的房间）按换气次数法计算了"空气渗透"耗热量。即，该例既按缝隙法计算了"外窗"缝隙的冷风渗透耗热量，又按换气次数法计算了"空气渗透"耗热量（包括无外窗的房间）。以 1001［卧室］为例，每 m² "空气渗透"耗热量指标为 61W ÷7.84m²＝7.78W/m²，即本工程热负荷指标为 26.96W/m² 中，7.78W/m² 是换气产生的，占总热负荷的 28.9%，而围护结构和缝隙的冷风渗透耗热量只有 19.18W/m²，占总热负荷的 71.1%，这是一个典型的基本理论错误的案例，应引起设计人员的注意。

热负荷计算书

房间编号	类别	长	宽(高)	面积(m²)	K[W/(m²·℃)]	温差修正α	基本耗热量Q'(W)	Xch	1+Xch	Q''(W)	围护结构耗热量Q1(W)	冷风渗透耗热量Q2(W)	外门冷风侵入耗热量Q3(W)	采暖热负荷cn=Q1+Q2+Q3(W)
1001 [卧室]	室外温度:-6.2	房间面积:7.84			室内温度:18		相对湿度:60%	室内人数:0		新风量(m³/h)				
	外墙[北]	2.8	2.9	5.24	0.44	1	56	0.1	1.1	61	61	0	0	61
	外窗[北]	1.6	1.8	2.88	1.86	1	130	0.1	1.1	143	143	218	0	361
	外墙[西]	2.8	2.9	8.12	0.44	1	86	-0.05	0.95	82	82	0	0	82
	空气渗透											61		61
	楼板	19.73	3	59.2	0.36	1	64		1	64	64			64
	*小计[1]			7.84	面积指标:80		336			350	350	279	0	629
1002 [厨房]	室外温度:-6.2	房间面积:4.76			室内温度:14		相对湿度:0%	室内人数:0		新风量(m³/h)				
	外墙[北]	2.8	2.9	6.32	0.44	1	56	0.1	1.1	62	62	0	0	62
	外窗[北]	1.2	1.5	1.8	1.86	1	68	0.1	1.1	74	74	144	0	219
	空气渗透											31		31
	楼板	19.73	3	59.2	0.36	1	64		1	64	64	0		64
	*小计[1]			4.76	面积指标:79		188			200	200	175	0	375

【案例33】　某地滨河花园4号楼，建筑面积12199m²，地下1层，地上17层，室内采用45/35℃地面辐射供暖系统，热负荷为213.8kW，热负荷指标为20.18W/m²。热负荷计算书（A户型部分）见下表。

A户型热负荷计算书

房间编号	类别	长	宽(高)(m)	面积(m²)	K[W/(m²·℃)]	温差修正α	基本耗热量Q'(W)	Xch	Xf	1+Xch+XF	Q''(W)	围护结构耗热量Q1(W)	供暖热负荷cn=Q1+Q2+Q3(W)	总热负荷Q=Qcn+Qfj(W)
2001 [卧室]	室外温度:-6	房间面积:11.22			室内温度:16		相对湿度:60%	室内人数:0			新风量(m³/h)			
	外墙[西]	3.4	2.9	9.86	0.43	1	121	-0.05	0	0.95	115	121	121	121
	外墙[北]	3.3	2.9	7.32	0.56	1	117	0.1	0	1.1	129	135	135	135
	外窗[北]	1.5	1.5	2.25	2.5	1	161	0.1	0	1.1	177	185	185	185
	内墙	0.9	2.9	2.61	1.46	1	15			1	15	15	15	15
	*小计[1]			11.22	面积指标:41		414				436	456	456	456
2002 [卫生间]	室外温度:-6	房间面积:3.78			室内温度:23		相对湿度:60%	室内人数:0			新风量(m³/h)			
	外墙[西]	2.25	2.9	5.63	0.43	1	91	-0.05	0	0.95	87	91	91	91
	外窗[西]	0.6	1.5	0.9	2.5	1	85	-0.05	0	0.95	81	85	85	85
	*小计[1]			3.78	面积指标:47		176				167	176	176	176

续表

房间编号	类别	围护结构		面积 (m²)	传热系数 K [W/(m²·℃)]	温差修正 α	基本耗热量 Q'(W)	修正后耗热量				围护结构耗热量 Q1(W)	供暖热负荷 Qcn=Q1+Q2+Q3(W)	总热负荷 Q=Qcn+Qfj(W)
		尺寸(m)						朝向 Xch	风向 Xf	修正后耗热量				
		长	宽(高)							1+Xch+XF	Q''(W)			
2003 [卫生间]	室外温度:-6			房间面积:3.42	室内温度:23	相对湿度:60%	室内人数:0			新风量(m³/h):				
	外墙[西]	2.05	2.9	5.04	0.43	1	82	-0.05	0	0.95	78	82	82	82
	外窗[西]	0.6	1.5	0.9	2.5	1	85	-0.05	0	0.95	81	85	85	85
	*小计[1]			3.42	面积指标:49		167				158	167	167	167
2004 [卧室]	室外温度:-6			房间面积:12.8	室内温度:16	相对湿度:60%	室内人数:0			新风量(m³/h):				
	外墙[西]	3.8	2.9	11.02	0.43	1	136	-0.05	0	0.95	129	136	136	136
	外墙[南]	3.3	2.9	6.51	0.56	1	104	-0.25	0	0.75	78	83	83	83
	外窗[南]	1.8	1.7	3.06	2	1	175	-0.25	0	0.75	131	140	140	140
	内墙	0.7	2.9	2.03	1.46	1	12		0	1	12	12	12	12
	*小计[1]			12.8	面积指标:29		426				350	371	371	371

【分析】 编者审查热负荷计算书发现，计算书中没有"冷风渗透耗热量"栏目，因此总热负荷中必然没有冷风渗透耗热量。按照专业基本理论，建筑物的供暖热负荷应包括围护结构热负荷、外门窗冷风渗透热负荷、外门冷风侵入耗热量等，在热负荷计算软件中都应该有所反映，尤其是外门窗冷风渗透热负荷更是不能缺失的，但该计算书居然缺少"冷风渗透耗热量"栏目，是一个不容忽视的问题。

【案例34】 某地东城7号B座商住楼，建筑面积6463.1m²，供暖面积5263m²，地下1层，地上6层，室内采用45/35℃地面辐射供暖系统，热负荷为173.1kW，热负荷指标为33W/m²。热负荷计算书（部分）见下表。

7号B座热负荷计算书（详尽表）

房间编号	负荷源				传热系数 K [W/(m²·℃)]	温差系数修正 α	修正朝向 Xch	修正后热负荷 Q1(W)	冷风渗透耗热量 Q2(W)	外门冷风侵入耗热量 Q3(W)	总热负荷 Q1+Q2+Q3(W)
	名称	面积计算(m)									
		长(m)	高(宽)(m)	面积(m²)							
614[卧室] *2	西外墙	1.5	2.8	4.20-1.9	0.44	1.00	-0.05	28.6			28.6
	北外门_嵌	0.9	2.0	1.9	2.50	1.00	0.10	153.8	0.0	0.0	153.9
	西外墙	4.8	2.8	13.5	0.44	0.30	-0.05	50.1			50.1
	西外墙	3.4	2.8	9.60-2.7	0.44	1.00	-0.05	85.4			85.4
	南外窗_嵌	1.4	2.0	2.7	2.50	1.00	-0.05	169.9	0.0		169.9
	西外墙	1.6	2.8	4.5	0.44	1.00	-0.05	55.7			55.7
	西外墙	4.5	2.8	12.6	0.44	1.00	-0.05	155.9			155.9
	屋面	5.0	2.9	14.4	0.45	1.00	0.00	191.8			191.8
房间小计	室内温度	16	室外温度	-13.6	房高修正	0		891.1	226.8	0.0	1117.9
建筑小计								144618.0	124330.4	6352.2	275300.6

【分析】　编者审查热负荷计算书发现，建筑物热负荷统计显示，总热负荷为275.3kW，其中围护结构热负荷为144.62kW，占总热负荷的52.5%，冷风渗透耗热量为124.33kW，占总热负荷的45.16%。从计算书可以看出，614卧室处于顶层，出现冷风渗透耗热量226.8W，说明是按换气次数计算的，所以顶层也有冷风渗透耗热量。不仅如此，统计结果显示，冷风渗透耗热量竟占总热负荷的45.16%，在工程设计中是罕见的，也说明设计人员缺乏最基本的理论知识。

5.4　供暖系统形式

室内热水供暖系统的形式很多，设计时采用什么形式，取决于建筑物的使用性质和规模。编者根据自己的理解，将目前应用较多的机械循环热水供暖系统作如下分类。

（1）按散热器或辐射供暖的分集水器在供水和回水管之间是串联还是并联，分为单管系统和双管系统。

（2）按系统的管道和各层散热器或辐射供暖的分集水器之间的关系，分为串联系统和并联系统。

（3）按连接散热器或辐射供暖的分集水器的干管所处的位置不同，分为垂直立管系统和水平干管系统。

由于实际工程的复杂多样性，供暖系统也不可能采用单一的串联系统、并联系统、垂直系统或水平系统，必然是多种不同形式的组合，例如：垂直双管并联系统、水平双管并联系统、垂直单管串联系统、水平单管串联系统等。

国家标准《民用建筑供暖通风与空气调节设计规范》GB 50736—2012推荐的散热器供暖系统制式为：（1）居住建筑室内供暖系统的制式宜采用垂直双管系统或共享立管的分户独立循环双管系统，也可以采用垂直单管跨越式系统；（2）公共建筑室内供暖系统的制式宜采用上/下分式垂直双管系统、下分式水平双管系统、上分式垂直单管跨越式系统和下分式水平单管跨越式系统。垂直单管跨越式系统的楼层不宜超过6层，水平单管跨越式系统的散热器不宜超过6组。规范不再推荐顺序式垂直单管系统和顺序式水平单管系统，提醒广大设计人员不要再采用这种系统。

对于新建住宅，从有利于供热公司收缴热费和方便系统维护管理等方面考虑，供暖系统宜采用共享立管分户独立循环系统，即通过设在楼梯间管道井中的供回水总立管和设置在各户内的独立循环系统向室内供暖。这种形式几乎已成为严寒、寒冷地区所有新建住宅供暖系统的主流形式。

【案例35】　某设计院设计的河北某生化公司的公寓楼，建筑面积3510.7m²，地上6层，供暖热负荷约168kW，供回水温度为95/70℃，供暖系统为上供下回垂直双管散热器系统，而且没有设置温控阀。该设计严重违反了不超过四层和必须设置温控阀的规定，属于基本原理错误，这种情况是不允许的。经编者提出后，设计人员作了修改。

【分析】　在我国实施分户供热计量制度以前，垂直双管系统是普遍采用的形式之一。由于自然循环压力的作用，垂直双管系统容易引起垂直失调现象，早期的室温控制技术和室温控制阀并不成熟，为了避免垂直失调引起的上热下冷现象，技术文献多规定"用于四层及以下的建筑物"，例如，《民用建筑供暖通风与空气调节设计规范》GB 50736—2012

规定"当室内供暖系统为垂直或水平双管系统时，应在每组散热器的供水支管上安装高阻力恒温控制阀；超过 5 层的垂直双管系统宜采用有预设阻力调节功能的恒温控制阀"；《实用供热空调设计手册》指出：垂直双管系统适用范围是"作用半径不超过 50m 的三层（≤10m）以下建筑"。但是，由于垂直双管系统具有各层（组）散热器供水温度相同、可以分户调节而符合系统节能的优点，因此，《民用建筑供暖通风与空气调节设计规范》GB 50736—2012 推荐垂直双管系统为居住建筑和公共建筑室内供暖系统的首选的制式。需要注意的是，虽然规范推荐采用垂直双管系统，但设计人员必须进行详细的并联环路阻力计算和自然循环压头的计算，层数（并联环路数）不要太多，并且应该选用性能良好的高阻力温控阀，以减少环路的阻力不平衡，达到理想的供暖效果。

【案例 36】　在严寒和寒冷地区的低层公共建筑或生产厂房设计中，多数都是采用散热器供暖系统，经常出现围护结构耗热量大、须布置大量散热器的情况；设计人员并不认真进行水力平衡计算，简单地采用同程式垂直单管系统，认为只要采用同程式系统就可以使并联环路的阻力"自动平衡"。例如，河北某化工有限公司的职工食堂，建筑面积 11182m²，地上 3 层，设计热负荷 320kW，采用供回水温度 65/50℃、水平干管同程式、立管顺序式垂直单管散热器系统，3 层为大餐厅，平面 76m×51m，供水干管布置于三层顶板下面，供热半径约 240m，带 31 副立管（图 5.4-1）。这种系统是不容易实现水力平衡的。

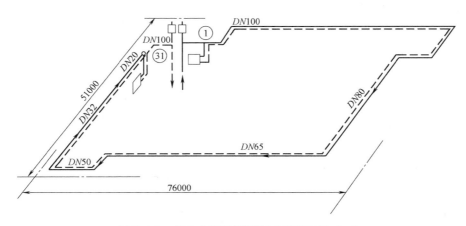

图 5.4-1　超大水平单管同程式供暖系统（一）

【案例 37】　某地一项扩建工程的单层建筑，东西总长度（轴线）为 172.5m，南北宽度（轴线）为 72m，建筑面积 12510m²，设计热负荷 580kW，采用供回水温度 95/70℃散热器供暖系统，因为是单层建筑，设计人员采用水平双管并联上供上回系统（图 5.4-2）。为了达到"自动平衡"的效果，设计人员采用双管同程式系统，该建筑只有一个热力入口，管径 DN150，供水、回水干管各长 480m 左右，带 50 副立管。设计者并不知道，这样的系统必然会产生严重的水力失调。

【案例 38】　某地体育馆建筑，地上 4 层，总建筑面积 13100m²，在比赛大厅等处设置全空气空调系统，辅助用房设置空调和散热器供暖系统。其中一个训练场地长 73m，宽 34m，中间布置 3 个篮球场，设计人员在场地周围布置散热器供暖系统，采用上供上回、水平干管同程布置的形式，供、回水干管的长度均为 232m，整个系统为一个环路，共带

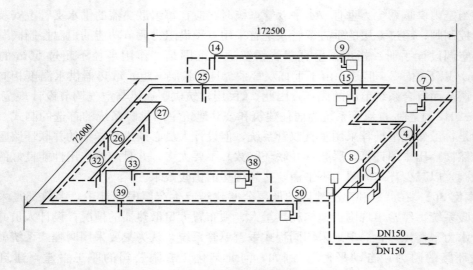

图 5.4-2 超大水平单管同程式供暖系统（二）

64 根立管，每根立管单侧连接一组散热器，每组散热器均为 25 片，总管直径为 $DN70$，见图 5.4-3。

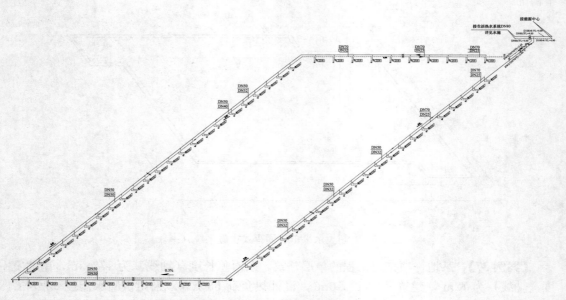

图 5.4-3 超大水平单管同程式供暖系统（三）

【分析】 以上 3 个案例说明，设计人员认为水平同程式系统能够自动实现水力平衡，无限制加大系统供回水干管长度的现象是十分普遍的。有研究指出，这种系统是无法实现水力平衡的，即使进行水力平衡计算和管径选择，由于供热半径超长，从水力坡降曲线上会发现，有个别供水管水力坡降曲线与其相应的回水管水力坡降曲线相交，出现"逆循环"现象，即某些立管的资用压差为负值，严重破坏系统的正常循环。研究表明，即使是 3 层以下的低层建筑，也不能认为这种同程式垂直单管系统能够"自动实现"水力平衡。

为了描述系统的平衡程度，可以采用立管数 M 与楼层数 N 之比来进行判定，当 $M/N<4$ 时称为高短型，$M/N \geq 4$ 时称为矮长型。通过计算可知，对于同程式系统，矮长型的供热半径大、立管数量多、各立管的热负荷小，就很难达到水力平衡，而高短型的供热半径小、立管数量少、各立管的热负荷大，就容易实现水力平衡，所以对于面积较大的低层建筑，不适合采用同程式垂直单管供暖系统，建议首先划小系统，采用水平串联式或跨越式系统，减少供热半径和立管数，采用高短型系统（图 5.4-4）。

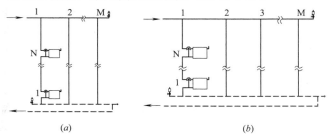

图 5.4-4 同程式供暖系统平衡程度示图
(a) $M/N<4$ 高短型；(b) $M/N \geq 4$ 矮长型

【案例 39】 河北某医院住院楼，建筑面积 23175.3m²，供暖面积 20861m²，地下 1 层，地上 9 层，建筑高度 34.80m；供暖热负荷 966.3kW，热负荷指标约 46.3W/m²，室内为 80/55℃ 散热器供暖系统，系统制式为垂直单管跨越式系统（图 5.4-5）。虽然采用的是带温控阀的跨越式系统，但设计人员没有进行水力计算，认为建筑高度不超过 50m，就没有进行竖向分区，每根立管带 9 层散热器。

【分析】 该例室内供暖系统布置违反"垂直单管跨越式系统的楼层层数不宜超过 6 层，水平单管跨越式系统的散热器组数不宜超过 6 组"的规定。由于总供回水温差为 25℃，层间的温差只有 2.8℃ 左右，根据散热器温控阀接近线性的调节特性，这种情况下必须采用加大散热器温差的办法，亦即减少散热器的流量，造成散热器出口水温降低和平均水温降低，散热器面积必须增加；编者的计算表明，水温 85/60℃ 的 6 层垂直单管跨越式系统，对于热负荷同为 1200W 的 2～5 层，分流系数 $\alpha=0.3$ 时，二层散热器面积为五层的 1.32 倍，分流系数 $\alpha=0.2$ 时，为 1.35 倍。对于热负荷同为 1600W 的一层和六层，分流系数 $\alpha=0.3$ 时，一层散热器面积为六层的 1.67 倍，分流系数 $\alpha=0.2$ 时，为 1.67 倍。随着层数的增加，面积会进一步增加。在不进行详细计算而随意布置散热器的情况下，容易造成一～三层室温过低。经编者提出审图意见后，原设计者改为一～五层和六～九层上下两个系统，每个系统都不超过 6 层。

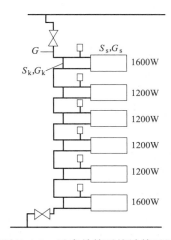

图 5.4-5 垂直单管系统计算示图

【案例 40】 某地钢管表面处理工程的综合办公楼，地上 7 层，建筑面积 4271.5m²，室内为 75/50℃ 散热器供暖系统，系统制式为垂直单管跨越式系统，供暖热负荷 104.2kW，热负荷指标约 24.2W/m²。供暖系统分为上区、下区，一～三层为下区，

139

四～七层为上区，各区均不超过 6 层，图 5.4-6 为四～七层的立管图。

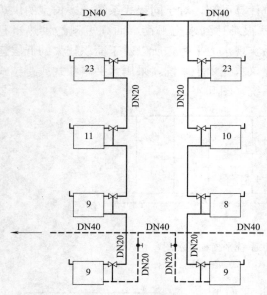

图 5.4-6　四～七层的散热器立管图

【分析】 由示图可知，每根立管从七层至四层各层布置的散热器数量分别为 23，11，9 和 9 片及 23，10，8 和 9 片，即最上层房间散热器的数量远大于下面各层散热器的数量。出现这种情况的原因是设计人员没有进行散热器选型计算，也不知道怎么计算，所以出现这种违反专业基本知识的现象。审查施工图发现，两根立管经过的房间，七层是会议室，四～六层是实验室，具有基本相同的室内设计温度，相同部位不同楼层房间的热负荷应基本相同，只是 7 层多出屋面热负荷，但设计人员没有进行散热器选型计算而随意填写散热器数量。根据垂直单管跨越式供暖系统散热器计算的理论，最上层的平均水温最高，计算散热器的数量较少，越往下水温越低，计算散热器的数量越多（见图 5.4-5），这应该是最基本的常识，但施工图显示的是完全相反的情况，说明设计人员根本不熟悉散热器计算的基本理论，需要努力学习，加以提高。

【案例 41】 某地办公楼工程。地下 1 层，地上 6 层，建筑面积 $14669.4 m^2$，室内为 95/70℃ 散热器供暖系统，系统制式为垂直单管跨越式系统，供暖热负荷 860kW，热负荷指标约 $60 W/m^2$。

【分析】 由示图可知，每根立管从地上六层至地下一层各层布置的散热器数量分别为 17，16，16，16，16，21 和 14 片，即最上层房间散热器的数量因屋面热损失而比下面多 1 片以外，六～三层都是 16 片（图 5.4-7）。由上例分析可知，这样的设计是完全错误的，应该进行修改。另外该工程系统制式为垂直单管跨越式系统，根据《民用建筑供暖通风与空气调节设计规范》GB 50736—2012 第 5.3.4 条规定，垂直单管跨越式系统的楼层层数不宜超过 6 层，但该工程供暖系统连地下室达到 7 层，设计人员应尽量避免这种情况。

【案例 42】 某地城市集中供热工程，设置锅炉房为城市供热。工程位于寒冷（A）区，在锅炉房的输煤系统和除渣系统均设置有散热器热水供暖系统，供回水温度为 75/50℃，设计人员在所有倾斜

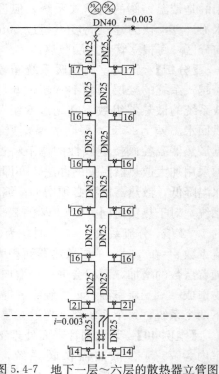

图 5.4-7　地下一层～六层的散热器立管图

皮带廊、水平皮带廊、破碎楼等处全部采用上供上回系统（图 5.4-8）。

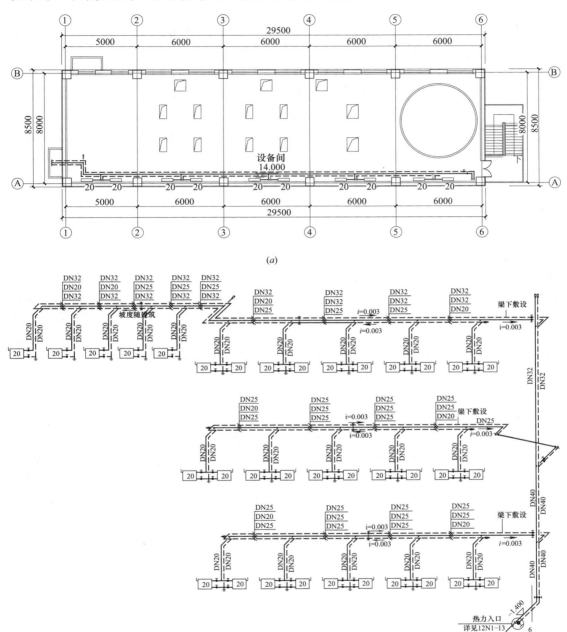

图 5.4-8 散热器回水立管和水平干管一起上翻
（a）生产辅助用房供暖平面图；（b）系统图

【分析】 供暖系统管道的布置看似简单，实则需要我们认真研究。现在在单层或多层上供下回的散热器供暖系统中，设计人员不问具体情况，一律将最底层的所有散热器回水立管连同水平回水干管一起上翻到该层顶板下面，再在立管底部安装排水阀的做法是一种十分普遍的现象，如该案例及图 5.4-9、图 5.4-10、图 5.4-11 及图 5.4-12 等。我们知道，如果贴地面的水平回水干管经过的地方有门或人行通道时，早期推荐的做法是在门或人行通道的地面下设置地沟（其长度大于门或人行通道的宽度），回水管经过这些地段时，采取地沟敷设，在两端设置"门"形排气管，并在排气管顶部安装排气阀，以便顺利排气，保证系统正常运行。但是由于这种做法比较烦琐，现在的设计人员几乎完全摒弃了这种做法，都是采用往上翻的做法。问题不是可不可以往上翻，而是要具体情况具体处理。该例中，水平干管沿水平皮带廊外墙敷设，中途没有任何门或人行通道，设计人员也不动脑筋，还是把所有散热器回水立管连同水平回水干管一起上翻到该层顶板下面，这种做法的弊端是显而易见的：既增加了立管长度、保温材料和底部的排水阀，又增加了施工工程量。遇到这种情况，编者的建议是：（1）仔细观察回水干管经过的地方有没有门或人行通道，如果没有就直接沿地面敷设，一定不要往上翻，此时，对于单层建筑，编者推荐的最理想的方案是将供回水管都沿地面敷设，这样就可以减少立管、保温材料和排水阀的数量及施工工程量；（2）如果建筑物有地下室（汽车库），不论回水干管经过的地方有没有门或人行通道，最好将回水立管伸到地下室（汽车库），回水干管布置在地下室（汽车库）顶板下，但要做好立管穿地板的防水。在有地下室（汽车库）时，这应该是首选的做法，这样就可以减少很多排水阀；（3）对于水系统竖向分区的情况，上一分区最底层的回水干管可以布置在下一分区最上层的顶板下，这也是一种理想的做法（见图 5.4-9 第三次修改）；（4）遇到有门或人行通道的情况时，只在这些局部地段往上翻，其他地段仍然沿地面敷设，尽量减少上翻立管和排水阀的数量，同时适当做好系统的排水放气，一定不要不问是否有门或人行通道，一律将回水立管全部往上翻（如本例）。设计人员应该学会选择最优的方案。

【案例 43】　某地香山公寓工程，建筑面积 58800.8m²，地下 1 层，地上 26 层；地下 1 层为设备间和自行车库，1～2 层为商业区，采用水温 50/40℃地面辐射供暖系统。3～26 层为公寓用房，采用水温 85/60℃散热器供暖系统，设计人员不作分析，不问具体情况，将回水干管一律返上到最下面一层的顶板下。设计人员将 3～26 层的公寓用房竖向分成 3 个区——低区 3～10 层，中区 11～18 层，高区 19～26 层，每个竖向区带 8 层，管道井内有 6 根立管。各区的水平回水干管分别在 3 层、11 层和 19 层的顶板下（图 5.4-9a）。

【分析】　不适当地采用上供中回式系统是设计中普遍存在的问题。对于上供下回的垂直单管或垂直双管系统，供水干管肯定是布置在最高层的顶板下，但是回水干管布置在那一层却值得认真研究。现在审查的施工图发现，很多设计人员不作分析，为了避免回水干管妨碍门和走道，不问具体情况，一律将回水干管返上到最下面一层的顶板下。编者对本工程的系统作了 3 次优化，既解决了竖向超过 6 层的问题，又根据系统工作压力的大小，将竖向 3 区改为竖向 2 区，管道井内立管由 6 根改为 4 根。修改的情况为：第一次修改的目的是首先解决超过 6 层的问题，将原设计的竖向 3 个区改成 4 个区，分别是 3～8 层、9～14 层、15～20 层和 21～26 层，每个区只有 6 层，但是管道井内立管达到 8 根，该修改不甚合理，不能采用。第二次修改的目的是解决管道井内立管太多的问题，根据系统的工作压力，将原设计的竖向 3 个区改成 2 个区，分别是低区 3～14 层和高区 15～26 层，每个区 12 层，再根据竖向不超过 6 层的规定，将每个区分成两个并联的系统，即将低区分为 3～8 层和 9～14 层两个系统，将高区分为 15～20 层和 21～26 层两个系统，管道井

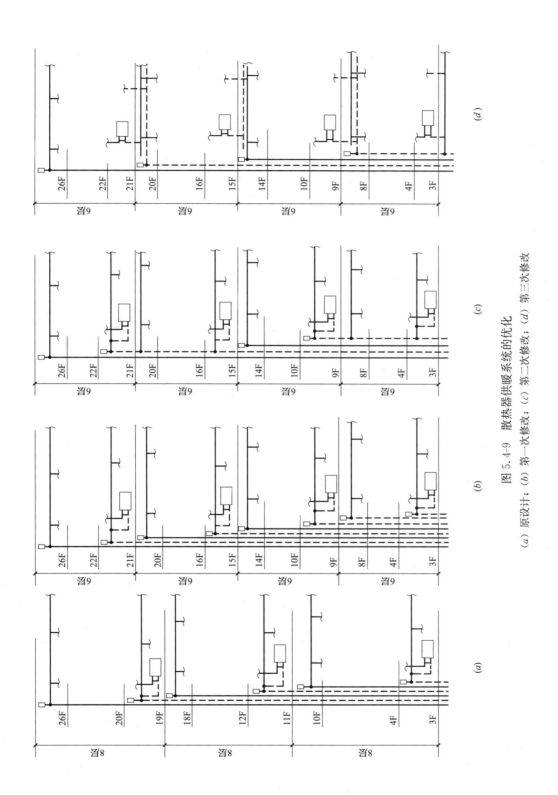

图 5.4-9 散热器供暖系统的优化

(a) 原设计; (b) 第一次修改; (c) 第二次修改; (d) 第三次修改

内立管由 6 根改为 4 根。此时各系统的回水干管仍在该系统最下一层（3 层、9 层、15 层和 21 层）的顶板下，增加了管道、保温材料、排水阀和施工工作量。第三次修改的目的是把上翻的回水干管改到下一层的顶板下，此时的竖向分区与第二次修改的一样，只是将各系统最下一层（3 层、9 层、15 层和 21 层）的顶板下的回水干管移到下一层（2 层、8 层、14 层和 20 层）的顶板下，可以和下一个系统的供水干管共同敷设（见图 5.4-9d）。这个工程供暖系统的修改既解决了竖向超过 6 层的问题，又将管道井内立管由 6 根改为 4 根，同时系统工作压力也没有超过散热器的额定工作压力，而且，水平回水干管不再往上翻，既简化了系统，又节省了上翻的回水立管和排水阀，是一个十分理想的方案，值得设计人员思考。

【案例 44】 有的工程在楼梯间散热器的进水管上设置温控阀。某地生态科技公司的办公楼，建筑面积 2168.5m²，地上 4 层，供暖热负荷 73.6kW，室内为 80/55℃上供下回带跨越管的垂直单管散热器供暖系统。设计人员在楼梯间设置单独立管，一、二层布置散热器，符合规范关于"管道有冻结危险的场所，散热器的供暖立管或支管应单独设置"的强制性规定，严禁将有冻结危险场所的散热器与邻室共享立管，以防影响邻室的采暖效果，甚至冻裂散热器，但楼梯间是顺序式垂直单管系统，设计人员在每组散热器的进水管上设置室温控制阀。

【案例 45】 某地公安局 2 号建筑物，建筑面积 2553.08m²，地上 2 层，室内为 85/60℃单管串联散热器供暖系统，设计人员称在散热器供水支管上设置室温控制阀。

【案例 46】 某地××公寓工程，建筑面积 47810.8m²，地下 1 层，地上 18 层，总高度 53.20m；地下 1 层为设备间和自行车库，1～2 层为商业区（单层面积 200m×24.7m），采用 85/60℃散热器供暖系统；3～18 层为公寓用房，采用 50/40℃地面辐射供暖系统。商业区为上下 2 层顺序式垂直单管系统，但设计人员称在散热器供水支管上设置室温控制阀。

【分析】 在顺序式垂直单管系统的散热器的供水支管上安装控制阀和调节阀，是理论上的误区。顺序式垂直单管系统是无法进行流量调节和室温控制的，规范和技术文献都不再推荐使用，但也有在普通多层公共建筑的楼梯间或其他场所采用的。以上三例的设计人员不进行分析，【案例 44】的设计人员在楼梯间每组散热器的进水管上设置室温控制阀，编者提出应取消散热器的进水管上的阀门，因为在每组散热器的进水管上设置阀门，容易被误操作关闭后造成水流中断而使管道和散热器冻裂；由于楼梯间是上下串通的，不必进行室温控制，同时，【案例 45】、【案例 46】设计人员在顺序式串联的每组散热器的进水管上设置室温控制阀也是一种概念错误，室温控制阀适用于双管系统和带跨越管的单管系统，不能用于顺序式串联的单管系统，说明设计人员不熟悉室温控制阀的应用场合，提请设计人员特别注意。

【案例 47】 随意采用顺序式垂直单管系统也是经常出现的情况。某地桃园丽景城售楼部，建筑面积 2340m²，地上 5 层，供暖热负荷约 98.5kW，为 85/60℃散热器供暖系统，设计人员采用的是顺序式垂直单管系统，见图 5.4-10。

【分析】 对于这样的工程，一般的方案是采用带跨越管垂直单管系统，散热器温控调节。一般规范或技术文献都不再推荐顺序式垂直单管系统，因为这种系统无法进行室温调节，是违反节能设计规定的。

【案例 48】 某地燃气加气站的综合楼，建筑面积 1797m²，地上 3 层，供暖热负荷约 52.4kW，室内为 95/70℃散热器供暖系统。设计人员将楼梯间散热器与邻室的散热器共

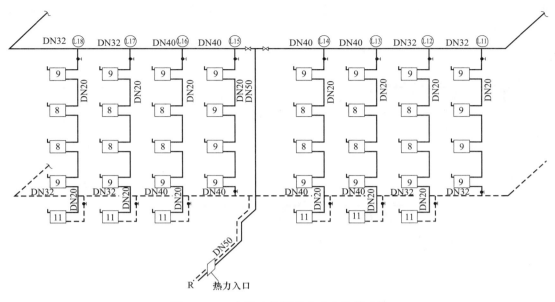

图 5.4-10 多层建筑顺序式垂直单管系统

用一根立管（图 5.4-11）。

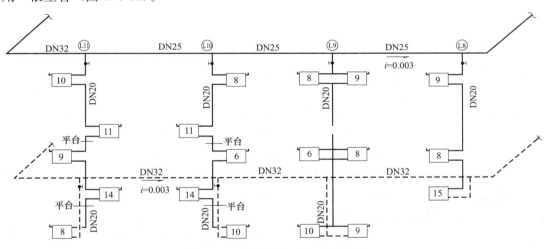

图 5.4-11 楼梯间与邻室共用立管

【分析】 该工程违反规范规定，将楼梯间散热器与邻室的散热器共用一根立管。《民用建筑供暖通风与空气调节设计规范》GB 50736—2012 第 5.3.5 条强制性规定："管道有冻结危险的场所，散热器的供暖立管或支管应单独设置。"目的在于严禁将有冻结危险场所的散热器与邻室共享立管，以防影响邻室的供暖效果，甚至冻裂散热器，该例中立管 L10 和 L11 上楼梯间的散热器与邻室的散热器共用一根立管，存在极大的安全隐患。编者提出审图意见后，设计人员作了修改。

【案例 49】 某企业的 1 号厂房，建筑面积 5184m²，地上 6 层，室内为供、回水温度 95/70℃的散热器供暖系统，设计热负荷 132.59kW，设计人员采用类似风机盘管水系统的系统形式，从总供、回水立管分层连接各层水平干管，各层供、回水干管设置在本层顶部，采用上供上回形式，每根支立管只带一或二组散热器，再配置跨越管和温控阀（图 5.4-12）。

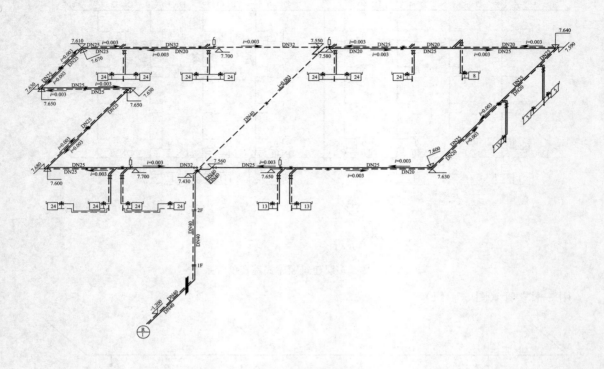

图 5.4-12 竖向一层散热器设置跨越管和温控阀

【分析】 审查施工图发现，该工程每一层的面积为 $864m^2$（$48m\times18m$），就是一个大空间，没有任何分隔墙。对于这种厂房功能的建筑物，完全可以采用上供下回式，将供水总干管布置在 6 层顶部，回水总干管布置在 1 层顶部（或底部）。如果不是因为生产工艺特殊需要进行分层控制，则不应采用连接各层水平干管的形式，宜改成垂直立管连接散热器的形式，立管材料增加不多，但可以节约大量的水平干管。另外，从供暖系统调节的基本原理，带高阻力温控阀的垂直（或水平）双管系统能满足分室温度控制和节能要求，是规范推荐的首选系统形式；规范推荐的另一种形式就是带低阻力温控阀和跨越管的垂直（或水平）单管系统，这种形式适用于多层建筑的室内供暖系统，规范推荐每个垂直系统不超过 6 层，水平系统不超过 6 组。编者审查的施工图中，一般多层公共建筑散热器供暖系统采用带跨越管的垂直单管系统，分户供暖的居住建筑散热器系统采用带跨越管的水平单管系统。该例采用各层水平干管的上供上回系统是不符合基本原理的，而且每一支立管只有一组或二组散热器，还带跨越管和温控阀，这样的配置不是很必要的。退一步讲，即使需要采用各层水平干管的系统，也应该是采用上供下回系统（回水干管在下一层顶板下，见图 5.4-13）或中分系统（图 5.4-14），这样可以极大的简化系统和减少施工工作量，当不要求严格的分室温度控制时，也不要采用跨越管和温控阀。编者审查的许多单层建筑散热器供暖系统，很多都是采用这种系统，是设计中常见的通病，设计人员并不认真思考这样的系统是否合理。

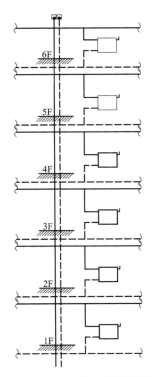

图 5.4-13 每层上供下回式

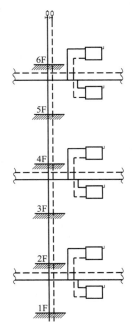

图 5.4-14 相邻两层中分式

【案例 50】 某地新华广场 1 号楼，建筑面积 24810.4m²，地下 1 层，地上 32 层，室内为水温 80/60℃的散热器供暖系统，采用下供下回垂直双管系统；水系统竖向分为三区：1～12 层为低区，13～24 层为中区，25～32 层为高区。低区、中区户型为 1 梯 5 户，每层都是分为 5 个环路，低区、中区的立管各带有 60 个环路，而且每层的 5 个环路都是直接连接在总立管上，供回水立管各有 60 个焊口。

【分析】 这样的设计十分不合理：第一，供回水立管上共有 120 个焊口，故障率很高；第二，60 个环路分布在不同楼层、不同环路之间，运行调节十分困难。《全国民用建筑工程设计技术措施 暖通空调·动力（2009）》2.5.9 规定："室内的热水采暖系统……4 每组共用立管连接的用户数不应过多，一般不宜超过 40 户，每层连接的户数不宜多于 3 户；多于 3 户时，管井内宜分层设置分、集水器，使入户管通过分、集水器进行转接；"正确的设计方案应该是每层设置供回水集管，再从集管上分环路，首先靠集管的阀门调节各层的水力平衡，在此基础上进行二级调节，调节同一层各环路的水力平衡，就可以达到理想的效果，又可以减少立管上的焊口和故障的几率。然后，在分层设置集管的基础上，还要减少立管的总环路数量，保持每一对立管总环路数量不超过 40 个。这里应特别提醒设计人员，设计下供下回垂直双管系统时，必须注意每层连接的分环路数不宜太多，一般每层不应超过 3 个环路，同时每一对立管的总环路数不应超过 40 个，以免造成各环路水力不平衡。

另一种办法就是将低、中、高区沿竖向分成上下两段，即将低区沿竖向分成 1～6 层和 7～12 层两段，将中区沿竖向分成 13～18 层 19～24 层两段，将高区沿竖向分成 25～28 层 29～32 层两段，这样各区上下两段的工作压力各自是相同的，每一段立管的总环路数不超过 40 个，但采用该办法最大的问题是，上下分段后，立管的数量要增加 1 倍，编者审查的某施工图就是采用的这种办法。由于这种办法要耗费大量的管材，因此一般不推荐这种方法，实践证明，采用每层设置供回水集管的方法是可行的。

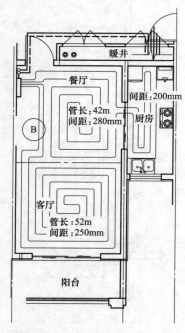

图 5.4-15　地埋管长度太短示图

【案例 51】　某地芳邻雅居 5 号楼，建筑面积 22884.64m²，供暖建筑面积 16078.9m²，地下 2 层，地上 33 层。室内设计为供回水温度 50/40℃ 的地面辐射供暖系统，冬季供暖热负荷 667.28kW。室内水系统竖向分区，1～12 层为低区，13～22 层为中区，23～33 层为高区。编者审查施工图发现，布置地埋管长度很短，最长的 71m，最短的仅 42m（图 5.4-15）。

【分析】　施工图设计审查中发现，地面辐射供暖系统的地埋管长度太短、流速达不到 0.25m/s 的情况是十分普遍而严重的问题。片面注意加热管最大长度的限制，忽视了最小流速的限制是施工图设计中经常出现的问题。

《辐射供暖供冷技术规程》JGJ 142—2012 第 3.5.5 条规定，"1 连接在同一分水器、集水器的相同管径的各环路长度宜接近，现场敷设加热供冷管时，各环路长度不宜超过 120m。"在编者审查的所有施工图中，尚未发现长度超过 120m 的环路，一方面是规程规定应不超过 120m，另一方面是超过 120m 时会在填充层内增加接头，《辐射供暖供冷技术规程》JGJ 142—2012 第 5.4.5 条对此作了限制，因此没有发现加热管长度超过 120m 的情况。

问题是不少设计人员不能按户内实际情况布置环路，信手布置或者限于条件，将环路长度设定的很小，有的环路总长只有 50～60m 甚至更短，本例（图 5.4-15）的餐厅（厨房）的环路长度为 42m，客厅的环路长度为 52m。由于环路的长度太短，其所承担的热负荷随之较小，热水流量、流速也较小。由于加热管和输配管是无坡度敷设的，为了保证管道内的空气能被水流带走并在集水器处排除，《辐射供暖供冷技术规程》JGJ 142—2012 第 3.5.11 条规定，"加热供冷管和输配管流速不宜小于 0.25m/s。"根据编者的计算，为保证足够的流速，热水流量（热量）应有一最小值，对于供回水温度为 50/40℃、室温为 18℃ 的系统，管径 $De20×2.0mm$ 的 PE-X 管道、管间距 250mm 和瓷砖地面为条件计算的热负荷应不小于 2100W，管径 $De25×2.3mm$ 管道的热负荷应不小于 3300W，否则流速就达不到要求。对于一些较小的环路，如不能满足流速要求，可将两个环路串联成一个环路以加大流量，或选择较小直径的管道，这种情况应将餐厅（厨房）与客厅的两个环路串联成一个环路，只要环路长度不超过 120m 就可以了。

【案例 52】　某地恒丰理想城东区 1 号楼，建筑面积 26480m²，地下 2 层，地上 33 层，采用供回水温度为 50/40℃ 的地面辐射供暖系统，供暖热负荷为 741.45kW。设计人员没有在"设计说明"中注明地面面层材料及热阻。

【分析】　地面辐射供暖设计中，未指出设计计算的前提条件是十分普遍的现象。众所周知，设计者在进行低温热水地面辐射供暖工程设计和加热管布置（确定加热管直径、长度和敷设间距）时，先由《辐射供暖供冷技术规程》JGJ 142—2012 公式（3.4.5-1）$q_1 = \beta \frac{Q_1}{Fr}$ 求出单位地面面积所需的供热量 q_1，再根据水温、室温、埋地管材料种类及直径、地面面层材料及热阻，借助《辐射供暖供冷技术规程》JGJ 142—2012 附录 B 计算埋地塑料管的布置间距和环路长度等，以满足房间所需的散热量（热负荷）Q_1。但是，除水温、室温、管材三个条件外，只有知道敷设加热管的实际面积 Fr 和面层材料及热阻，才具备唯一确定性；因此设计计算必须明确该前提条件，即地面面层材料及热阻。

在编者审查的施工图中，设计人员一般都能按规定注明水温、室温、埋地管材料种类及直径。但是，几乎有 90% 的项目，设计人员并不注明地面面层材料及热阻，仍然绘制加热管布置图，这是一种极不正常的现象。由传热学原理可知，热阻不同的地面材料构成的地面辐射供暖散热面的供热量差别是很大的。举例而言，对于采用聚苯乙烯塑料板绝热层的混凝土填充式热水辐射供暖系统，当同样采用导热系数为 0.38W/(m·K) 的 PE-X 管、平均水温 45℃（供、回水温度为 50/40℃）、室内空气温度 20℃、加热管间距 300mm 时，以热阻 0.02m²·K/W 的水泥、石材或陶瓷砖等为面层的地面的向上供热量为 110.9W/m²，而以热阻 0.10m²·K/W 木地板为面层的地面的向上供热量为 80.6W/m²，即水泥、石材或陶瓷砖等为面层的地面的向上供热量比木地板为面层的地面的向上供热量高 37.6%（一般高 30%～60% 左右）。但由于住宅建筑已形成业主个性装修的市场模式，施工图设计时并不能预测业主入住后采用何种地面材料，有的业主喜欢陶瓷类地砖，有的业主欣赏木地板，因此，对实际运行的效果是很难预料的，地面材料是随机的，地面散热量和实际效果也是随机的，设计时难以掌握，审图时也难以甄别。编者提醒设计人员，进行地面辐射供暖供冷设计时，一定要首先确定设计采用的地面面层材料及其热工性能（热阻值），这样才能计算地面的向上供热量；同时，设计人员也不能随意选择材料，而应该满足《辐射供暖供冷技术规程》JGJ 142—2012 第 3.2.4 条 "地面辐射供暖面层宜采用热阻小于 0.05m²·K/W 的材料" 的规定。

【案例 53】 某地 ×× 家园 5 号楼，建筑面积 4781.35m²，地下 1 层，地上 7 层，采用供回水温度为 50/40℃ 的地面辐射供暖系统，供暖热负荷为 139.1kW。设计人员没有在"设计说明"中注明地面面层材料及热阻。编者审图时提出应注明地面面层材料及热阻，但设计人员在回复中称，"地暖地面材料见建筑专业的地面作法"。

【分析】　确定的地面面层材料及热阻是地面辐射供暖设计的基本前提，材料的热阻更是进行传热计算的重要数据，没有材料的热阻就无法进行传热计算，这应该是暖通空调专业的基本常识。在设计单位报审的施工图中，"设计说明"并没有注明地面面层材料及热阻，说明设计人员并没有进行传热计算。更为严重的是，在审图人员提出意见后，在回复中称，"地暖地面材料见建筑专业的地面作法"。可见设计人员专业理论的缺失到了何等严重的程度。按照最起码的要求，对于地面辐射供暖系统，设计人员必须在"设计说明"中注明地面面层材料及热阻，并且要真正按照选定材料的热阻进行传热计算。

【案例 54】　某地 18 号住宅楼，工程所在地为寒冷（A）区，总建筑面积 4710.25m²，地下 1 层，地上 7 层。室内设置供回水温度 50/40℃ 的地面辐射供暖系统，系统制式为下供下回式垂直双管系统，供暖热负荷为 107.44kW，供暖热负荷指标为 22.81W/m²。设计人员在楼梯间散热器供回水支管设置了温控阀和关断阀，如图 5.4-16 所示。

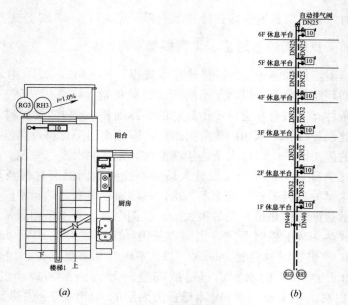

图 5.4-16　楼梯间供暖管道双管系统图

（a）平面图；（b）系统图

【案例 55】　某地办公楼工程。地下 1 层，地上 6 层，建筑面积 14669.4m²，室内为 95/70℃散热器供暖系统，系统制式为垂直单管跨越式系统，供暖热负荷 860kW，热负荷指标约 60W/m²。设计人员在楼梯间散热器供回水支管设置了温控阀和关断阀，如图 5.4-17 所示。

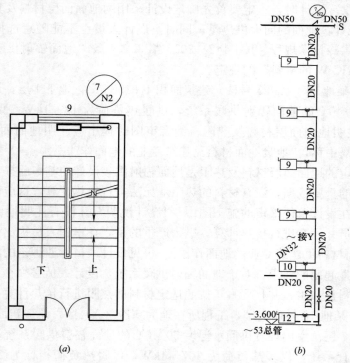

图 5.4-17　楼梯间供暖管道单管系统图

（a）平面图；（b）系统图

【分析】　以上两例按国家标准《民用建筑供暖通风与空气调节设计规范》GB 50736—2012 第 5.3.5 条"管道有冻结危险的场所，散热器的供暖立管或支管应单独设置。"的规定，在楼梯间设置了单独的散热器供暖立管，但是设计人员不了解楼梯间散热器分配的规律和设置温控阀的原则，图 5.4-16 显示，设计人员在楼梯间 1～6 层休息平台都布置了散热器，而且每层都是 10 片。图 5.4-17 显示，设计人员在楼梯间 1～6 层都布置了散热器，散热器数量分别是 9，9，9，9，10，12 片。《全国民用建筑工程设计技术措施　暖通空调·动力》（2009 年版）表 2.3.6 列举了楼梯间散热器的分配比例，因为楼梯间是竖向贯通的，根据热空气上升的原理，应该加大下层散热器数量的比例，最上层减少甚至不布置散热器，可以使楼梯间上下温度比较均匀，但以上两个案例没有按比例进行分配，两个案例的布置，会造成楼梯间上部温度过高，这种设计是不符合技术措施规定的。更严重的是两个案例都在每层散热器供水支管上设置温控阀，在回水支管上设置关断阀，这种设计是完全错误的，一方面，楼梯间是上下贯通的空间，没有必要设置温控阀，而且设置温控阀也没有任何作用；另一方面，在楼梯间是容易出现冻结危险的场所，系统上设置关断阀时，可能因误操作而关闭，容易造成管道和设备冻裂。

第 6 章 空调系统设计

本章介绍室内空调系统设计的内容和任务、空调风系统设计和空调水系统设计。

6.1 室内空调系统设计的内容及任务

一项完整的空调系统设计应包括以下内容和任务：

（1）进行空调热负荷和逐项逐时冷负荷计算，这是整个空调系统设计的前提和基础；根据《公共建筑节能设计标准》GB 50189—2015 的规定，单栋建筑面积小于或等于 $300m^2$ 的乙类公共建筑和仅安装房间空气调节器的房间，只作负荷估算，可以不需进行逐项逐时的冷负荷计算。

（2）根据建筑物的功能分区，确定不同功能分区的空调方式——集中式或分散式或两者相结合；全空气系统、风机盘管加新风系统、变风量系统、温湿度独立控制系统等。

（3）根据选择的空调方式，确定采用水系统或制冷剂直接蒸发系统。

（4）制冷换热机房和空调机房的设备、管路的确定和选择计算，制冷换热机房和空调机房的设计。

（5）空调末端设备的确定和选择计算，空调末端设备和管路的设计。

（6）空调水系统和风系统的设计。

（7）空调系统管材的确定。

（8）空调系统水力计算，确定管道直径、系统阻力、工作压力。

（9）补水定压方式的确定。

（10）其他附属部件（热计量表、温控阀、水力平衡部件、排水放气阀等）的选择。

（11）水压试验压力和检验方法的确定。

（12）提出施工技术要求。

6.2 空调风系统设计

空调系统中，空气处理设备处理后的空气，需要经过空调风系统输送到所服务的空调区，空调风系统设计包括：空气的热湿处理设计与计算，送风量、新风量及排风量的计算，气流组织设计及必要的气流组织计算，送、排风管道断面尺寸计算与风管布置，送、排风口面积计算与布置，风系统中风机及其他附属设备的选型，空调机房的布置等。

6.2.1 独立新风机组的空气处理

【案例 56】 设计人员在设计风机盘管加新风系统时，不知道独立新风处理的终点在哪里。某工程设计的"设计说明"如下：

"工程概况：本工程位于浙江杭州，地下 1 层、地上 4 层，建筑高度为 20.3m，总建筑面积为 6770m²。

设计范围：

1. 舒适性中央空调系统设计

餐厅、报告厅等大开间采用全空气系统，过渡季节全新风工况运行，其他开间采用风机盘管加新风系统，新风由新风机单独处理至室内状态后送入各空调房间。

……"

【案例 57】　某工程为河北省××国际酒店（一期），地下 1 层，地上 12 层，总建筑面积 17621.56m²，建筑高度为 48.95m。地下一层平时为设备房、储藏间，地上一层为酒店大堂、餐厅，2 层为员工办公、休闲大厅，三～十二层为酒店客房。该设计为建筑物室内通风、空调和防排烟设计。空调系统形式为全空气系统和风机盘管加新风系统，设计人员在设计风机盘管加新风系统时，称"新风由新风机单独处理至送风状态点"。

【案例 58】　某工程为商业综合体，总建筑面积为 200697m²。地下 2 层，地上 11 层（其中酒店为 11 层，其余商业等为 4 层裙房）。裙房的建筑高度是 23m，塔楼的建筑高度是 49m。地下建筑面积为 98391m²，其中地下二层为汽车库和设备用房，地下一层为超市和商业区；地上建筑面积为 102306m²，主要功能是商业、娱乐餐饮、影院、酒店等。

该项目影院、超市、酒店、商业自营区分别设置独立冷热源，该项目空调系统冷冻水供/回水温度为 6/13℃，温差为 7℃，采用大温差小流量运行模式，具有较大节能潜力。

设计人员在设计图纸"设计说明"称，将"新风处理至等焓状态"。

【分析】　以上三个案例的设计人员分别称将新风处理到"室内状态点"、"送风状态点"和"等焓状态点"，不知道独立新风处理的终点在哪里，是设计人员理论缺失的重要表现之一。

从传统空调方式的需求出发，一般要求冷水机组的供水温度为 6～9℃，此时冷水机组的效率最高（除温湿度独立控制空调系统的高温冷水机组之外），而这个温度也是风机盘管机组理想的供水温度（指湿工况）。对于风机盘管加新风系统的新风处理机组，新风处理的终状态点有以下 5 种可能（图 6.2-1）：(1) 新风处理到室内空气干球温度线—A_1 点；(2) 新风处理到室内空气的等焓线—A_2 点；(3) 新风处理到室内空气的等含湿量线—A_3 点；(4) 新风处理到低于室内空气的等含湿量线—A_4 点；(5) 新风处理到室内空气的等焓线—A_5 点后再送入风机盘管。经过详细的分析计算认为：(1) 新风处理到室内空气干球温度线 A_1 和新风处理到低于室内空气的等含湿量线 A_4 这两种工况中，前者处理的焓差太小（例如，某地的计算值为 14kJ/kg），后者处理的焓差太大（例如，某地的计算值为 56kJ/kg），在一般两管制水系统的常规空调系统中，各空调末端均采用同一水温供水的情况下，难以满足新风机组和风机盘管机组在同一水温下各自处理到各自的终状态点，在实际工程中很难实现；(2) 新风处理到室内空气的等焓线 A_2（例如，室内温度 26℃ 和相对湿度 60% 时为 58.47kJ/kg）和新风处理到室内空气的等焓线 A_5 再送入风机盘管这两种工况牺牲的是冷水机组的制冷效率，实际工程虽然可以实现，但不利于节能；(3) 新风处理到室内空气的等含湿量线 A_3（例如，室内温度 26℃ 和相对湿度 60% 时为 12.6g/kg_干空气）或稍高于室内空气的等含湿量线 A_6 点（例如，含湿量大于 12.6g/

kg干空气）的工况，在实际应用中是可行的，也是理想的新风处理方案。

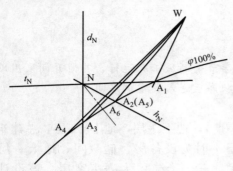

图 6.2-1　各种新风处理过程示图

现举例说明如下：

设某地夏季室外空气比焓为 $h_w = 89kJ/kg$，拟选用 6 排管新风机组，其处理的焓差为 $\Delta h = 44.1kJ/kg$，则处理到机器露点的新风的比焓为 $h_L = 89kJ/kg - 44.1kJ/kg = 44.9kJ/kg$，通过等焓线与 $\varphi = 95\%$ 的等相对湿度线的交点可以得到其他状态参数，即：干球温度 $t_{wg} = 15.8℃$，湿球温度 $t_{ws} = 15.2℃$，相对湿度 $\varphi = 95\%$，含湿量 $d = 10.4g/kg$干空气。

由于此时 $t_N > t_{A6}$，$h_N > h_{A6}$，$d_N < d_{A6}$，因此新风只承担室内大部分显热负荷而不承担潜热负荷，风机盘管承担室内小部分显热负荷和包括新风带进的全部潜热负荷，风机盘管在湿工况下运行。此时，$\Delta h = 44.1kJ/kg$，供水温度 $t_{w1} = 35.2 - \dfrac{35.2 - 15.8}{0.9 \times 0.84} = 9.5℃$。

根据我国各地不同的气候条件，目前我国生产的新风机组处理焓差的大致范围为 $34.0 \sim 46.9kJ/kg$（四排管约为 $32.9 \sim 35.7kJ/kg$；6 排管约为 $42.1 \sim 45.6kJ/kg$），编者提醒设计人员，不同的空气处理设备处理空气的能力是不同的，主要取决于换热器进出口状态点参数的不同，一般常用空气处理设备的处理能力可参见表 6.2-1。

不同空气处理设备处理能力汇总表　　　　　　　　　　表 6.2-1

设备形式	处理空气焓差范围		风量/冷量范围
	kJ/kg	kcal/kg	m³/h/W
组合(吊、柜)式回风工况空调器	20.9～29.3	5～7	1：4.16～1：5.83
组合(吊、柜)式新风工况空调器	34.0～46.9	8.12～11.2	1：8.3～1：11.7
水冷冷风单元空调机	15～18	3.58～4.3	1：5～1：6
风冷冷风单元空调机	14～17	3.34～4.06	1：4.5～1：5.5
水冷冷风恒温恒湿空调机	15～18	3.58～4.3	1：5～1：6
风冷冷风恒温恒湿空调机	15～17	3.58～4.06	1：5～1：5.8
水冷机房专用空调机	8.5～9.9	2.03～2.36	1：2.8～1：3.3
风冷机房专用空调机	8.0～9.0	1.91～2.15	1：2.5～1：3.0
风机盘管机组(国家标准)	15.9	3.8	1：5.3
风机盘管机组(一般文献)	18.5～19.5	4.41～4.66	1：6.17～1：6.5

由以上分析可知：

（1）首先分析室外空气能不能处理至室内状态点（见案例 56）。根据空气处理的基本理论，室外空气经过表面式冷却器或喷水室同时完成降温和减湿过程，空气的温度降低、含湿量减少，结果是相对湿度增加，一般处理终点相对湿度的极限是 $\varphi = 95\%$，称为"机器露点"；如果温度继续降低，则终点沿 $\varphi = 95\%$ 等相对湿度下滑，直至过程结束。由此可知，新风是不能处理至室内状态点的，同时，以室内状态点参数的空气送入室内，与室内空气没有温度差、湿度差，即新风没有降温除湿功能，就谈不上空调。所以【案例 56】称"新风由新风机单独处理至室内状态"是基本理论的错误。

（2）其次讨论是不是将新风处理到送风状态点（见案例 57）。根据空调设计原理可知，空气处理过程的送风状态点是根据室内的热湿比线和送风温差确定的，对于同时消除余热和余湿的处理过程，送风状态点的参数一定是温度低于室内温度，其含湿量小于室内含湿量，才能消除余热和余湿。在此，编者提醒设计人员，送风状态点不是新风机组处理的空气终状态点（即离开新风机组热交换器的空气状态点，一般称为机器露点 L）。对于风机盘管加新风系统而言，根据两种不同的处理过程来决定送风状态点：1）对于风机盘管先处理后混合的过程（图 6.2-2），新风机组处理的终点 L 与风机盘管处理的终点 M 的混合点 O 为送风状态点［见图 6.2-2（b）］；2）对于风机盘管先混合后处理的过程（图 6.2-3），新风机组处理的终点 L 与室内空气状态点 N 混合至 C 点，再经风机盘管处理的终点 O 为送风状态点［见图 6.2-3（b）］。所以，新风机组只是将新风处理到机器露点 L，再经过混合［见图 6.2-2（b）］或混合再处理［见图 6.2-3（b）］而达到送风状态点 O，新风机组不是直接将新风处理到送风状态点，称"新风由新风机单独处理至送风状态点"的概念也是错误的。

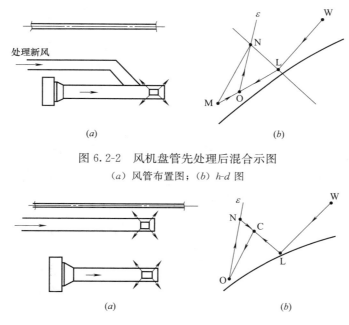

图 6.2-2　风机盘管先处理后混合示图
（a）风管布置图；（b）h-d 图

图 6.2-3　风机盘管先混合后处理示图
（a）风管布置图；（b）h-d 图

（3）最后讨论处理至等焓状态的问题（见案例 58）。上文已指出，新风处理到室内空气的等焓线 A_2（图 6.2-1，例如，室内温度 26℃和相对湿度 60% 时为 58.47kJ/kg）和新风处理到室内空气的等焓线 A_5 再送入风机盘管这两种工况牺牲的是冷水机组的制冷效率，实际工程虽然可以实现，但不利于节能。

（4）理想的新风处理方案是将新风处理到室内空气的等含湿量线 A_3（例如，室内温

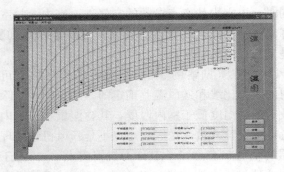

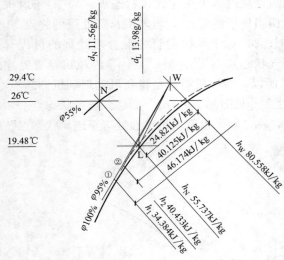

图 6.2-4 新风机组空气处理过程示图

度 26℃和相对湿度 60％时为 12.6g/kg干空气）或稍高于室内空气的等含湿量线 A_6 点。

最后，从以下的分析可以看出，【案例 58】选用新风机组处理的终点并不在"等焓状态"，而是在室内状态点 N 的等含湿量线 d_N 附近。工程所在地夏季空调室外干球温度为 29.4℃，湿球温度为 26℃。该工程两台新风机组的参数分别为：①风量 2300m³/h，制冷量 35.4kW；②风量 8000m³/h，制冷量 107kW，因此得到各机组处理空气的焓差分别为 46.174kJ/kg 和 40.125kJ/kg，终点比焓分别为 34.368kJ/kg（图 6.2-4①）和 40.372kJ/kg（图 6.2-4②），比室内空气比焓 55.737kJ/kg（室内温度 26℃和相对湿度 55％时）低很多（图 6.2-4①、②），所以并不在"等焓状态点"L；新风机组的处理焓差 46.174kJ/kg 和 40.125kJ/kg 远大于"处理至等焓状态"时的新风处理焓差 80.558kJ/kg － 55.737kJ/kg＝24.821kJ/kg，实际上，新风机组处理的终点离"等焓状态"差得很远，这在技术上是很不严谨的。"等焓状态"处理的终点 L 和实际选用新风机组的空气处理终点①、②见图 6.2-4。

【案例 59】 某地质量技术监督局检验检测大楼建筑面积 17035m²，地下 1 层，地上 11 层，设置集中空调系统，夏季冷负荷 1682kW，冬季热负荷 1802kW。其中二层大会议室的冷负荷为 62.2kW，会议室空调系统按回风工况设计，按冷负荷和送风温差计算，送风量应为 12000m³/h 左右。但设计人员没有进行计算，直接查产品样本，而且没有注意设计工况，选用送风量为 6700m³/h 的空气处理机，运行后发现空调效果不好。

【分析】 经检查是因为设计人员查样本用的是新风工况的参数，因此风量减少了一半左右，这是因为新风工况处理的空气焓差（约为 34.0～46.9kJ/kg）远大于回风工况处理的空气焓差（约为 20.9～29.3kJ/kg），因此处理相同冷量所需的空气量就少。空气量也少，处理空气的焓差又小，所以机组提供的冷量就没法满足要求，肯定会影响空调效果。

【案例 60】 银川市××酒店，地下 1 层，地上 12 层，建筑面积 17264m²，其中空调面积 14500m²，夏季冷负荷 1654kW，冷负荷指标为 96W/m²，供/回水温度为 7/12℃，冬季热负荷 1826kW，热负荷指标为 105.8W/m²，供回水温度为 60/50℃。设计人员选用的新风机组参数错误。见表 6.2-2。

【分析】 该工程所选新风机组的参数是完全错误的。根据表中新风机组的参数，计算各型号新风机组处理的焓差为 19.0~24.42kJ/kg ，即是回风工况处理的焓差，说明设计人员缺乏最基本的理论知识。

参数错误的新风机组设备性能表 表 6.2-2

序号	系统编号	设备名称	主要性能	单位	数量	备注
1	X-1	吊顶式新风机组	$L=4000\text{m}^3/\text{h}$ $H=290\text{Pa}$ $N=0.45\text{kW}\times2$ $Q_冷=35\text{kW}$ $Q_热=64\text{kW}$	台	1	洗浴中心新风
2	X-2,3	吊顶式新风机组	$L=6000\text{m}^3/\text{h}$ $H=340\text{Pa}$ $N=1.0\text{kW}\times2$ $Q_冷=42\text{kW}$ $Q_热=72\text{kW}$	台	2	二层西餐厨房新风
3	X-4,5	吊顶式新风机组	$L=8000\text{m}^3/\text{h}$, $H=360\text{Pa}$ $N=1.1\text{kW}\times2$ $Q_冷=56\text{kW}$ $Q_热=96\text{kW}$	台	2	二层中餐厨房新风
4	X-6	吊顶式新风机组	$L=3000\text{m}^3/\text{h}$, $H=210\text{Pa}$ $N=0.37\text{kW}\times2$ $Q_冷=26\text{kW}$ $Q_热=48\text{kW}$	台	1	三层歌舞厅新风
5	X-6,7	吊顶式新风机组	$L=8000\text{m}^3/\text{h}$ $H=360\text{Pa}$ $N=1.1\text{kW}\times2$ $Q_冷=66\text{kW}$ $Q_热=108\text{kW}$	台	2	三层中餐厨房新风

6.2.2 空调系统形式的选择

空调系统的形式包括全空气定风量系统、全空气变风量系统、风机盘管加新风系统、变制冷剂流量多联机系统、低温送风空调系统、温湿度独立控制系统、蒸发冷却空调系统及全新风系统等。空调系统的形式应根据各种形式的特征和适用范围、空调服务区的需求、特点及规模并考虑运行管理等多方面的因素综合确定，不能随意选择错误的系统形式。除一些特殊需求的场合外，全空气定风量系统和风机盘管加新风系统是最常用的两种形式，编者审查施工图发现很多违反基本理论与常识的不合理设计，应引起设计人员的注意。

【**案例 61**】 在同一空调区采用两种不同的空调方式。某大学教学实验综合楼及地下停车场一期项目，地下 1 层，地上 11 层，由一栋 11 层教学实验综合楼及 2 层图书馆附属楼组成，建筑总高度 51.45m，总建筑面积 76023m²。其中地下一层为设备用房、汽车库；主楼一~四层为教室（一层有 250 人、500 人多功能厅各一个），五、六层为计算机房及专业实验室，七~十一层为各学院办公室及实验室。

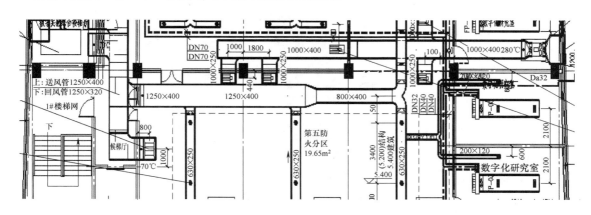

图 6.2-5 同一空调区采用两种不同的空调方式

【**分析**】 审查施工图发现，4 间数字化研究室为风机盘管系统，但是没有设置独立的新风系统，其新风由组合式空调 K-2-1 系统的送风负担，即在同一空调区采用两种不同的空调方式，这种方式是不妥的，也是很罕见的（图 6.2.5）。这时送到风机盘管区（数字化研究室）的风是相邻全空气系统区的回风与新风的混合风，在防止交叉污染的情况下是不容许的。如果不涉及交叉污染，这种方式任何文献都没有推荐介绍过，也存在热湿处理过程概念不清的问题。最好的办法是在风机盘管区设置双向换气机，解决新风问题。

【案例 62】 小面积场所采用全空气空调系统。某酒店项目，地上 8 层，建筑面积约 21296m²，室内设置集中空调系统，夏季供冷，冬季供热，夏季空调冷负荷 2725kW，冬季空调热负荷 1895kW。根据建筑物的功能情况，空调系统采用全空气系统和风机盘管加新风系统。审查施工图发现，大部分场所的系统形式符合以上原则，但设计人员在部分小面积的娱乐房间等场所采用全空气系统（图 6.2-6），这样的系统设计是错误的。

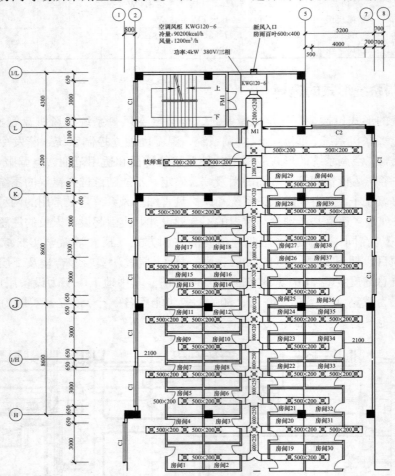

图 6.2-6 小面积场所采用全空气空调系统示图

【分析】 该设计存在许多技术错误，包括：

（1）在面积较小的场所采用全空气系统。我们知道，普通舒适性空调系统一般以全空气系统和风机盘管加新风系统两种方式为主，而且两种方式有各自不同的特点和适用范围。全空气系统的特点是室内空调负荷全部由处理过的空气负担，可以集中进行空气过滤和消声处理，可以补充新风并做到新风比可调，过渡季可实现全新风运行，节约能源，适用于各种运行时间相同、不必严格分区控制的大开间场所；而风机盘管加新风系统的特点是室内空调负荷全部由处理过的空气和水共同负担，使用场所分别控制，运行比较灵活，但在不设置新风机组时，无法补充新风，又由于风机盘管是湿工况运行，卫生条件比较差，适用于运行时间不完全相同、需要分区控制、空间较小且不易布置风管的场所。该工程的设计人员在 2 层夹层的娱乐房间、布草及休息室等场所（共 40 间）采用全空气空调系统，这样的设计方法是错误的。

（2）该工程没有按全新风工况设计新风管和室外风口，按图示的室外风口面积计算，风速达到 20m/s，这是不合理的，应该进行修改。

（3）该示图只简单地画了风管、风口，并没有注明风口的型号或尺寸，更没有注明风管的定位尺寸和标高，未达到《建筑工程设计文件编制深度规定》（2016 年版）规定的深度，无法进行施工，是不应该出现的错误。

（4）该设计既没有回风口，更没有回风管，无法形成气流循环及对回风进行处理，是违反空调设计的基本原理的，是设计人员基本理论严重缺失的表现。

（5）设计人员在空调风管穿过风机房的隔墙处未设置 70℃ 熔断的防火阀，存在极大的安全隐患。

（6）空调系统未采取任何消声措施，对于这种娱乐房间等场所是不能允许的。

【案例 63】 演艺观众厅等大开间场所采用风机盘管空调系统。江西某商场数字影院工程，影院使用面积 2080m²。该工程设置 6 个放映厅，1 号厅 152 人，2 号厅 185 人，3 号厅 132 人，4 号厅 105 人，5 号厅 81 人，6 号厅 138 人，设计人员在所有放映厅均设置风机盘管空调系统（图 6.2-7）。

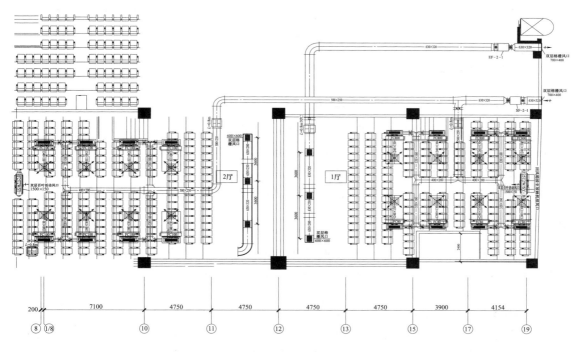

图 6.2-7　152 座和 185 座观众厅采用风机盘管空调系统示图

【分析】 该设计存在以下技术错误，包括：

（1）与上例情况正好相反，该工程在大开间区域采用风机盘管系统，也是违反设计的基本原则的。对于这种演艺放映厅等大开间场所，由于空调系统运行时间是一致的，不需要分区域控制，而且放映厅高度较高，方便布置风管，所以这种情况不应该采用风机盘管系统，而应该采用全空气空调系统。但考虑演艺放映厅面积不是特别大，为了减少因设置空调机房而占用使用面积，这种情况可以采用吊柜式空调器。为了保证室内人员的新风量，应在每台柜式空调机连接新风管或选用1～2台新风机组，再适当设置有组织的机械排风系统，才是正确的设计方案。

（2）对于采用风机盘管的空调系统，一般应设置独立新风系统，室外新风应经过热湿处理才能送入室内，通常的做法是由独立新风系统向空调区补充新风，以保证室内空气清洁，另设置独立的机械排风系统，进行换气，或者不设置有组织排风系统，而是靠室内正压进行换气，这应该是空调设计的基本常识。但是设计人员除设置了机械排风系统（EF-2-1～EF-2-6）外，竟然设置了未经过热湿处理的普通机械送风系统（SF-2-1～SF-2-6），将送风支管直接接到风机盘管的回风箱内，根据国家标准《风机盘管机组》GB/T 19232—2003的规定，风机盘管进口的空气状态是：夏季干球温度27℃，夏季湿球温度19.5℃，冬季温度21℃；如果将室外新风直接接入风机盘管回风口，必然降低风机盘管的处理能力，因此，这种设计方案是违反空调设计的基本原理的，也是基本理论的严重缺失。

【案例64】 大型观众厅采用风机盘管空调系统。山东某商业中心工程，地上4层，总建筑面积21196m²。该工程在4层（包括4层夹层）设置8个观众厅，1号厅为490座，2号厅～8号厅为138人左右，设计人员在所有观众厅均设置风机盘管空调系统（图6.2-8）。

【分析】 该工程有8个观众厅，该设计与上例情况一样，设计人员在大开间观众厅全部采用风机盘管系统，图6.2-8所示，1号厅的面积为32.3×25.2＝814m²，设置490个座位，设置了36台风机盘管，并没有设置独立新风系统和有组织的机械排风系统，也是违反设计基本原则的。对于这种大开间的演艺放映厅，由于空调系统运行时间是一致的，不需要分区域控制，而且放映厅高度较高，可以方便布置风管，所以这种情况不应该采用风机盘管系统，而应该采用全空气空调系统。该演艺放映厅面积比较大，高度较高，宜选择合适的地点设置空调机房，采用立式、柜式或组合式空调机组，采用全空气空调系统，在空调机组内引进新风，再适当设置有组织的机械排风系统，才是正确的设计方案。

6.2.3 室内空气气流组织

【案例65】 设计人员并没有仔细研究新风机组的空气处理过程，不知道处理新风的终状态点在哪里，只是把新风管连接到风机盘管的回风箱进风口，再经风机盘管送入室内（图6.2-9）。

【分析】 这种方案是十分不妥的，《公共建筑节能设计标准》GB 50189—2015第4.3.16条指出，"风机盘管加新风空调系统的新风宜直接送入各空气调节区，不宜经过风机盘管机组后再送出。"以往的设计中，常有设计人员将新风支管入室后接到风机盘管的回风口，再与回风一起经过风机盘管换热器送入室内。这时，如果风机盘管在低速运行时，就会造成新风量不足，因此，要求将新风直接送到室内人员停留区，这样可以加大室

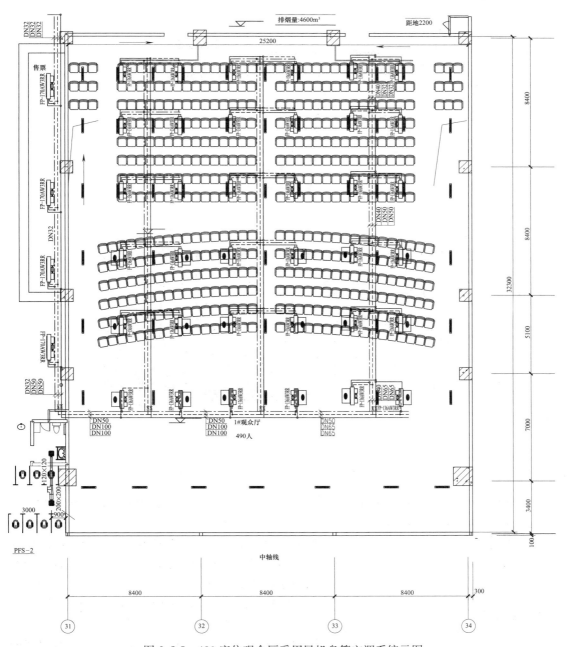

图 6.2-8 490 座位观众厅采用风机盘管空调系统示图

内空前的循环次数，又可以有效缩短新风的"空气龄"和提高机组效率。像本例这样，当新风与风机盘管机组的回风箱相连时，会影响室内的通风；另外，当风机盘管机组的风机停止运行时，新风有可能从带有过滤网的回风口吹出，把过滤网上的灰尘吹到室内，污染室内空气。

【案例 66】 郑州某酒店，地下 1 层，地上 4 层，总建筑面积 19025m²。主要功能为办公、餐厅、会议及物业等，室内设置集中空调系统，空调系统形式为全空气系统和风机

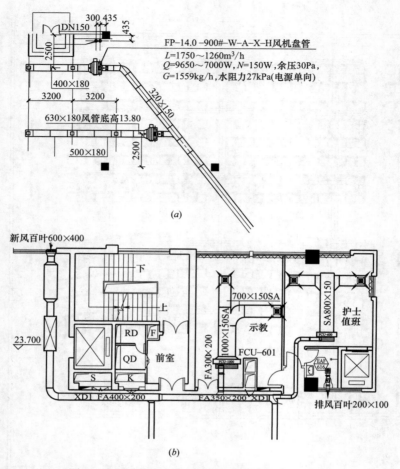

FP-14.0 -900#-W-A-X-H风机盘管
$L=1750\sim1260m^3/h$
$Q=9650\sim7000W$，$N=150W$，余压30Pa，
$G=1559kg/h$，水阻力27kPa(电源单向)

630×180风管底高13.80

(a)

新风百叶600×400

护士
值班

示教

FCU-601

排风百叶200×100

(b)

图 6.2-9 新风管连接到风机盘管的回风箱进风口

盘管加新风系统，设计人员在设计风机盘管加新风系统时，独立新风系统的送风口紧邻风机盘管的回风口，见图 6.2-10。

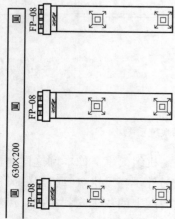

图 6.2-10 新风系统的送风口紧邻风机盘管的回风口

【分析】 这样的风管布置会造成气流短路，经过热湿处理的新风没有发挥应有的作用，立即进入风机盘管的回风口，浪费了新风的冷量。

【案例 67】 某超市，建筑面积 16958.1m²，地下 1 层，地上 3 层。采用冬夏共享的空调系统，夏季冷负荷 2120kW，冬季热负荷 1987kW。图 6.2-11 为二层超市的全空气系统风管布置图。

【分析】 回风工况的全空气系统中，原设计风管布置不合理，造成阻力不平衡。图 6.2-11 (a) 中有一支风管连续 3 次转弯，90°/90°/180°，产生大量涡流，增加了阻力损失；右上侧一个散流器处在回流区，出现气流短路。改进的设计如图 6.2-11 (b) 所示，将支风管作些调整，使同一组 4 个散流器的前端阻力相同，流量比较均匀，通风、空调风管设计有条件时，宜尽量布置成"工"字形（图 6.2-11）。

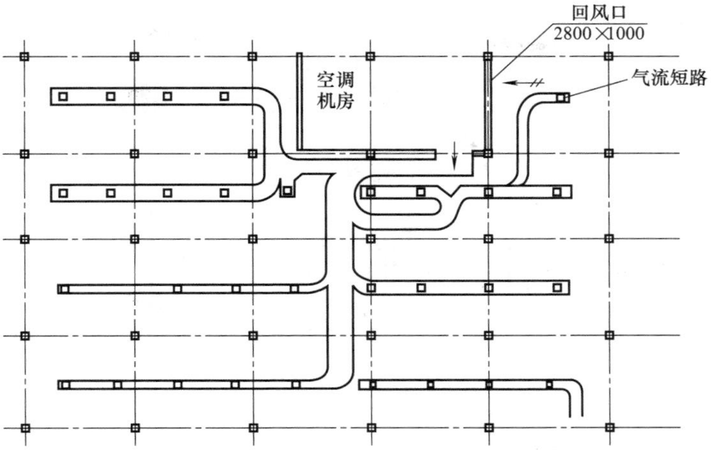

图 6.2-11   空调风管布置图分析
(a) 修改前的设计；(b) 修改后的设计

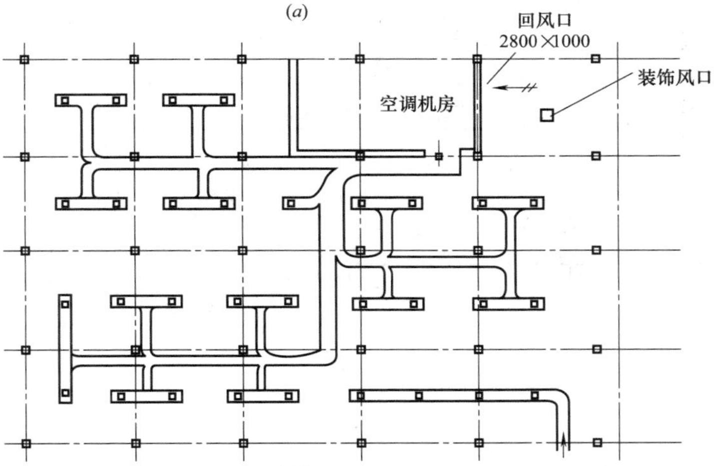

【案例 68】   设计时不按规定布置送、排（回）风口的位置，排风系统的排风口紧邻风机盘管送风口形成气流短路是十分普遍的现象。图 6.2-12（b）是某游泳馆辅助用房的空调平面图。

【分析】   由平面图可以看出，设计人员将排风系统的排风口布置在风机盘管送风口附近，由风机盘管送风口送出经过处理的空气，直接从排风口抽走，形成气流短路，造成能量的浪费［图 6.2-12（b）］。有类似情况的必须修改。

【案例 69】   某市检验检测大楼，地下 1 层，地上 11 层，建筑面积 17035m²，大楼设置集中空调系统，空调面积 15291m²，夏季冷负荷 1682kW，冬季热负荷 1802kW。空调形式为风机盘管加新风系统。设计人员将风机盘管加新风系统的独立新风的送风接入风机盘管的送风管，而且是正对风机盘管散流器送风［见图 6.2-13（a）、图 6.2-13（b）］。

【分析】   将独立新风系统的送风接入风机盘管送风管的做法是违反《民用建筑供暖通

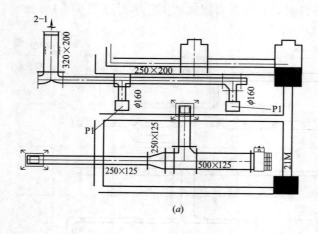

(a)

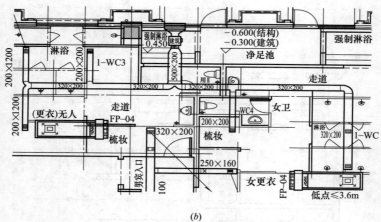

(b)

图 6.2-12 排风口紧邻风机盘管送风口

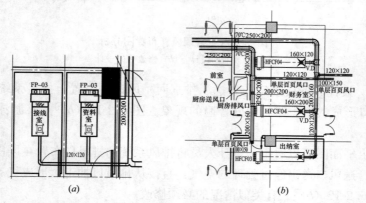

图 6.2-13 新风正对风机盘管散流器送风示图

风与空气调节设计规范》GB 50736—2012 第 7.3.10 条关于"新风宜直接送入人员活动区"的规定的，而且这样两股风的流向相对，造成动量损失，影响了空调效果，应该进行修改。

【案例 70】 全空气空调系统中，室外新风口及新风管面积太小是常见的现象之一。武汉某工程，建筑面积 33128.46m²，地下 1 层，地上 26 层，其中一、三、四层设置集中空调系统，空调面积 4650m²，一层设置风量为 6000m³/h 的吊柜式回风工况机组，室内回风口面积为 0.6m²，图中显示的室外新风口尺寸为 1250mm×320mm。

【分析】　该工程设计的室外新风口尺寸太小，风口外框面积只有 1.25×0.32 ＝ 0.4m²，按遮挡率 50% 计，（见《全国民用建筑工程设计技术措施暖通空调·动力 (2009)》表 4.1.4 注），风口风速达到 8m/s。按照规范的要求，室外新风口和新风管的面积应能保证在过渡季节全新风运行，现在风速太大，不能实现全新风运行，所以应加大风口尺寸（图 6.2-14）。

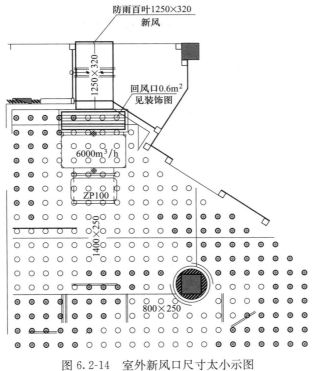

图 6.2-14　室外新风口尺寸太小示图

【案例 71】　武汉某工程，建筑面积 33128.46m²，地下 1 层，地上 26 层，其中一、三、四层设置集中空调系统，空调面积 4650m²，设计人员将新风直接送入走道吊顶（图 6.2-15）。

【分析】　将新风直接送入吊顶内是违反规范规定的。设计人员并没有仔细研究新风机组的空气处理过程，只是把新风管连接到风机盘管机组的回风吊顶处，这样会把吊顶内的污浊空气送到室内，严重影响室内的空气品质，这种情况是不允许的。

【案例 72】　某工程为某公司的 1 号生产厂房，建筑面积 22723m²，地下 1 层，地上 3 层，室内局部区域为全空气空调系统，二层的全空气空调系统设置带 22 个球形风口 RQ1 的送风管，没有设置回风管，球形风口 RQ1 的直径为 230mm（图 6.2-16）。

【分析】　本工程设计人员没有认真进行气流组织计算，随意布置送、回风口，无法达到空调效果。该工程设计存在以下问题：(1) 空调送风管上球形风口 RQ1 的间距为 3m，最近与最远风口的最大间距为 30m，但设计人员未提出风量平衡措施。为了保证风管各风口的风量平衡，应采取相应的措施，如要求球形风口带调节阀或采用静压复得法设计变截面风管，

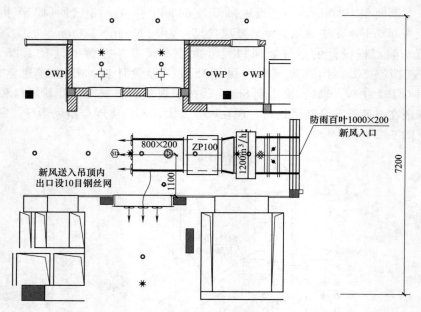

图 6.2-15 新风送入吊顶内的示图

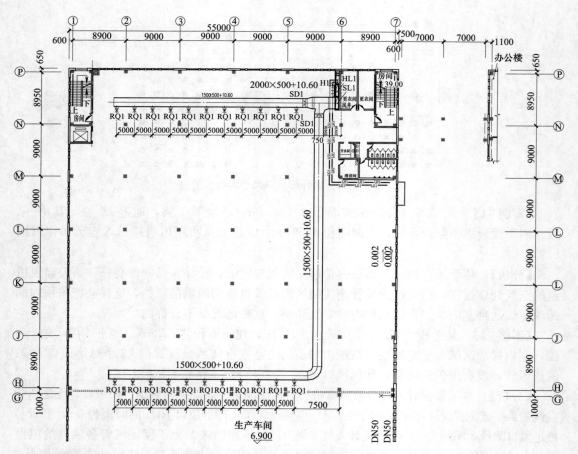

图 6.2-16 气流朝向相同的方向示图

现设计方法不妥；（2）设备表中未注明球形风口的设计风量及气流射程；（3）设计的两根送风管中心的间距约 45m，而且气流朝向相同的方向，按华北 6 省（区、市）的标准图集 12N5-9 中喷口的技术参数，250mm 筒形喷口的风量为 1300m³/h 时，最大射程为 18m，但两根送风管上喷口至对边的距离约为 45m，气流又是朝向相同的方向，送风气流不能达到中心形成气流交叉覆盖，因此，很多区域没有送风，成为死角，空气温度降不下来，达不到设计温度 26～28℃。

【案例 73】　不合理的大空间气流组织。某地展览馆的展览厅（仓库）建筑面积为 3942m²，地上 1 层。按要求设置空调设施。"设计说明"称，空调冷负荷为 945kW，空调面积为 3750m²，空调冷负荷指标为 252W/m²，要求室内空调设计参数为：温度 25～27℃，相对湿度 55%～65%。整个展览厅只设置一个全空气空调系统，配置水冷螺杆式冷水机组 1 台，制冷量为 945kW，供/回水温度为 7/12℃，配置空调机组 1 台，风量 60000m³/h，制冷量 965kW，新风量为 20000m³/h，空调机房在附属房上面，机房底标高为 5.00m，送风管分为两支，沿四面外墙水平布置，风管底标高 5.50m，采用远程圆形喷口送风，每个喷口的风量为 1300m³/h，左支有 17 个喷口，右支有 28 个喷口，共 45 个喷口。新风管尺寸为 1500mm×1000mm，回风口面积为 5000mm×1000mm，设置在附属房的侧墙上（图 6.2-17）。

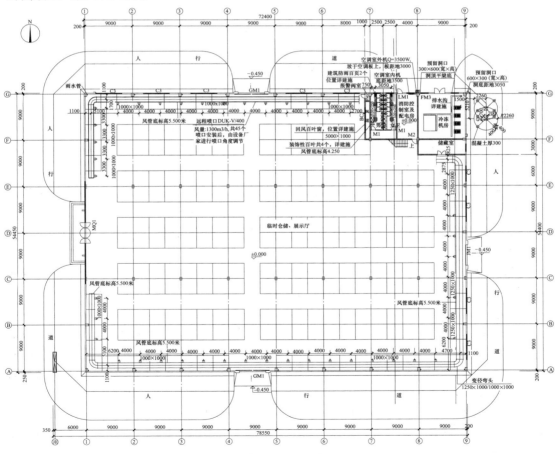

图 6.2-17　不合理的大空间气流组织示图

【分析】 目前，公共建筑内大开间区域的空气调节基本上都是采用低速单风道全空气空调系统，一般都是采用上送下回（或中回）气流组织形式。由于建筑吊顶高度或建筑装饰的限制，空调系统只设置送风管、不布置回风管而采用集中回风百叶窗的情况几乎成了一种趋势。这种方式除了最远送风口离空调机组出口太远而风量偏小外，最大的问题是侧墙的回风百叶窗距离最远送风口太远，回风百叶窗的位置、形式等均在建筑专业施工图上显示。经审查，发现该设计存在以下问题：

（1）设计要求室内空气相对湿度为 55％～65％，但空调机组内未设置加湿段，不可能达到要求的相对湿度。

（2）侧墙回风口未设置调节阀，无法进行风量调节，在过度季节无法关闭回风口实现全新风运行，是不利于节能的；图示最远喷口距离回风口大约 70m，回风十分困难。

（3）喷口未设置调节阀，无法进行风量调节。

（4）右支风管长 152m，最远喷口的风量不能保证。

（5）图 6.2-17 所示室外新风管尺寸为 1500mm×1000mm，在只维持新风量为 20000m³/h 时，风管的风速约为 3.7m/s，但考虑室外风口的有效面积按 60％计，则室外新风口的风速达到 6.17m/s，如果要满足全新风风量 60000m³/h，则风管的风速约为 11.1m/s，室外新风口的风速达到 18.5m/s，这是完全不能允许的。

（6）未标注喷口送风的射程距离，中心区域空调效果很差，按华北 6 省（区、市）的标准图集 12N5-90 中喷口的技术参数，直径 250mm 筒形喷口的风量为 1300m³/h 时，最大射程为 18m，送风气流不能达到中心形成气流交叉覆盖，即大约 32×15＝480m² 的中心区域没有气流，形成死角，该中心区域的温度根本降不下来，是一个极不合理的设计方案。

该设计需要作如下修改：（1）在空调机组内设置加湿段，以便达到要求的相对湿度；（2）侧墙回风口应设置风量调节阀，以便进行风量调节；（3）喷口设置风量调节阀，以便进行喷口风量调节；（4）应加大室外新风口和新风管的面积，即使按较小的新风量 20000m³/h，目前室外新风口的面积也是不够的；（5）为了改善室内的气流组织，达到理想的空调效果，正确的设计方案应该是在中部（大约跨度的 1/2 处）增设一根送风管，风管两侧采用喷口送风，送风气流与外墙两侧风管的气流在跨度的 1/4 和 3/4 处搭接，或者在跨度的 1/2 处设置集中回风管，并经气流组织计算，合理选择和布置回风口，改善室内气流组织。

【案例 74】 某地污水处理厂综合楼，建筑面积 2842.18m²，地上 4 层，夏季冷负荷 234kW，冬季热负荷 240kW。设计人员在厨房操作间采用风机盘管加新风空调系统（图 6.2-18）。

【分析】 在公共建筑内设置公共厨房是一种普遍的配置，但该设计存在十分严重的问题，其主要问题为：（1）《民用建筑供暖通风与空气调节设计规范》GB 50736—2012 第 7.3.9 条规定：“……空调区的空气质量、温湿度波动范围要求严格或空气中含有较多油烟时，不宜采用风机盘管加新风空气系统。”由于风机盘管是对室内空气进行循环处理，没有特殊过滤装置，因此，不适宜在厨房等油烟较多的场所使用，否则由于油烟的粘附，会影响盘管的换热效率，甚至影响风机盘管的使用寿命。因此，该设计违反了基本的专业原理；（2）空调新风机组直接设置在厨房操作间，除与风机盘管一样，容易在盘管上粘附

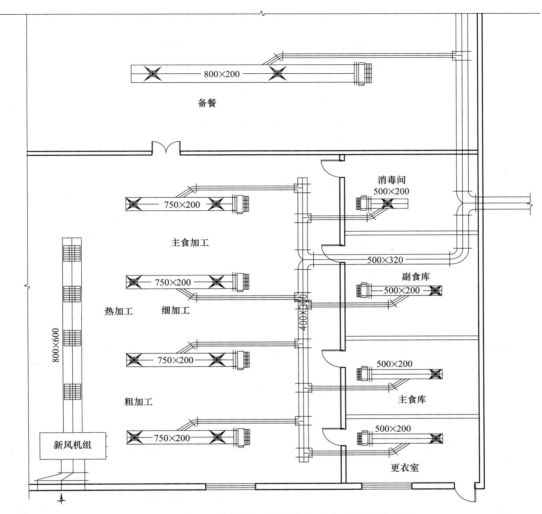

图 6.2-18　在厨房操作间采用风机盘管加新风系统示图

油烟而影响新风机组的换热效率或使用寿命外，同时，经过处理的新风直接送入热加工间上空也是十分错误的，正确的方法应该是将新风送入邻近厨房的走道或餐厅，由厨房内排风形成的负压造成新风从走道或餐厅向厨房流动，新风先在走道或餐厅同化余热后温度稍升高，再流入厨房操作间，同化热加工间等处的余热，形成新风的梯级利用，最后从排风系统排出；（3）设计人员没有进行厨房内的风量平衡计算，不能在厨房操作间等处形成稳定的负压区，容易造成厨房内正压而污染邻近的人员活动区。类似这样的设计还是时有发现的，并不是个别现象，应引起设计人员的高度重视。

【案例 75】　河北某地理信息基地，总建筑面积 27088mm²，空调面积 19450m²，全楼采用集中空调系统，夏季冷负荷 1713.5kW，冬季热负荷 1250.4kW，系统形式为低速全空气系统和风机盘管加新风系统。在风机盘管加新风系统部分，设计人员不分析风机盘管送风口、回风口的空气温度，将风机盘管沿外墙布置，出口接送风管往里送风，回风口在外墙处；特别是一楼大门入口处，回风口空气温度较高，直接影响入口处的空调效果

（图 6.2-19）。

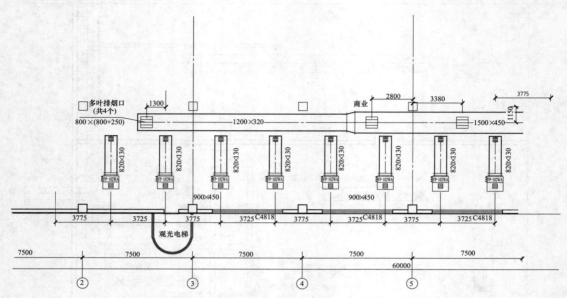

图 6.2-19　错误的风机盘管布置形式（一）

【案例 76】　某展示中心，地上 6 层，建筑面积 8168.79m²，室外机房提供 7/12℃冷冻水，室内夏季采用风机盘管加新风系统，夏季冷负荷 838.9kW，冬季采用地面辐射供暖系统，冬季热负荷 494.9kW。在风机盘管加新风系统部分，设计人员也是采用送风口在里、回风口在外的形式（图 6.2-20）。

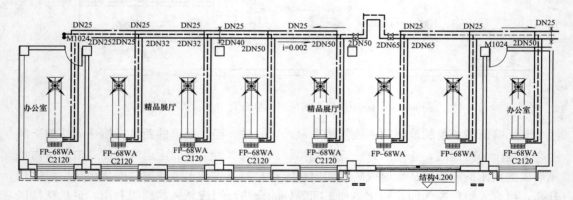

图 6.2-20　错误的风机盘管布置形式（二）

【分析】　施工图审查时发现，一些设计人员布置风机盘管时不注意送风口、回风口的位置和空气温度，将风机盘管沿外墙布置，出口接送风管往里送风，回风口在外墙处，直接影响空调效果。在此提醒设计人员，布置风机盘管时，应将送风口靠近外墙或大门，这样较低温度的送风可以充分同化外墙或外门处的强辐射热，使空调效果更好。一定要摒弃送风口在内、回风口在外的布置方式。

【案例 77】　某地儿童医院病房楼，建筑面积 8538m²，地上 7 层。室内采用水源热泵集中空调系统，供/回水温度夏季为 7/12℃，冬季为 55/45℃，末端系统全部为风盘机管加新风系统，6层设置两间产房，相邻的走廊为污物走廊，平面布置如图6.2-21所示。

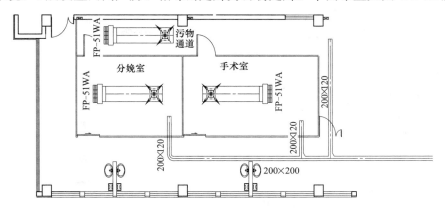

图 6.2-21 产房邻近污物走廊的错误设计

【分析】 医院产房采用风机盘管系统并与污物走廊相连通是十分严重的设计错误。该设计存在以下严重问题：（1）在产房内采用风机盘管系统。《综合医院建筑设计规范》GB 51039—2014 第 7.5.2 条规定："产科应符合下列要求：……；2 分娩室宜采用新风空调系统；……"《医院洁净手术部建筑技术规范》GB 50333—2002 第 7.1.4 条（强制性条文）规定："洁净用房内严禁采用普通的风机盘管机组或空调器"；同时，该规范表 4.0.1 注 2 规定，"……产科手术室为全新风。"作出这一规定的原因是，为保证在分娩室临产的产妇和新生儿生命的绝对安全，防止病毒感染，应该严禁采用循环风系统，因此规定"采用新风空调系统"；该设计采用风机盘管加新风系统，使用了大量循环风，因此是一个违反设计规范的方案；（2）设计人员未提出产房对于相邻区域的正压压差要求，特别是该工程将污物走廊紧邻近产房，并且以普通门直接连通，极容易造成交叉感染，而没有提出任何压差控制措施，更是违背医疗工艺基本要求的；（3）根据医疗工艺对暖通空调专业的要求，产房对于相邻区域应保持正压压差（例如 5～10Pa 的正压），此时应特别注意隔离门的开启方向，即为了维持产房的正压，隔离门应向高压区开启，隔离门门扇应开向产房内，当产房形成一定的正压后，由于气压的作用，隔离门会自动关闭，以维持产房的正压。但图示的隔离门门扇开向污物走廊，产房内的微小高压会因隔离门门扇不能关闭而泄掉，无法保持产房对污物走廊的正压压差，是医疗工艺要求所不允许的。综上所述，该设计是不合格的，应该进行修改。

【案例78】 某地开发区的餐饮连锁店的物配中心综合楼位于 4 层（顶层）的客户接待区，采用风机盘管加新风系统。设计人员未提出风机盘管应设置回风箱的要求，施工方在总价包干的前提下为降低成本也没有设回风箱，夏季供冷时受屋顶日照的影响，风机盘管入口处回风温度达到 32～34℃，远远高于室内回风温度，送风温度达到 18～20℃，室内温度长期位于 28℃以上，客户反映十分强烈。

【分析】 实际工程中，全空气系统只设送风管不设回风管而采用顶板上回风口从吊顶空间回风到空气处理机房或风机盘管系统，没有提出装回风箱而直接从吊顶空间回风至风机盘管的现象是屡见不鲜的。

位于顶层的空调区由于屋面接受太阳辐射，导致屋面温度较高，随之屋面至吊顶空间的空气温度也升高，由于传热，通过吊顶的空气温度即风机盘管的进口空气温度也远远高于室内回风温度。而国家标准《风机盘管机组》GB/T 19232—2003 规定的风机盘管夏季进口空气的干球温度为 27℃，湿球温度为 19.5℃，这样就加大了空气处理设备的负担，导致送风温度上升，所以室内温度降不下来。因此要求尽量避免采用吊顶直接回风，一般都应设置带保温层的回风管或回风箱，隔绝吊顶内传热，降低回风温度和送风温度，保证室内空调效果并减轻机组负担以节约能量。

【案例 79】 石家庄某广场工程，建筑面积 76374m²，地下 2 层，地上 28 层，高度 99.9m。一～四层为裙房公共区，五～二十层有 A，B 两座塔楼，为办公性质用房。该工程设置全年空调系统，空调面积为 60924m²，夏季冷负荷为 5376kW，冬季热负荷为 4962kW。

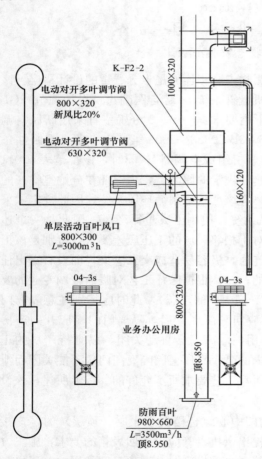

图 6.2-22 全空气空调系统（局部）平面图

【分析】 该工程 1～4 层裙房公共区为全空气空调系统为主，有 12 个空调系统，裙房以上五～二十层塔楼为风机盘管加新风系统。图 6.2-23 为 K-F2-2 系统，吊顶空调机的额定风量为 $L=6500\text{m}^3/\text{h}$，标准工况制冷量为 $Q=33.28\text{kW}$，该设计存在以下问题：（1）新风管和调节阀面积均不能满足全新风运行的要求。《公共建筑节能设计标准》GB 50189—2015 第 4.3.11 条指出："设计定风量全空气空气调节系统时，宜采取实现全新风运行或可调新风比的措施，并宜设计相应的排风系统。"经计算，按全新风风量 5000m³/h、风管断面积 0.8m×0.32m ＝0.256m²，风管流速为 6500/(3600×0.256)＝7m/s，速度明显偏大，说明新风管（阀）不能满足全新风运行的要求，可以说该设计违反了上述规范的规定。（2）图 6.2-22 标注新风比为 20%，新风量为 $L=3500\text{m}^3/\text{h}$，由此得到系统风量为 $L=17500\text{m}^3/\text{h}$，与空调机的额定风量 6500m³/h 相差很大，设计人员在填写数据时还是很不严谨，甚至根本就没有经过计算，才出现这种明显不应该出现的错误（见图 6.2-22）。

【案例 80】 某地高层办公楼，地下 1 层，地上 11 层，建筑面积约 12620m²，该工程设置集中空调系统，采用变制冷剂多联机加新风系统，夏季冷负荷为 1867.48kW，冬季热负荷为 1335.8kW。办公室为变制冷剂多联机供冷供热，新风系统为空气源热泵冷（热）水机组加新风处理机组，空气源热泵冷（热）水机组的额定制冷量为 352.6kW，额定制热量为 348.2kW。该设计在空调风系统设计中出现严重的气流短路现象（图 6.2-23）。

【分析】 该工程设计人员在大会议室采用吊柜式空调器加独立新风系统，室内布置 4

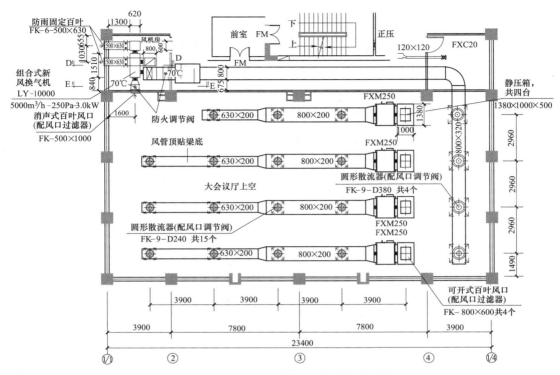

图 6.2-23 送、回(排)风气流短路示图

台吊柜式空调器,出口接送风管,圆形散流器顶送风,可开式百叶风口顶回风,就循环风的处理而言,该方式是一种常用的方式,没有不妥之处。问题是设计人员在布置新风系统时,没有注意室内的气流组织,由施工图可以看出,设计人员将新风系统送风口布置在吊柜式空调器的回风口附近(回风区),同时,将室内排风口布置在吊柜式空调器的送风口附近(送风区),这是一个违反气流组织基本要求、违反一般空调原理的典型案例。我们知道,室内空调风系统设计应该做到气流组织合理、防止气流短路是最基本的要求和常识,也是设计规范或技术文献反复强调的内容,但是本例中吊柜式空调器气流方向与新风气流方向是完全相反的,造成室内气流紊乱,更重要的是新风口的低温空气(夏季)很快就吸入吊柜式空调器,没有起到同化室内余热余湿的作用;而室内排风口处在送风区,空调器处理的低温空气(夏季)很快从排风口排走,是违反空调设计基本原理的,说明设计人员理论基础的严重缺失。正确的设计应该是,室内新风送风口应设在送风区,即风机盘管的送风散流器周围,排(回)风口应设在回风区,即风机盘管的回风口周围,形成合理的气流组织。

6.2.4 空调风系统的控制

【案例 81】 图 6.2-24 为某工程全空气空调系统平面图的局部示图。

【分析】 图 6.2-24 显示,在回风工况的全空气空调系统中,空调机房的侧墙回风口处没有设置回风阀,而且不设置有组织排风管和排风阀,无法实现预冷、预热的节能运行,也无法实现全新风运行(图 6.2-24)。

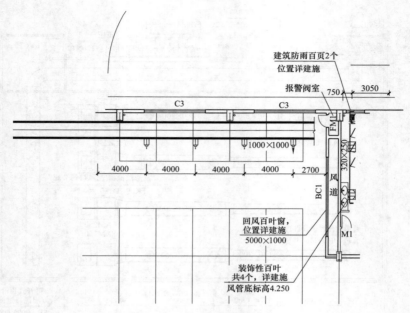

图 6.2-24 错误的回风口设计示图

《公共建筑节能设计标准》GB 50189—2015 第 4.3.14 条指出:"当采用人工冷、热源对空气调节系统进行预热或预冷运行时,新风系统应能关闭;当室外空气温度较低时,应尽量利用新风系统进行预冷。"对于公共建筑中的大空间空调区(如大型会议室、报告厅、剧场等)的全空气系统,这类系统并非连续运行,当第一次运行停止后,由于墙体、楼板和室内设备用品等蓄热特性及与室外空气的热交换,室内空气状态就偏离设计工况。当第二次重新启动系统达到室内设计工况比连续运行的系统需要更长的时间,也就消耗更多的能量。为了尽快达到设计工况又减少能量消耗,应提前启动系统,并特别注意关闭新风阀 a,采用全回风循环,此时 $V_h = V_s$,而 $V_X = V_P = 0$(图 6.2-25)。在人员未进场前,没有新风和新风负荷,可以缩短启动过程的时间和减少处理新风的能耗。

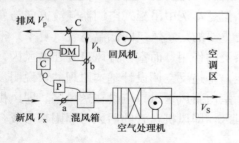

图 6.2-25 回风工况风系统控制示图

对这种间歇运行的系统,也可以采用设置启停时间最优控制的方式,在系统预定使用前设定的时间(如 30min)启动室内空气处理机,同时关闭新风阀,进行全回风循环,缩短启动时间,待启动过程结束,在预定的时间(如 5～10min)内,开启新风阀,转入正常运行,这是一种控制技术简单而又节能效果明显的措施,应该加以推广。

这种控制方式下,在过渡季节或空调季节的早晚温度适宜的时段,可以全开新风阀 a,全关回风阀 b,即能够实现全新风运行,这样既改善了室内空气品质,又"尽量利用新风系统进行预冷",达到了节约能源的目的。

【案例 82】 东北地区某图书馆,地上 6 层,建筑面积 38150m²,采用冬夏共用空调系统，设计人员在全空气空调系统中，未考虑冬季的防冻保护及防冻运行措施，造成水系统停运时，加热盘管冻裂。

　　【分析】　对于严寒和寒冷地区的双风机（空调系统中同时设置送风机和回风机）组成的空调系统，一般设计人员不注意对冬季室外新风进行预热处理和水系统的防冻保护，或者，虽然知道要预热处理和防冻保护，但不知道预热处理流程和防冻保护措施。

　　该工程位于严寒地区，冬季空调室外计算温度为 -21.8 ℃，集中空气处理机组的室外新风预热处理和水路防冻保护及防冻运行可采取以下措施（图 6.2-26）：

　　（1）在机组新风入口侧设电动密闭保温多叶调节阀 Mo，与对应的送风机联锁，当系统停止运行时自动关闭，以切断室外空气的进入。

　　（2）设计时适当提高预热盘管内水流速度，提高预热水

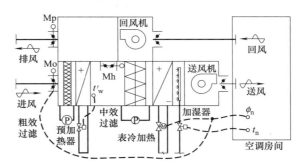

图 6.2-26　双风机空气处理机组控制示意图

Mp—电动多叶调节阀（排风）；Mo—电动多叶调节阀（新风）；
Mh—电动多叶调节阀（回风）；t'_w—预热盘管后的新风温度；
ϕ_n—室内相对湿度；t_n—室内温度；Ⓟ—压差传感器

供水温度。预热盘管设电动两通开关阀，并设定 2 个状态：全开和 20% 的开度。

　　（3）在机组内设置新风预热盘管及加热盘管（冬季加热盘管与夏季表冷器共享），冬季运行工况下，当预热盘管前的室外空气温度低于 5 ℃时，预热水阀应完全打开，保证预热盘管出口空气温度不低于 10 ℃，当预热盘管出口空气温度高于 15 ℃时，关闭预热水阀（限制最小开度 20%）。机组停止运行时，送风机联锁关闭新风保温型密闭阀 Mo，关闭预热水阀（限制最小开度 20%）。

6.3　空调水系统设计

　　一个完整的空调系统由三部分组成，即冷热源系统、冷热量输送系统和用户末端系统，其中，输送系统包括冷热水系统和风系统；空调系统的冷热水管道是输送冷热水的系统，是集中空调水系统的重点内容。除冷热水系统外，集中空调水系统还包括夏季供冷用于排出室内余热的冷却水系统和由于对空气降温去湿用于排出空气中冷凝水的冷凝水系统，后两个系统虽然没有冷热水系统复杂，但也是不可忽视的环节，应引起设计人员的重视。

6.3.1　空调水系统设计的基本规定

　　关于空调水系统的形式，编者在《民用建筑暖通空调施工图设计实用读本》中作了详细的介绍，空调冷热水系统可按表 6.3-1 进行分类。

　　根据我国学术界和工程界的多年研究，认为集中空调水系统的流量是否变化，均是对输配系统而言，并不包括末端，因此建议按表 6.3-2 进行集中空调水系统分类。

空调冷热水系统分类简表　　　　　表 6.3-1

分类方式	系统形式	特点简述
按介质是否与空气接触划分	开式系统	(1)用于喷水处理室和蓄能系统 (2)管道和设备易腐蚀 (3)需克服静水压力,水泵能耗较高
	闭式系统	(1)水系统与大气不相通或仅在膨胀水箱处接触大气,管道、设备腐蚀较轻 (2)不需克服静水压力,能耗较低 (3)不推荐用于喷水处理室和蓄能系统
按并联环路中水的流程划分	同程式系统	(1)流经每个环路的管道长度相同 (2)水量分配较均匀,理论上有利于水力平衡 (3)管道长度及阻力增加,投资较高
	异程式系统	(1)流经每个环路的管道长度不同 (2)系统较大而没有控制措施时,水力平衡较困难 (3)管道长度及阻力较小,投资较低
按冷热水管道的设置方式划分	两管制系统	(1)供热供冷合用一个管网,采用季节转换 (2)管道系统及控制简单,投资较低 (3)无法同时满足供热与供冷要求
	三管制系统	(1)分设供热、供冷水管,合用一根回水管 (2)能同时满足供热和供冷要求 (3)投资居中
	四管制系统	(1)供热与供冷分设供水管、回水管,可同时满足供热与供冷要求 (2)占据建筑空间多,投资较高
	分区两管制系统	(1)两管主系统为供热与供冷合用的系统,两管辅系统为全年供冷的系统 (2)系统及控制简单,投资较低 (3)合用的冷热水系统采用季节转换
按循环水量的特性划分	定流量系统	(1)系统流量保持恒定,不能适应负荷变化 (2)运行能耗最大,不利于节能
	一级泵变流量系统	(1)末端设置温控设施,负荷侧变流量运行 (2)源侧一级泵定流量,保证冷水机组流量恒定
	一级泵定流量/二级泵变流量系统	(1)源侧和负荷侧分设循环泵 (2)减少一级泵扬程和功率,二级泵采用台数或变速变水量,节能效果更好 (3)系统控制复杂
	一级泵与冷水机同步变流量系统	(1)只设一级泵,水泵与冷水机同步变流量 (2)系统简单,节能明显 (3)要求冷水机变流量的性能好

按输配系统流量的变化进行集中空调水系统分类　　　　　表 6.3-2

空调水系统	直接连接系统	一级泵系统	定流量(空调末端无水路调节阀或设水路三通阀)	
			变流量(空调末端设水路两通阀)	冷水机组定流量
				冷水机组变流量
		变流量二级泵系统(空调末端设水路两通阀)		
		变流量多级泵系统(空调末端设水路两通阀)		
	间接连接系统:冷源侧一次泵/负荷侧二次泵(变速变流量)			

6.3.2　空调水系统竖向分区的成功案例介绍

当前高层或超高层公共建筑如雨后春笋的出现，由于高层或超高层公共建筑的建筑高度高，如果空调水系统不进行竖向分区，系统最低处的工作压力会非常大，容易超过管道、设备及附件的额定工作压力而造成事故。业内专业人员经常采用的方法主要有两种：

（1）根据建筑物高度的实际情况分散冷热源，即根据建筑物高度的不同，在建筑物底部（或地下室）、中部或顶部的不同部位设置冷热源机房，以冷热源机房为中心配置水系统，这样就可以减少各自水系统的高度，再根据精确的水力计算确定系统的工作压力，进而确定管道、设备及附件的额定工作压力，保证管道、设备及附件的额定工作压力不小于系统的最大工作压力。

（2）不论冷热源机房在建筑物底部（或地下室）、中部或顶部，尤其是设置在底部（或地下室）的情况，必须认真进行系统竖向分区、精确计算水系统的工作压力和进行管道、设备及附件选型，以保证管道、设备及附件的额定工作压力不小于系统的最大工作压力。

对于空调水系统的竖向分区，《民用建筑供暖通风与空气调节设计规范》GB 50736—2012 第 8.1.8 条（强制性条文）规定："空调冷（热）水和冷却水系统中的冷水机组、水泵、末端装置等设备和管路及部件的工作压力不应大于其额定工作压力。"以此为界限来进行竖向分区、计算系统工作压力和确定冷水机组、水泵、末端装置等设备和管路及部件的额定工作压力。

针对不同的建筑物高度，在保证系统工作压力不超过设备、管路及部件额定工作压力的前提下，大致可以遵循以下的具体原则进行分区：

（1）一般情况下，建议将冷热水循环水泵置于冷水机组、换热机组的出水管，以减少设备、管路及部件的工作压力，即采用"抽吸式"系统（图 6.3-1）。

（2）对冷热水循环水泵置于冷水机组、换热机组的出水管的"抽吸式"系统，总高差（从水泵中心线算起）在 100m 以内时可以不进行竖向分区，但冷水机组和循环水泵及附件的额定工作压力应在 1.2MPa 以上。

（3）对于冷热水循环水泵置于冷水机组、换热机组的进水端的"压入式"系统，总高差（从水泵中心线算起）超过 70m 时，应进行竖向分区。

但是，如果实际工程中由于竖向分区后会加大管道井面积而不具备竖向分区的条件，而精确的压力计算认定系统工作压力高于设备、管路及部件的额定工作压力时，切记不应再选用标准型的设备、管路及部件，而应选用加强型的。如果经济比较合适的话，仍不失为一种简化系统的方法。

现举例如下：

某商会大厦，总建筑面积 189566m²，分为 A、B 塔楼和 A、B 配楼。A、B 塔楼地下 3 层，地上 36 层，高度 171.0m。A 塔楼冷负荷 5971.9kW，B 塔楼冷负荷 5889.8kW。该工程以二十五层避难层为界进行分区，地下一层至二十四层为低区，二十六层至三十六层为高区；低区由机房直接提供 6/11℃冷冻水和 60/50℃热水，高区由设于二十五层的换热机组提供 7.5/12.5℃冷冻水和 57/47℃热水。

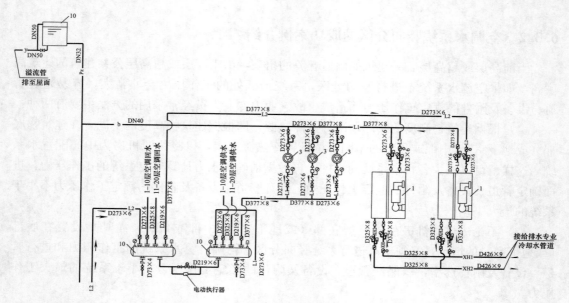

图 6.3-1 冷冻水侧的"抽吸式"系统示图

低区膨胀水箱设置在二十五层，高区膨胀水箱设置在塔楼屋顶机房夹层。水系统为一级泵定流量/二级泵变流量系统，一级泵在制冷机蒸发器的出口，即采用"抽吸式"系统；二级泵设置在分水器出口的末端供水管上。高区换热机组一次水系统与低区末端水系统互相独立，低区供水立管上升至顶点返回，形成同程式系统，高区立管（换热机组二次侧）为异程式系统。低区膨胀水箱至地下三层制冷机蒸发器静水高度为 137.5m，蒸发器最大工作压力为 1.38MPa。根据水力计算，系统各点的（最大）工作压力为：

（1）A 点最大工作压力 $P_A = 1.65MPa$（低区二级泵扬程 27m）；

（2）地下一层空调机组 B 点最大工作压力 $P_B = 1.493MPa$，其中地下一层至八层系统的工作压力为 1.493～1.0MPa，九层至二十五层系统的工作压力不大于 1.0MPa；

（3）1 层风机盘管静水高度为 117.5m，C 点最大工作压力 $P_c = 1.383MPa$；

（4）高区膨胀水箱至高区换热机组的静水高度为 62m，高区二次侧水泵扬程为 29m，D 点最大工作压力 $P_D = 0.91MPa$。

最后该工程选择的设备、管道及附件的额定工作压力为：

空调机组、风机盘管 1.6MPa；

低区管道 2.5MPa；

制冷机组 1.7MPa；

水泵壳体 1.6～2.5MPa；

中压阀门 1.6～6.4MPa；

加厚镀锌钢管 1.5MPa。

由此可以看出，该工程建筑高度为 171.0m，虽然只有两个竖向分区，而且静水高度也超过了常规采用的 70～100m 的限制，由于选择的设备、管路及附件的额定工作压力均大于系统的最大工作压力，所以系统是安全的，这样成功的案例值得我们认真学习（图 6.3-2）。

6.3.3　空调水系统水平环路的划分

【案例 83】　某地综合商业楼，建筑面积 63625m²，地下 2 层，地上 22 层，建筑高度 89.55m，为一类高层公共建筑。地下一层、地下二层都是车库和设备用房，地上一～三层裙房为商业区，四～二十二层塔楼为办公室，塔楼平面为 37.2m×37.2m 的正方形。该工程采用冬夏共用的集中空调系统，一～三层裙房采用低速单风道全空气系统，四～二十二层办公室采用风机盘管加新风系统；对办公室每层水平管的布置，设计人员采用从立管分左右两个环路，每个环路水平管采用异程式系统，见图 6.3-3。

【分析】　编者审查平面图发现，左右两个环路的水平支管直径为 DN65mm，每个环路只带 6 组风机盘管，由于末端风机盘管的数量很少，管路也不长（单程长度不到 40m），因此，即使是异程式系统，并联环路的水力平衡是没有问题的。但是该方案的缺陷是，和不分左右环路的单环路比，水平分左右两个环路所用的管道及保温材料多很多。对于这类正方形平面建筑，采用单环路同程式系统是比较合理的方案。以该工程为例，将两根直径 DN65mm 的支管合并为一根直径 DN100mm 的总管，设置单环路同程式系统，单程长度不到 80m，带 12 组风机盘管，不会

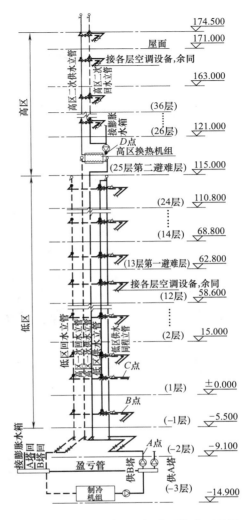

图 6.3-2　超高层建筑空调水系统分区示图

出现严重的水力不平衡问题，但整体可节省 10%～15% 的管道及保温材料，同时可节省 76 个排气阀。该案例虽然没有违反规范的地方，但水系统设计方案不尽合理，因此，设计人员应该学会采用更合理的设计方案。

6.3.4　空调水系统采用竖向分段的问题

【案例 84】　某地综合商业楼，建筑面积 66561m²，地下 2 层，地上 25 层，建筑高度 98.85m，为一类高层公共建筑。地下一层、地下二层都是车库和设备用房，地上一～四层裙房为商业区，五～二十五层塔楼为办公室。该工程采用冬夏共用的集中空调系统，一～四层裙房采用低速单风道全空气系统，五～二十五层办公室采用风机盘管加新风系统。该工程在地下二层设置制冷站，夏天由冷水机组提供空调冷冻水，地下一层设置换热站，冬天由换热机组提供空调热水。商业区由 2 台水冷螺杆式冷水机组供冷水，由 1 台换热机组供空调热水，办公区由 2 台离心式冷水机组供冷水，由另 1 台换热机组供空调热水。各

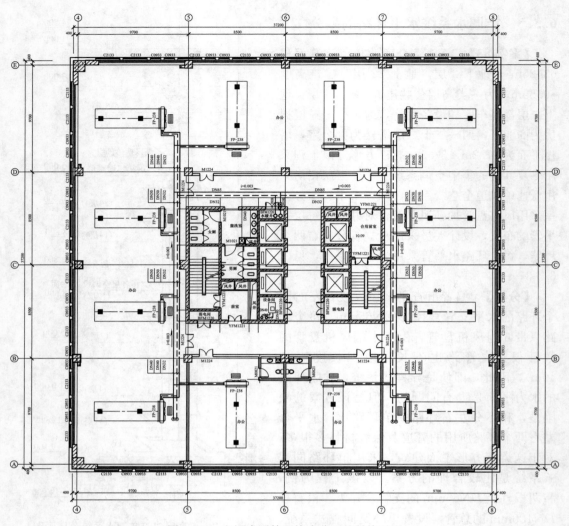

图 6.3-3　空调水平管不恰当分环的系统示图

自设置冷水循环水泵和热水循环水泵，符合规范的规定，冬夏季采用季节转换阀控制。该工程空调水系统的划分如图 6.3-4（a）所示。

【分析】　编者审查机房流程图和空调水系统图发现，一～四层裙房为一个水系统，分 3 对立管（GL1/HL1～GL3/HL3），共配置 12 台组合式空调机组；五～二十五层办公室为另一个水系统，新风机组和末端风机盘管分别设置立管。设计人员将各自的系统竖向分为上、下两段：下段为五～十五层，上段为十六～二十五层，风机盘管系统的下段为 GL4/HL4，上段为 GL5/HL5，新风机组的下段为 GL6/HL6，上段为 GL7/HL7。但设计人员没有将上、下两段分为两个循环水系统，而是共用一个循环水系统和母管，认为这样可以减少各段最底层和最高层并联环路末端的水力不平衡问题，其实这样的分析是错误的。因为上、下两段在同一个水系统中，下段最底层的 A1-B1-C1-C2 环路与上段最高层的 A1-A2-B2-C2 环路必然存在水力不平衡问题［图 6.3-4（b）］；同时，下段最底层末端的工作压力还包括了上段的静水高度，在最底层末端设备选择标准型的情况下，会出现最底层末端设备超压的情况，按《民用建筑供暖通风与空气调节设计规范》GB 50736—2012 第 8.1.8 条（强制性条文）规定，必须进行竖向分区，高、低区分别设置循环水泵，或者即使不分区，应根据系统工作压力的计算，在下段的下面几层，采用加强型的设备，以保证系统的安全，这一点应引起设计人员的注意。

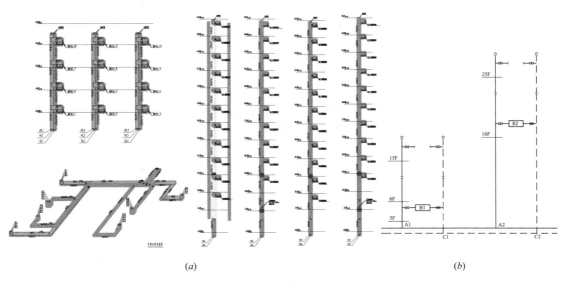

(a)　　　　　　　　　　　　　　　　(b)

图 6.3-4　空调水系统的竖向分段示图

6.3.5　风机盘管机组回水管上控制阀的选择

【案例 85】　某地 8 号厂房，地上 4 层，建筑面积 1262.37m²，夏季空调采用空气源冷水机组供冷，供/回水温度为 7/12℃，冷负荷 193.6kW；冬季采用地面辐射供暖。设计人员在风机盘管机组的回水管上设置电磁阀（图 6.3-5）。

【分析】　本案例中设计人员对各种类型的电动阀门的功能不熟悉，错误地在风机盘管机组的回水管上设置电磁阀，以调节风机盘管机组的流量。供暖空调系统水管常用的调节阀有三种：电动两通调节阀、电动三通调节阀和电磁阀。电动两通调节阀根据室内温度传感器检测的室内温度与设定值比较的结果，调节电动两通调节阀的开度，从而改变末端风机盘管的水流量，此时系统管道的水流量与末端风机盘管的水流量同步变化，末端水流量减少时，系统管道的水流量也减少，即形成变流量工况。电动三通调节阀也是根据室内温度传感器检测的室内温度与设定值比较的结果，调节电动三通调节阀的开度，从而改变末端风机盘管的水流量，但此时系统管道的水流量并不与末端风机盘管的水流量同步变化，当末端水流量减少时，关小三通调节阀的主出口，多余的水从三通调节阀辅出口返回回水管，因此系统管道的水流量并没有减少，系统仍为定流量工况。电磁阀是一种断开型阀门，它根据室内温度传感器检测的室内温度与设定值比较的结果，开启或关闭电磁阀，接通或中断末端风机盘管的水量，由于频繁的开启或关闭电磁阀会恶化风机盘管的工况，所以风机盘管系统中是不容许采用电磁阀的。电动三通调节阀和电动两通调节阀比较，虽然都能够改变末端的水量，但是采用三通调节阀时，系统管道的水流量并没有减少，是不利于节能的，因此，风机盘管机组的水管应该安装电动两通调节阀，而不能安装电动三通调节阀，更不能安装电磁阀。

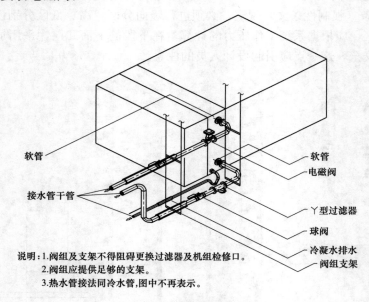

软管

接水管干管

软管
电磁阀

丫型过滤器

球阀
冷凝水排水
阀组支架

说明：1.阀组及支架不得阻碍更换过滤器及机组检修口。
　　　2.阀组应提供足够的支架。
　　　3.热水管接法同冷水管,图中不再表示。

图 6.3-5　错误的风机盘管控制法

第7章 冷热源系统和机房设计

空气调节系统的冷热水由设置了集中冷水（热泵）机组、换热设备、水泵及其他附属设备的冷热源机房提供。冷水（热泵）机组和换热设备的形式，应综合建筑物空气调节的用途、规模、冷热负荷、所在地区气象条件、能源结构、政策、价格及环保要求等各种因素进行选择。冷热源系统和机房设计包括设备选型与布置、管道及附件布置和必要的计算，冷热源机房施工图的设计深度应执行《建筑工程设计文件编制深度规定》（2016年版）中"热能动力"部分的规定。

冷热源系统和机房设计是供暖空调系统设计的重要环节，设计人员应悉心钻研其中的技术内容，遵循专业基本理论和设计规范的规定。

7.1 冷热源系统和机房设计要点

冷热源系统和机房设计应包括以下内容：

（1）根据建筑物的计算冷、热负荷，选择冷水（热泵）机组和换热设备；

（2）根据冷水机组的类型及冷却水温度差，选择冷却塔的流量及台数；

（3）根据冷（热）水的流量及阻力和冷却水的流量及阻力，选择冷冻水泵、冷却水泵；

（4）确定冷冻水系统的补水定压方式，选择补水定压装置（设施）；

（5）选择冷（热）水泵、冷却水泵系统上的过滤器、水处理器、止回阀、分水器、集水器、软接头等附件，选择温度计、压力表、调节阀、压差控制阀等检测和控制仪表；

（6）确定补水定压系统的水处理器、水箱及补水泵；

（7）进行管路系统设计与配置；

（8）计算水系统的工作压力，确定设备管道的额定工作压力；

（9）提出水压试验压力及检验方法；

（10）提出设备管道的保温材料及保温方法；

（11）计算冷（热）水泵的耗电输冷（热）比 $EC（H）R$，并在"设计说明"中注明；

（12）布置机房内的设备管道，提出隔振减噪措施。

7.2 冷（热）水及冷却水系统设备选型

7.2.1 制冷换热设备容量的确定

【案例86】 某地一期工程，总建筑面积约 $48290m^2$，夏季空调冷负荷为 $6071.10kW$，冬季空调热负荷为 3745.7kW。设计人员为保险起见，选用了 2 台额定制冷量 4200kW 的螺杆式冷水机组，总额定制冷量为计算冷负荷的 1.38 倍，相应的配置了大容量的冷冻水泵、冷却水泵、冷却塔，因此也使供配电系统的容量大增。编者曾建议将 2 台制冷机组额定制冷量改为 3000kW，冷冻水泵、冷却水泵、冷却塔容量及供电系统的配置都相应减小，经计算，可以减少电功率 620kW，减少初投资约 250 万元。

【分析】　该例是一个违反规范规定，肆意增大电动压缩式机组容量的案例。早期的《采暖通风与空气调节设计规范》GB 50019—2003 第 7.1.5 条（强制性）规定，"电动压缩式机组的总装机容量，应按本规范第 6.2.15 条计算的冷负荷选定，不另作附加。"作出这一规定的原因是：当时经过近 30 年的发展，无论是合资品牌，还是本土品牌，电动压缩式机组的质量大大提高，冷热量均已达到国家标准规定的指标，性能十分稳定，故障率大大降低，因此不应对容量再作附加，即规定按计算冷负荷选择制冷机组。《全国民用建筑工程设计技术措施　暖通空调·动力》（2009 年版）6.1.5 规定，"确定冷水机组的装机容量时，应充分考虑不同朝向和不同用途房间空调峰值负荷同时出现的几率，以及各建筑空调工况的差异，对空调负荷乘以小于 1 的修正系数。该修正系数一般可取 0.70～0.90；建筑规模大时宜取下限，规模小时，取上限。"即规定按计算冷负荷的 70%～90% 选择制冷机组。国家标准《民用建筑供暖通风与空气调节设计规范》GB 50736—2012 第 8.2.2 条规定，"电动压缩式冷水机组的总装机容量，应根据计算的空调系统冷负荷值直接选定，不另作附加；在设计条件下，当机组的规格不能符合计算冷负荷的要求时，所选机组的总装机容量与计算冷负荷的比值不得超过 1.1。"这样，就给设备选型提供了一定的灵活性，考虑了更多的现实性和可操作性，而不是拘泥于某些刻板的规定。但是，设计人员应切记，所选机组的总装机容量与计算冷负荷的比值不得超过 1.1，是对比值的最高限制，而不能理解为选择设备时的"安全系数"或"附加系数"。

【案例 87】　某地 1 号、2 号综合楼，建筑面积分别为 24305.69m² 和 19151.74m²，地下 1 层，地上 15 层；1 层商铺和 2 层办公室采用室外热网水温 95/70℃的散热器供暖系统，热负荷为 126kW+111kW=237kW。3～15 层为公寓，在地下 1 层设置换热器交换成 50/40℃的热水，低温热水供 3-15 层公寓的地面辐射供暖系统，热负荷为 465kW+359kW=824kW。按单台换热量占总负荷的 65%，则换热器的额定换热量应为 824kW×0.65kW=535.6kW，但设计人员选用单台换热器的换热量为 930kW，为热负荷的 1.74 倍，这样超规模选择设备，有一种可能是设备制造商误导的结果，有责任心的暖通空调设计人员应该杜绝这种情况。

【分析】　早期的《采暖通风与空气调节设计规范》GB 50019—2003 第 7.6.3 条规定，"换热器的容量，应根据计算热负荷确定。当一次热源稳定性差时，换热器的换热面积应乘以 1.1～1.2 的系数。"早期的《全国民用建筑工程设计技术措施　暖通空调·动力》（2003 年版）第 8.14.9 条规定，"热交换站总计算热负荷 $Qj_z=K\cdot\sum Q_i$，K 为考虑外网热损失的系数，取值范围为 1.05～1.10。"即设备容量不超过热负荷的 10%。但是《全国民用建筑工程设计技术措施　暖通空调·动力》（2009 年版）6.7 节、6.8 节均取消了相关的表述。《全国民用建筑工程设计技术措施　暖通空调·动力》（2009 年版）6.7.3 变更为"一般服务于同一区域的换热器不宜少于 2 台，当其中一台停止工作时，其余换热器的换热量宜满足供暖、空调系统负荷的 70％"。《民用建筑供暖通风与空气调节设计规范》GB 50736—2012 第 8.11.3 条对换热器的配置作了两个层面的规定：(1) 考虑不同类型换热器的安全性，规定换热器的总换热量应在设计热负荷的基础上乘以附加系数，附加系数的取值为：①供暖及空调供热取 1.1～1.15；②空调供冷取 1.05～1.1；③水源热泵取 1.15～1.25。(2) 对于供暖系统的换热器，则从更高的安全性及结合生活供暖的保障程度，根据不同的气候条件规定，"供暖系统的换热器，一台停止工作时，剩余换热器的设计换热量应保障供热的要求，寒冷地区不应低于设计供热量的 65％，严寒地区不应低于设计供热量的 70％。"以更好地保障生活供暖的需求。该例选定的单台换热器的换热量为热负荷的 1.74 倍，是违反规范规定的。

7.2.2　冷却塔选型方法

【案例 88】　某地交通局办公楼，建筑面积约 $15600m^2$，地下 1 层，地上 13 层，夏季空调冷负荷 2180kW，冷负荷指标为 $140W/m^2$。设计人员选用 2 台单台制冷量 1142kW 的螺杆冷水机组，每台冷却水额定流量 $235.7m^3/h$，设计施工图标注的冷却塔处理水量为 $237m^3/h$，订货时按产品样本选用冷却塔的处理水量为 $250m^3/h$，均只是稍大于额定流量，经常出现冷凝压力升高而停机。

【分析】　冷却塔选型方法错误是极普遍的现象。有关冷却塔选型方法，现在有些设计人员，不论是暖通专业，还是给排水专业，选择冷却塔时，仅仅根据冷却水流量一个条件，按照冷却塔的样本就进行冷却塔选型，这种方法是不科学的，甚至有的设计人员根本不知道冷却塔的选型计算方法。

编者提醒设计人员，选择冷却塔时，不能简单地按冷水机组样本上提供的冷却水量一个指标选配相应流量的冷却塔，而应该根据当地的室外空气湿球温度 t_{ws}、冷却塔进、出水温度 t_{w1}、t_{w2}、冷幅（逼近度）的变化，精确计算冷却塔的实际处理水量，校核其是否满足冷水机组的要求。

冷却塔的实际处理水量按如下规律变化：

(1) 进、出水温度差（$t_{w1}-t_{w2}$）相同时，湿球温度 t_{ws} 越高，处理水量越小；

(2) 湿球温度 t_{ws} 相同时，t_{w1}、t_{w2} 越低，处理水量越小；

(3) 对于冷水机组而言，冷却塔出水温度 t_{w2} 越低，冷水机组的效率越高；但是冷却塔的出水温度 t_{w2} 永远不可能低于室外空气的湿球温度 t_{ws}，出水温度 t_{w2} 以室外空气的湿球温度 t_{ws} 为极限，出水温度 t_{w2} 与室外空气的湿球温度 t_{ws} 之差称为冷幅或逼近度。冷幅或逼近度应不小于 1.7～2℃，一般取 3～5℃；冷幅或逼近度越小，处理水量越小，处理相同水量的冷却塔尺寸和体积会大幅增加，经济性会大幅降低。

现举例说明如下：

压缩机为 ZUW-A5-175 型螺杆冷水机组，制冷量为 630kW，冷却水温 30/35℃，冷却水量为 $129.3m^3/h$，选用一台 CTA-225 型冷却塔，经过理论计算，该型冷却塔在不同的进水温度 t_{w1}、出水温度 t_{w2} 和室外空气湿球温度 t_{ws} 条件下的实际处理水量性能参数见下表：

表中工况①为测试工况，由性能参数表可知：(a) 工况④与工况①的湿球温度相同，但进出水温较低，处理水量减少 29.3％（一般为 25％～30％）；(b) 工程所在地湿球温度

$t_{ws}=28.5℃$ 时，冷却塔处理水量按工况②、③的平均值（196＋163）/2＝179.5m³/h；（c）运行工况的处理水量应进行水温修正和湿球温度修正，即实际处理水量为 179.5×[1－（0.3～0.25）]＝125.6～134.6m³/h，均小于测试工况的 225m³/h。因此，进、出水温度 t_{w1}、t_{w2}、湿球温度 t_{ws} 和冷幅（逼近度）对冷却塔的处理水量有很大影响，仅仅按照冷却塔样本的流量选型会造成较大的误差。该例对冷却塔进行水温修正和湿球温度修正后，实际水量只有 207.5m³/h，比设计流量小 12%，因此机组一直不能正常运行。有关冷却塔的正确的选型方法，可参考《民用建筑暖通空调施工图设计实用读本》"4.6.3 冷却水系统"。

CTA-225 型冷却塔性能参数表

工况	进水温度 t_{w1}（℃）	出水温度 t_{w2}（℃）	湿球温度 t_{ws}（℃）	处理水量（m³/h）
①	37.7	32	27	225
②	37.7	32	28	196
③	37.7	32	29	163
④	35.0	30	27	159

7.2.3 制冷设备的性能参数

【案例 89】 某地的化工园区，建筑面积 2170m²，地上 2 层，其功能为展示中心。采用制冷剂变流量多联式空调系统，夏季设计冷负荷为 347kW，单位面积指标为 160W/m²。设计文件称："要求多联式空调机组的 COP 为 5.2"。

【分析】 该案例对制冷设备的性能参数提出违反基本原理的错误要求。该工程的设计人员不了解各种不同类型冷水（热泵）机组或空调（热泵）机组的性能指标的意义及其规定的限值，所以出现要求多联式空调机组的 COP 为 5.2 的错误。我们知道，各种类型冷水（热泵）机组或空调（热泵）机组的性能指标是不同的，总的规律是水冷式机组的性能指标高，耗电较少，而风冷式（空气源）冷水（热泵）机组的性能指标低，耗电较多，这些都是基本常识。《公共建筑节能设计标准》GB 50189—2015 第 4.2.10 条规定，冷水式冷水机组的性能系数 COP 根据不同机型、不同气候区为 4.10～5.90W/W，风冷式冷水（热泵）机组的性能系数 COP 根据不同机型、不同气候区为 2.60～3.00W/W；《公共建筑节能设计标准》GB 50189—2015 第 4.2.17 条规定，多联式空调（热泵）机组的制冷综合性能系数 IPLV（C）为 3.65～4.00 W/W，所以要求多联式空调机组的 COP 为 5.2，超出了多联式空调机组性能的范围，实际上是不可能达到的，也是设计人员基本理论缺失的表现。

【案例 90】 某地的生物产业孵化器项目，位于寒冷（A）区，建筑面积 23974m²，空调面积 19733m²，地上 5 层（局部），其功能为科研建筑。采用制冷剂变流量多联式空调系统，夏季设计冷负荷为 2760kW，单位面积指标为 140W/m²。与上例相反，设计人员选择性能系数很低的高耗能空调设备，设计文件称："空调设备制冷综合性能系数不应低于 JGJ 174—2010 第 3.1.3 条表 3 中的第 3 级"。

【分析】　该设计关于空调设备制冷综合性能系数的要求，是明显违反规范规定的：(1) 根据《多联机空调系统工程技术规程》JGJ 174—2010 第 3.1.3 条引用《多联式空调（热泵）机组》GB/T 18837 的规定，多联机的能效等级分为 5 级，其中规定，根据不同的制冷量，节能评价值为 2 级所对应的制冷综合性能系数 $IPLV$（C）分别为 3.40W/W、3.35W/W 或 3.30W/W，该设计要求"不应低于 JGJ 174—2010 第 3.1.3 条表 3 中的第 3 级"即 3.20W/W、3.15W/W 或 3.10W/W，是违反规范规定的；(2)《多联机空调系统工程技术规程》JGJ 174—2010 为 2010 年的标准，2015 年实施的《公共建筑节能设计标准》GB 50198—2015 第 4.2.10 条（强制性）规定，寒冷地区风冷或蒸发冷却的定频机组的性能系数（COP）应达到：活塞式/蜗旋式 2.6W/W 或 2.8W/W，螺杆式 2.8W/W 或 3.0W/W。第 4.2.17 条（强制性）规定，寒冷地区制冷综合性能系数 $IPLV$（C）应达到：3.9W/W、3.85W/W 或 3.75W/W，明显高于《多联式空调（热泵）机组》GB/T18837 规定的多联机的能效等级节能评价值为 1 级所对应的制冷综合性能系数 $IPLV$（C）的 3.60W/W、3.55W/W 或 3.50W/W。(3) 由上述分析可知，设计要求达到 3 级节能评价值的寒冷地区制冷综合性能系数 $IPLV$（C）为 3.20W/W、3.15W/W 或 3.10W/W，距离《公共建筑节能设计标准》GB 50189—2015 要求的 3.9W/W、3.85W/W 或 3.75W/W 相差很远，所以，该设计采用的是高耗能设备，严重违反了节能设计的规定。

7.2.4　冷热水循环水泵的配置

【案例 91】　某地市政公司的办公楼，建筑面积 13031.7m²，地下 1 层，地上 7 层，采用冬夏集中空调系统，空调面积为 8938.9m²，负荷计算表明，夏季冷负荷为 935.9kW，供回水温度为 7/12℃，冬季热负荷为 594.4kW，供回水温度为 50/40℃。设计人员采用冬夏合用冷热水泵的配置。

【分析】　关于如何配置空调冷（热）水泵，国内业界讨论过很多年，分析研究和学术论文也不计其数。其实，2003 年的《采暖通风与空气调节设计规范》GB 50019 第 6.4.7 条对这一问题已作出规定："两管制空气调节水系统，宜分别设置冷水和热水循环泵。当冷水循环泵兼作冬季的循环泵使用时，冬、夏季水泵运行的台数及单台水泵的流量、扬程应与系统工况相吻合。"由于分别配置空调冷（热）水泵肯定会增加机房面积和工程投资，不能为建设单位所接受，再加上文中采用"宜分别设置"的用词，就成为设计人员不分情况，一律采用合用水泵的借口。编者审查的冷热源机房施工图，除了采用整体换热机组时，机组内单独设置的热水循环泵可能经过计算和选型以外，分别设置换热器和热水循环泵的工程，90% 以上都是冬、夏季合用水泵。这已经成了一种约定俗成的方式。

对于两管制空调水系统，传统空调夏季的供回水温差为 5℃，冬季供回水温差为 10℃ 或 5℃，但多数情况是 10℃。当冬季为 10℃ 温差时，冬夏季的供回水温差为 2∶1，再加上冷热负荷的不同，冬季热水流量和夏季冷水流量会相差很悬殊。传统的方法都是按夏季工况选择循环水泵，冷水循环泵兼作热水循环泵。但是冬季供热时系统和水泵工况不吻合，冬季水泵不是在高效区运行；即使冬季改变系统的压力设定值而采用水泵变速运行，水泵在设计负荷下也可能长期低速运行，降低水泵效率。因此，国家标准《民用建筑供暖通风与空气调节设计规范》GB 50736—2012 第 8.5.11 条作了更严格的规定，即：如果冬夏季的冷热负荷大致相同，冷热水温差也相同（例如采用直燃机、水源热泵等），流量和阻力基本吻合，或者冬夏季不同的运行工况与水泵特性相吻合时，从减少投资和机房面积的角度出发，也可以合用循环水泵，除此以外，"两管制空调水系统应分别设置冷水和热水循环泵。"文中采用"应分别设置"的用词，以强调这一问题的严肃性，规范实施以后，除了水泵工况吻合的情况外，再不允许冬夏季合用循环水泵，编者提醒设计人员特别注意这一点，要转变观念，适应这一新的变化。

值得注意的是，当空调系统冷水流量、热水流量及管网阻力特性和水泵工作特性相吻合而采用冬、夏季合用水泵方案时，应对冬、夏两种工况下水泵的轴功率进行校核计算，并按照轴功率要求较大者配置水泵电机，以防止水泵电机过载。该案例的夏季冷水流量为 $161m^3/h$，冬季热水流量为 $51.1m^3/h$，两者之比为 3.1：1，此时应该按分设冬、夏季水泵进行配置。对于冬夏季水流量相差不大的系统，必要时，也可以调节水泵转速以适应冬季供热工况对水泵流量和扬程的要求。

7.2.5　冷却水系统设备选型

【案例 92】　某地交通局办公楼，建筑面积约 $15600m^2$，地下 1 层，地上 13 层，夏季空调冷负荷 2180kW，冷负荷指标为 $140W/m^2$。设计人员选用单台制冷量 1142kW 的水冷螺杆式冷水机组 2 台，每台冷却水量 $235.7m^3/h$，设计施工图标注的冷却水泵流量为 $237m^3/h$，订货时按产品样本选用冷却水泵额定流量为 $250m^3/h$。投入运行后，冷水机组经常停机。

【分析】　在实际运行时，由于管路特性的变化，冷却水系统实际流量约为 $207.5m^3/h$，比设计流量减少 12%。投入运行后，现场操作人员反映发生以下现象：（1）冷水机组及所有设备运行时，冷却塔水盘水面平静，出水口处没有涌水现象；（2）不得已时，操作人员进入水盘进行人工搅动，短时间内有点效果；（3）冷却水管及冷凝器温度非常高，操作人员用电风扇吹水管和冷凝器。即使这样，仍然是经常停机，办公室温度多在 30℃ 以上，个别办公室达到 32~34℃，工作人员苦不堪言。这是一个由于设计选型错误和采购无知发生的典型案例。后经编者论证，认为该工程的冷却塔和冷却水泵选型都存在错误，应该更换设备，但考虑更换冷却塔的工作量较大，决定只换水泵，最后更换 2 台冷却水泵，性能参数为：流量 $196m^3/h$-$280m^3/h$-$336m^3/h$，扬程 31.5m-28m-23m，即冷却水泵额定流量由 $250m^3/h$ 改为 $280m^3/h$，自更换水泵后，冷水机组运行情况良好，再未出现故障。

【案例 93】　某地人民医院老干部活动中心，建筑面积 $15440m^2$，地上 5 层。设计夏季空调冷负荷为 2780.2kW，冷负荷指标约 $180W/m^2$，设计人员选用 2 台冷水机组：1 号机额定制冷量 1882.8kW，冷冻水量 $323.8m^3/h$，冷却水量 $383.1m^3/h$；2 号机额定制冷量 1065.1kW，冷冻水量 $183.2m^3/h$，冷却水量，$217.6m^3/h$。设计人员没有经过详细的水力计算，1 号机的冷却水泵参数为：流量 $280m^3/h$-$400m^3/h$-$480m^3/h$，扬程 54.5m-50m-39m，功率 75kW；2 号机的冷却水泵参数为：流量 $140m^3/h$-$200m^3/h$-$240m^3/h$，扬程 53m-50m-44m，功率 45kW。

【分析】　该工程冷却水泵选型的错误在于：（1）水泵流量没有考虑管路特性曲线的变化，现在选择的流量偏小，当管路阻力增加时，水泵的流量达不到设计要求；（2）选择水泵扬程 50m 没有依据，造成水泵功率增大和能耗增加。经编者修改，重新选型的冷却水泵参数如下：1 号机冷却水泵流量 400m³/h-550m³/h-660m³/h，扬程 31.5m-28m-23m，功率 55kW，即冷却水泵额定流量由 400m³/h 改为 550m³/h，扬程由 50m 改为 28m，功率由 75kW 改为 55kW；2 号机冷却水泵流量 190m³/h-280m³/h-336m³/h，扬程 31.5m-28m-23m，功率 37kW，即冷却水泵额定流量由 200m³/h 改为 280m³/h，扬程由 50m 改为 28m，功率由 45kW 改为 37kW；这样的配置既加大流量、减少扬程，满足了冷水机组的要求，又减少了水泵功率，节省了能耗和运行费用。

7.3　水系统管路配置

7.3.1　空调水系统压差控制阀的设置

【案例 94】　某工程为临街商业项目，建筑面积 8459.87m²，地下 1 层，地上 3 层。室内系统夏季为供、回水温度 7/12℃ 的空调系统，夏季选择的是空气源单冷冷水机组；冬季为供、回水温度 50/40℃ 的地面辐射供暖系统。原来送审的施工图中，屋顶制冷机房的系统图、平面图中均没有冷冻水供、回水管之间的压差旁通管。编者审图提出意见后，修改的施工图增加了冷冻水供、回水管之间的压差旁通管，但设计人员将压差旁通管连接在冷冻水泵出口蒸发器的进、出水管之间 ［图 7.3-1（a）］。图 7.3-1（b）是某医院洁净手术部空调水系统图，设计人员也是不作分析，将压差旁通管连接在冷冻水泵出口蒸发器的进、出水管之间。

【分析】　设计人员不作分析，错误地连接冷冻水系统压差旁通管的位置，两个案例都是严重违反专业基本理论的典型案例。我们知道，早期的空调水系统由于没有提出节能要求，曾出现过末端侧与源侧都不设置任何调节装置的定流量系统，由于这种系统不符合节能原则，所以很快就淘汰了。随之出现的是末端侧变流量而源侧定流量的"定流量一级泵系统"，该系统在末端侧设备水管上设置流量调节阀，根据冷负荷的变化调节调节阀的开度，改变冷冻水流量。当冷负荷减少时关小调节阀，减少冷冻水流量，由于冷水机组的蒸发器侧在流量减少时，会造成蒸发器冻结和损坏，因此规定在冷冻水供、回水管之间设置压差旁通管，根据冷冻水供、回水管之间压差的变化，由调节器改变调节阀的开度，当冷负荷减少时开大调节阀，让多余的冷冻水从旁通管流过，保证蒸发器的流量不变和机组的安全，这应该是工程设计的基本常识。设计人员提供的修改的施工图增加了冷冻水的压差旁通管，但是是将压差旁通管连接在冷冻水泵出口蒸发器的进、出水管之间，这也是不应该出现的常识性错误。我们知道，压差旁通管是根据冷冻水供、回水管之间的压差，借调节器改变调节阀的开度，但该案例中，旁通阀两端的连接点都连接在冷冻水泵的出水管上，即连接在冷冻水泵出口蒸发器的进、出水管之间，传感器读取的只是蒸发器进、出水管的压差，而不是末端的压差，即不是真正意义上的供、回水管之间的压差，这样的设计是十分错误的。正确的连接方法应该是将旁通阀两端的连接点分别连接在冷冻水泵的进水管和出水管上或者连接在机房的分、集水器之间。

【案例 95】　某展览建筑，建筑面积约 4400m²，空调面积约 3750m²，地上 1 层，采用冬夏集中空调系统，负荷计算表明，夏季冷负荷为 945kW，供回水温度为 7℃/12℃，一层制冷机房中设置 1 台 1163kW 的水冷螺杆式冷水机组，制冷剂为 R22，可以实现能量

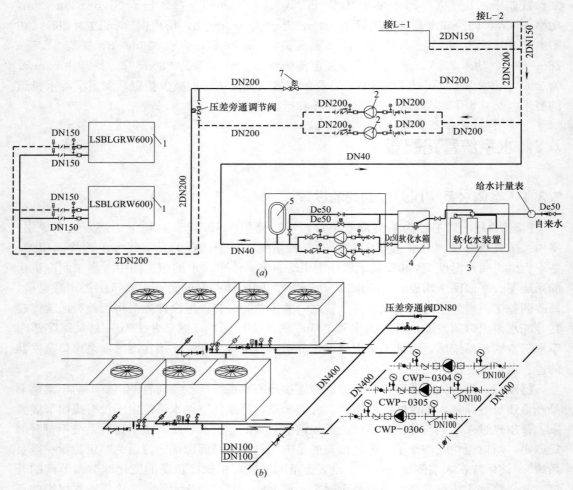

图 7.3-1　错误的压差控制阀连接方法
（a）流程图；（b）系统图

调节；配设 1 台超低噪声逆流式冷却塔，设于室外地面。其配套的冷水泵、冷却水泵均一用一备。膨胀水箱设在夹层，水系统设计未设置压差旁通阀（图 7.3-2）。

【案例 96】　某地体育馆，比赛厅夏季计算冷负荷为 996kW，辅助用房夏季计算冷负荷为 357kW，冬季不供暖。比赛厅制冷机房设置在地下 1 层，配置制冷量为 1064kW 的水冷螺杆式冷水机组 1 台，冷却塔 1 台，冷冻水泵 2 台，冷却水泵 2 台，采用高位膨胀水箱补水定压。水系统设计未设置压差旁通阀。机房水系统流程图见图 7.3-3。

【分析】　制冷机房的空调供回水总管（或分、集水器）之间不设置压差旁通阀是十分严重的错误，存在极大的安全隐患。以上两例空调水系统都是冷热源侧定流量/末端变流量的一级泵系统，都是采用高位膨胀水箱补水定压，末端为风机盘管加新风系统，并在风机盘管供水管上安装两通调节阀。空调冷冻水系统的发展经历了定流量一级泵系统（包括三通调节阀调节系统和两通调节阀调节系统）、定流量一级泵/变流量二级泵系统和变流量一级泵系统。其中采用三通调节阀调节的系统已经淘汰；采用两通调节阀调节的系统是目

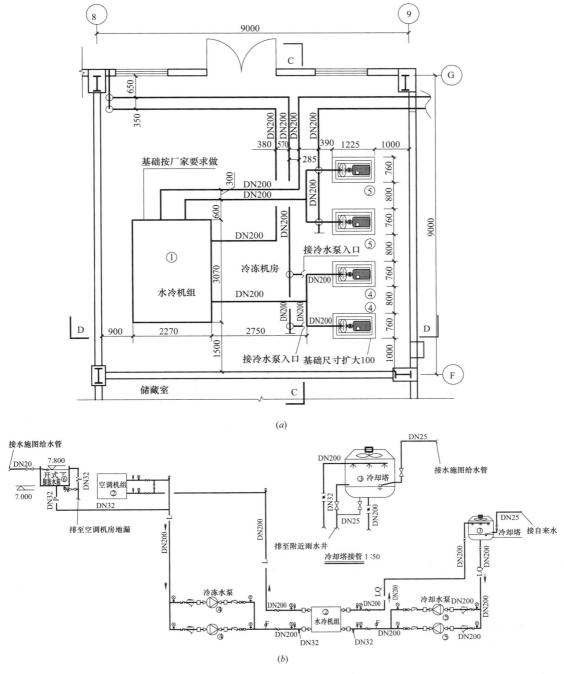

图 7.3-2　机房水系统无压差旁通阀工程示图（一）

（a）机房管道平面图；（b）机房管道流程图

前工程设计中大量采用的系统，我们知道，采用两通调节阀调节的末端变流量系统中，当末端负荷减少时，由温控器关小两通阀，系统总水量会相应减少，以适应空调区负荷的减少。但如果通过冷水机组的水量也减少，将会导致冷水机组运行稳定性差，甚至发生结冰

191

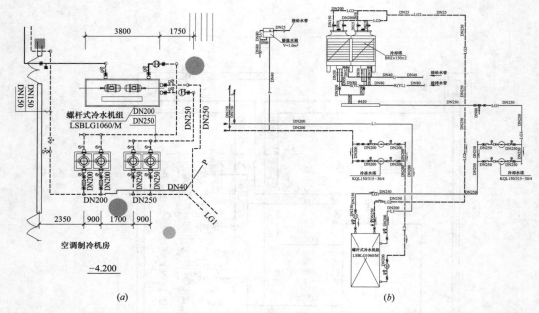

图 7.3-3　机房水系统无压差旁通阀工程示图（二）

(a) 机房管道平面图；(b) 机房管道流程图

现象。为了确保流过冷水机组蒸发器的水流量不变，在这种水系统的供回水总管（或分、集水器）之间安装一根旁通管，其上安装由压差控制器控制的调节阀。当末端负荷减少、流量减少时，供回水管间的压差加大，控制器逐步开大调节阀，让多余的水流过旁通管返回冷水机组。反之则逐步关小调节阀，减少旁通管流量而加大末端流量。以上两例违反设计的基本原理，未在机房供回水管之间设置压差旁通阀，会造成冷水机组运行不稳定甚至出现蒸发器结冰现象而危及冷水机组的安全。

7.3.2　膨胀水箱膨胀管的连接

【案例 97】　某地的综合疗养楼工程，建筑面积 12400m²，地下 1 层，地上 12 层。其中地上 1～3 层设置集中空调系统，空调面积 6007m²，经计算，夏季空调冷负荷为 840kW，冬季空调热负荷为 584kW，主机采用 14 台制冷量为 60kW 的空气源热泵机组，夏季供回水温度 7/12℃；冬季供回水温度 50/40℃；室内为冬季夏季合用双管制系统，末端为风机盘管加新风系统，并在风机盘管供水管上安装两通温控阀。

【分析】　编者审图发现，该工程中，设计人员将膨胀水箱的膨胀管连接在循环水泵出口 [图 7.3-4 (a)] 也是一种常见的情况。我们知道，供暖和空调水系统应采取补水定压措施，目的是保证水系统有足够的工作压力和一定的水位，防止系统倒空和破坏系统的正常运行。目前供暖空调循环水系统主要采用以下 3 种补水定压方式：（1）高位膨胀水箱自来水（或加定速泵）补水；（2）气压罐加定速泵补水；（3）变速补水泵补水。而高位膨胀水箱自来水（或加定速泵）补水定压装置具有系统简单、控制容易、运行可靠、节约能源等特点，因此，技术文献和业内专家首先推荐采用这种装置。高位膨胀水箱的最低水位应比水系统最高点的高度高 1～1.5m，即保持系统顶点表压力为 10～15kPa，膨胀管应连接

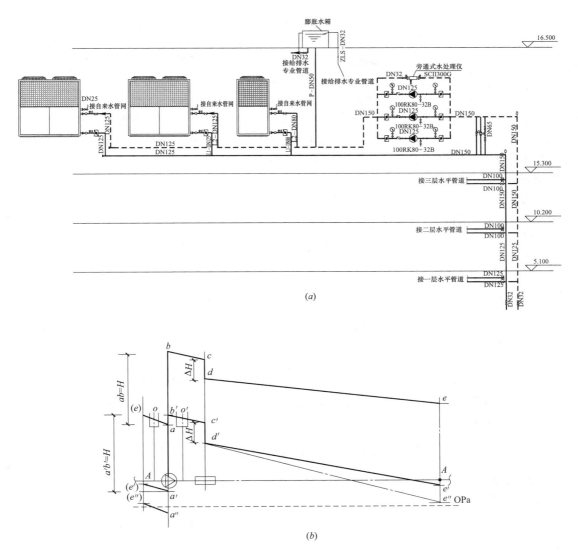

图 7.3-4　膨胀管连接及水压图分析

（a）膨胀管连接在循环水泵出口；（b）两种连接方式的水压图

在循环水泵的进水管上，由此连接点就是系统的定压点。该工程将膨胀管连接在循环水泵的出水管上是不合适的，因为按这种方式连接时，降低了水泵出口的压力及整个水系统的压力，如果水泵出口的压力不足以克服系统的阻力，则可能在循环水泵进口出现气蚀而破坏系统的运行［图 7.3-4（b）］。因此，一般不应将膨胀管连接在循环水泵的出水管上，图7.3-4（b）为两种连接方式的水压图。

7.3.3　两个"抽吸式"系统实例介绍

【举例】　将冷却水泵设置于冷凝器出水管的"抽吸式"系统

某地综合楼，建筑面积 27762m²，地下 2 层，地上 24 层，其中 1～3 层裙楼为商场，设置集中空调系统，空调冷负荷 2624kW，选择单台制冷量为 1309.4kW 的螺杆式冷水机组 2 台，空调水供回水温度为 7/12℃，空调水系统采用高位膨胀水箱补水定压，冬季不供热。末端为吊柜式空调器全空气系统，并设置全热新风换气机组进行排风冷量回收。采用低噪声逆流方形冷却塔 2 台，单台流量为 290.6m³/h，冷却水泵 3 台，单台流量为 465～250m³/h，扬程为 11.2m～18m（图 7.3-5）。

【介绍】　该工程地下室地面标高为 −4.2m，3 层屋面标高 15.5m，按冷却水泵中心 0.7m、冷却塔水盘水面高度为 3.5m 计算，则冷却塔水盘水面至冷却水泵中心的高差为 (4.2−0.7)+(15.5+3.5)=22.5m，由于静水高度 22.5m 足以克服从冷却塔水盘水面至冷却水泵入口之间所有设备（含冷水机组的冷凝器）和管道的阻力，而不会在冷却水泵入口出现负压、产生气蚀，因此采用将冷却水泵设置于冷凝器出水口的"抽吸式"（冷却塔→冷凝器→冷却水泵→冷却塔）系统，降低了冷凝器及其前后管道和附件的工作压力，在满足规定的条件时，是应该大力推崇的一种方式。

【举例】　将冷冻水泵设置于蒸发器出水管的"抽吸式"系统

同上例，该工程配置冷冻水泵 3 台，单台流量为 140～260m³/h，扬程为 33.8～28m（图 7.3-5）。

【介绍】　本工程地下室地面标高为 −4.2m，3 层屋面标高 15.5m，膨胀水箱最低水位比系统最高点高 1.5m，按冷冻水泵中心 0.7m 计算，则膨胀水箱最低水位至冷冻水泵中心的高差为 (4.2−0.7)+(15.5+1.5)=20.5m，由于静水高度 20.5m 足以克服从膨胀水箱最低水位至冷冻水泵入口之间所有设备（含冷水机组的蒸发器）和管道的阻力，而不会在冷冻水泵入口出现负压、产生气蚀，因此采用将冷冻水泵设置于蒸发器出水口的"抽吸式"（末端→蒸发器→冷冻水泵→末端）系统，降低了蒸发器及其前后管道和附件的工作压力，在满足规定的条件时，是应该大力推崇的一种方式。

7.3.4　不同工作压力、不同热媒温度的水系统共用同一个水环路

【案例 98】　某设计公司设计的石家庄某广场，总建筑面积 64493m²，地下 2 层，地上 16 层，负 2 层为设备用房，负 1 层为预留超市，1～4 层裙楼为商场，建筑面积 21309m²，屋顶标高 21.0m；裙楼上有两栋塔楼——酒店建筑为 5～10 层，建筑面积 3623.4m²，屋顶标高 51.7m；办公建筑为 5～16 层，建筑面积 16794m²，屋顶标高 59.0m。各功能建筑的供暖空调有以下三种方式：(1) 商场设置冬季供热、夏季供冷的集中空调系统，夏季空调冷负荷为 2468.9kW，冬季空调热负荷为 2227.9kW，在负 2 层设备用房设置 2 台制冷量为 1960kW 的冷水机组（预留超市制冷量），夏季冷冻水为 7/12℃；冬季设置水-水换热机组，内置热水循环水泵，一次侧为城市热网热水，二次侧为 60/50℃空调热水；冬夏共用冷热水管道和分集水器，管路上设置冬夏季节转换控制阀，"设计说明"称空调水系统的工作压力为 0.6MPa；室内末端为全空气系统、局部风机盘管机组系统。(2) 酒店建筑夏季采用变制冷剂流量空调系统，冬季采用 45/35℃地面辐射供暖系统。夏季空调冷负荷 146kW，冬季供暖热负荷 90.2kW，在负 2 层设备用房设置 1 台水-水换热机组，内置热水循环水泵，一次侧为城市热网热水，二次侧为 45/35℃供暖热水，"设计说明"称供暖水系统的工作压力为 0.8MPa；(3) 办公建筑冬季采用 45/35℃地面辐射供暖系统。冬季供暖热负荷为 330.7kW，在负 2 层设备用房设置 1 台水-水换热机组，内置热水循环水泵，一次侧为城市热网热水，二次侧为 45/35℃供暖热水，"设计

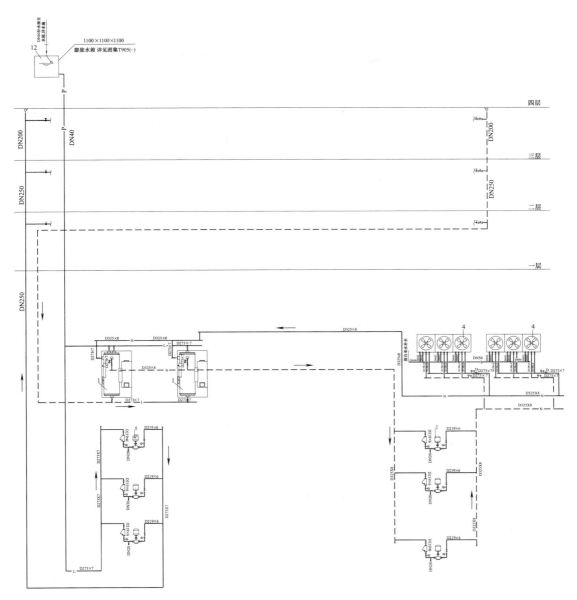

图 7.3-5　某地综合楼制冷机房水系统示图

1—冷水机组；2—冷冻水泵；3—冷却水泵；4—冷却塔；12—膨胀水箱

说明"称供暖水系统的工作压力为 0.9MPa（图 7.3-6）。

【分析】　设计人员不加分析，将酒店建筑和办公建筑各自换热机组二次侧供回水管都接入商场空调冬夏合用的分集水器上，不同系统工作压力、不同热媒工作温度的水系统，没有分别设置各自的水环路，而是共享同一个水环路，是设计中极罕见的错误。本案例中，设计人员违反水系统划分的基本原理，将不同水温的系统并在一起，即将商场的 60/50℃空调热水系统与酒店建筑的 45/35℃地面辐射供暖系统并在一起；同时又将不同工作压力的系统并在一起，即将工作压力为 0.8MPa 的酒店建筑的 45/35℃地面辐射供暖系统

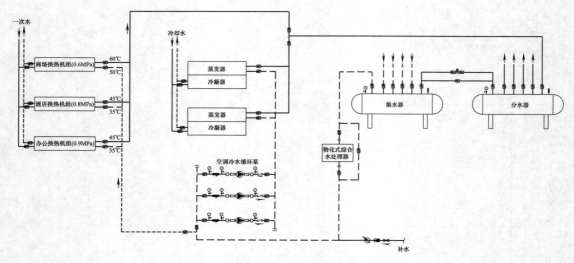

图 7.3-6　冷热源机房水系统流程图

与工作压力为 0.9MPa 的办公建筑的 45/35℃ 地面辐射供暖系统并在一起，这样，不同水温、不同工作压力的 3 个系统并在一个系统里，这样的系统是无法运行的。通过该例提醒设计人员，水系统划分看似简单，实际上涉及水系统运行的基本原理：（1）和同一冷、热源连接的水系统，必须是相同的水温，该例中 60/50℃ 空调热水系统与 45/35℃ 地面辐射供暖热水系统是不能合用一个系统的。（2）和同一冷、热源连接的水系统，必须是相同的工作压力，工作压力为 0.8MPa 的酒店建筑的供暖系统与工作压力为 0.9MPa 的办公建筑供暖系统也是不能合用一个系统的。经编者提出后，设计人员进行了修改，即将 3 个系统全部分开，分别构成不同水温、不同工作压力的 3 个系统，各系统都是按各自的设计水温和工作压力运行而互不干扰。

7.3.5　系统工作压力和补水泵等设备的参数确定

【案例 99】　某地城市广场工程，建筑面积 69613.26m²，地下 3 层，地上 19 层。地下 1 层为预留超市，建筑面积 1440m²，地下 2、3 层为设备间和地下车库。1～5 层为裙楼商业区，建筑面积 18406m²，屋顶标高 25.4m；6～19 层为写字楼，建筑面积 13615m²，屋顶标高 75.95m。施工图设计文件称，预留超市的空调冷负荷为 144kW，空调热负荷为 130kW，裙楼商业区的空调冷负荷为 2413kW，空调热负荷为 1656kW，写字楼的空调冷负荷为 1661kW，空调热负荷为 1328kW。空调总冷负荷为 4239kW，空调总热负荷为 3114kW。空调系统形式为：（1）预留超市和裙楼商业区采用集中式冷热源空调系统，选用 1 台 ZX-262Hz 型直燃式溴化锂冷热水机组，夏季制冷量 2620kW，供回水温度为 7/12℃，冬季制热量 2100kW，供回水温度为 60/50℃。预留超市和裙楼商业区的末端为风机盘管加新风系统。（2）写字楼和 1 层大厅为变制冷剂流量多联机空调系统。预留超市和裙楼商业区集中空调系统的直燃式溴化锂冷热水机组、空调循环水泵、补水泵和补水箱均设置在裙楼的屋面（图 7.3-7）。设计人员称，空调水系统的工作压力为 0.6MPa，选择的循环水泵的参数为：流量 550m³/h，扬程 32m；补水泵的参数为：流量 2m³/h，扬程 35m。

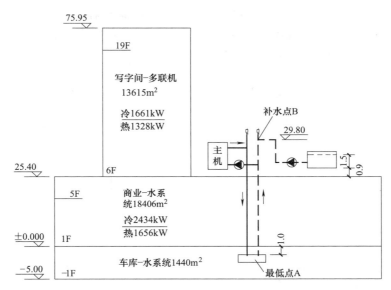

图 7.3-7　屋面冷热源系统示图

【分析】　设计人员不经过认真计算，随意确定系统工作压力和循环水泵等设备的参数是设计中普遍存在的问题。

编者审查的工程中，将制冷、制热机组（如空气源冷水热泵机组、直燃式溴化锂冷热水机组等）设置在裙楼屋面上是比较常见的一种方式。该案例中，主机和辅助设备均布置在系统最高处的裙楼商业区屋面上，设计人员没有经过认真的计算，按一般设置在地下室的设备，仅凭经验估计系统工作压力和补水泵的扬程，而该案例的水系统工作压力和补水泵的扬程是互相矛盾的。分析如下：（1）按补水泵的扬程检验系统工作压力 P_A：1）由于补充水泵入口静水高度为 1.5m，水泵提升高度为 $h=29.8-(25.4+0.9+1.5)=2.0m$，则补水点 B 的压力为 $P_B=35+1.5-2=31.5m$；（2）由于系统静水高度为 $29.8-(-1)=30.8m$，则 A 点的压力 $P_A=31.5+30.8+16=78.3m$（0.8MPa），大于设计说明所称的 0.6MPa。2）按系统工作压力检验补水泵的扬程：1）当维持 $P_A=0.6MPa$ 时，则 $P_B=60-30.8-16=13.2m$（0.13MPa）；2）而正常运行时，顶点工作压力 0.13MPa（13.2m）是没有必要的，一般维持 0.02MPa（2m）即可，如果维持 $P_B=2m$，则 $P_A=2+30.8+16=48.8m$（0.5MPa），因此，补水泵的扬程应为 $P_B+h=2+3.5=5.5m$，可选择扬程为 7m。所以，选择补水泵扬程为 35m 是没有必要的；当维持 $P_B=0.02MPa$（2m）时，系统工作压力为 $P_A=0.5MPa$，补水泵扬程为 7m 就足够了。

由于该工程中直燃式溴化锂冷热水机组、空调循环水泵、补水泵和补水箱均设置在裙楼的屋面，最合理的设计应该是取消高扬程的补水泵，保留软化水箱，采用高位膨胀水箱加补水泵的补水定压方式，由高位膨胀水箱液位控制补水泵进行补水，根据补水点压力 $P_B=0.02MPa$（2m）来选择补水泵，这样，补水泵的扬程和功率都会大大减少，设计人员应该学会采用更加合理的方案。

7.3.6　错误的地源热泵系统

【案例 100】　某建筑为小型公寓，地上 2 层，建筑面积约 450m²，室内冷、热的用途及形式为：居住区夏季采用风机盘管供冷，冬季采用地面辐射供暖及全年生活热水加热，室内泳池的冬季地面辐射供暖和散热器供暖、泳池水加热及生活热水加热。该建筑夏季空调冷负荷为 70kW，住宅冬季地面辐射供暖热负荷为 65kW。该工程采用地源热泵系统，配置制冷量/制热量为 75kW 和制冷量/制热量为 32kW 的地源热泵机组各 1 台，夏季空调供、回水温度为 7/12℃，冬季地面辐射供暖供、回水温度为 50/45℃。

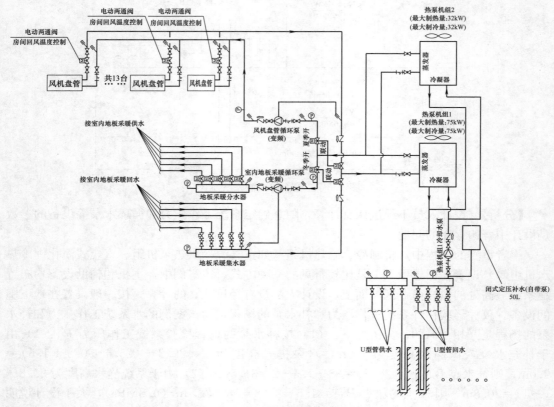

图 7.3-8　错误的地源热泵系统示图

　　【分析】　该工程采用地源热泵系统为居住区提供夏季供冷和冬季供热，夏季采用风机盘管系统，冬季采用地面辐射供暖系统（图 7.3-8）。编者审图发现该设计存在一些原则性错误：（1）地源热泵机组进出水管连接错误。我们知道，地源热泵系统是依靠制冷剂的换向流动，在地源侧和负荷侧实现冬夏季节转换，所以，在制冷压缩机中设置了四通换向阀，形成蒸发器、冷凝器位置和功能的转换：夏季将高温换热器接入压缩机的排气侧，与地源侧水系统连接，起冷凝器的作用，向土壤排热，将低温换热器接入压缩机的吸气侧，与负荷侧水系统连接，起蒸发器的作用，为室内降温；冬季则相反，将高温换热器接入压缩机的排气侧，与负荷侧水系统连接，起冷凝器的作用，为室内供热，将低温换热器接入压缩机的吸气侧，与地源侧水系统连接，起蒸发器的作用，吸收土壤的热量。所以，地源热泵系统的流程图上应该有 8 个转换阀，可以实现冬夏季节转换。但是该设计和常规冷水机组一样，只有固定的 4 个阀门，无法实现冬夏季节转换，是属于基本原理的错误。（2）遗漏负荷侧系统的定压补水装置。地源热泵系统的地源侧和负荷侧都是闭式系统，都需要设置定压补水装置，但是本设计只在地源侧设置了"闭式定压补水（自带泵）"，而负荷侧没有设置定压补水装置，也是属于基本原理的错误。（3）系统图没有标注管道直径，没有达到设计文件深度要求。正确的地源热泵系统示图见图 3.4-12。

7.4　换热站设计问题

换热站设计是供暖系统热源设计的重要内容，也是空调系统热源设计的重要内容，其设计技术难度是很大的。由于许多设计人员不会进行换热器的选择计算，也不进行换热器的校核计算，又不认真思考换热站系统设计的要点，出具的换热站设计施工图只是一份CAD 图纸，离一份正规的换热站设计施工图的要求差得很远。

【案例 101】　某小区室外二次热力网，供热面积 50.7 万 m^2，总热负荷 22.815MW，由市政热力网提供一次水，一次水的供回水温度为 120/60℃，在小区换热站进行热交换，根据供暖方式（散热器供暖或地面辐射供暖）及建筑物内水系统的竖向分区，换热站内设置 4 个系统，分别配置 4 套换热器、循环水泵及补水定压装置，并配置 1 套水处理装置。4 个系统分别是：（1）公共建筑内的地面辐射供暖系统，供回水温度为 50/40℃，设置换热面积 56m^2 的换热器 1 台及循环水泵 1 台；（2）住宅低区散热器供暖系统，供回水温度为 65/50℃，设置换热面积 130m^2 的换热器 2 台及循环水泵 1 台；（3）住宅中区散热器供暖系统，供回水温度为 65/50℃，设置换热面积 92m^2 的换热器 4 台及循环水泵 2 台；（4）住宅高区散热器供暖系统，供回水温度为 65/50℃，设置换热面积 95m^2 的换热器 2 台及循环水泵 1 台（图 7.4-1）。

【分析】　编者审查该项目后，发现存在很多技术缺陷甚至原则性错误，包括：

（1）一次侧供水管未设置热量计，违反节能规定，违反《民用建筑供暖通风与空气调节设计规范》GB 50736—2012 第 8.11.1 条的规定，因此，应在一次侧供水管上设置热量计；

（2）未计算各系统循环水泵的耗电输热比（EHR），并未在"设计说明"中标注，违反《民用建筑供暖通风与空气调节设计规范》GB 50736—2012 第 8.11.13 条的规定，应按规定的方法计算各系统循环水泵的耗电输热比（EHR），并符合其要求，同时应标注在"设计说明"中；

（3）有 3 个系统只设置 1 台循环水泵，没有备用水泵，存在安全隐患；按照《换热站设计标准》CJ/T 191 第 6.2.3 条的规定，当系统额定流量小于或等于 200m^3/h 时，应选用一台循环水泵，额定流量大于 200m^3/h 时，宜选用二台循环水泵并联运行。同时，《全国民用建筑工程设计技术措施　暖通空调·动力》（2009）第 6.4.8 条规定，"每个独立的采暖系统，循环水泵均应设置一台备用泵"，因此，设计人员应按该换热站各系统的额定流量，地面辐射供暖系统、住宅低区散热器供暖系统和住宅高区散热器供暖系统均应设置 2 台循环水泵；

（4）各系统二次侧供水管均未设置温度传感器，一次侧供水管均未设置流量调节器，无法根据二次水温度调节一次水流量及供热量，违反节能规定，违反 GB 50736—2012 第 8.11.14 条关于"锅炉房及换热机房，应设置供热量控制装置"（强制性条文）的规定；同时，《全国民用建筑工程设计技术措施　暖通空调·动力》（2009）第 6.8.5 条规定：

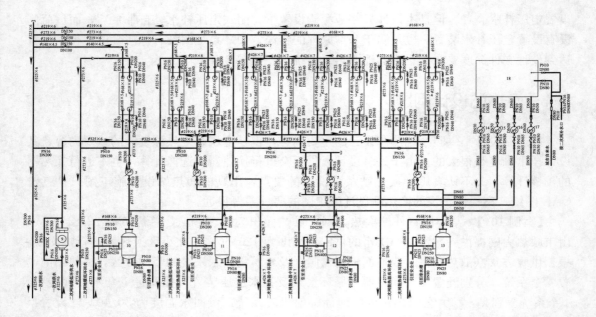

图 7.4-1　总供热面积 50.7 万 m² 换热站系统流程（原理）图

1—地暖系统换热器；2—散热器系统低区换热器；3—散热器系统中区换热器；4—散热器系统高区换热器；

5—地暖系统循环水泵；6—散热器系统低区循环水泵；7—散热器系统中区循环水泵；8—散热器系统高区循

环水泵；9——次网直通式除污器；10—地暖系统二次网除污器；11—散热器系统低区二次网除污器；

12—散热器系统中区二次网除污器；13—散热器系统高区二次网除污器；14—散热器系统高区补水泵；

15—散热器系统中区补水泵；16—散热器系统低区补水泵；17—地暖系统补水泵；18—玻璃膨胀水箱

"空调系统、地板采暖系统、生活热水系统、游泳池加热系统等设计时应在加热介质上设置温度调节装置，并通过被加热介质的出水温度控制温度调节装置的开度"。《换热站设计标准》CJ/T 191—2004 第 6.6.1 条规定："用于采暖的机组应由带室外气候补偿的二次侧供、回水温度或二次侧的供回水平均温度控制一次侧电动调节阀；其他机组应由二次侧的供水温度控制一次侧电动调节阀"。因此，该设计应按上述规定，在各系统二次侧供（回）水管上设置温度传感器，在一次侧供水管上设置电动流量调节器，以便进行供热量调节。

（5）4 个系统二次侧供水管均未设置热量计，违反节能规定，违反《民用建筑供暖通风与空气调节设计规范》GB 50736—2012 第 8.11.1 条中关于"锅炉房、换热机房应设置计量表具"的规定；

（6）未设置气候补偿器，不符合节能规定，《民用建筑供暖通风与空气调节设计规范宣贯辅导教材》在解释"锅炉房及换热机房，应设置供热量控制装置"条文时，提出设置气候补偿器以节省供热量；有研究人员调查和测试显示，冬季室外气温升高后，由于不能调节供水温度，出现室温过高，过热损失占供热总能耗的 13%～20%。如何解决供热量与末端热负荷（用户需热量）之间不平衡的问题，是实现建筑供热大幅节能并提高室内供暖质量的关键所在。气候补偿器是一种调节供热量与供暖热负荷之间供需不平衡的设备。气候补偿器不是在温度传感器上人为的设定控制温度，而是根据室外温度变化调节供热量，将系统供水温度控制在一个合理的范围，以适应末端热负荷的变化，实现系统热量的供需平衡。当供热量大于热负荷时，供水温度会高于允许的控制温度上限，此时，通过气候补偿器内的逻辑控制，换热器一次侧供、回水管之间旁通管上的调节阀开大，低温回水进入供水管的流量加大，降低供水温度，调节一次侧的供热量，就可以缓解供热量大于热负荷的矛盾。由于气候补偿器的温度传感器要跟踪室外温度，并且每隔一定时间采集一次室外温度和室内温度，再由补偿器内的处理器计算适时的控制水温，所以相对于常规的温度传感器-温控阀的控制，增加采集室外空气温度数据，不仅是反映了室内温度的变化，而且在适时跟踪室外空气温度的变化，这种调节的节能效果会更大。气候补偿器还可以根据需要设置成分时控制模式，如针对办公建筑，可以设置不同时间段的不同室温需求，在上班时间正常供暖，在下班时间转换成值班供暖。

（7）二次侧循环水泵均没有提出变速调节的要求，不符合节能规定，违反《民用建筑供暖通风与空气调节设计规范》GB 50736—2012 第 8.11.12 条的规定；

（8）未提出各补水系统的补水点压力、补水泵启动压力和补水泵停止压力，无法指导系统运行；

（9）《换热站设计标准》CJ/T 191 第 6.7.1 条规定："循环水泵电机功率大于或等于 18.5kW 的系统，应在循环水泵的入口和出口设置一个带止回阀的旁通管，管径同循环水泵的出口管径"；同时，《城镇供热管网设计规范》CJJ 34—2010 第 10.2.4 条规定，"中继泵吸入母管和压出母管之间应设装有止回阀的旁通管"。这些规定都是应该执行的，否则会存在安全隐患，易引起水击破坏事故。

（10）一、二次网管道及设备无一处设置压力、温度测量装置，违反《民用建筑供暖通风与空气调节设计规范》GB 50736—2012 第 9.5.1 条的规定。

【案例 102】 某地××住宅小区的换热站，负担的供热建筑面积约 12 万 m^2，住宅室内供暖系统竖向分为高低区，低区热负荷为 4050kW，高区热负荷为 1350kW，分别配置换热器和循环水泵，但设计人员在设备表中只标注换热器的换热面积和工作压力，低区 3 台换热器，换热面积为 40m^2，工作压力为 1.6MPa；高区 1 台换热器，换热面积为 50m^2，工作压力为 1.6MPa，再无其他技术参数。

【分析】 编者审查施工图发现，工程设计中，设计人员对所选择换热器技术参数标注不全，只标注传热面积和工作压力是设计中普遍存在的现象。一般设计人员并不进行换热器选型计算或校核计算，而是由设备供应商进行选择，所以换热器技术参数都不完整。编者提醒设计人员，完整的换热器的技术参数应该包括：（1）设计供热量（kW 或 MW）；（2）一次侧供、回水温度（℃）；（3）二次侧供、回水温度（℃）；（4）一、二次侧设计压力（MPa）；（5）一、二次侧压力降（kPa）；（6）一、二次侧流量（m^3/h）；（7）传热系数（$W/m^2 \cdot K$）；（8）传热面积（m^2）；（9）净重（kg）；（10）充水后重量（kg）等。

【案例 103】 某小区共有住宅楼 8 栋，建筑层高为 21 层、22 层、23 层、24 层、26 层和 27 层，总建筑面积约 13.5 万 m^2，建筑物内采用低温热水地面辐射供暖系统，供、回水温度为 50/40℃，设计人员根据《城镇供热管网设计规范》CJJ 34—2010 第 3.1.2 条的推荐值，采用供暖系统热负荷指标为 45W/m^2，估算的热负荷为 6075kW。由市政热力网提供一次水，一次水的供回水温度为 130/70℃，在小区换热站进行热交换，为小区内的建筑物供暖系统提供二次水。根据小区建筑物的高度及建筑物内水系统的竖向分区，换热站内设置低区、中区和高区 3 个系统，分别配置 3 套换热器、循环水泵及补水定压装置，并配置 1 套水处理装置。室内系统 1～11 层为低区，12～22 层为中区，23～27 层为高区。各区的面积及热负荷分别为：低区—6 万 m² 和 2700kW；中区—4.5 万 m² 和 2025kW；高区—3 万 m² 和 1350kW（图 7.4-2）。

【分析】 编者审查该项目后，发现该设计除存在与【案例 102】相同的情况（如，一次侧供水管未设置热量计，未计算各系统循环水泵的耗电输热比 EHR，各系统二次侧水供水管均未设置温度传感器，一次侧供水管均未设置流量调节器，3 个系统二次侧供水管均未设置热量计，未设置气候补偿器，二次侧循环水泵均没有提出变速调节的要求，换热器技术参数标注不全等）外，换热站设计还存在以下问题：

（1）确定换热站计算容量（供热量）的方法违反规范的规定。《城镇供热管网设计规范》CJJ 34—2010 第 3.1.1 条规定："热力网支线及用户热力站设计时，采暖、通风、空调及生活热水热负荷，宜采用经核实的建筑物设计热负荷。"即要求设计时采用实际计算的热负荷作为选择换热器供热量的依据；第 3.1.2 条规定"当无建筑物设计热负荷资料时，民用建筑的采暖、通风、空调及生活热水热负荷，可按下列公式计算：……。"即在没有设计热负荷资料时才容许采用《城镇供热管网设计规范》CJJ 34—2010 表 3.1.2-1 推荐的供暖热指标进行估算。经查，该换热站是为某小区 1 号～8 号楼而新建的独立换热站，该小区住宅已全部完工并已经入住，供暖系统也已经运行，此次是配合热计量改造而新建换热站。现从相关设计文件查到 1 号～8 号楼总的供暖热负荷大约为 4064kW，设计人员没有按《城镇供热管网设计规范》CJJ 34—2010 第 3.1.1 条规定，不是采用设计热负荷作为选择换热器供热量的依据，而是简单套用规范推荐的较大的热负荷指标 45W/m²，得到估算的热负荷为 6075kW，而估算的热负荷比实际热负荷大 50%，是一种违反规范的做法。

（2）换热器的配置违反了规范的规定。《民用建筑供暖通风与空气调节设计规范》GB 50736—2012 第 8.11.3 条规定，"换热器的配置应符合下列规定：1……；非全年使用的换热系统中，换热器的台数不宜少于两台；……；3 供暖系统的换热器，一台停止工作时，剩余换热器的换热量应保障供热量的要求，寒冷地区不应低于设计供热量的 65%，严寒地区不应低于设计供热量的 70%。"考虑到严寒和寒冷地区属于供暖期较长的地区，当供暖严重不足时，有可能影响人员的身体健康或者室内出现结冻的情况，如果换热站只配置一台换热器，一旦换热器发生故障，就可能出现上述情况。若按 100% 供热量配置一台备用换热器，会造成一定的浪费，因此规范根据各地的气象条件，规定了不同的保证率。实际测定表明，严寒和寒冷地区，在供热保证率达到 65% 或 70% 时，室内平均温度可达到 6～9℃ 而不致出现室内结冻和严重冻伤的情况。该工程设计人员未执行这一规定，只是按低、中、高区的估算热负荷（低区 2700kW、中区 2025kW 和高区 1350kW）配置一台等供热量的换热器，这样会存在极大的安全隐患。编者提出让设计人员修改。但设计人员回复称，"《城镇供热管网设计规范》CJJ 34—2010 第 10.3.10 条：换热器可不设备用。"坚持不做修改。设计人员以《城镇供热管网设计规范》CJJ 34—2010 第 10.3.10 条的规定，否定《民用建筑供暖通风与空气调节设计规范》GB 50736—2012 第 8.11.3 条的规定，这是设计过程中普遍存在的误区。在我国规定，当各级标准之间的内容不一致或互相矛盾时，执行的原则是：1）下级标准必须服从上级标准，下级标准不得与上级标准相矛盾；2）早期颁布实施的标准必须服从近期颁布实施的标准。因为《城镇供热管网设计

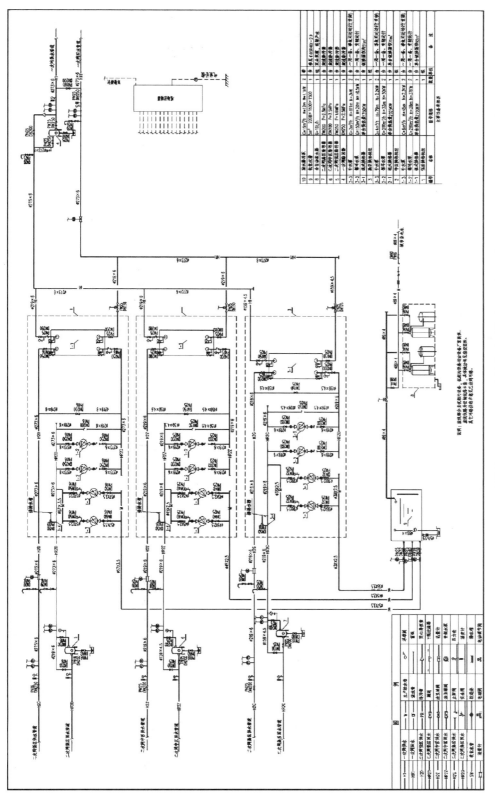

图 7.4-2　总供热面积 13.5 万 m² 换热站系统流程（原理）图

规范》CJJ 34—2010 是行业标准，而且是 2010 年颁布实施的，《民用建筑供暖通风与空气调节设计规范》GB 50736—2012 是国家标准，而且是 2012 年颁布实施的，根据以上两条原则，《城镇供热管网设计规范》CJJ 34—2010 应该服从《民用建筑供暖通风与空气调节设计规范》GB 50736—2012 的规定，而不能否定《民用建筑供暖通风与空气调节设计规范》GB 50736—2012 的规定。

第8章 水系统的工作压力和水压试验

供暖空调水系统运行时都会产生一定的压力，即水系统的工作压力，这种压力作用于设备、管道及附件上，要求设备、管道及附件具有足够的强度，以承受这种压力，基本要求是设备、管道及附件的额定工作压力（或公称压力）大于水系统的工作压力。为了检验安装后的设备、管道及附件能否承受这种压力，规范规定在系统投入运行前，必须进行水压试验。设计人员应精通工作压力的计算方法和系统水压试验的要求。

8.1 系统的工作压力计算及水压试验规定

8.1.1 系统的工作压力

系统的工作（最高）压力出现在系统的最低处或水泵出口处，设计时应对各点的工作压力进行分析，以选择合适的设备、管道及附件。现就图 8.1-1 所示系统的工作压力分析三种情况：

（1）系统停止运行时，A 点工作压力最大：

$$P_A = 9.81h \qquad (8.1-1)$$

（2）系统正常运行时，A 点和 B 点均可能工作压力最大：

$$P_B = 9.81h_1 + P_g - H_{CB} \qquad (8.1-2)$$

$$P_A = 9.81h + P_g - H_{CB} - H_{BA} \qquad (8.1-3)$$

（3）系统刚开始运行，动压还未形成，阀门 4 可能处于关闭状态，则 B 点的工作压力最大：

$$P_B = 9.81h_1 + P \qquad (8.1-4)$$

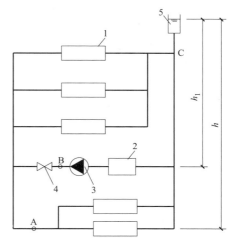

图 8.1-1 水系统压力分析
1—用户；2—制冷换热机组；
3—水泵；4—阀门；5—水箱

式中 P_A、P_B——A 点和 B 点的静压，kPa；

h、h_1——水箱液面至 A 点、B 点的垂直距离，m；

H_{CB}——C 点至 B 点的阻力，kPa；

H_{BA}——B 点至 A 点的阻力，kPa；

P_g、P——水泵的静压和全压，kPa；

$$P_g = P - \frac{v^2}{2g} \qquad (8.1-5)$$

式中 v——B 点处管内流速，m/s。

8.1.2 关于末端设备水压试验的规定

（1）《建筑给水排水与采暖工程施工质量验收规范》GB 50242 第 8.3.1 条（强条）规

定："散热器组对后，以及整体出厂的散热器在安装之前应作水压试验。水压试验压力如设计无要求时应为工作压力的 1.5 倍，但不小于 0.6MPa。检验方法：试验时间为 2～3min，压力不降且不渗不漏。"

（2）《建筑给水排水与采暖工程施工质量验收规范》GB 50242 第 8.5.2 条（强条）规定："盘管隐蔽前必须进行水压试验，试验压力为工作压力的 1.5 倍，但不小于 0.6MPa。检验方法：稳压 1h 内压力降不应大于 0.05MPa，且不渗不漏。"

（3）《辐射供暖供冷技术规程》JGJ142—2014 第 5.6.2 条规定："水压试验压力应为工作压力的 1.5 倍，且不应小于 0.6MPa，在试验压力下，稳压 1h，其压力降不应大于 0.05MPa，且不渗不漏。"

8.2　系统工作压力和系统阻力

8.2.1　不会计算水系统的工作压力，在施工图中随意填写工作压力

【案例 104】　某设计院设计的某大厦，建筑面积 43914.38m²，地下 2 层，地上 1～4 层为裙楼，裙楼屋面标高为 21.80m。裙楼以上 A 座为 13 层，屋面标高为 53.30m，B 座为 19 层，屋面标高为 74.30m。裙楼部分为冬夏共享空调系统，两座塔楼均为地面辐射供暖系统。"设计说明"中称，空调水系统的工作压力为 1.1MPa；A 座供暖系统的工作压力为 0.6MPa，B 座供暖系统的工作压力为 0.8MPa。

【分析】　现在很多设计人员不会计算供暖空调水系统的工作压力，有的是参考类似工程设计的，有的是凭经验估计的，这是施工图设计中极普遍的现象，该案例是一个极典型的案例。该例中的空调水系统从地下一层冷热源机房至系统末端最高层的静水高度约为 25.0m，即使按冷水循环水泵的扬程 32m（也是未经计算而随意确定的，是明显偏高的）计算，系统工作压力大约为 42.0m，即 0.42MPa，而设计人员填写的是 1.1MPa，提高了水系统的工作压力，要求选择较高额定工作压力（例如大于或等于 1.2MPa）的设备、管道及附件，增加了工程的初投资。实际上该工程空调水系统可以选择额定工作压力为 0.6MPa 或 0.8MPa 的设备、管道及附件，可以避免不必要的浪费。

而对供暖水系统，则出现了完全相反的情况。该工程从地下一层冷热源机房算起，A 座水系统的静水高度约为 57.0m，B 座水系统的静水高度约为 78.0m，按热水循环水泵的扬程 28m（也是未经计算而随意确定的）计算，A 座水系统的工作压力应为 72.0m，即 0.72MPa，B 座水系统的工作压力应为 94.0m，即 0.94MPa。施工图设计称各自的工作压力分别为 0.6MPa 和 0.8MPa 是完全没有根据的，如果按此工作压力选择设备、管道及附件，会存在极大的安全隐患。

工程设计人员应认真计算供暖空调水系统的工作压力，要根除不进行计算或根据经验估算系统工作压力的陋习。在精确计算水系统的工作压力后，根据额定工作压力不小于工作压力的原则，选择系统的设备、管道、附件等。同时，选择设备、管道、附件等时，只需按最接近系统工作压力的额定工作压力选择即可，不应无限提高额定工作压力等级；在保证系统安全的前提下，选择较低额定工作压力等级的设备、管道、附件等，可以降低产品生产过程中资金、原材料和能量的消耗，这也是对节能减排的贡献。当然，像该工程的

供暖水系统这样，不经过计算确定较小的系统工作压力，进而选择较低额定工作压力等级的设备、管道、附件等，必然会造成重大的安全事故，这一点应该引起设计人员的高度重视。

【案例 105】　某职工宿舍，地上 6 层，建筑面积 4518.3m²，采用 45/40℃地面辐射供暖系统，热负荷为 106.7kW，"设计说明"称系统顶点工作压力为 0.2MPa。

【分析】　一些设计人员不计算系统工作压力，而随意填写供暖系统顶点工作压力，这种称系统顶点工作压力为 0.2MPa 的情况是十分普遍的。这些设计人员不知道如何确定供暖系统顶点工作压力，而是根据《建筑给水排水与采暖工程施工质量验收规范》GB 50242—2002 第 8.6.1 条中关于"应以系统顶点工作压力加 0.2MPa 作水压试压，同时在系统顶点的试验压力不小于 0.4MPa"的规定进行反推，误认为试验压力 0.4MPa 是系统顶点工作压力加 0.2MPa 后的结果，因此，认为系统顶点工作压力为 0.2MPa，这是设计中十分普遍的现象。设计人员应该知道，这样的反推是错误的，规范规定"同时在系统顶点的试验压力不小于 0.4MPa"是出于更安全考虑提出的要求，并不代表系统顶点工作压力就是 0.4MPa－0.2MPa＝0.2MPa。

那么，如何确定系统顶点的工作压力呢？我们知道，供暖空调水系统一般都是闭式系统，而闭式系统要正常循环、安全运行，必须同时满足三个条件：（1）防止水系统的水倒空；（2）防止水系统的水汽化；（3）容纳膨胀水或补充失水。为了维持系统压力，保证顶点的水既不会倒空也不会汽化，必须保证系统顶点有足够的压力。根据水力学原理和水的不可压缩性的性质，只要补充一定的水量，就可以达到这个目的。因此，所有专业技术文献都规定，系统补水点的压力应使系统最高点的压力高于大气压 5～10kPa，所以，相对于大气压，系统顶点的工作压力应为 5～10kPa 或 0.005～0.01MPa，即相当于采用膨胀水箱时，水箱内的水位高出系统最高点 0.5m～1.0m，这应该是基本常识。所以，如果系统顶点的工作压力为 0.2MPa，则水箱内的水位就要高出系统最高点 20m，这显然是理论上的错误。

当然，以上的分析只是针对一个供暖系统供一个独栋建筑物而言的，而实际上每一个供暖系统都是供多栋建筑物的，当一个供暖系统所供多栋建筑物的高度（即供暖系统顶点高度）不同时，就要根据不同的系统顶点高度来计算各自的顶点工作压力，其原则是以顶点最高的系统顶点的工作压力 5～10kPa 为准，其他顶点较低的系统顶点工作压力应为顶点最高的系统顶点的工作压力 5～10kPa 加两个顶点高差形成的静水柱高度。因此，同一供暖系统中，当系统顶点高差达到 20m 时，低顶点系统的顶点工作压力也可以达到 0.2MPa 以上，但此时的系统顶点工作压力 0.2MPa 不是通过 0.4MPa－0.2MPa＝0.2MPa 反算出来的。设计人员必须注意这种情况，不能认为不同顶点高度的系统顶点工作压力都是 5～10kPa。

【案例 106】　某地一综合楼，建筑面积 4271.5m²，地下 7 层，室内为 75/50℃散热器供暖系统，采用垂直单管跨越式系统，根据《民用建筑供暖通风与空气调节设计规范》GB 50736—2012 中关于"垂直单管跨越式系统的楼层不宜超过 6 层"的规定，设计人员将竖向分为两个区，1 至 3 层为低区，4 至 7 层为高区，分别采用垂直单管跨越式系统（图 8.2-1），但低区和高区连接在室外热力网的同一个系统上，设计人员没有进行分析，就确定低区的工作压力为 0.14MPa，高区的工作压力为 0.27MPa。

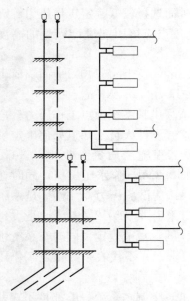

图 8.2-1 同一水系统具
有相同的工作压力

【分析】 不进行系统工作压力计算，任意确定水系统的工作压力也是十分普遍的现象。该例中设计人员将竖向分为两个区，主要是为了防止垂直单管跨越式系统的楼层超过 6 层，防止立管下游的水温过低而大幅度增加散热器的面积，有一定的合理性，也是符合规范规定的。但是设计人员没有进行认真的分析，认为竖向高度不同时，系统热力入口处的工作压力就不同，因为，低区系统的顶点比高区系统的顶点大约低 13m（相差 4 层），于是断定低区的工作压力为 0.14MPa，高区的工作压力为 0.27MPa，这是属于基本原理的错误。实际上，该工程的低区和高区连接在室外热力网的同一个系统上，是相同的压力等级，两个区的系统只是顶点高度不同，工作压力还是一样的，即，低区、高区入口的工作压力都是一样的，但低区顶点的工作压力比高区顶点的工作压力大两个顶点之差的静水高度（13m = 0.13MPa），而不是低区工作压力比高区工作压力小两个顶点之差的静水高度。设计人员对这种简单的系统都不能作出正确的判断，说明设计人员的基础理论比较差。

8.2.2 不会计算水系统的阻力，在施工图中随意填写系统的阻力

【案例 107】 河北某地住宅小区，有商业建筑物 5 栋，建筑面积 1900～5600m²，地上 2～3 层；同时有居住建筑 8 栋，建筑面积 17430～31630m²，地上 27 层和 28 层。室内均为供、回水温度 80/60℃的散热器供暖系统，商业建筑的热负荷为 62～142kW，居住建筑的热负荷为 250～740kW。"设计说明"和"节能审查备案登记表"显示的供暖系统阻力为商业建筑 5.8～7.2kPa，居住建筑 9.7～10.7kPa。设计人员没有进行水力计算，随意填写这样的数据。

【案例 108】 某地污水处理厂的辅助建筑物均为单层小型建筑，面积为 18～710m²，室内均为供、回水温度 60/45℃的散热器供暖系统，室内热负荷约为 4.24～38.3kW。"设计说明"和"节能审查备案登记表"显示的供暖系统阻力为 42～62kPa。

【案例 109】 某地一科研建筑，地上三层，建筑面积 2455.7m²，室内为供、回水温度 45/35℃的地面辐射供暖系统，室内热负荷约为 155.4kW。"设计说明"和"节能审查备案登记表"显示的供暖系统阻力为 0.72kPa。

【案例 110】 某地污水处理厂的尾水设备用房，地上一层，建筑面积 1100m²，采用夏季 7/12℃冷水供冷和冬季 45/40℃热水供热的全年空调系统，夏季冷负荷约 120kW，冬季热负荷约 41.5kW。"设计说明"中称，该空调水系统的阻力损失为 300kPa。

【分析】 不进行供暖空调系统的水力计算，错误的决定系统阻力损失也是十分普遍的现象。上述 4 个工程的设计人员都没有认真进行系统水力计算，而是随意填写的。【案例 107】中，最大居住建筑的建筑面积为 31630m²，最大热负荷为 740kW，这样的系统水力阻力只有 10kPa 左右，按此阻力提供的室外管网的资用压头连克服温控阀的阻力都不够。

此例并不是设计人员计算错误，而是根本没有进行水力计算。【案例 108】中都是单层小型建筑，建筑面积、热负荷都很小，但是这样的建筑，系统阻力竟达到 62kPa，而【案例 110】的系统室内热负荷约为 155.4kW，阻力只有 0.72kPa＝720Pa。【案例 111】也是单层小型建筑，系统阻力更达到 300kPa，说明设计人员既没有进行严格的水力计算，又缺乏基本的概念。

根据《民用建筑供暖通风与空气调节设计规范》GB 50736—2012 课题组研究的成果，建议分户计量水平单管跨越式散热器供暖系统的经济比摩阻的取值范围为 110～200Pa/m，这样，【案例 108】28 层的居住建筑部分，散热器供暖系统的系统阻力大约为：（28×3.0×2)m×150Pa/m＋20000Pa＋5000Pa＝50200Pa＝50.2kPa（式中 20000Pa 为热力入口热计量表、平衡阀等的阻力，5000Pa 为温控阀等的阻力），远大于设计文件所称的 9.7～10.7kPa。

8.2.3　认为系统的工作压力就是末端设备的工作压力

【案例 111】　某地住宅小区有 2 号～5 号住宅楼，建筑面积为 28889.3～36112m²，地下 3 层，地上 34 层，建筑高度 99.2m。室内为 50/40℃地面辐射供暖系统，热负荷为 817～910.5kW。室内系统竖向分为两区，1～16 层为低区，工作压力 0.72MPa，17～34 层为高区，工作压力 1.16MPa（图 8.2.2）。"设计说明"称，低区地埋管的试验压力为 1.08MPa，高区地埋管的试验压力为 1.74MPa。

【案例 112】　石家庄某房地产公司瑞丰广场 1 号楼，建筑面积 11548.56m²，地下 3 层，地上 26 层，供暖面积 9932.23m²，采用 50/40℃地面辐射供暖系统，计算热负荷为 181.56kW，单位面积热负荷指标为 18.28W/m²。供暖水系统竖向分为 3 区：1～9 层为低区，工作压力为 0.50MPa，水压试验压力为 0.70MPa；10～18 层为中区，工作压力为 0.75MPa，水压试验压力为 0.95MPa；19～26 层为高区，工作压力为 1.05MPa，水压试验压力为 1.20MPa。"施工说明"称："加热盘管水压试验应以每组分水器、集水器为单位，逐回路进行。低区试验压力为 0.75MPa，中区试验压力为 1.125MPa，高区试验压力为 1.5MPa，在试验压力下，稳压 1h 内压力降不大于 0.05MPa，且不渗不漏。"

【案例 113】　某地 3 号住宅楼，建筑面积 24199.5m²，地下 2 层，地上 26 层，建筑高度 77.9m。室内为 45/35℃地面辐射供暖系统，热负荷为 621.4kW。室内系统竖向分为两区：1～13 层为低区，工作压力 0.60MPa，14～26 层为高区，工作压力 0.95MPa，"设计说明"称，埋地管试验时的工作压力就是 0.95MPa。

【案例 114】　某地小区，一栋办公楼，建筑面积 1782m²，地上 4 层，另一物业楼建筑面积 431m²，地上 1 层，室内系统为 80/65℃散热器供暖系统。"设计说明"称，散热器安装前水压试验的试验压力为 1.2MPa。

【分析】　错误地认为系统的工作压力就是设备的工作压力，是设计中普遍存在的问题。我们知道，供暖系统水压试验分为系统整体水压试验和末端设备（散热器、地埋管等）水压试验两种。整体水压试验按《建筑给水排水与采暖工程施工质量验收规范》GB 50242 第 8.6.1 条的规定执行，其中所称"工作压力"均为系统的工作压力。

现在许多设计人员在供暖工程施工图设计中，一般都能在"施工说明"中按规范的规定提出末端设备（散热器、地埋管等）进行水压试验要求，这是应该的。但条文中的"工

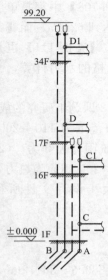

图 8.2-2　系统压力及末端压力示图

作压力"究竟是什么，设计人员并不清楚。编者在审图时要求设计人员注明散热器水压试验条文中的"工作压力"，设计人员回复就是"系统的工作压力"，这是认识上的最大误区。

那么，现在的问题是，上述 8.1.2 节 3 条规定中末端设备水压试验的工作压力究竟能不能采用系统工作压力呢？

上述【案例 111】称低区地埋管的试验压力为 1.08MPa，高区地埋管的试验压力为 1.74MPa，这是理论上的错误。

我们知道，系统的（最大）工作压力位于系统最低点 A、B 处（图 8.2-2），设计人员称，低区工作压力为 $P_A=0.72$MPa，高区工作压力为 $P_B=1.16$MPa——这就是系统工作压力，在整体水压试验的检验方法中，规范规定"降至工作压力后检查"或"降至工作压力的 1.15 倍，稳压 2h，……"中的工作压力就是这个"系统工作压力"。大家注意，上述末端设备水压试验 3 条规定中所称的"工作压力"就不能是系统工作压力 $P_A=0.72$MPa 和 $P_B=1.16$MPa，如果按照工作压力 $P_A=0.72$MPa 和 $P_B=1.16$MPa 的 1.5 倍进行试验，则试验压力将达到 1.08MPa 和 1.74MPa，这是不能容许的。所以，末端设备（散热器、地埋管等）水压试验压力为"工作压力的 1.5 倍"中的"工作压力"应该是经过计算的当地（末端设备）工作压力 P_C、P_D，因为 $P_C<P_A$，$P_D<P_B$，所以，P_C、P_D 才是用于末端设备水压试验的"工作压力"。因此设计人员应该计算 P_C、P_D，但是在编者审查的施工图中，没有任何设计人员计算当地（末端设备）工作压力 P_C、P_D，这种情况也是十分普遍的。

【案例 115】　某地酒店总建筑面积 35290m² （其中酒店用房 32578m²），建筑物地下 1 层，为设备用房、辅助用房和车库，地上 10 层，1～3 层为公共用房，4～10 层为酒店客房。夏季采用电制冷冷水机组供冷，冷水温度为 7/12℃；冬季采用市政热力网经换热器供热，热水温度为 60/50℃。设计人员在"施工说明"中要求，"空调冷热水系统试验压力为 1.2MPa，……水压试验及合格标准应按《建筑给排水及采暖工程施工质量验收规范》GB 50242—2002 第 8.6.1 条执行。"

【分析】　该例中水压试验及合格标准的叙述也是违反规范规定的。《建筑给排水及采暖工程施工质量验收规范》GB 50242—2002 第 8.6.1 条是针对供暖水系统的要求，空调水系统应该执行《通风与空调工程施工质量验收规范》GB 50243—2002 第 9.2.3 条的规定，即"1 当工作压力小于等于 1.0MPa 时，为 1.5 倍工作压力，但最低不小于 0.6MPa；2 当工作压力大于 1.0MPa 时，为工作压力加 0.5MPa；3 各类耐压塑料管道的强度试验压力为 1.5 倍工作压力，严密性试验压力为 1.15 倍的设计工作压力。"所以，该工程空调水系统试验方法是违反《通风与空调工程施工质量验收规范》GB 50243—2002 第 9.2.3 条的规定的。该例说明，设计人员既没有掌握专业的基本理论知识，又不认真学习设计规范，所以出现这种常识性的错误。

8.2.4　设备的额定工作压力小于系统的工作压力

【案例 116】　某房地产公司的时代住宅小区，1 号楼建筑面积 22836m²，地下 1 层，地上 23 层，4 个单元，2 号楼建筑面积 24006m²，地下 1 层，地上 24 层，3 个单元，屋面高度 71.70m；另有办公楼 3 栋，都是 3 层；会所 1 栋，地上 2 层。住宅建筑室内设置吊顶辐射板冷暖空调加独立新风/卫生间排风的置换通风系统；吊顶辐射板冷暖空调为一个水系统，夏季水温 18/21℃，冬季水温 32/29℃，水系统竖向分为高、低区，系统最大压力不超过吊顶辐射板的工作压力。住宅的新风处理机与办公楼、会所为另一个水系统，末端包括住宅的新风处理机、办公楼和会所的风机盘管和新风机，还包括会所中一间面积约 170m² 的样板间的吊顶辐射板和地埋管。

【分析】 该工程设计人员没有进行系统工作压力分析，随意将住宅的新风处理机与样板间的吊顶辐射板和地埋管划为同一个水系统，由于新风处理机在 2 号楼屋面上，水系统竖向不分区，水系统顶点高度约为 70m，循环水泵扬程 38m，设计人员确定的系统工作压力为 1.2MPa，而样板间在会所的一层，这样就超过了地埋管工作压力不大于 0.8MPa 的规定。设计过程中应该尽量避免这种情况。

8.3　水压试验

8.3.1　关于冷却水系统的水压试验

【案例 117】 某大厦，建筑面积 43914.38m²，地下 2 层，地上 1～4 层为裙楼，裙楼屋面标高为 21.80m。裙楼以上 A 座为 13 层，屋面标高为 53.30m，B 座为 19 层，屋面标高为 74.30m。裙楼部分为冬夏共享空调系统，"设计说明"中称，空调冷冻水系统的工作压力为 1.1MPa，试验压力为 1.6MPa，又称冷却水系统的工作压力为 0.5MPa，试验压力为 0.75MPa。

【分析】 该例空调冷冻水系统的工作压力的错误已在【案例 105】中作了说明。该案例不仅空调冷冻水系统的工作压力是错误的，设计人员更提出要求冷却水系统进行水压试验，这是设计人员缺乏基本理论知识、又不勤奋学习出现的典型案例，是一个极罕见的案例。我们知道，空调冷却水系统一般是开式系统，在冷凝器中吸收冷凝热的冷却水由冷却水泵送到冷却塔冷却，冷却水从冷却塔的喷淋管进入空气中，在冷却塔填料表面与空气进行热交换，释放出冷凝热，降低冷却水的温度，再回到冷水机组的冷凝器，此循环环路即为开式系统。冷却水泵出口压力即为系统工作压力，但一般"设计说明"均不标注，冷却水系统也不作水压试验，只要求作灌水试验。我们知道，水系统中某点的工作压力表示连接该点的连通管中的水位可以达到的高度。如果要求按试验压力 0.75MPa 作水压试验，表示最低点的静水柱应该达到 75m；因为该工程冷却塔设置在 4 层裙楼屋面，冷却塔基础底标高为 21.80m，存水盘水位的高度大约 25m 左右，当试验压力达到存水盘水位对应的压力后，静水高度为 25m 左右，压力为 0.25MPa，水系统压力不可能再上升，所以，水压试验压力不可能达到 0.75MPa。此例的本质问题是，冷却水系统是不必作水压试验的，而设计人员对此根本就不了解，因此，出现这种常识性的错误。

【案例 118】 某工程为恒大酒店，地上 10 层，地下 1 层，总建筑面积 35290.25m²，其中酒店相关用房 38575m²（含地下后勤用房），建筑高度 48.30m。其中地下 1 层为设备用房、酒店辅助用房及车库；地上 1 层为西餐厅、宴会厅、酒店大堂、大堂吧及配套用房，2 层为中餐厅、风味餐厅、红酒雪茄吧及会议室，3 层为餐饮包房、KTV 及康乐用房，4～10 层为酒店客房。冷热源采用水冷机组加常压热水锅炉，主机与锅炉均按照"2大 1 小"选择；客房区及 KTV、康乐用房采用四管制，管路均采用同程式，后勤、餐饮用房及公共区采用两管制，管路采用同程式；客房区水系统采用竖向系统，风系统采用水平系统。设计说明称，"空调冷热水系统试验压力为 1.2MPa，冷却水系统试验压力为1.2MPa，上述均指系统最低点压力，……"

【分析】　设计人员要求冷却水系统试验压力为 1.2MPa 是完全错误的，已如【案例118】所述。因为设计人员只介绍选择的是横流式低噪声冷却塔，在没有特别注明为闭式冷却塔的情况下，一般就是开式冷却塔。而开式冷却塔下部的水盘是敞开通大气的，况且该设计将冷却塔设置在一层室外绿化区，在冷却水泵停止的情况下（即系统水压试验时），系统静水高度大约 13m（地下一层地面标高为 -6.7m，冷却塔水盘离室外地面约 6.0m），所以要达到试验压力 1.2MPa 是不可能的，要求试验压力为 1.2MPa，即表示水压试验时的静水高度为 120m，这是属于基本原理的错误。

8.3.2　错误或不适当的竖向分区

【案例 119】　2001 年前后，夏热冬冷地区的一些住宅小区开始设计集中供暖系统，成为当地商品房的新卖点。位于某地花园小区 C 栋，建筑面积 21312m²，地下 1 层为车库，地上 24 层为住宅。设计人员根据热水供暖系统高度超过 50m 的建筑供暖系统应进行竖向分区的规定（《采暖通风与空气调节设计规范》GB 50019—2003 第 4.3.9 条。《民用建筑供暖通风与空气调节设计规范》GB 50736—2012 已修改），将供暖系统分为上、下两区，每区水系统高度不超过 50m。但是，设计人员只是在热源划分了两个环路，并没有连接在不同工作压力的室外管道上进行竖向分区，两个环路是同一个工作压力，低区最底层散热器的工作压力仍然超过 0.8MPa。

【分析】　错误地认为竖向分环就是竖向分区也是设计中经常遇到的情况。我们知道，这样的系统划分，虽然各分区内最高层和最底层的几何高差都不超过 50m，但实际上低区的最底层上面的几何高差包括了高区的系统高度，低区最底层散热器的工作压力远远超过了散热器的额定工作压力，这种"分环"做法属于基本原理的错误。因此，竖向"分环"并不是竖向分区，竖向分区应按不同的工作压力进行，高区的工作压力大，低区的工作压力小，分属于不同的水系统，应各自配置不同的循环水泵，高区水泵的扬程大于低区水泵的扬程，不能认为同一工作压力的输水系统中分两个环路就是形成竖向分区。

【案例 120】　某房地产公司 1 号小区，有居住建筑 19 栋，建筑面积为 3498.4～19863.2m² 不等，地下为 1 或 2 层，地上为 6、7、9、18、30、33 层，室内为 50℃/40℃热水地面辐射供暖系统。设计人员没有认真地进行分析，只是简单地按单体建筑物高度（自然层数）的 1/2 或 1/3 进行分区，所以低区线有 9、10 和 11 层 3 条线，中区线有 20、22 层 2 条线（图 8.3-1a）。

【分析】　不作分析，随意进行分区也是工程设计中经常遇到的情况。该案例的分区既复杂又不合理。遇到这种情况，正确的分区方法应该是，以 33 层为准，分为低区 1～11层，中区 12～22 层，高区 23～33 层，低区线是 11 层，中区线是 22 层；这样，18 层的低区线是 11 层而不是 9 层；30 层的低区线和中区线分别是 11 层和 22 层，而不是是 10 层和 20 层，6、7、9 层都在低区线 11 层以下（图 8.3-1b）。

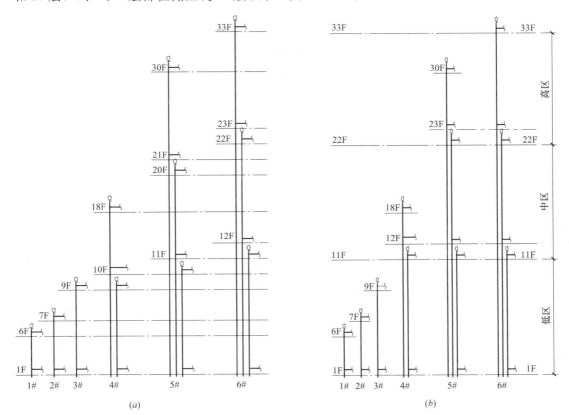

图 8.3-1　不同建筑高度的供暖水系统竖向分区示图
（a）原设计；（b）修改设计

8.3.3　同一系统中不同建筑高度的顶点采用相同的试验压力

【案例 121】　某房地产公司的世家住宅小区，编者审查的是 9 号、10 号、11 号和 12 号楼，其中 9 号、11 号和 12 号楼建筑面积为 $11234\sim15627m^2$，都是地下 2 层，地上 17 层；10 号楼建筑面积为 $20438m^2$，地下 2 层，地上 25 层；室内系统都是 45/35℃低温热水地面辐射供暖系统。整个小区供暖系统的竖向分两区，1～13 层为低区，14～25 层为高区。"设计说明"称，各区水系统顶点水压试验压力为 0.4MPa。

【分析】　系统水压试验时，在同一水系统中不考虑不同层高建筑物的系统的顶点高度不同，采用相同的顶点试验压力的情况是十分普遍的。《建筑给水排水与采暖工程施工质量验收规范》GB 50242 第 8.6.1 条规定，供暖系统安装完毕，管道保温之前应进行水压试验。试验压力应符合设计要求。当设计未注明时，应符合下列规定：

（1）蒸汽、热水供暖系统，应以系统顶点工作压力加 0.1MPa 作水压试验，同时在顶点的试验压力不小于 0.3MPa。

（2）高温热水供暖系统，应以系统顶点工作压力加 0.1MPa 作水压试验，同时在顶点的试验压力不小于 0.3MPa。

（3）使用塑料管及复合管的供暖系统，应以系统顶点工作压力加 0.2MPa 作水压试验，同时在顶点的试验压力不小于 0.4MPa。

检验方法：使用钢管及复合管的供暖系统应在试验压力下 10min 内压力降不大于 0.02MPa，降至工作压力后检查，不渗，不漏。

使用塑料管的供暖系统应在试验压力下 1h 内压力降不大于 0.05MPa，然后降至工作压力的 1.15 倍，稳压 2h，压力降不大于 0.03MPa，同时连接处不渗，不漏。

根据该条规定，蒸汽、热水供暖系统、高温热水供暖系统和使用塑料管及复合管的供暖系统，在系统安装完毕后，管道保温之前的水压试验都是以顶点试验压力为准。对于独栋建筑物或同一小区、同一系统内最高的建筑物，直接选用系统顶点试验压力 0.3MPa 或 0.4MPa 进行水压试验。但是，当小区内有顶点标高不同的系统时，应以最高标高的系统顶点试验压力与顶点高度差的静水压力之和作为较低标高系统的顶点试验压力，而不应该都是 0.3MPa 或 0.4MPa，因为各住宅建筑室内的低区、高区系统均连接在室外管网相应的低区、高区系统上，该例中 10 号楼高区系统的顶点为 25 层，其顶点试验压力应为 0.4MPa，而 9 号、11 号和 12 号楼高区系统的顶点为 17 层，其顶点试验压力应为 0.4MPa 加上 25 层与 17 层顶点高度差的静水压力之和，以层高 3m 计，17 层的顶点试验压力约为 0.64MPa，而不是 0.4MPa。

第9章 水系统的补水与定压

与给排水系统不同,供暖空调水系统一般采用闭式系统,闭式系统要正常循环、安全运行,和设置循环水泵、换热装置等措施一样,补水定压是不能不提、不容忽略的技术措施。许多设计单位在进行工程设计时,不明示室内供暖水系统的补水定压措施,这是技术环节的缺失,更是不符合供暖空调水系统运行基本原理的,施工图设计中这种现象相当普遍。

9.1 补水定压方式及定压点压力

9.1.1 补水定压方式

目前供暖空调循环水系统主要采用以下三种补水定压方式:(1)高位膨胀水箱加定速泵(或自来水)补水;(2)气压罐加定速泵补水;(3)变速补水泵补水。

9.1.2 定压点压力

不论采用哪种补水定压方式,都必须按照不倒空、不汽化两个条件来决定定压点的压力,基本要求是:(1)高位膨胀水箱的最低水位应比水系统最高点高 0.5m(5kPa,水温小于 60℃ 的系统)或 1.0m(10kPa,水温 60~95℃ 的系统)以上。(2)定压点压力应保证系统最高点的压力比大气压高 5~10kPa(0.5~1.0m)以上。(3)定压点一般设置在循环水泵入口或集水器上。

9.2 补水定压方式选择及补水泵流量

9.2.1 建议优先采用高位膨胀水箱

【案例 122】 编者审查的施工图中,设计自带冷热源动力站的项目,不论建筑高度多少、是否具备安装高位膨胀水箱的条件,90% 以上的工程都是采用变速补水泵或气压罐加定速泵补水定压,而不采用高位膨胀水箱补水定压。

【分析】 高位膨胀水箱补水定压具有系统简单、运行可靠、操作简便、省电节能、节省投资等诸多优点,惟一的不足是需要安装在水系统的最高点以上,在高层或超高层建筑中使用时会受到限制。业内文献资料(如《民用建筑供暖通风与空气调节设计规范》GB 50736 第 8.5.18 条)和学者都是提出"宜优先采用高位膨胀水箱定压"或"推荐优先采用高位膨胀水箱"。

编者参加诊断改造的某医院综合楼,建筑面积约 13400m²,地下 1 层,地上 13 层,设置集中空调系统，水系统为两管制系统，安装一台制冷量 1163kW 的水冷螺杆式冷水机组。原设计采用气压罐加定速泵补水定压，由于设备选型不匹配，导致水系统频频缺水。经过诊断改造，将气压罐加定速泵补水定压装置改为高位膨胀水箱补水定压装置，高位膨胀水箱设置电接点浮球式液位传感器，补水泵为定速泵，实行液位控制的开、停运行模式。经过近 10 年，至目前运行情况一直很好。

9.2.2 不恰当的选择补水装置，补水泵流量远大于补水量

【案例 123】 某地综合楼 6 号楼，建筑面积 5370.8m²，地上 4 层，空调冷负荷 568kW，空调热负荷 434kW，主要设备为风机盘管加新风机组，设计人员选用补水泵流量为 10m³/h。

【分析】 如何确定供暖空调水系统的补水量和补水泵流量，国内各种文献推荐的方法不尽相同：有的文献推荐按系统水容量的一定比例确定，还有的文献推荐按系统循环水泵流量（率）的一定比例确定，到底那一种方法合理呢。我们知道，为什么要往系统补水是因为系统出现缺水（包括泄漏、人为放水和蒸发等），按道理应该是缺多少补多少；而缺水量应与系统的水容量（容积）呈正相关，即系统的水容量越大，系统中管道设备的外露表面积就大，缺水的机会越多，相应的补水量也越大。但是系统的缺水量与系统循环水量（每小时流率）不存在正相关，不能说循环水量越大缺水的机会越多。因此，编者推荐的方法是：供暖空调水系统的缺水量按系统水容量的 1.0%～1.5% 计算，补水量按缺水量的 2 倍即系统水容量的 2%～3% 计算，补水泵的小时流量按补水量的 2 倍计算，但不超过系统水容量的 10%（每小时流量），因此，《民用建筑供暖通风与空气调节设计规范》GB 50736—2012 第 8.5.16 条明确规定："补水泵的总小时流量应为系统水容量的 5%～10%"。但是冷却水系统的情况则不同，由于冷却水系统是开式系统，除了管道设备的泄漏外，飘逸和蒸发的损失更大，而冷却水系统的水容量比较小，循环水量较大，按冷却水系统的水容量的百分比计算就不尽合理，而且不够安全。为了安全起见，推荐冷却水系统补水量按系统循环水泵小时流量的 2% 左右确定，但是设计人员应该明确，进行冷却水系统补水设计时，设计人员的任务只是根据补水量及流速或当地水压确定补水管的直径，由自来水管道补水，一般不再另外设置补水定压装置，维持一定的水位，即是解决了水系统的定压问题。

如何计算空调水系统的水容量，一般文献均推荐，空调水系统的单位建筑面积水容量可按表 9.2-1 确定。

空调水系统的单位建筑面积水容量（L/m²） 表 9.2-1

空调方式	全空气系统	水-空气系统
供冷和采用换热器供热	0.40～0.55	0.70～1.30

结合本案例，如果近似取单位建筑面积水容量为 1.20 L/m²，则空调系统水容量大约为 1.20L/m²×5370.8m²=6444L=6.4m³，按水容量的 6%～10% 计算，补水泵流量可以选 0.38～0.64m³/h。但是设计人员选用补水泵流量为 10m³/h，远远大于计算流量，设计人员是否经过计算，不得而知，而设备供货商的推荐也是不能排除的因素。

9.3　补水定压系统

9.3.1　与城市热力网直接连接的建筑物室内供暖系统中，再设置膨胀水箱

【案例 124】　某地××住宅小区 18 号楼，建筑面积 29350.37m²，地下 2 层，地上 19 层，室内为供、回水温度 45/35℃ 的地面辐射供暖系统，冬季供暖设计热负荷为 842.9kW。供暖系统竖向分为两个区，1～11 层为低区，12～19 层为高区，设计人员在两个系统中均设置了高位膨胀水箱，作为系统补水定压装置。

【分析】　高位膨胀水箱是为了调节系统中的水在加热或冷却时，系统水量的变化（膨胀或收缩）并起到定压作用的装置，高位膨胀水箱补水定压是最简单而稳定的方式。由于一般城市热力网在热源（电站、锅炉房或热交换站）都设置有补水定压装置，建筑物的室内用户系统直接与热力网连接时，室内的膨胀水箱如同一组散热器连接在系统上，它已经不能起到补水定压作用。相反地，当热源的循环水泵停止运行时，处于热力网静水压力线以下的膨胀水箱就会溢水而出现事故，因此，连接在城市热力网的建筑物供暖系统中再设置膨胀水箱就是错误的。

9.3.2　由于补水点设置错误，系统无法运行

【案例 125】　某医院综合楼，建筑面积 31379.9m²，地下 1 层，地上 16 层，夏季空调冷负荷 2102kW，冬季空调热负荷 1769kW。冷热源机房设置在地下室，夏季采用电制冷机，冬季采用城市热网加换热器换热。该工程投入运行后，发现夏季的效果较好，但是冬季最上面几层室温很低。

【分析】　经过现场检查发现，系统上部几层空气处理机的供水管温度计指示不到 10℃，根据分析，认为是系统上部出现缺水，再打开供回水立管顶部的排气阀，也没有水流出来，证实是系统上部缺水。到冷热源机房检查，发现补水装置补水泵的出口管只接在冷冻水泵的入口，如图 9.3-1 所示，当夏季转换阀关闭后，冬季水系统就没有补

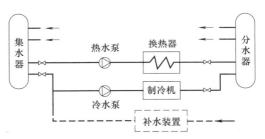

图 9.3-1　医院综合楼补水点位置不正确示图

水，因此出现上部缺水。后来将补水管改到集水器上，不管季节阀门怎么转换，都不会出现缺水问题（图 9.3-1）。

【案例 126】　某地 B 座商业综合楼，总建筑面积 57979.63m²，地下 2 层，地上 1～3 层为商业裙楼（建筑面积 21930.27m²，空调面积 16008.5m²，），地下 1 层至地上 3 层设置集中空调系统，夏季冷水温度为 7/12℃，冬季热水温度为 55/45℃。4 层以上有两栋塔楼写字间，1 号楼为 4～28 层，2 号楼为 4～29 层，室内均为 55/45℃ 地面辐射供暖系统。设计人员在机房设计时，将补水管只连接到夏季的冷水管道上（如图 9.3-2）。

【分析】　该案例与上例相似，设计人员将补水管只连接到夏季的冷水管道上，当季节转到冬季工况时，"夏开冬关"阀关闭，即夏季冷水管道上的转换阀门关闭，此时，冬季

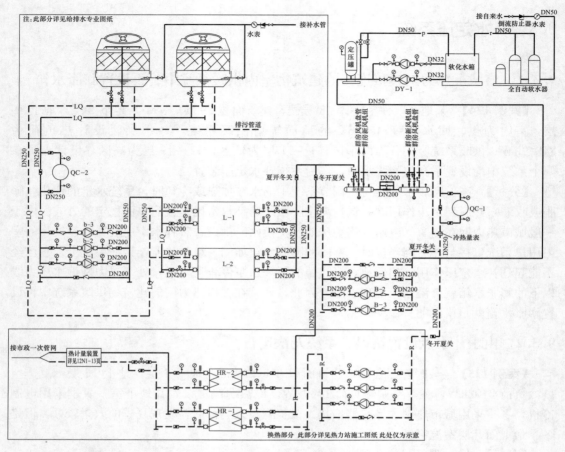

图 9.3-2　商业综合楼补水点位置不正确示图

热水系统无法得到补水，系统运行一段时间后，就会出现系统缺水而无法运行。正确的设计应该是将补水管连接的集水器上，不管季节阀门怎么转换，都不会出现缺水现象。

9.3.3　将补水管连接在循环水泵出口的管道（空调分水器）上

【案例127】　某地某大厦，总建筑面积 $73833.98m^2$，地下 2 层，地上 29 层，高度 127.5m，大厦采用集中与分散相结合的空调系统，夏季冷负荷为 6407kW，冬季热负荷为 2824kW。1～26 层为冷冻水集中空调系统；27～29 层为变制冷剂流量多联机系统；集中空调水系统竖向分为三区：1～6 层为低区，7～14 层为中区，14～26 层为高区。夏季冷水温度为 6/12℃，冬季热水温度为 45/40℃。

【分析】　该工程采用制冷量 1758kW 的水冷离心式冷水机组 2 台和制冷量 1530kW 的螺杆式空气源冷水（热泵）机组 2 台，夏季 4 台机组同时供冷，冬季采用热泵机组供热（单台供热量为 1620kW），机房配置冷水循环水泵 3 台（两用一备）、冷却水泵 3 台（两用一备）、热水循环水泵 3 台（两用一备）及分集水器、补水定压装置等。由图示可以看出，设计人员将补水管连接在循环水泵出口的管道（空调分水器）上，存在极大地安全隐患（图 9.3-3），**【案例97】**对此已作过详细的分析。

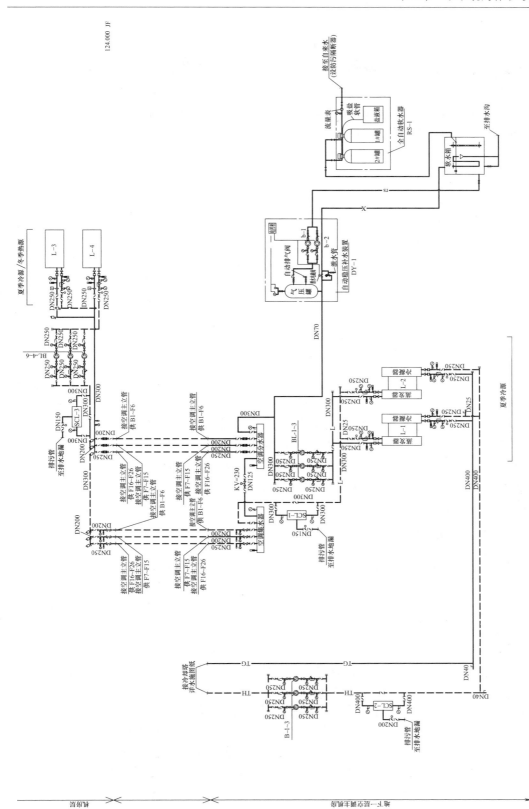

图 9.3-3　补水管连接在循环水泵出口

9.3.4　膨胀水箱循环管连接位置错误

【案例128】　某地一小型别墅工程，室内为散热器供暖系统，热源为自备燃气热水器，供暖系统采用高位膨胀水箱补水定压，其系统连接如图9.3-4所示，设计人员将高位膨胀水箱的循环管连接在系统的供水管上，出现在热水器供回水温度正常的情况下，散热器散热量很少，室内温度很低的现象。

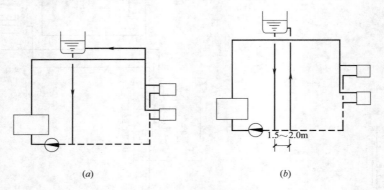

(a)　　　　　　　　　　　　　　(b)

图9.3-4　膨胀水箱的连接
(a) 错误的设计；(b) 正确的设计

【分析】　出现这种情况的原因是设计人员对膨胀水箱各种连接管的作用和连接位置不甚了解，错误地将循环管连接到系统的供水管上，如图9.3-4 (a) 所示。这样，在系统运行时，就有一部分水在供水管、循环管与膨胀管之间进行循环，形成供水管-循环管-膨胀水箱-膨胀管-回水管的循环，减少了流过散热器的水量，所以，室内温度很低。正确的连接方式应该是，循环管一端（出水口）连接在膨胀水箱上，而另一端（进水口）应连接上循环水泵入口的总回水管上，而且其连接点与膨胀管的连接点的距离宜为1.5～2.0m，如图9.3-4 (b) 所示。

9.3.5　同时采取两种补水定压措施

【案例129】　某国企高新技术产业材料研发中心，地下3层，地上15层，建筑面积39319.4m²，空调面积22716m²。夏季冷负荷2257kW，冷负荷指标99W/m²；冬季热负荷1215kW，热负荷指标53.5W/m²。设计人员同时采用高位膨胀水箱和气压罐加定速泵进行补水定压（图9.3-5）。

【案例130】　某地行政楼（审判庭），地上9层，高度33.15m，冷却塔在副楼4层，高度大约14m，冷热源机房分别设置冷水泵和热水泵，设计人员也是采用补水泵和高位膨胀水箱同时补水定压的方式（图9.3-6）。

【分析】　从冷热源机房流程图可知，上述【案例130】机房配置冷水机组1台，冷冻水循环水泵2台，冷却塔1台，冷却水循环水泵1台，热交换器1台，热水循环水泵2台，水处理装置1套，补水泵2台，另有分集水器、过滤器及附件等。又由冷热源机房流程图可知，上述两个案例的冷却水系统都是采用"抽吸式"流程，即冷却水的流程为：冷却塔→冷水机组→冷水泵→冷却塔，是一种值得推崇的方式。

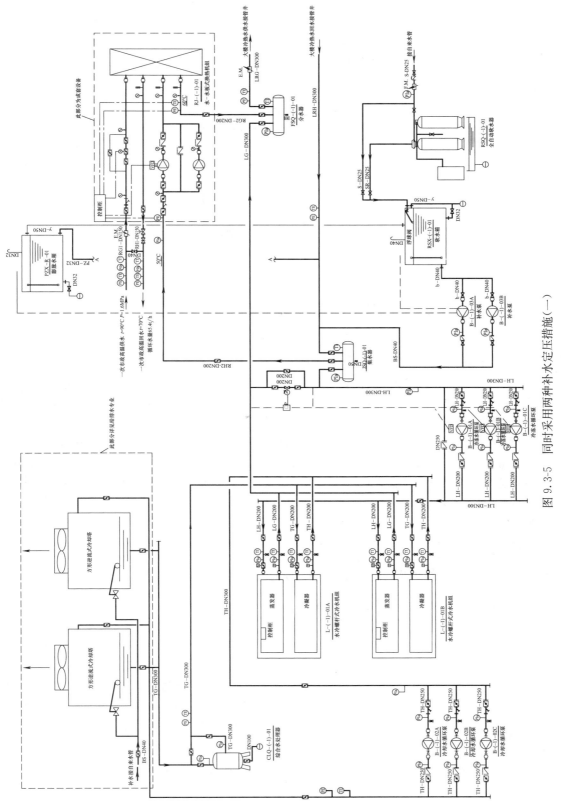

图 9.3-5　同时采用两种补水定压措施（一）

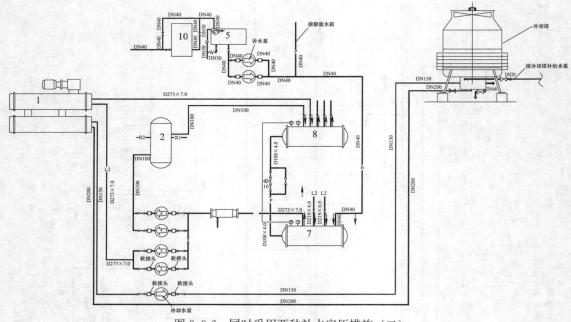

图 9.3-6 同时采用两种补水定压措施（二）

我们知道，供暖或空调水系统采用补水定压装置的目的是保证水系统有足够的压力，不会因系统压力下降而出现系统顶点水位下降和系统倒空，保证系统的正常运行。如果不设置补水定压装置，就不能保证系统的正常运行。目前，实践证明技术成熟的供暖空调循环水系统主要采用以下 3 种补水定压方式：（1）高位膨胀水箱加定速泵（或自来水）补水；（2）气压罐加定速泵补水；（3）变速补水泵补水。设计时应根据水系统的实际情况、复杂程度、投资能力等确定补水定压方式，例如，大型公共建筑如果没有裙楼屋面而建筑主体楼层很高，没有合适的位置设置高位膨胀水箱，就选用气压罐加定速泵补水或变速补水泵补水。应该知道，补水定压只要采用一种方式（装置）就可以了，但以上两个项目的设计人员不作分析，既采用了气压罐加定速泵补水，又设置了高位膨胀水箱，同时采用两种补水定压方式会出现定压点压力不一致的问题，因此，任何一个水系统只能采用一种补水定压方式。

9.3.6 膨胀水箱膨胀管的连接出现原则性的错误

【案例 131】 某地活动中心，建筑面积 $9500 m^2$，地下 1 层，地上 4 层，地下 1 层为车库，地上 1 层为多功能厅，地上 2 层为娱乐场所，地上 3 层为影剧院，地上 4 层为办公场所。设置夏季舒适性空调，空调面积 $6500 m^2$，空调冷负荷 1047kW，配置单台制冷量 523.7kW 的水冷螺杆式冷水机组 2 台，配置循环水泵 3 台（两用一备），制冷机房流程图如图 9.3-7 所示。

【分析】 编者审查发现，该设计采用高位膨胀水箱进行系统补水定压。由于高位膨胀水箱具有定压简单、可靠、稳定、省电等优点，所以业内专业人士和文献均推荐优先采用高位膨胀水箱补水定压，如《民用建筑供暖通风与空气调节设计规范》GB 50736—2012第 8.5.18 条规定："宜优先采用高位膨胀水箱定压"，该设计是符合这一规定的。但是设计人员并不明确高位膨胀水箱定压的原理和注意事项，将高位膨胀水箱的膨胀管直接连接在室内空调水系统的回水立管顶部，以回水立管代替膨胀管；图中显示，在回水立管底部

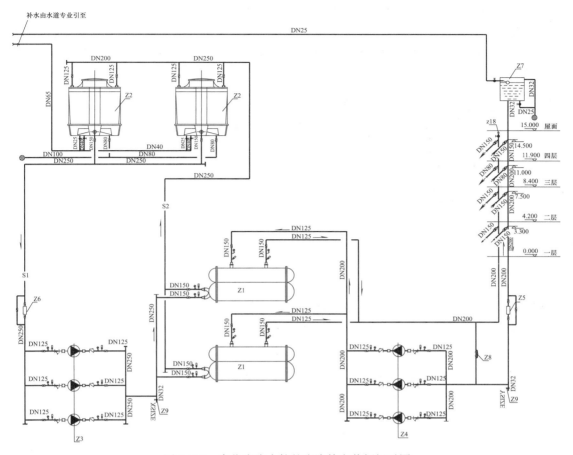

图 9.3-7　高位膨胀水箱的膨胀管安装阀门示图

设置有过滤器 Z5，而过滤器前后都有关断阀。一般技术文献都明确指出，高位膨胀水箱的膨胀管上不允许安装阀门，防止因为阀门关闭时造成系统无法补水而破坏系统的运行，这应该是最基本的专业知识。但本工程设计人员违背这种最基本的专业知识，利用回水立管作膨胀管，并在立管上设置关断阀，这样就存在着极大的安全隐患，这是工程设计中不应该出现的原则性错误，也是设计人员专业基本理论严重缺失的表现。正确的设计方法应该是，高位膨胀水箱的膨胀管应该是独立的，不能与系统的其他管道合用，膨胀管应直接连接到循环水泵入口或集水器上，而且不得安装任何阀门。

9.3.7　不同工作压力的水系统采用同一套补水定压装置

【案例 132】　石家庄某区域锅炉房，总的锅炉装机容量为 21.657MW，锅炉房安装供热量为 6.277MW 的燃气热水锅炉 3 台，供热量为 2.826MW 的热回收热水锅炉 1 台，锅炉的供/回水温度为 80℃/60℃，工作压力为 1.6MPa。为了节约能源，该锅炉房设置了烟气余热回收装置，6.277MW 的燃气热水锅炉各配置回收热量为 900kW 的烟气余热回收器 1 台，2.826MW 的热回收热水锅炉配置回收热量为 400kW 的烟气余热回收器 1 台。4 台锅炉为附近的 6 个换热站输送 80℃/60℃ 的一次水，在换热站制备二次水，为一次水设置 3 台流量为 $540\text{m}^3/\text{h}$、扬程 39m 的循环水泵（两用一备），烟气余热回收器水系统设置 2 台流量为 $143\text{m}^3/\text{h}$、扬程 16m 的循环水泵（一用一备），烟气余热回收器水的温度为 $22℃/30℃$。设计人员配置了一套软水装置及补水定压系统，设置 2 台流量为 $43.3\text{m}^3/\text{h}$ 的补水泵（一用一备）。

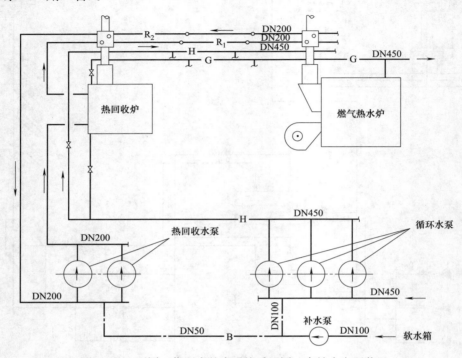

图 9.3-8　不同工作压力的水系统采用同一套补水定压装置

　　【分析】　编者审查该锅炉房的施工图发现，该锅炉房有两个循环水系统（见图 9.3-8）：（1）供/回水温度为 $80℃/60℃$ 的外供水系统，主管直径为 DN450mm，循环水量约为 $1000\text{m}^3/\text{h}$；（2）进/出水温度为 $22℃/30℃$ 的烟气余热回收器水系统，管道直径为 DN200mm，循环水量约为 $143\text{m}^3/\text{h}$，约回收热量 1.16 MW。按照闭式水系统的运行原理，两个水系统都应设置补水定压系统，设计人员虽然设置了补水定压系统，但没有分析两个水系统的工作压力，随意为两个水系统只设置了 1 套补水定压系统。编者审图后，要求设计人员认真计算两个水系统的工作压力及其定压点压力，重新选择配置补水定压系统，但设计人员并没有进行认真的计算，回复审图人员称，两个系统的工作压力是一样的，定压点压力都是 0.2MPa。从理论上分析可知，两个系统的工作压力是不一样的，由于该锅炉房位于地下一层，换热站在室外地面，锅炉循环水泵中心至换热器中心的高差为 7～8m，同时水泵的扬程为 39m，而余热回收系统热回收水泵与余热回收器位于同一层，高差为 2～3m，水泵的扬程只有 16m，由此看出外供水系统的工作压力必然大于余热回收器水系统的工作压力，所以两个水系统的工作压力是不同的，根据确定定压点压力的原则，两个水系统定压点的压力也是不同的。这样的设计应进行修改，即应分别设置补水定压装置，或者为了简化系统，也可以只在外供水系统上设置一套补水定压装置，而在余热回收器水系统上采用高位水箱补水，也不失为一种可行的办法。

第 10 章　通风与防排烟系统设计

通风系统设计指通过合理计算、选择和布置通风设备、风管及附件，合理的气流组织，以达到防止大量热、蒸汽或有害物质向人员活动区散发，防止热、蒸汽或有害物质污染室内外环境的目的。防排烟系统设计指通过合理计算、选择和布置防排烟设备、风管及附件，合理的气流组织，以达到建筑物发生火灾时，能有效地切断烟气流和阻止火灾蔓延，防止危及人身安全和造成财产损失的目的。两者在基本原理和系统设置上有许多相似之处，设计人员要学会掌握其共同点，注意区分两者之间的差异。

10.1　通风系统设计

10.1.1　通风系统的通风量

【案例 133】　河北某房地产公司惠园小区地下车库，建筑面积 18930m²，地下 1 层。车库共分 6 个防火分区，每个防火分区设 2 个防烟分区及排风（烟）系统，每个防火分区设一个补风系统。设计文件只在"设计说明"中注明"换气次数"，在风机性能参数中注明风机风量，而没有注明"计算（设计）风量"。

【分析】　在通风系统设计中，设计人员只列举选用风机的风量，而没有选择依据是施工图设计中存在的十分普遍的现象。从该工程的施工图上得知，排烟风机最大风量 49400m³/h，补风风机最大风量 43000m³//h，这只是所选风机技术参数之一的"风量"。我们从专业理论知道，选择风机、水泵等输送设备时，必须计算系统流量和系统阻力，作为选择设备的依据；其中"流量"有三个值，即"计算（设计）流量"、"选型流量"和"设备流量"，以通风机为例，确定"流量"分为三步：（1）设计人员应按风量平衡法，即消除余热的风量平衡、补充局部排风的风量平衡、消除余湿的风量平衡、降低粉尘及有害物浓度的风量平衡等要求，得出"计算（设计）风量"；（2）考虑漏风等因素，在"计算（设计）风量"上乘修正系数 1.1～1.2，得出"选型风量"；（3）查找风机样本，根据最接近或略大于"选型风量"的风量确定"设备风量"，即是设备表中技术参数之一的"风机风量"。但是现在设计人员基本上做不到这一点，直接给出的就是"风机风量"。编者审查该工程后，要求设计人员补充各个系统的"设计排烟量"、"设计补风量"作为设备选型的依据，并应在"设计说明"中注明。但设计人员在《回复》中称："设计说明已指明换气次数，不必注明设计风量"。这说明设计人员专业理论的严重缺失，这既是一种不负责任的态度，也是工程设计中不能容许的。

设计人员应该知道，计算系统通风量主要有"最小新风量法"、"风量平衡法"和"换气次数法"三种方法，按照专业基本理论，设计人员应该学会并首先采用"风量平衡法"计算风量，这是设计人员技术素质的体现。只有在基础数据不全时，才采用"最小新风量法"和"换气次数法"。不可否认,"最小新风量法"和"换气次数法"有其实践或理论依据,也是技术文献推荐和设计规范允许的,但是,(1)设计人员应该首先学会采用"风量平衡法"计算风量,不要以"换气次数法"排斥"风量平衡法";(2)"换气次数法"是在基础数据不全时采用的变通方法,而且技术文献、设计规范介绍的换气次数相差悬殊,第一,同一文献、规范给出的相同功能区换气次数的幅度是很大的;第二,不同文献、规范给出的相同功能区换气次数更是相差几倍,因此,"换气次数法"或"最小新风量法"都是粗放型的;(3)设计人员即使采用"换气次数法"或"最小新风量法"计算系统风量,也应该在"设计说明"中注明"计算(设计)风量",不能只交待换气次数。

10.1.2　变配电室与其他设备间共用送、排风系统

【案例 134】　河北智高某庄 2 号 B 区地下车库,建筑面积 21443.38m²,地下 1 层,共分 7 个防火分区,停车 680 辆,设计人员将变配电室与换热站共用送、排风系统(图10.1-1a)。

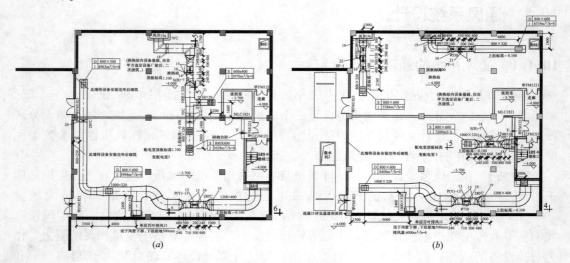

(a)　(b)

图 10.1-1　变配电室与换热站共用送、排风系统
(a) 原设计共用送、排风系统;(b) 修改后分设送、排风系统

【案例 135】　河南某县文化城,该工程地上 3 层,总建筑面积为 32738.77m²,共分 3个区,1 区为图书馆,建筑面积 8309.30m²,2 区为剧场,建筑面积 16120.17m²,3 区为青少年活动中心及老年活动中心,建筑面积 8309.30m²。1 区空调冷热源设于屋面一组空气源热泵模块机组,总制冷量 585kW,总制热量 630kW;2 区空调冷热源设置在楼座下面制冷机房内。机房设一台螺杆式冷水机组,总制冷量 1399kW,一台电热水锅炉,制热量 1058kW;3 区空调冷热源设于屋面一组空气源热泵模块机组,总制冷量 585kW,总制热量 630kW。设计人员将高低压配电室与储藏室共用送风系统和排风系统(图 10.1-2)。

【案例 136】　某地一综合办公楼,地下 2 层,地上 7 层,总建筑面积 11509m²,地下1 层为车库,地下 2 层为职工餐厅、淋浴、设备机房等。地上为营业及办公。车库设置排风兼排烟系统,机械补风;地下 2 层设置排风、补风及排烟系统。设计人员将变配电室与水泵房、库房、走道共用送、排风系统(图 10.1-3)。

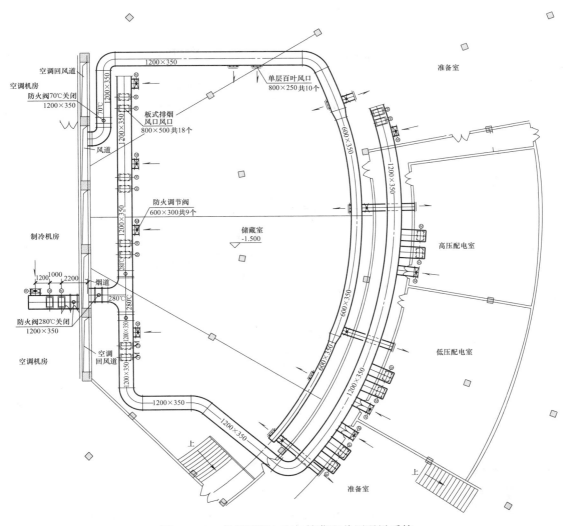

图 10.1-2　高低压配电室与储藏室共用通风系统

【案例 137】　某地港口办公楼，地下 1 层，地上 16 层，总建筑面积约 21420m² ，地上为港口、海关业务用房及会议室、办公室。地下 1 层为车库和设备机房。变压器室、高压配电间、低压配电间与水泵房、工具间及走道等共用送风系统（图 10.1-4）。

【分析】　以上 4 个案例都是将电气设备用房与其他非电气设备用房合用一套通风（送、排风）系统，《民用建筑供暖通风与空气调节设计规范》GB 50736—2012 第 6.3.7条规定，"4 变配电室宜设置独立的送、排风系统。设在地下的变配电室气流宜从高低压配电区流向变压器室，从变压器室排至室外。"《全国民用建筑工程设计技术措施　暖通空调·动力》（2009）4.4.2 规定，"3 变配电室宜独立设置机械通风系统"。因为变配电室的变压器、配电柜（盘）都是发热设备，如果没有设置通风系统，依靠排风带走室内设备的散热，则由于热量的聚集，可能引起电器元件损坏而发生重大事故，因此，为了保证变配电室的安全，各类规范均规定变配电室应设置通风系统，当地上变配电室具备自然通风条件时，可以采用自然通风，当不能满足自然通风条件时，应采用机械通风；而地下变配电

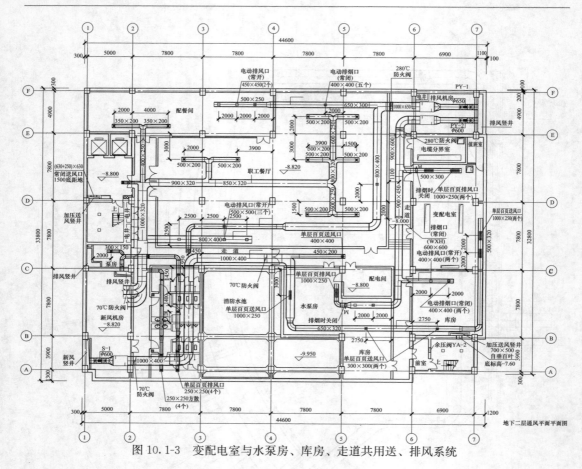

图 10.1-3　变配电室与水泵房、库房、走道共用送、排风系统

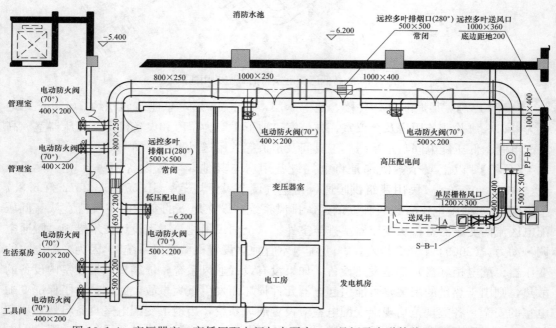

图 10.1-4　变压器室、高低压配电间与水泵房、工具间及走道等共用送风系统

室则应采用机械通风。但是有些工程中，由于建筑专业没有足够的面积设置风道井或者暖通专业人员为了图方便，将变配电室与其他的设备间合用一套通风（送、排风）系统，图10.1-1～图 10.1-3 都是设计人员将变配电室与相邻的水泵房、库房、走道合用一套通风（送、排风）系统的案例，由于水泵房的水蒸气和热空气会通过风管进入变配电室，进一步恶化变配电室的环境，更增加了发生事故的几率；另外，图 10.1-4 中有变配电和变压器室，通风气流应从发热量较小的高低压配电区流向发热量较大的变压器室，形成串联的气流，带走变压器室的高热量，最后从变压器室区排至室外，该设计采用了并联排风的方式，违反了规范的规定。更重要的是，电气设备用房与其他非电气设备用房在火灾情况下的通风方式是完全不同的：非电气设备用房是在火灾时开启排烟系统进行排烟，而电气设备用房是在火灾时关闭通风系统，待灭火后开启排风机进行排风，因此，一般情况下，变配电室宜独立设置机械通风系统，并应符合串联排风的要求，不宜与其他非电气设备用房合用一套通风（送、排风）系统。

10.1.3　排风机设置位置错误

【案例 138】　某工程地下车库内设置柴油发电机房，设计人员为柴油发电机房设计的通风系统见图 10.1-5。通风系统设计包括：送风机 CF1、送风机 CF2、全室排风机 CF3和储油间的排风机 CF4 以及风口和风道。

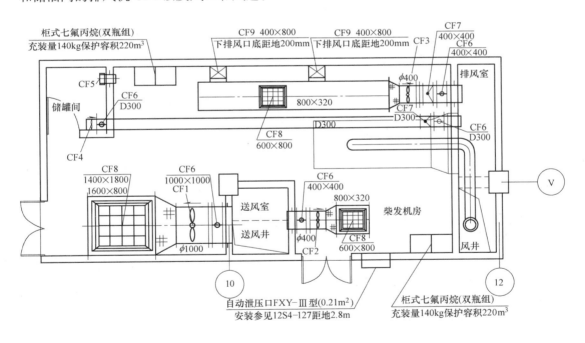

图 10.1-5　排风系统的错误设计示图

【分析】　从工程设计图可知，设计人员设置了两台送风机 CF1 和 CF2，其中送风机CF1 为柴油发电机房补风风机，送风机 CF2 为平时送风机；CF3 为排风机，排风系统设置了上部排风口 CF8 和下部排风口 CF9。但是设计人员将储油间的排风机 CF4 设置在储油间排风管的起点（气流的上游），这样，整个排风管都处于正压段，储油间的含油空气会从风管的法兰连接处或其他不严密处泄漏到发电机房，容易引起火灾，存在极大的安全隐患（图 10.1-5）。因此设计排风（排烟）系统时，应将排风（排烟）风机布置在排风（烟）管的出口段（气流的下游），以保证排风（烟）管处于负压段。设计人员的设计违背了基本的专业知识，是不应该出现的错误。

10.1.4　通风气流组织不妥，造成气流短路

【案例 139】　河北智高某庄 2 号二期地下车库，地下 1 层，建筑面积 7944.84m²，车库内设置移动电站，送风口 DZ-2 和排风口 DZ-4 距离太近，造成气流短路，存在极大的安全隐患（图 10.1-6）。

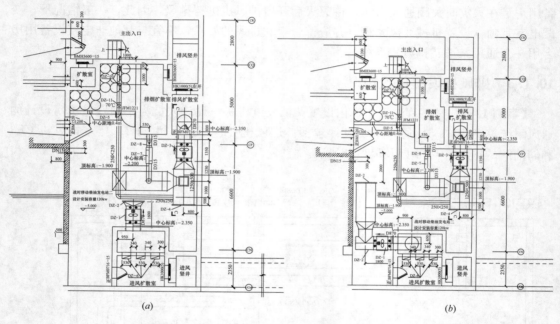

(a)　　　　　　　　　　　　　　*(b)*

图 10.1-6　移动电站送、排风系统设计示图
(a) 原设计；(b) 修改后的设计

【分析】　由示图（图 10.1-6a）可以看出，送风口 DZ-2 和排风口 DZ-4 只是在横轴方向有一定的距离，而在纵轴方向几乎没有距离，从送风口 DZ-2 送出的风，由于气流短路，没有顺畅达到电站的中部，很快就从排风口 DZ-4 排走，电站中部的高温及污染空气没有受到气流的冲刷，根本没有起到降温和排除有害气体的作用，这是一个错误的设计。经编者指出，设计人员作了修改，即将送风管往左边移（图 10.1-6b），加大送风口 DZ-2 和排风口 DZ-4 的距离，防止了气流短路。

10.1.5　在散发污染物较多的场所不设置机械排风设施

【案例 140】　某中医院医疗综合楼，建筑面积 22136.15m²，地下 1 层，地上 15 层，1～4 层为裙楼，5～15 层为诊疗及住院部。编者审图发现裙楼部分一些无外窗的工作间未设机械排风设施，特别是治疗室、处置室等散发有害气体较多的场所。

【分析】　在散发有害气体较多的场所设置可靠的机械通风系统，是医疗工艺的基本要

求。国家标准《综合医院建筑设计规范》GB 51039—2014 第 7.3.4 条规定:"化验室、处置室、换药室等污染较严重的场所,应设局部排风。"编者提醒原设计者进行修改。但设计者回复称,这些场所设置有风机盘管空调系统,室内维持一定的正压,同时由于人员流动大,工作室的门开启很频繁,可以达到换气的目的。设计人员殊不知,这样的换气效果是很差的,因为一般空调区的正压只有 10~20Pa,能形成的换气次数只有 1~2 次/h,对于散发有害气体较多的场所,换气次数太少。国家标准《民用建筑供暖通风与空气调节设计规范》GB 50736—2012 第 3.0.6 条规定,医院建筑设计每小时换气次数宜符合下表的规定(《民用建筑供暖通风与空气调节设计规范》表 3.0.6-3)。

功能房间	每小时换气次数(次/h)
门诊室	2
急诊室	2
配药室	5
放射室	2
病房	2

由此可知,医院的配药室等污染较严重的场所,最小换气次数为 5 次/h,室内正压应在 50Pa 以上,特别是在无外窗的污染较严重的场所不设机械排风设施是严重违反规范规定的。

10.1.6　不分具体情况,一律采用扁平断面风管

【案例 141】　某包装容器工程,建筑面积 8189.4m²,地上 1 层,室内存储火灾危险性丙类的物质,设计人员按规范设计了机械排烟系统,根据最大防烟分区的风量不小于 120m³/(h·m²) 选择排烟风机,风机风量为 60000m³/h。排烟风机设置在夹层吊顶内,其 A—A 剖面图如图 10.1-7(a)所示。

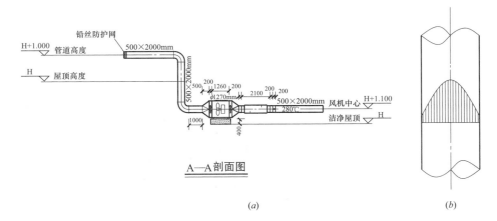

图 10.1-7　扁平断面风管示图
(a) A—A 剖面图;(b) 风管内空气流速分布

【分析】　设计人员在通风工程设计中,不管现场情况如何,一律采用扁平(大长短边比)断面风管的情况是十分普遍的。由于我国高层公共建筑大多是钢筋混凝土结构,楼板

梁比较高，而风管只能沿梁底敷设，这样就限制了圆形风管的应用，采用扁平（大长短边比）断面风管几乎成了不二的选择。但是扁平断面风管内的空气流速呈近似抛物线分布（图 10.1-7b），沿短边气流停滞，形成强烈的涡流，引起实际过流断面减少和阻力损失增加。为了改善风管的气流特性、减少阻力损失，国家标准《民用建筑供暖通风与空气调节设计规范》GB 50736—2012 规定，矩形风管的长、短边之比不宜大于 4，即长边：短边≤4。但实际工程中，大于 4 的情况是相当普遍的，个别甚至达到 10。该工程风管的长、短边之比为 4，虽然没有超过规范的要求，但由于现场没有安装空间尺寸的限制，特别是室外部分的出风管，不应该再采用长、短边之比为 4 的断面，而应该采用正方形或接近正方形的断面，这种情况应该尽量避免。另一方面，对于相同横断面积的管道，以正方形的周长最小，所需的材料最少，从节省材料和施工工程量而言，也应该采用正方形或接近正方形断面的风管。

10.1.7　施工图中缺少最基本的安装尺寸

【案例 142】　某地住宅小区的南区地下车库位于地下 1 层，建筑面积 3210m²，采用平时与火灾时合用排风兼排烟系统，地下室为一个防火分区，分为两个防烟分区。每个防烟分区各设置一套独立的排烟系统，另设置一套送风系统，供平时的送风或排烟时的补风，送风机房的图示见图 10.1-8（a）。

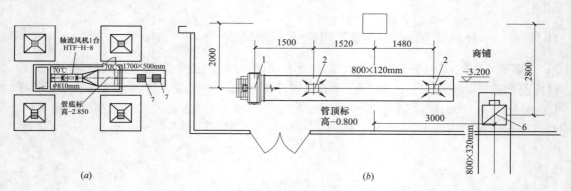

图 10.1-8　通风平面图的尺寸标注
(a) 未标注安装尺寸；(b) 安装尺寸标注完整

【分析】　在设计人员提供的图纸中，除了标注风机型号、风管尺寸、管底标高和送风口编号外，再没有任何标注。设计人员没有按《建筑工程设计文件编制深度规定》（2016年版）的规定，绘制详（大样）图，注明设备、部件和阀门的安装尺寸和定位尺寸，尺寸标注十分不完整，施工单位无法施工，只好一切都是由施工单位在现场随意处理。这样的设计应判为不合格，设计人员应补充详（大样）图，以指导施工。图 10.1-8（b）标注了风管和风口的定位尺寸、地面标高、风管顶标高、风管的尺寸和送风口的编号（14），一切施工都有据可依，是一个标注完整的图示，可供参考。

10.1.8　多台并联风机出口未安装止回阀

【案例 143】　某地商业大厦，建筑面积 80858.73m²，地下 1 层，地上 20 层，地下 1

层为超市与设备用房，1 层至 5 层为商场，6 至 20 层为办公室。商场部分采用空调系统，办公室部分采用地面辐射供暖系统。地下 1 层分为 8 个防火分区，由于每个防火分区的面积均不超过 2000m²，设计人员为每个防火分区设置一套排风兼排烟系统（图 10.1-9）。

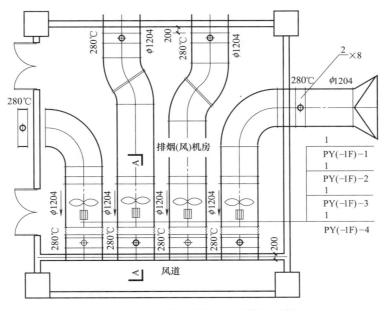

图 10.1-9　并联风机出口未安装止回阀

【分析】　图 10.1-9 为防火分区 1～4 的排烟（风）机房平面图，布置了 4 个排烟（风）系统 PY（-1F）-1～PY（-1F）-4 和 4 台排烟（风）风机 1。审查施工图后发现，设计人员在排烟（风）风机入口和出口均安装了 280℃的排烟防火阀，但在风机出口未安装止回阀，在剖面图 A-A 上也没有见到止回阀，这是技术措施的严重缺失。正确的设计应该是在每台风机出口的风管上设置只允许气流向外的止回阀，或者将出口风管伸入风道，设置向上的 90°弯头，防止运行风机排出的烟气倒流入停止运行的风机，从风管和风口窜入室内而发生次生灾害事故。

10.1.9　排风系统设备布置错误

【案例 144】　某大学武汉基地科技中心，地上 5 层，建筑面积约 15123.08m²，建筑平面分为 1、2、3、4 区，其中 1 区 1 层、2 区 1 层、2 层、3 层、4 层设置空调系统，其他场所仅设置通风或排烟系统。设计文件称，1 区 1 层 180 座报告厅采用多联机空调系统，室外机位于 5 层屋面上，设计空调冷负荷为 83.03kW，空调热负荷为 71.94kW；2 区 350 座报告厅采用空气源热泵冷热水机组，室内为全空气系统，设计空调冷负荷为 170kW，空调热负荷为 156kW；2 区博物馆采用柜式分体空气系统，设计空调冷负荷为 174.22kW，空调热负荷为 165.6kW。即在不同的功能区采用不同的空调形式。审查施工图发现排风系统设备设置错误。

【分析】　图 10.1-10 为 1 区 1 层的空调通风平面图（局部），由示图可以看出，设计人员将茶水间、储藏和控制室的排风合用一个系统，将排风机设置在各场所的排风支管

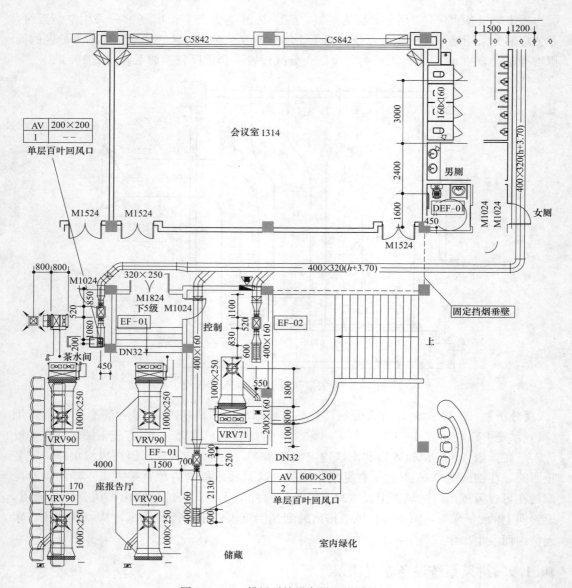

图 10.1-10　排风系统设备设置错误示图

上，经排风总管排至室外（图 10.1-10）。这种将排风机设置在各场所的排风支管上的方法，形成风机出口管段处于正压段，这样，从污染场所排出的污浊空气会通过风管的不严密处泄漏到其他清洁区，该设计属于基本原理的错误，正确的设计方法应该是将排风机设置在排风总管上靠近外墙或排风竖井的位置，《民用建筑供暖通风与空气调节设计规范》GB 50736—2012 第 6.5.6 条规定"排风系统的风机应尽可能靠近室外布置"，就是为了尽量减少排风管道正压段风管的长度，降低污浊空气对室内环境的影响。即使各排风场所排出的空气不是污浊空气而在排风支管上设置排风机，也应该在各自的分支管上设置密封性能良好的止回阀，防止各场所的空气相互串通。但该设计没有设置止回阀，也是违反设计的基本原理的。

10.1.10 不恰当的采用自然送风方式

【案例 145】 某县人民法院审判庭及办公楼工程，地下 1 层，地上 8 层，建筑面积约 18950m²，1～2 层中法庭和大审判庭设置集中空调系统，地下车库、设备用房设置通风系统，图 10.1-11 为柴油发电机房的通风系统。

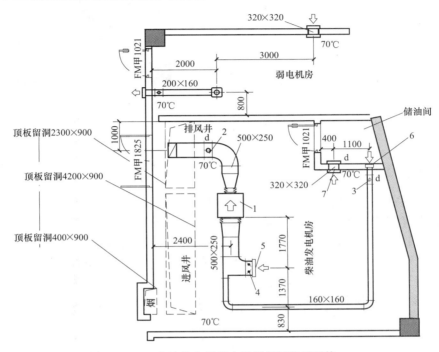

图 10.1-11 柴油发电机房未设置机械送风系统

【分析】 审查施工图发现，设计人员在柴油发电机房采用的通风方式为，设置排风机的机械排风和自然送风补风系统（图 10.1-11）。设计人员没有认真思考该设计的合理性，以为排风机运行时一定能够形成自然补风，其实，这是一种理论的误区。根据通风设计的原理，机械排风时要实现自然补风是有条件的，不是任何时候都能形成自然补风的，即排风机的风压应克服从室外进风口、进风竖井、室内区、室内排风口、排风管、排风竖井至室外排风口所有的沿程阻力和局部阻力。经查，设计排风机 1 的风量为 1466m³/h，风压为 95Pa，又由于进风井为土建风道，阻力损失很大，95Pa（9.5mmH₂O）根本不足以克服所有的阻力，因此，应该设置机械送风系统进行补风。

10.1.11 室外布置的送、排风口距离太近，形成气流短路

【案例 146】 某地高层办公楼，地下 1 层，地上 11 层，建筑面积约 12620m²，该工程设置集中空调系统，采用变制冷剂多联机加新风系统，夏季冷负荷为 1867.48kW，冬季热负荷为 1335.8kW。大会议室采用吊柜式空调机处理加独立新风系统，独立新风系统采用的是带热回收的新风处理机组（图 10.1-12 中的组合式新风换气机 LY-10000）。

【分析】 审查该施工图可知，组合式新风换气机的室外进风口和室外排风口在同一外

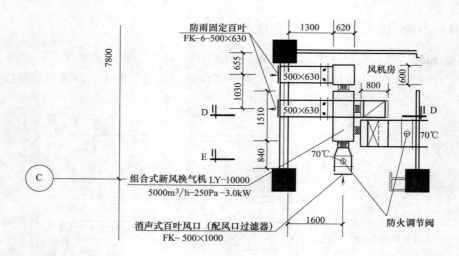

图 10.1-12　室外进、排风口距离太近示图

墙上，标注的室外进风口和室外排风口两个防雨固定百叶之间的水平距离为 1030mm，竖向高度也没有错开，这样的设计也是违反设计基本原则的。《民用建筑供暖通风与空气调节设计规范》GB 50736—2012 第 6.3.1 条规定，"机械送风系统进风口的位置……应避免进风、排风短路；"对于改善室内舒适性环境的无污染排风，对室外进风口和室外排风口之间的距离虽然不必像排除污染物那样严格（竖向距离 3m，或不同方向，或水平距离 10m），但该设计的两个防雨固定百叶在同一标高，水平距离只有 1.03m，则是完全不能允许的。

10.2　防排烟系统设计

10.2.1　地下车库排烟系统的排烟量不符合规范的规定

【案例 147】　某地国际工程，地下汽车库总建筑面积 15123.08m²，共分为三期，7 个防火分区，其中第三期包括第 5、第 6、第 7 防火分区，每个防火分区面积不超过 4000m²，每个防火分区分为两个防烟分区，每个防烟分区面积不超过 2000m²。

【分析】　该工程"设计说明"称，"车库排烟量按每小时 6 次换气计算，补风量按排烟量的 50% 计算。"经查，该工程为 2015 年 10 月设计的，但上述"车库排烟量按每小时 6 次换气计算"是执行《汽车库、修车库、停车场设计防火规范》GB 50067—97 的规定，第 8.2.4 条规定："排烟风机的排烟量应按换气次数不小于 6 次/h 计算确定。"而从 2015 年 8 月 1 日开始应执行《汽车库、修车库、停车场设计防火规范》GB 50067—2014，其中第 8.2.5 条规定："汽车库、修车库内每个防烟分区排烟风机的排烟量不应小于表 8.2.5 的规定。"由于《汽车库、修车库、停车场设计防火规范》GB 50067—2014 表 8.2.5 规定的排烟风机的排烟量基本上是按照性能化防火设计理念计算并经过适当简化整理确定的，比《汽车库、修车库、停车场设计防火规范》GB 50067—97 规定换气次数 6 次/h 的排烟量小得多，对应的换气次数（次/h）见表 10.2-1。

不同净高车库中防烟分区面积 2000m² 的排烟量及换气次数 　　表 10.2-1

车库的净高（m）	车库的排烟量（m³/h）	对应的换气次数（次/h）
3.0 及以下	30000	5
4.0	31500	3.93
5.0	33000	3.30
6.0	34500	2.88
7.0	36000	2.57
8.0	37500	2.34
9.0	39000	2.17
9.0 及以上	40500	2.25

由《汽车库、修车库、停车场设计防火规范》GB 50067—2014 表 8.2.5 可知，任何净高 3.0m 及以下车库，排烟风机的最小排烟量为 30000m³/h，对于防烟分区面积 2000m²、净高 3.0m 的车库而言，相当于换气次数 5 次/h，净高越高，换气次数越少，当净高等于或大于 5m 以后，换气次数均小于 3.3 次/h，这是《汽车库、修车库、停车场设计防火规范》GB 50067—2014 最大的变化，因此，从 2015 年 8 月 1 日起，设计人员不应该再执行《汽车库、修车库、停车场设计防火规范》GB 50067-97 的规定。

10.2.2　地下车库两个防烟分区合用一个排烟系统

【案例 148】　某地住宅小区 B 区 3 号楼，地下车库面积 8530.72m²，扣除楼梯间等部位的面积，车库划分为两个防火分区，每个防火分区面积不超过 4000m²，每个防火分区分为两个防烟分区，每个防烟分区面积不超过 2000m²。

【分析】　经审图发现，设计人员是按地上建筑设置排烟系统的方法，在每个防火分区各设置一套机械排烟系统，一个排烟系统负担两个防烟分区。按规范规定，地下汽车库排烟风量应执行《汽车库、修车库、停车场设计防火规范》GB 50067—2014 表 8.2.5 的规定，一个排烟系统负担一个防烟分区时，风机的规格和风管的尺寸就比较合适。如果一个防火分区只设一个排烟系统，则排烟风量超过 60000m³/h，这样就造成排烟系统风量过大，风管尺寸过大，控制系统也过于复杂。所以，地下车库应按防烟分区设置独立的排烟系统，而不能像地上一样，两个防烟分区合用一个排烟系统。

10.2.3　该设置防火阀处未设置防火阀

【案例 149】　某地公共建筑的 1 层与 2、3 层在部分平面处垂直贯通，形成共享大厅，大厅周围为防火卷帘，设计人员在周边布置空调风管，但在防火分区处未设置防火阀（见图 10.2-1）。

【分析】　该工程共享大厅周围为防火卷帘，形成独立的防火分区，此时在共享大厅周围设置侧送风口，按《建筑设计防火规范》GB 50016—2014 第 9.3.11 条（强制性条文）的规定，应该在穿越防火分区处设置公称动作温度为 70℃ 的防火阀，设计人员在穿越防火分区的侧送风口未设置防火阀，是不符合规范规定的。

【案例 150】　穿越消防水泵房的风管未设置防火阀。

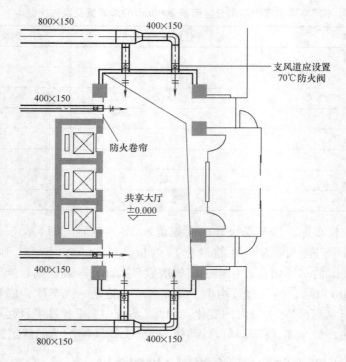

图 10.2-1　穿越防火分区处未设置防火阀

【分析】　许多工程设计中，穿越消防水泵房的风管未设置防火阀是十分普遍的现象。编者提醒设计人员，消防水泵房不同于一般的水泵房，当建筑物发生火灾时，消防水泵房为消防灭火的核心站房之一，设计方案应保证消防水泵在火灾情况下仍然能正常工作，不受到火灾的威胁。因此，应将消防水泵房视为《建筑设计防火规范》GB 50016—2014 第9.3.11 条中提到的"重要"房间，所以，穿越消防水泵房隔墙处的送排风管均应设置70℃的防火阀。

【案例 151】　某工程的集中空调送风管、回风管的布置如图 10.2-2 所示。该工程的空

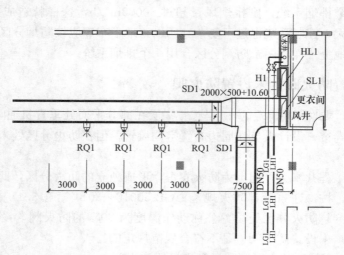

图 10.2-2　全空气空调系统的回风口未设置防火阀

调送风管 SD1 是与送风井 SL-1 连接的，集中回风口 H1 是与回风井 HL-1 连接的，但是设计人员没有在送风管 SD1 和回风口 H1 处设置 70℃防火阀，回风口 H1 处连风量调节阀也没有。

【分析】　在全空气集中空调系统中，采用送风管和风口送风，但不设置回风口和回风管，而在空调机房侧墙上布置集中回风口的方式是设计中普遍存在的情况，编者审查的施工图几乎都没有设置 70℃防火阀。《建筑设计防火规范》GB 50016—2014 第 9.3.11 条规定（强制性），"通风、空气调节系统的风管下列部位应设置公称动作温度为 70℃ 的防火阀：……2 穿越通风、空气调节机房的房间隔墙和楼板处；……"但是，对于只在空调机房侧墙上布置集中回风口的情况，设计人员往往忽略在集中回风口处设置任何防火措施，这是违反规范规定的，而且存在极大的安全隐患。因为侧墙布置的集中回风口属于通风系统的一个设计环节，因此应按规范规定设置 70℃防火阀（见图 10.2-2）。

10.2.4　在同一区域内采用两种不同的排烟方式

【案例 152】　某工程内走道总长度 70m，走道一侧有可开启外窗。建筑专业在内走道中部距可开启外窗 25m 处设置挡烟垂壁，将走道分为两段，认为可以实现 A 段采用自然排烟，B 段长度为 45m，按规范要求而采用机械排烟。

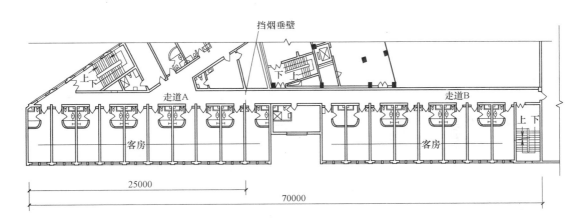

图 10.2-3　同一区域内采用两种不同的排烟方式

【分析】　图 10.2-3 为该工程的走道排烟设计示图。该设计在同一条走道采用两种不同的排烟方式，没有考虑烟气的流动方向和排烟距离。挡烟垂壁作为划分防烟分区的一种措施，应出现在机械排烟的场所。图 10.2-3 的内走道虽然在中部距可开启外窗 25m 处设置挡烟垂壁，但 A 段的可开启外窗起不到排烟口的作用，因为在 B 段排烟风机的作用下，可开启外窗成为实际的补风口。同时，B 段机械排烟风机的排风量是按 B 段走道的面积每平方米 60m³/h 计算的，排烟风量不能满足 A 段的排烟需求，而且排烟口距防烟分区内最远点距离也超过 30m，这些都是不符合规范规定的。

【案例 153】　某国际酒店，建筑面积 17621.56m²，地下 1 层，地上 12 层，1~2 层为多功能场所，3~12 层为客房，地下 1 层为戊类储藏室，分为两个防火分区，④轴为防火分区线。

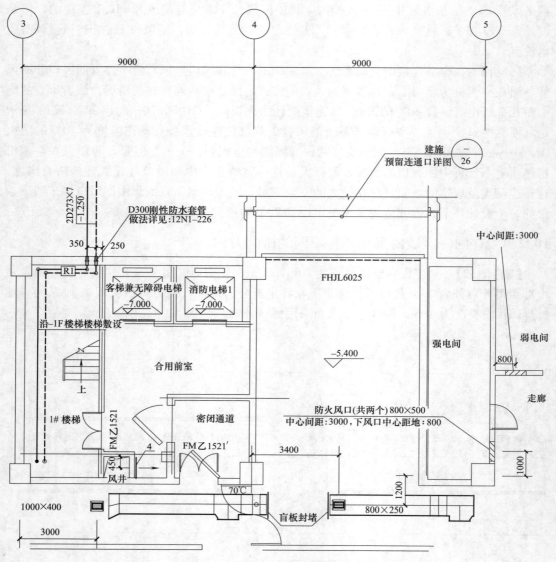

图 10.2-4 排烟系统跨越两个防火分区

【分析】 设计的排烟系统 PY-1 为第一防火分区的排烟系统，但图面显示，排烟管道跨越防火分区线④轴伸到第二防火分区，并在防火分区处设置 70℃防火阀（图 10.2-4）。这样的设计是违反规范规定的。

10.2.5 内走道没有排烟措施

【案例 154】 某科研楼，位于寒冷地区，建筑物地上 4 层，建筑面积 4326.33m²，室内设计为 85/60℃散热器供暖系统，供暖热负荷为 145.1kW，热负荷指标为 37.8W/m²，系统制式为上供中回（回水干管在 1 层顶板下）单管跨越式系统。3 层内走道长度为 60.5m，①轴处无外窗，⑨轴处有外窗，中间有两部疏散楼梯，内走道未设置排烟设施（图 10.2-5）。

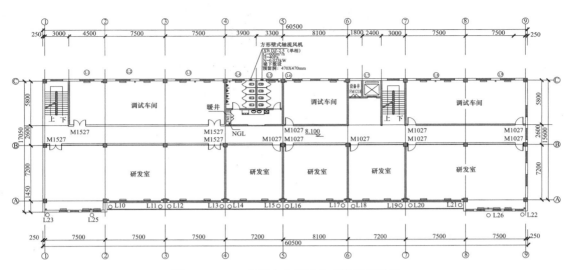

图 10.2-5　一字形内走道没有采取排烟措施

【分析】　《建筑设计防火规范》GB 50016—2014 第 8.5.3 条规定（强制性），"民用建筑的下列场所或部位应设置排烟设施：……5 建筑内长度大于 20m 的疏散走道。"该综合楼内走道长度为 60.5m，但设计人员认为建筑物左右两端的中部有楼梯间，可以实现自然排烟，而且最远点距楼梯间也不超过 30m，所以没有采取排烟措施，该分析是对排烟原理的误解。根据排烟的基本原理，人员的疏散方向应该和烟气的流动方向相反。因为烟气从着火点流向排烟口时，排烟口处的烟气浓度最大，而人员疏散则应该避开烟气浓度最大的区域，如果楼梯间的外窗成为排烟口，则楼梯间的烟气浓度最大，会影响人员疏散，造成极大的危险，所以从人员疏散安全考虑，楼梯间的外窗不能作为排烟口，该科研楼的内走道应设置机械排烟系统，即在内走道设置板式排烟口和排烟竖井，而且排烟口距疏散楼梯边缘的水平距离应不小于 1.5m。

【案例 155】　某地的生物产业孵化器项目，位于寒冷地区，建筑面积 23974m²，空调面积 19733m²，地上 5 层（局部），其功能为科研建筑。室内采用制冷剂变流量多联式空调系统，夏季设计冷负荷为 2760kW，单位面积指标为 140W/m²，设计人员在 Z 字形内走道未设置排烟设施（图 10.2-6）。

【分析】　该工程在二层、三层的①—⑨轴交Ⓙ-Ⓚ轴部分为内走道，在⑨-⑪轴交 K 轴处为防火卷帘，①—③轴有圆形外窗，在⑨轴有外窗，其他地方无对外窗口。经检查，如图中虚线所示的烟气路径呈 Z 字形，烟气路径的长度为 67m，虽然开窗面积足够，只是距离两端窗口各 30m 可以实现自然排烟，而中间还有 7m 无法实现自然排烟。《全国民用建筑工程设计技术措施　暖通空调·动力》（2009）4.9.4 规定："自然排烟口的设置应符合下列要求：……2 距该防烟分区最远点的水平距离不应超过 30m。"同时，《实用供热空调设计手册》表 13.3-1 序号 1 关于自然排烟口的限定条件为"一端有可开启外窗自然排烟，长度≤30m。"因此，该设计违反规范的规定，存在火灾安全隐患。

10.2.6　内走道排烟措施不妥

【案例 156】　某地科研楼，地上 5 层，各层平面尺寸（轴线）为 47.00m×

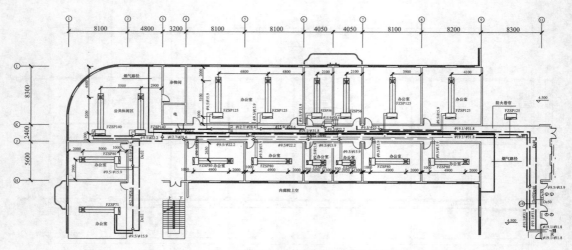

图 10.2-6　Z 字形内走道没有采取排烟措施

20.40m，室内为地面辐射供暖系统，供/回水温度为 45℃/35℃。设计人员在内走道⑤轴处设置普通门，把内走道划分为两个防烟分区，两边均设置内走道排烟口和排烟竖井（图10.2-7）。

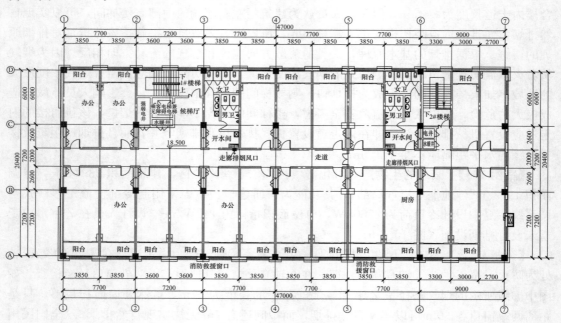

图 10.2-7　内走道排烟措施不妥

【分析】　本工程设计人员在两个防烟分区均设置排烟口和排烟竖井是没有依据的，也是不必要的。经查，①——⑤轴防烟分区的长度为 30.30m，①轴处没有外窗，故设置了机械排烟系统是必要的。而⑤——⑦轴防烟分区的长度只有 16.60m，而且该层的图示中，⑦轴处有外窗，具备自然排烟的功能，不必设置机械排烟系统，所以本工程设置两个机械排烟系统是一种极大的浪费。

10.2.7　机械排烟系统采用错误的控制方式

【案例 157】　位于福州市的某公共建筑工程，地下 2 层，地上 21 层，其中地上 1～6 层为大型商业区，7～21 层为办公区。地下 1 层层高 5.7m，部分区域为超市，超市中一个防火分区的面积为 1968m²，共分为 4 个防烟分区，防烟分区的面积分别为 486m²、457m²、497m² 和 488m²。4 个防烟分区共用一个机械排烟系统，按最大防烟分区面积 497m² 和单位面积排烟量 120m³/h 计算得到排烟量为 60000m³/h，排烟系统补风量为 30000m³/h，设计人员采用空调通风与机械排烟系统分别设置风机、风口和风管的分设系统（图 10.2-8）。设计人员称，"通风系统和排烟系统分别设置独立的风机、风口和风管通过防火阀及消防联动系统对系统进行平时和火灾时的切换。主要控制方式为：通风、空调系统风管设置 70℃ 防火阀 1，平时为开启状态，发生火灾时，管道内气体温度达到 70℃ 时，防火阀 1 自行关闭，并通过消控中心控制，关闭排风风机①；……。补风系统和空调送风系统共享风机和管道……"

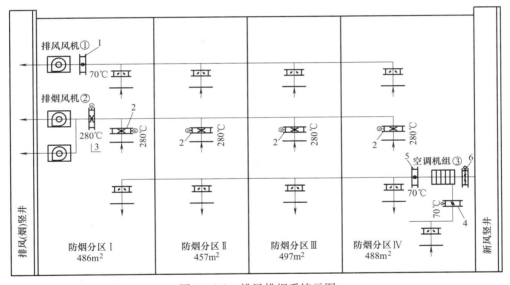

图 10.2-8　排风排烟系统示图

1、5—70℃防火阀；2—280℃常闭排烟防火阀；3—280℃常开防火阀；

4—70℃电动防火阀；6—电动调节阀

【分析】　该案例在同一功能区为空调通风与机械排烟分别独立设置风机、风口和风管系统，但设计采用的控制方式有误，存在极大的安全隐患。在空调通风与机械排烟系统分别设置或合并设置的两种方案中，分别设置风机、风管和风口系统的方案具有控制简单、操作方便等优点。根据实际经验，当建筑层高较高，建筑吊顶内有足够的空间时，可以采用这种分别设置系统的方案，该超市区层高为 5.7m，即采用分别设置系统的方案。需要注意的是，在采用这种系统的方案时，必须采取正确的控制方式。但是，该工程采用的平时空调通风系统的控制方式是错误的，按设计人员的意图，当发生火灾时，空调通风风机③和排风风机①都在运行，只有当管道内气体温度达到 70℃ 时，防火阀 1 自行关闭，并通过消控中心控制，才关闭排风风机①；说明在发生着火时，并没有关闭空调通风风机，从开始着火到气体温度达到 70℃ 的一段时间内，烟气同时从空调通风风管和机械排烟风管排出，气体温度达到 70℃ 时，才关闭排风风机①。这是一种错误的控制方式。《火灾自动报警系统设计规范》GB 50116—2013 第 4.5.2 条规定："1 应由同一防烟分区内两只独立的火灾探测器的报警信号，作为排烟口、排烟窗或排烟阀开启的联动触发信号，并应由消防联动控制器控制排烟口、排烟窗或排烟阀的开启，同时停止该防烟分区的空气调节系统。"该设计的控制方式是违反规范规定的，排风风机①应在火灾探测器发出报警信号并联动控制系统时就关闭，而不是气体温度达到 70℃ 时才关闭，因此，这种控制方式存在极大的安全隐患（图 10.2-8）。

10.2.8　在自动扶梯通道设置机械排烟设施

【案例 158】　河北某房地产公司的商业楼，建筑面积 16958.26m²，地下 1 层，地上 5 层，中部设置竖向自动扶梯，形成高大空间。项目设计人员在自动扶梯上的屋顶上设置排烟风机进行机械排烟（图 10.2-9）。

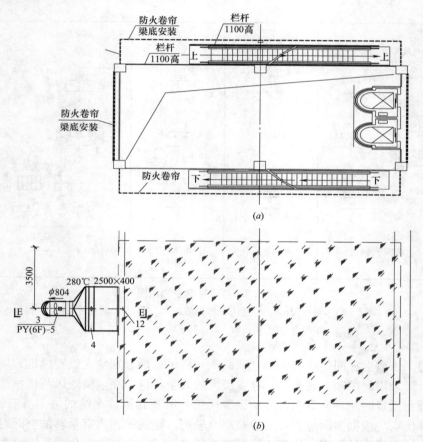

图 10.2-9　在自动扶梯通道设置机械排烟设施
(a) 商场自动扶梯平面；(b) 屋顶排烟风机平面

【分析】　编者审查施工图发现，设计人员不作分析，把自动扶梯上部的高大空间视为中庭，在自动扶梯上空的屋顶上设置排烟风机进行机械排烟是一种十分普遍的现象。仔细分析可以看出，多层建筑的自动扶梯上下贯通，四周设有防火卷帘，成为独立的防火分区。火灾时，防火卷帘应降下来；同时，规范规定在火灾时，除消防电梯、消防水泵等消防用电设备外，其他非消防用电设备，包括自动扶梯都应该停电。防火卷帘已经降下来，自动扶梯也停电，自动扶梯已经不能作为疏散通道使用，因此，自动扶梯空间不应设置机械排烟设施。

10.2.9　使用气体灭火的场所配置排风系统不当

【案例 159】　某地酒业公司综合办公楼，总面积 27139.68m²，总高度 66.3m，地下 1 层，地上 15 层。在地下室设备间，设计人员不适当的在变配电室设置机械排烟系统。

【分析】　出现这种问题的原因是由于设计人员对使用气体灭火的场所（例如变配电室）的灭火特性不了解。《气体灭火系统设计规范》GB 50370—2005 第 3.2.9 条强制性规定："喷放灭火剂前，防护区内除泄压口外的开口应能自行关闭。"第 6.0.4 条强制性规定："灭火后的防护区应通风换气，地下防护区和无窗或设固定窗扇的地上防护区，应设置机械排风装置，排风口宜设在防护区的下部并应直通室外。通信机房、电子计算机房等场所的通风换气次数应不少于每小时 5 次。"说明变配电室采用气体灭火，是在极短的时间、在密闭的空间内迅速喷发灭火剂窒息灭火，这时候，应关闭门窗及所有开口、停止通风，等火焰窒息后，开启排风系统进行排风，因此，变配电室等使用气体灭火的场所不应设置机械排烟系统，更不应在灭火时进行排烟。

10.2.10　公共厨房排油烟系统设置错误

【案例 160】　石家庄某局的综合楼，公共厨房设置两套排风系统，PY2-2 为厨房全面排风兼排烟系统，P2-1 为排油烟罩的排风系统。设计人员在 PY2-2 的排烟风机入口设置熔断温度为 280℃的排烟防火阀，这是符合规范规定的；但是在排油烟罩的排风系统 P2-1 中，风机入口采用的是 70℃的防火阀（图 10.2-10）。

【分析】　经审查，该设计存在以下问题：（1）排油烟支管上设置动作温度为 70℃的防火阀。《建筑设计防火规范》GB 50016—2014 第 9.3.12 条规定："公共建筑内厨房的排油烟管道宜按防火分区设置，且在与竖向排风管连接的支管处应设置公称动作温度为 150℃的防火阀。"由于厨房平时操作排出的废气本身温度就比较高，选用 70℃的防火阀会影响厨房平时操作排风，所以规定应设置动作温度为 150℃的防火阀；（2）排油烟管道与防火排烟管道共用竖井，增加了火灾危险性，违反了《民用建筑供暖通风与空气调节设计规范》GB 50736—2012 第 6.3.5 条第 4 款"厨房排油烟风道不应与防火排烟风道共用"的规定，应该改成独立的竖井；（3）局部排油烟罩的排风机位置不妥，该设计将排油烟风 P2-1 设置在竖井的入口，竖井内空气为正压，因为一般厨房都是保持负压的，竖井内油烟会通过竖井的不严密处渗入室内；为了防止污浊的油烟通过风管与竖井的不严密处渗入室内，应在竖井顶部设置排油烟机。经查，设计人员没有在屋顶设置排油烟机，应进行修改。

10.2.11　排烟系统遗漏排烟防火阀

【案例 161】　某地商业大厦，建筑面积 80858.73m²，地下 1 层，地上 20 层，地下 1

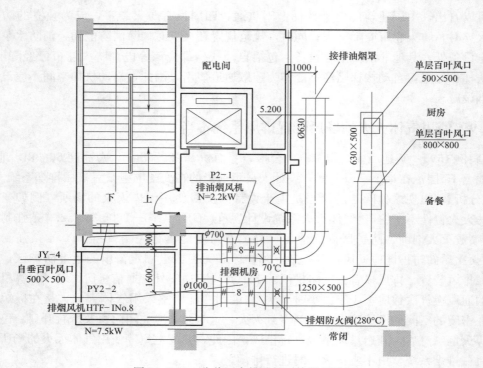

图 10.2-10　公共厨房排油烟系统设置错误

层为超市与设备用房，1 层至 5 层为商场，6 至 20 层为办公室。商场部分采用空调系统，办公室部分采用地面辐射供暖系统。按规范要求，设计人员在地下 1 层设置了排风兼排烟系统，地上 1 层至 5 层商场设置了排烟系统。

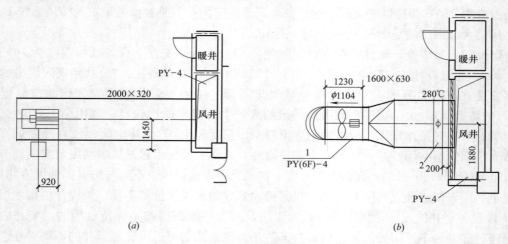

图 10.2-11　遗漏排烟系统的排烟防火阀示图

(a) 5 层商场排烟平面图；(b) 屋面 (6F) 排烟风机平面图

【分析】　图 10.2-11 (a) 显示的是 5 层室内的排烟口、排烟管及风井，排烟系统编号为 PY-4，图 10.2-11 (b) 显示的是 5 层屋面 (6F) 的排烟风机、排烟管、280℃ 的排烟防火阀及风井，排烟系统编号同样为 PY-4，说明上下是同一个系统。查阅施工图可知，排烟风井 PY-4 负担地上 1 层至 5 层商场各层临近风井的防烟分区的室内排烟，各层都有水平支管与风井连接。从示图结合其他施工图可以看出：（1）设计人员只在排烟风机入口总管设置了 280℃关闭的排烟防火阀（图 10.2-11b），而在室内排烟口（图 10.2-11a 左侧）采用的是多叶排烟口，根据河北等六省（区、市）《12 系列建筑标准设计图集》12N-2 第 136 页的定义，多叶排烟口的功能特性为"电信号 DC24V 开启，手动开启，手动复位，输出开启电信号。"即该多叶排烟口没有温度熔断关闭功能，同时国家建筑标准设计图集《防排烟系统设备及附件选用与安装》07K103-2 第 66 页图示的多叶排烟口也没有显示温度熔断关闭功能。（2）我们知道，建筑物内，除自动扶梯、敞开楼梯和中庭是采用上、下层相连通的建筑面积叠加计算防火分区的面积外，一般应按平面划分防火分区，即正常情况下，每一层为一个或几个防火分区（指满足防火分区最大允许建筑面积时），而穿过多层的排烟竖井相当于穿越了不同的防火分区，这时各层走道（防烟分区）排烟支管与总排烟竖井的连接处就必须设置烟气温度达到 280℃时自动关闭的排烟防火阀，可以防止着火区的烟气或火焰串至非着火区，保证非着火区的安全。由于该工程设计的多叶排烟口没有温度熔断关闭功能，不能起到阻止烟气或火焰蔓延的作用，而在水平排烟支管与风井连接处的水平管上也没有安装烟气温度达到 280℃时自动关闭的排烟防火阀，这是不符合机械排烟设计的原理的。《全国民用建筑工程设计技术措施　暖通空调·动力》（2009 年版）4.11.2 规定："……排烟支管上应设置当烟气温度超过 280℃时能自行关闭的排烟防火阀"。所以，在水平排烟支管与风井连接处的水平管上应安装 280℃的排烟防火阀，不安装该阀会存在极大的安全隐患，也是违反规范规定的。

10.2.12　排烟系统风机选型错误

【案例 162】　某地住宅小区地下车库，位于地下 1 层，层高 3.50m，建筑面积 59897.7m²，共划分为 21 个防火分区，每个防火分区面积均不超过 4000m²。设计人员在确定排烟系统的设备时，既不执行规范的规定，也不进行认真的计算，出现比较严重的错误。下表为防火分区三、防火分区四通风系统设备表。

编号	名称	规格型号	单位	数量	备注
Ⅳ-5	防火百叶风口	HAFFH-15(FVD)2000×500	个	1	
Ⅳ-4	远控多叶排烟口	HAPYK-211(SD)400×(400+250)	个	1	常闭,火灾时打开,并联锁开启风机高速排烟,同时开启补风机进行补风,280℃时,自动关闭,并联锁排烟风机,补风机关闭
Ⅳ-3	排烟防火阀	HAPYFH-2(SDFW)2000×400(h)	个	1	常开,280℃熔断关闭并联关闭风机
Ⅳ-2	送(补)风机 S(B)-B1-4	HTFC(DT)-Ⅲ-No.25-B L=22410m³/h,H=553Pa,N=11kW	台	1	平时送风 火灾时补风
Ⅳ-1	排风(烟)机 P(Y)-B1-4	HTFC(DT)-Ⅳ-No.28S2-A L=42050m³/h,H=1097Pa,N=33kW L=31400m³/h,H=467Pa,N=11kW	台	1	平时低速排风 火灾时高速排烟

防火分区四　通风系统设备表

续表

编号	名称	规格型号	单位	数量	备注
Ⅲ-5	防火百叶风口	HAFFH-15(FVD)3500×800	个	1	常开,70℃熔断关闭。
Ⅲ-4	远控多叶排烟口	HAPYK-211(SD)400×(400+250)	个	2	常闭,火灾时打开,并联锁开启风机高速排烟,同时开启补风机进行补风,280℃时,自动关闭,并联锁排烟风机,补风机关闭
Ⅲ-3	排烟防火阀	HAPYFH-2(SDFW)2000×400(h)	个	2	常开,280℃熔断关闭并联关闭风机
Ⅲ-2	送(补)风机 S(B)-B1-3	HTFC(DT)-Ⅲ-No.33-B L=57255m³/h,H=669Pa,N=22kW	台	1	平时送风 火灾时补风
Ⅲ-1	排风(烟)机 P(Y)-B1-3a P(Y)-B1-3b	HTFC(DT)-Ⅳ-No.28S2-A L=49610m³/h,H=1072Pa,N=33kW L=33980m³/h,H=462Pa,N=11kW	台	2	平时低速排风 火灾时高速排烟

防火分区三　通风系统设备表

【分析】　该车库第三防火分区的面积为 3981m²，分为两个防烟分区；第四防火分区的面积为 1000m²，为一个防烟分区。第三防火分区的每个防烟分区各设置一套平时排风兼火灾排烟系统，共用一套送（补）风系统；第四防火分区设置一套平时排风兼火灾排烟系统，设置一套送（补）风系统，风机均为双速风机，平时低速运行，火灾时高速运行，这些都是业界的通常做法，并没有什么不妥。问题是设计人员并没有按规范的规定，也没有进行认真的计算，由设备表可以看出，排烟系统风机选型是十分错误的：（1）按《汽车库、修车库、停车场设计防火规范》GB 50067—2014 第 8，2.5 条和表 8.2.5 的规定，3.50m 层高的地下车库，每个防烟分区排烟风机的排烟量应为（按线性插值法）30750m³/h 左右，但上表显示的是，设计人员选择第三防火分区两个排烟风机的风量为 49610m³/h，第四防火分区一个排烟风机的风量为 42050m³/h，都远远超过规范规定的风量；（2）3 个排烟系统的主风管尺寸为 2000×400，长度为 32m（第三防火分区）和 26m（第四防火分区），设计人员不进行阻力计算，选择第三防火分区的 2 台排烟风机全压为 1072Pa，功率 33kW，第四防火分区的排烟风机全压为 1097Pa，功率 33kW，都远远超过了实际的需要，造成排烟系统和电气系统的极大浪费；（3）送（补）风风机选型违反规范的规定，而且存在极大的安全隐患。《汽车库、修车库、停车场设计防火规范》GB 50067—2014 第 8，2.10 条规定："汽车库内无直接通向室外的汽车疏散出口的防火分区，当设置机械排烟系统时，应同时设置补风系统，且补风量不宜小于排烟量的 50%。"由于无疏散出口的防火分区为封闭的环境，如果排烟时没有同时补风或补风量太小，就不能形成足够的排烟量，会影响排烟效果，所以规范规定"补风量不宜小于排烟量的 50%"，即是要求补风量大于排烟量的 50%，设计人员应该掌握以稍大于排烟量的 50% 为宜，补风量并不是越大越好；因为发生火灾时，应维持着火区为负压，以免烟气扩散到相邻的非着火区，危及人身安全，所以补风量是不应大于排烟量的。但该设计选择的第三防火分区补风机的风量为 57255m³/h，比排烟风机的风量大 15%，这样，会在着火区形成正压，危及非着火区的安全，该设计违反了防排烟设计的基本原理，是不能允许的技术性错误。

第 11 章　人民防空地下室工程

《中华人民共和国人民防空法》规定，在城市中新建民用建筑时，应按国家和当地政府的有关规定，修建一定数量的防空地下室。按《人民防空地下室设计规范》GB 50038—2005 的规定，防空地下室的暖通空调设计既包括满足平时工况的暖通空调设计，更包括满足战时工况的战时防护通风设计，而且战时的防护通风设计事关地下室工作人员的人身安全，所以更应该引起高度的重视，设计人员应该学会正确进行人民防空地下室战时的防护通风设计。

11.1　进风口部

11.1.1　只按人均新风量计算战时清洁通风量、滤毒通风量

【案例 163】　某地 1 号办公楼防空地下室建筑面积 $1000m^2$，为乙类常 6 级二等人员掩蔽所，三个抗爆单元，掩蔽面积 $480m^2$，掩蔽人员 480 人。设计人员机械套用规范上的每人新风量标准 $5m^3/(P \cdot h)$ 和 $2m^3/(P \cdot h)$，取战时清洁通风量 $2400m^3/h$，滤毒通风量 $960m^3/h$，这里提醒设计人员，这样的选择是不严格的，也是不能保证最小新风量要求的。

【分析】　对于人员掩蔽所，设计人员几乎全部是按战时清洁通风和滤毒通风的最小新风量标准，即《人民防空地下室设计规范》GB 50038—2005 表 5.2.2 的风量来选择通风系统上的设备，这样的选择是不严格的。

（1）所谓"最小新风量"是指达到人员掩蔽区的最小风量，不能只按掩蔽人员数量乘最小新风量标准，即 $5m^3/(P \cdot h)$ 和 $2m^3/(P \cdot h)$ 求得的新风量 Lx 来选择消波装置、油网过滤器、过滤吸收器、风机等设备。因为位于这些设备下游的风管会有许多不严密处，为满足人员掩蔽区的最小风量，应考虑系统漏风量，通过这些设备的计算风量 Ls 应大于最小风量 Lx，此时应按照计算风量 Ls 选型。如掩蔽区人数为 480 人，则滤毒通风新风量为 $2m^3/(P \cdot h) \times 480P = 960m^3/h$。若不考虑漏风可选 FLD04—1000 型过滤吸收器。但考虑 5%～10% 的漏风量，则计算风量应为 1029～1078m^3/h，选用 FLD04—1000 型就不满足要求，需另加一台 FLD06—300 型过滤吸收器，即选型时应满足选型额定风量 $Le >$ 计算风量 $Ls >$ 最小风量 Lx 的要求。

（2）送风机选型除应注意系统漏风量外，还应注意风管阻力变化对实际风量的影响，当风管阻力上升时，风机的实际风量会下降，所以风机的选型额定风量应比计算风量再大一些，许多设计人员只按最小风量选型是不合适的，应引起注意，一定不要按等于 $5m^3/(P \cdot h)$ 和 $2m^3/(P \cdot h)$ 作为选型额定风量。所以，设计时通常不应取最小值作为工程的设计计算值。

【案例 164】 某防空地下室为乙类常 6 级二等人员掩蔽所，掩蔽面积 220m²，掩蔽人数 220 人，设计人员只按《人民防空地下室设计规范》GB 50038—2005 中人均新风量标准来计算战时滤毒通风量，即在计算战时滤毒通风量时，对于二等人员隐蔽所，设计人员仅按人均滤毒新风量的标准 2m³/h，乘以隐蔽区人数，即作为计算战时滤毒通风量，而不按最小防毒通道的换气次数和清洁区的漏风量来进行校核。

【分析】 根据《人民防空地下室设计规范》GB 50038—2005 第 5.2.7 条的规定，计算新风量应分别计算：（1）最小新风量标准的新风量，即公式（5.2.7-1）计算的风量；（2）保证最小防毒通道换气次数和室内超压漏风量之和，即公式（5.2.7-2）计算的风量，并取两者中的较大值作为战时滤毒通风量。在掩蔽人员较少而最小防毒通道较大和清洁区有效容积较大的地下室中，前者可能比后者小得多，设计人员只按式（5.2.7-1）进行计算，而没有按式（5.2.7-2）来进行校核，不计算后者会造成严重的错误。例如，某防空地下室为二等人员掩蔽所，掩蔽面积 220m²，掩蔽人数 220 人，最小防毒通道有效容积为 21.4m³，清洁区有效容积为 988m³，按新风量标准计算的滤毒通风新风量为 2m³/(P·h)×220p=440m³/h，可以选 1 台 FLD05-500 过滤吸收器；但按保证最小防毒通道换气次数和室内超压漏风量之和计算的滤毒通风新风量为 21.4m³×40h⁻¹+988m³×0.04=895.5m³/h，后者比前者大得多，此时必须选 1 台 FLD04-1000 或 2 台 FLD05-500 过滤吸收器，其额定风量为 1000m³/h，和送风量为 1000m³/h 的送风机，即可满足设计要求，如果按 440m³/h 选 1 台 FLD05-500 过滤吸收器，和送风量为 500m³/h 的送风机，就会因风量不足而出现人员中毒事故，应引起设计人员高度重视。

11.1.2 引用错误的概念和规范条文计算战时滤毒通风量

【案例 165】 王家庄某工程 7 号住宅楼，地下 1 层，地上 18 层，建筑面积 18069.45m²，室内为地面辐射供暖系统，供、回水温度为 45/35℃。地下 1 层平时为戊类物品储藏间，战时为甲类常 6 级、核 6 级二等人员掩蔽所，防化等级丙级，人防建筑总面积 1141.27m²，防护单元面积 956.3m²，防护单元掩蔽面积 390m²，防护单元掩蔽人数 390 人。报送的施工图设计说明中，列举的计算数据如下表。

主要参数		清洁通风量	滤毒通风量	隔绝防护时间	最小防毒通道换气次数	超压排气活门数量
		$L_1=N\times q_1$ $L_{QP}=L_1\times 0.9$	$L_2=N\times q_2$ $L_{DP}=$ $L_2-0.04V$	$L=\dfrac{1000V(C-C_0)}{N\times C_1}$	$K_H=\dfrac{L_{滤毒}-0.04V}{V_0}$	$n=\dfrac{L_{滤毒}-0.04V}{L_0}$
防护单元	掩蔽人员数：390 人 清洁新风量：6m³/(P·h) 滤毒新风量：3.5m³/(P·h) 最小防毒通道容积：24.3m³ 清洁区容积：1800m³ 滤毒室容积：50m³	$L_1=390\times 6$ $=2340m³/h$ $L_{QP}=2340\times 0.9$ $=2100m³/h$	$L_2=390\times 3.5$ $=1365m³/h$ $L_2=50\times 15$ $=750m³/h$ 保证滤毒室 15h⁻¹换气 $L_{DP}=1365-$ 0.04×1800 $=1293m³/h$	$L=\dfrac{1000\times 1800\times(2.5\%-0.45\%)}{390\times 20}$ $=4.7h>3h$ 满足要求	$K_H=\dfrac{1600-0.04\times 1800}{24.3}$ $=62h⁻¹>40h⁻¹$ 满足要求	$n=\dfrac{1600-0.04\times 1800}{800}$ $=1.9$ 选两只 PS-D250

【分析】　该人防工程为一个防护单元，平时为窗井排风（烟），战时设置清洁通风、滤毒通风和隔绝通风三种通风方式。设计人员在确定滤毒通风系统通风量时，引用的是错误的概念，采用的是错误的计算方法。本来，防空地下室滤毒通风时的新风量应根据《人民防空地下室设计规范》GB 50038—2005 第 5.2.7 条的规定，按式（5.2.7-1）、式（5.2.7-2）计算，并取其中的较大值，已如上例所述。但是设计人员采用错误的概念，引用《人民防空工程防化设计规范》RFJ-013—2010 第 5.1.2 条的规定，即按"滤尘器室、滤毒器室的换气次数每小时不应小于 15 次"的要求，计算的滤毒通风量为 $740m^3/h$。我们知道，按《人民防空地下室设计规范》GB 50038—2005 第 5.2.7 条式（5.2.7-2）的要求，战时滤毒通风时，应保证战时主要出入口最小防毒通道达到必要的换气次数（例如二等人员掩蔽所为 40 次/h），以此值计算的滤毒通风量与按人均新风量（例如二等人员掩蔽所为 $2m^3/h \cdot p$）计算的滤毒通风量中的较大值确定滤毒新风量，目的是保证战时排风口部最小防毒通道达到必要的换气次数。而《人民防空工程防化设计规范》RFJ-013—2010 第 5.1.2 条要求的是进风口部的滤尘器室、滤毒器室达到必要的换气次数，与保证战时排风口部最小防毒通道达到必要的换气次数是不同的概念，前者计算的风量比后者计算的风量小得多，不能保证战时排风口部最小防毒通道换气次数达到 40 次/h，存在极大的安全隐患。由此可以看出，按"滤尘器室、滤毒器室的换气次数每小时不应小于 15 次"的要求计算战时滤毒通风量是完全错误的，说明设计人员并不知道各自条文的应用场合。经编者审图提出意见，设计人员作了修改。

11.1.3　增压管和防毒监测取样设施

【案例 166】　某工程的地下车库，建筑面积 $2673.87m^2$，平时为车库，划分为两个防烟分区，设置排风兼排烟系统。战时为人防地下室，定为乙类常 6 级二等人员掩蔽所，划分为两个防护单元，建筑面积分别为 $1107.09m^2$ 和 $1566.78m^2$，设计人员完成了次要出入口的战时送风设计和主要出入口的战时排风设计（图 11.1-1）。

【分析】　为了保证防空地下室人员和设备的安全，《人民防空地下室设计规范》GB 50038—2005 规定应在防护通风系统中设置如下增压和防毒监测取样实施，这些设施包括：1 增压管；2 值班室测压装置；3 尾气监测取样管；4 空气放射性监测取样管；5 滤尘器压差测量管和 6 气密测量管。设置这些设施都是有各自的目的的，不能互相替代或混淆，也不能遗漏。审查施工图发现许多设计人员经常遗漏这些设施或者设置错误。该工程设计人员不分析人民防空地下室的类别，在除尘室设置了放射性监测取样管（图 11.1-1a 中的 13），实际上是没有必要的，因为乙类人防地下室没有防核要求，就不必设置放射性监测取样管，所以，《人民防空地下室设计规范》GB 50038—2005 第 5.2.18 条规定"……2 在滤尘器进风管道上，设置 DN32（热镀锌钢管）的空气放射性监测取样管（乙类防空地下室可不设）。……"经编者审查提出修改意见后，设计人员作了修改。

11.1.4　滤毒通风新风量的计算

【案例 167】　某工程 7 号楼人民防空地下车室，平时为戊类储藏室，战时为乙类常 6 级二等人员掩蔽所，人防建筑面积 $377.11m^2$，人员掩蔽区面积 $137m^2$，掩蔽人数 137 人。战时清洁通风排风机风量不能满足清洁区 7% 漏风量的要求。

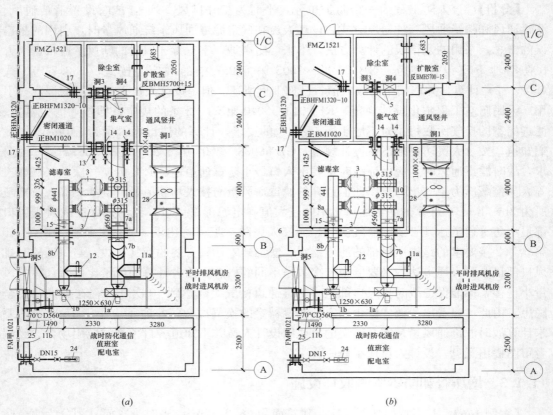

图 11.1-1 错误的设置放射性监测取样管示图

(*a*) 原设计；(*b*) 修改后的设计

【分析】 查阅设计文件得知，该工程简易洗消兼防毒通道的体积为 11m³，清洁区的体积为 464.12m³，设计人员按规定采用两种方法计算滤毒通风新风量：按人均新风量（二等人员掩蔽所为 2m³/h·p）得到 137×2＝274m³/h，按保证最小防毒通道换气次数及清洁区泄漏得到 11×40＋464.12×0.07＝472.49m³/h，滤毒通风新风量取较大值 472.49m³/h，取计算风量为 500m³/h，该过程没有什么不妥。但是，由上述过程可知，设计人员在计算保持超压的漏风量时，取的是清洁区有效容积的 7%（每小时）。《人民防空地下室设计规范》GB 50038—2005 第 5.2.7 条规定；"室内保持超压时的漏风量（m³/h），可按清洁区有效容积的 4%（每小时）计算。"此外并未提及其他计算方法。经查阅资料，设计人员取清洁区有效容积的 7%，依据的是《人民防空工程设计规范》GB 50225—2005 第 7.2.25 条的规定："L_f——人防工程内保持超压值时的漏风量（m³/h），设计计算时，超压值为 30～50Pa 时取清洁区有效容积 4%，大于 50Pa 时取清洁区有效容积 7%。"这样设计当然也符合规范规定，但是必须注意选择送风机风量和排风机风量之差应该足够大，以保证清洁区形成大于 50Pa 的超压，才能按清洁区有效容积 7%计算漏风量，如果超压太小，就不能达到清洁区有效容积 7%的漏风量。经检查施工图，发现设计人员选择送风机的风量为 1200m³/h，排风机的风量为 1164m³/h，即排风量为送风量的 97%，两者之差仅为 34m³/h，无法维持较大的超压。经计算，此时清洁区的换气次数只有 2.6 次/h，而满足清洁区形成大于 50Pa 的超压，必须保证换气次数达到 6 次/h 以上，但是换气次数 2.6 次/h 形成的压差只有 20Pa 左右，这样就不能让清洁区的超压漏风量达到清洁区有效容积的 7%。

11.1.5 遗漏尾气监测取样管、气密管等设施

【案例 168】 某地××住宅小区地下室，平时为汽车库，战时为甲类核 6 常 6 级二等人员掩蔽所，人防建筑面积 1377.11m²，人员掩蔽区面积 1198m²，掩蔽人数 1198 人。

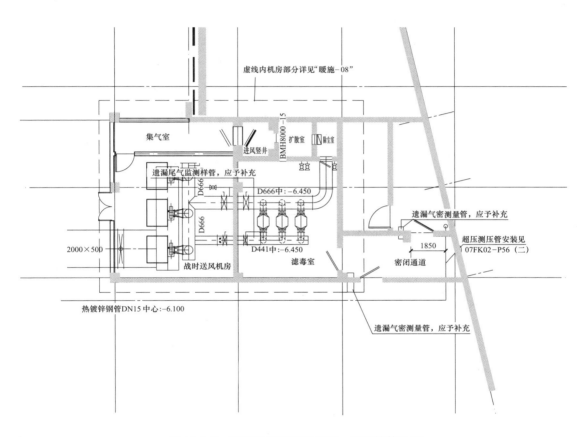

图 11.1-2 遗漏尾气监测取样管、气密管等设施

【分析】 查阅设计文件得知，该工程送风口部遗漏尾气监测取样管和气密测量管。《人民防空地下室设计规范》GB 50038—2005 第 5.2.18/1 条规定："在滤毒室进入风机的总进风管上和过滤吸收器的总出风口处设置 DN15 热镀锌钢管的尾气监测取样管，该管末端设截止阀。"《人民防空地下室设计规范》GB 50038—2005 第 5.2.19 条规定："防空地下室每个口部的防毒通道、密闭通道的防护密闭门门框墙、密闭门门框墙上宜设置 DN50（热镀锌钢管）的气密测量管，管的两端战时应有相应的防护、密闭措施。"该设计遗漏了尾气监测取样管和气密测量管（图 11.1-2）。经编者提出审图意见后，设计人员增加了尾气监测取样管和气密测量管。

11.2 排风口部

11.2.1 清洁通风的排风口部未设置排风机

【案例 169】 某地 A-7 号住宅，地下 1 层，地上 18 层，建筑面积 18069.45m³，地下一层平时为储藏室，战时为甲类核 6 常 6 二等人员掩蔽所，掩蔽人员 487 人。排风口部战时清洁通风未设置排风机（图 11.2-1）。

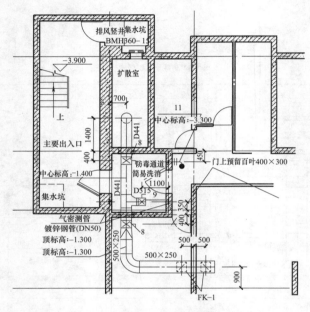

图 11.2-1　清洁通风的排风口部未设置排风机

【分析】 在战时清洁式通风的排风系统中，不设置排风机是设计中存在的十分普遍的现象。在审图中发现，滤毒通风的排风系统无一例外的是采用超压排气活门的方式。而清洁通风的排风系统有 90％以上的设计单位采用超压排风，只有少数单位采用设置通风机的机械排风，但都没有提供采用超压排风或机械排风的计算书。我们讨论的问题是：在清洁通风时，排风系统不设排风机行不行，规范和图集的叙述不尽一致，现将这些叙述归纳如下。

（1）GB 50038—2005 图 5.2.9（a）、5.2.9（b）、5.2.9（c）明示：密闭阀门③b上游"可接排风机"（一般是为旱厕排风），按"用词说明"的解释，表示可选择"接排风机"，也可以选择"不接排风机"，说明"可接"也可以"不接"，但正文未规定"可接"或"不接"的前提条件。

（2）图集 07KF01-3 指出，防空专业人员掩蔽部、人员掩蔽所"采用机械进风，超压排风或机械排风。一般由竖井进风，在人员主要出入口进行超压排风或机械排风。"此文对进风系统的设备组成作了明确规定，回避了排风系统的规定，也没有说明超压排风或机械排风各自的使用条件。

（3）图集 07KF01-8 指出，防空专业队队员掩蔽部"排风系统：平时机械排风。战时清洁式排风自防空地下室内部经两道手动密闭阀门，通过扩散室、防爆波活门由排风竖井排向地面。滤毒排风为超压排风，…"没有规定战时清洁通风排风时应设排风机，但 07KF01-11 对同一条件加了排风机 PF，并明示应打开，两者之间似有矛盾。

（4）图集 07KF01-15 指出，一等人员掩蔽部的叙述与 07KF01-8 防室专业队队员掩蔽部相同，没有规定战时清洁通风排风时应设排风机，但 07KF01-21 对同一条件加了排风机 PF，并明示应打开，两者之间似有矛盾。

（5）图集 07KF01-22 指出，二等人员掩蔽所（一）"排风系统：战时清洁式排风利用排风管路排向竖井；"没有规定应设排风机，但 07KF01-24 对同一条件加了排风机 PF，并明示应打开，两者之间似有矛盾。

（6）图集 07KF01-27 指出，二等人员掩蔽所（二）"排风系统：战时清洁式采用机械排风。由排风机、两道手动密闭阀门、扩散室、防爆波活门排至室外。"即规定战时清洁通风设排风机，而且 07KF01-33 对同一条件也设有排风机 5，两者是一致的。

作为设计依据的规范和图集都是前后矛盾或模棱两可，设计人员更是无所适从。对战时清洁通风的排风方式，编者有如下意见：

（1）应进行战时清洁通风的排风量计算，但绝大多数设计人员不进行计算。清洁通风排风量 L_{QP} 可按清洁通风新风量 L_Q 的 90% 左右计算。

（2）应该明确，排风口部的战时清洁通风排风和战时滤毒通风排风是两条不同的路径：战时清洁通风排风的路径是清洁区→旱厕排风口→两道手动密闭阀门→扩散室→防爆波活门→排风竖井→室外；战时滤毒通风排风的路径是清洁区→自动排气活门→简易洗消间→防毒通道→手动密闭阀门→扩散室→防爆波活门→排风竖井→室外。由此可知，战时清洁通风排风是对旱厕进行通风换气，战时滤毒通风排风是对简易洗消间、防毒通道以及淋浴室等进行通风换气，如果战时清洁通风排风不设排风机而走自动排气活门，则旱厕部分永远无法通风换气，这是不允许的。

（3）综上所述，正确的设计方法应该是：战时清洁通风排风应设置排风机，战时滤毒通风排风通过自动排气活门。

有设计人员称，《人民防空地下室设计规范》GB 50038 图 5.2.9 指明为"可接排风机"，就是说"可接"排风机，也"可不接"排风机，不接排风机也没有违反规范的规定，而且清洁送风机能产生风压，靠送风的压力可以将排风排至室外。其实，这种分析是不正确的，是理论上的误区。因为，1）送风由送风口送入室内时，在离送风口的一定距离后，风速迅速衰减；2）以甲类核 6 常 6 的二等人员掩蔽所为例，掩蔽区的人员密度为 1 人/m^2，清洁通风的人均风量为 5m^3/(h·p)，则每 m^2 掩蔽区的通风量为 5m^3，假定掩蔽区的层高为 3.3m，每 m^2 掩蔽区的体积为 3.3m^3，则每 m^2 掩蔽区面积上 5m^3 的风量折合成换气次数为 1.5 次/h，由此产生的室内正压大约为 10～15Pa，仅靠送风的压力和室内正压是不足以克服排风管道从旱厕排风口至排风竖井出口之间的风口、密闭阀、管道、扩散室及排风竖井等的阻力的，所以，应该设置排风机，以克服从旱厕排风口至排风竖井之间的阻力。

11.2.2　滤毒排风超压排气活门位置设置不妥

【案例 170】　某地花园小区地下车库，建筑面积 2488.8m^2，战时为甲类核 6 常 6 二等人员掩蔽部，防空地下室清洁区面积 1785.44m²，人员掩蔽区面积 1385.18m²，掩蔽人员 1385 人，战时设计清洁通风、滤毒通风和隔绝式通风三种方式。设计人员将清洁通风排风机设置在防毒通道兼简易洗消间，而且将超压排气活门 15 布置在男旱厕与防毒通道兼简易洗消间之间的隔墙上（图 11.2-2）。

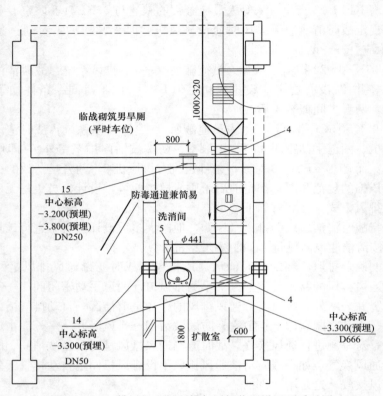

图 11.2-2 排风机和超压排气活门位置设置不妥示图

【分析】 该设计存在的问题在于：（1）将清洁通风排风机设置在防毒通道兼简易洗消间，容易引起安全事故，应该改到防毒通道兼简易洗消间以外；（2）设计人员将滤毒通风的超压排气活门 15 布置在男旱厕与防毒通道兼简易洗消间之间的隔墙上，这是原则性的错误。因为超压排气活门的作用是在战时状态下进行滤毒通风时，由于人防地下室的密闭性，由滤毒通风机送出的风在人员掩蔽区集聚而在掩蔽区形成正压，当正压达到足够大的时候，由此开启超压排气活门进行滤毒通风。但开启超压排气活门的前提是超压排气活门的活门必须与掩蔽区的空气接触，活门能够感知空气的正压；但该设计将超压排气活门 15 布置在男旱厕与防毒通道兼简易洗消间之间的隔墙上，而男旱厕门一般是关闭的，活门不能感知空气的正压，因此无法开启活门，这样就不能进行滤毒通风。正确的方法应该是将超压排气活门 15 布置在掩蔽区与防毒通道兼简易洗消间之间的隔墙上；（3）超压排气活门 15 的中心标高为 −3.20m 和 −3.80m，而排风管的中心标高为 −3.30m，可知超压排气活门 15 与排风管基本上在同一个标高，容易造成气流短路，违反《人民防空地下室设计规范》GB 50038—2005 第 5.2.15 条关于超压排气活门"应与室内的通风短管（或密闭阀门）在垂直和水平方向错开布置"的规定，造成室内气流短路，因此应改变超压排气活门 15 的高度。

【案例 171】 某国际工程地下 3 层人防工程排风口部，清洁通风排风系统未设置排风机，滤毒排风的超压排气活门位置错误（图 11.2-3）。

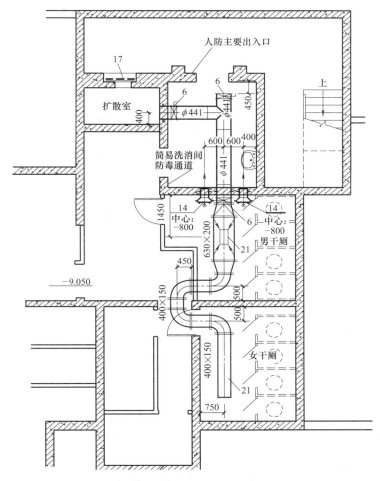

图 11.2-3　无排风机和超压排气活门位置错误示图

【分析】 （1）设计人员没有设置清洁通风排风的排风机，存在隐患，其理由已在【案例 169】中说明了，因此，战时清洁通风排风必须设置排风机；（2）设计人员将滤毒通风的超压排气活门 14 布置在男旱厕与防毒通道兼简易洗消间之间的隔墙上，这是原则性的错误，理由见上例所述。由于该工程的隔墙面积实在太小，无法安装排气活门，此时，可以采用以下两种方法之一：1）在掩蔽区与男旱厕的隔墙上安装超压排气活门，再在男旱厕与防毒通道兼简易洗消间之间的隔墙上设置通风短管，形成排风通道，完成滤毒排风。2）超压排气活门的位置不动，在掩蔽区与男旱厕的隔墙上安装通风短管，也可以形成排风通道，完成滤毒排风。

【案例 172】 某地时代城地下车库人防地下室，设置于地下 2 层，人防建筑面积 11289.07m²，为甲类核 5 常 5 二等人员隐蔽所，6 个防护单元，防化等级丙级。第一抗爆单元的抗爆面积为 436.48m²，隐蔽人数 194 人。该单元排风口部的通风系统设计见图 11.2-4。

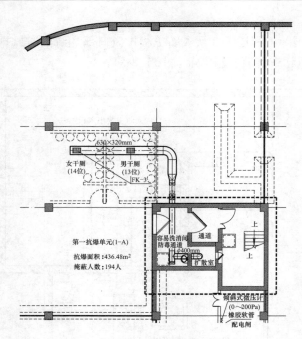

图 11.2-4 人防地下室排风口部示图

【分析】 审查该设计后，发现存在很多技术性问题，例如：

（1）没有设置超压排气活门，在滤毒通风时，无法进行排风，也是违反基本原理的；

（2）风管穿越防护墙处，没有设置密闭管，安装风管时，需要在现场凿墙，就会破坏防护单元的密闭性，这是不能容许的；

（3）圆形风管直径应为 $\Phi441$，设计人员错误地标注为 $\Phi400$；

手动密闭阀门公称直径对应的风管实际直径不是整数，设计人员并不注意这一点，有的按阀门公称直径标注风管实际直径，有的按风管实际直径标注阀门公称直径，都不符合《防空地下室通风设备安装》07KF02/36 的要求，手动密闭阀门公称直径对应的风管接管内径见表 11.2-1；

手动密闭阀门公称直径对应的风管接管内径 表 11.2-1

阀门规格（mm）	DN150	DN200	DN300	DN400	DN500	DN600	DN800	DN1000
接管内径 D1（mm）	166	215	315	441	560	666	870	1090

（4）风管、风口没有定位尺寸；

（5）风管没有标高；

（6）排风管伸入扩散室的弯管没有标注弯管与扩散室后墙面的距离。

其实，《人民防空地下室设计规范》GB 50038—2005 第 3.4.7-2 条有非常明确的规定，即：当通风管由扩散室侧墙穿入时，通风管的中心线应位于距后墙面的 1/3 扩散室长度处（图 11.2-5（a））；当通风管由扩散室后墙穿入时，通风管端部应设置向下的弯头，并使通风管端部的中心线应位于距后墙面的 1/3 扩散室长度处（图 11.2-5（b））。但由于这部分内容在规范的建筑专业章节（即《人民防空地下室设计规范》GB 50038—2005 第 3.4.7-2 条），暖通专业人员没有学习而容易忽视，或由于实际布置困难而随意接入。若是前者原因，应加强对规范的学习或培训，若由于后者原因，应提早与建筑设计人员协商解决，在方案设计阶段就提前介入，以满足规范要求。

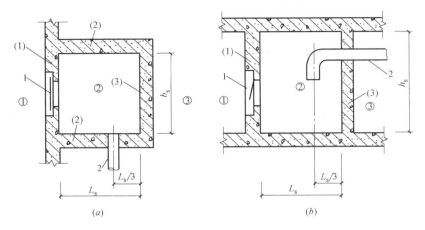

图 11.2-5　扩散室风管连接示图

（a）风管接口设在侧墙；（b）风管接口设在后墙

1—防爆波活门；2—风管；①—室外；②—扩散室；③—室内；

（1）—扩散室前墙；（2）—扩散室侧墙；（3）—扩散室后墙

11.2.3　超压排气活门与室内通风短管（或密闭阀门）距离太近

【案例 173】　某地海都一品 1 号住宅楼，总建筑面积 10256.27m²，地下 1 层，地上 19 层，建设地区为寒冷 B 区，室内采用地面辐射供暖系统，供、回水温度为 45/35℃，热负荷 242.8kW。地下一层平时为戊类储藏室，战时为甲类核 6 常 6 级二等人员掩蔽所，只有一个防护单元，面积为 722.15m²，掩蔽区面积 316m²，掩蔽人数 316 人。人防工程主要出入口的排风口部，清洁通风排风和滤毒通风排风设备、管道及附件的布置如图 11.2-6（a）所示。

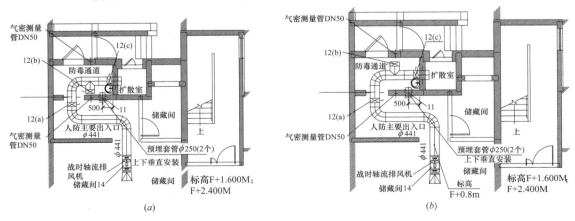

图 11.2-6　排风口部设计错误示图

（a）原设计；（b）修改后的设计

【分析】 超压排气活门与室内通风短管（或密闭阀门）在垂直和水平方向没有错开布置是设计中普遍存在的问题。编者审查该项目时，发现超压排气活门的设置存在两个问题：（1）超压排气活门 11 的位置只标注"上下垂直安装"，并没有注明标高，同时排风管也没有注明标高，没有确定两者必要的高度差；（2）超压排气活门 11 与密闭阀 12（b）太近，基本上是挨在一起；以上两个问题均违反了《人民防空地下室设计规范》GB 50038—2005 第 5.2.15 条的规定，第 5.2.15 条要求，超压排气活门"应与室内通风短管（或密闭阀门）在垂直和水平方向错开布置"。由于超压排气活门和排风管（及密闭阀门）均没有注明标高，施工时就不能保证超压排气活门和排风管（及密闭阀门）之间有足够的高度差，容易形成气流短路；而超压排气活门 11 与密闭阀 12（b）基本上挨在一起更容易形成气流短路，整个防毒通道不能得到有效的冲刷，无法将染毒气体带到室外，因此，存在极大的安全隐患。编者提出审图意见后，设计人员作了修改，增加标注了超压排气活门和风管的高度，改变了密闭阀 12（b）的位置，如图 11.2-6（b）所示。

11.2.4 未进行必要的计算而选定风机参数

【案例 174】 上例人防地下室设计中，设计人员未经过计算，随意选择清洁通风排风机的风量为 1000m³/h，风压为 50Pa，这是一种不负责任的做法。

【分析】 不进行风道阻力计算而选定风机风压也是十分普遍的现象。根据该人防地下室掩蔽人数 316 人，送风口部的清洁通风送风机风量应为 1580m³/h，为保证掩蔽区有一定的正压并能够排出足够的风量，建议排风机的风量宜为送风机风量的 90%，则排风机风量应为 1420m³/h 左右，设计人员选用的排风机的风量为 1000m³/h，这样风量就减少约 30%；更严重的是，设计人员没有进行阻力计算，随意选定风机的风压仅为 50Pa，由于排风需要克服排风系统上一个排风百叶、两个密闭阀门、一个突然扩大构件的局部阻力以及风管、扩散室的沿程阻力，风压 50Pa 是肯定不够的，必然造成排风不畅而存在极大的安全隐患。经编者指出后，设计人员作了修改。

11.2.5 排风口部排风管连接位置错误

【案例 175】 某地住宅小区 1 号楼为两个单元的居住建筑，建筑面积 8226.85m²，地下 1 层，地上 18 层，建设地区为寒冷 B 区。地下 1 层平时为储藏室，战时为乙类常 6 级防空地下室二等人员掩蔽所，防护单元面积 656.91m²，掩蔽区面积 328.87m²，掩蔽人数 329 人。该防护单元设置清洁通风、滤毒通风和隔绝通风三种形式。

【分析】审查施工图发现，设计人员不作分析，将排风口部的排风管直接连接到排风竖井，这样的设计是违反防护通风设计的基本原理的。我们知道，防空地下室防护通风设计的要求是保持防护单元的通风换气，维持防护单元足够的正压，防止冲击波进入掩体内，保证掩蔽人员和物资的安全。在防护通风设计中，清洁通风和滤毒通风都是通过风量平衡维持防护单元足够的正压。战时的室外冲击波是通过开口部位传到室内，为防止冲击波进入掩体内，在进风口部和排风口部的竖井、扩散室的气流通道上均设置防爆波活门（悬板活门），而且悬板活门是向外开启的，一旦室外产生冲击波，在冲击波压力的作用下，悬板活门自行关闭，阻止冲击波进入室内。该设计将排风口部的排风管直接连接到排风竖井，室外冲击波会直接经过排风管进入室内，将严重危及人身安全。人防地下室战时

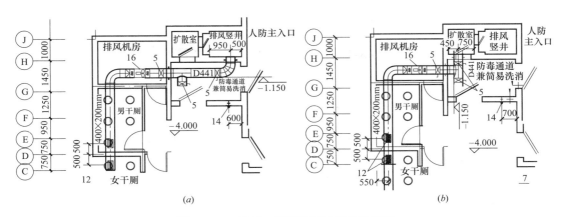

图 11.2-7　排风口部排风管连接位置错误

（a）原设计；（b）修改后的设计

清洁通风排风的正确路径是：清洁区→旱厕→排风口→手动密闭阀门→排风机→手动密闭阀门→扩散室→防爆波活门→排风竖井→室外。因此，应将排风管连接到扩散室，气流经过悬板活门进入排风竖井，战时情况下，进入排风竖井的冲击波被阻挡在防爆波活门外，不能经过排风管进入室内，可以保证室内人员和物资的安全。经编者指出后，设计人员对原设计作了修改如图 11.2-7（b）所示。

第 12 章　其他综合问题

本章列举其他一些综合性问题，包括施工图设计中出现的其他设计技术问题和"设计说明"、计算书编写的问题。

12.1　设计技术问题

12.1.1　散热器数量计算问题

【案例 176】　编者在实际工程中也接触到设计人员对散热器数量计算概念错误的问题。

例如有的设计人员提问：散热器的片数应该怎么确定？是用 $\dfrac{Q\beta_1\beta_2\beta_3\beta_4}{K\Delta t}$ 的方法？还是 $\dfrac{Q\beta_1\beta_2\beta_3\beta_4}{Q_1}$ 的方法？Q 是房间负荷，Q_1 是单片散热器散热量，K 是散热器传热系数，Δt 是散热器进出口温差（注：原文如此）。设计人员又继续补充：用两种方法计算出来的散热器片数相差很大，应该采用哪一种方法？

【分析】　提出这种问题完全是概念的错误，说明设计人员专业基本知识的严重缺失。第一式中分母（$K\Delta t$）是面积 1m^2 散热器的散热量，单位是 W/m^2，公式 $\dfrac{Q\beta_1\beta_2\beta_3\beta_4}{K\Delta t}$ 求出的是所需散热器的面积（m^2）；第二式中分母 Q_1 是每片散热器的散热量，单位是 W/片，公式 $\dfrac{Q\beta_1\beta_2\beta_3\beta_4}{Q_1}$ 求出的是所需散热器的片数（片），两者当然不一样。

另外，第一式分母中的 Δt 是平均水温与室温之差，怎么是散热器进出口温差呢？散热器进出口温差是用于计算流量的，这些都是基本概念的错误，是不能容许的，希望设计人员加强基本理论学习。

现举例说明如下：以下计算过程均假定 $\beta_1\cdot\beta_2\cdot\beta_3\cdot\beta_4=1$。对于第一个公式，设房间供暖热负荷为 $Q=2850\text{W}$，散热器的标准散热量为 $Q_b=K\Delta t=6.607\Delta t^{1.275}$（$\text{W/m}^2$），供暖系统供回水温度为 $75/50\text{℃}$，室内设计温度为 18℃，则温差 $\Delta t=[(75+50)/2]-18=44.5\text{℃}$，标准散热量 $Q_b=K\Delta t=6.607\Delta t^{1.275}=6.607\times44.5^{1.275}=835$（$\text{W/m}^2$），则所求散热器的数量（面积）为 $n=2850/835=3.4$（m^2）。对于第二个公式，设房间供暖热负荷为 $Q=2850\text{W}$，单片散热器的散热量为 $Q_1=132$（W/片），则所求散热器的数量（片数）为 $n=2850/132=21.6$（片），两者的结果当然不一样。由此得出每片散热器的面积为 $f=132/835=3.4/21.6=0.158$（$\text{m}^2/$片），这样就把两个公式联系起来了。

12.1.2　地源热泵系统设计采用每延米管道换热量的方法

【案例 177】　某地圣益大厦，建筑面积 28410.3m^2，地下 2 层，地上 20 层，地下 1、

2 层为车库和设备用房，地上 1～4 层为商业和公共用房，5～20 层为标准办公室。该工程采用地源热泵系统作为集中空调和地面辐射供暖的冷热源，夏季供冷冷水温度为 7/12℃，冬季空调和供暖热水温度为 50/40℃。查设计文件得知，地源热泵系统设计是采用每延米管道换热量的方法，按双 U 串联型设计，选取的每延米管道换热量为 83.05W/m。

【分析】　采用每延米管道换热量的方法进行地源热泵系统设计是设计中常见的问题。2009 年以前，我国指导地（水）源热泵系统设计的规范是《地源热泵系统工程技术规范》GB 50366—2005。在国家节能减排方针的指导和推动下，再加上政策、资金的支持，地（水）源热泵系统工程在我国如雨后春笋般的迅速发展起来，应用的规模越来越大，最大的系统规模已超过 200 万 m²；建筑类型越来越多，几乎涵盖了民用建筑的所有类型；应用地域越来越广，覆盖了新疆至江浙、东北至两广的广袤国土。虽然国家标准《地源热泵系统工程技术规范》GB 50366—2005 对地（水）源热泵系统设计发挥了很大的作用，但是，对如何正确获得岩土的热物性参数，还缺乏有效的约束，以往的设计方法，多是采用每延米管道换热量的方法，即根据建筑物的冷热负荷，按照每延米管道换热量计算总的地埋管换热器的长度，而每延米管道换热量往往是来源于相邻或类似建筑的参考值、个人的经验值或估计值，是一种粗放的、没有依据的设计。为了扭转这种局面，2009 年发布了修订版的《地源热泵系统工程技术规范》GB 50366—2005（2009 年版），新版的最大变化是，补充增加了岩土热响应试验方法及相关内容，第 3.2.2A 规定："当地埋管地源热泵系统的应用建筑面积在 3000～5000m² 时，宜进行岩土热响应试验；当应用建筑面积大于等于 5000m² 时，应进行岩土热响应试验。"同时"附录 C 岩土热响应试验"规定："地埋管地源热泵系统的应用建筑面积大于等于 10000m² 时，测试孔的数量不应少于 2 个。"即对应用建筑面积在 3000m² 以上的工程作出了明确的规定，不能再采用每延米管道换热量的方法进行设计。该工程应根据规范的规定进行岩土热响应试验，并且测试孔的数量不应少于 2 个。

12.1.3　对工程中管道设备的保温不提出明确具体的规定

【案例 178】　审查施工图文件发现，很多设计人员对管道设备的保温不是提出明确具体的规定，而是提出一些原则性的规定，例如：在"设计说明"中称，"对管道在输送水或空气过程中产生热损失的部位应进行保温"、"需要防止产生冷凝水的部位应进行保温"或者"表面温度超过 60℃ 的部位应进行保温"、"容易烫伤人的部位应进行保温"等。

【分析】　对工程中管道设备的保温不提出明确具体的规定是工程设计中的通病。我们知道，施工图是指导工程施工的文件，除了应反映本专业的设计措施、方案外，对施工的要求应该明确具体。管道设备的保温是设计中容易被忽视的一个环节，设计人员认为施工人员都会做，碰到热设备、热管道、冷设备、冷管道就会做保温。上述关于保温施工的描述，是一般设计规范条文的原则性规定，各工程具体的保温部位，不能交给施工人员去确定，即，哪些是"产生热损失的部位"、"产生冷凝水的部位"、哪些"表面温度超过 60℃"、哪些是"容易烫伤人的部位"等不能要求施工人员去甄别，应该由设计人员甄别，并对保温的部位、材料、做法等做出明确具体的规定。以下两个工程设计十分详细，可作为参考。

（1）某地西湖一品工程

"3 保温

1）空调送回风管均用外覆特强防潮防腐蚀贴面的离心玻璃棉板保温（水汽渗透率 1.15ng/N.s，耐击穿性 3.1Joules），保温厚度 30mm。容重 $K \geqslant 60$kg/m³，导热系数 $\leqslant$ 0.033W/(m·K)（0℃时），拼缝处应用粘胶带封严。

2）室外空调新风管用柔性闭孔橡塑板保温，保温厚度 35mm，性能要求同空调水管部分。保温层外包 2 层塑料布，并做 0.5mm 厚不锈钢板保护壳。

3）室内空调新风系统、新风空调器两端连接室外与室内的所有进出新风管均外覆特强防潮防腐蚀贴面的离心玻璃棉板保温，保温要求同空调送回风管。

4）空调供回水管，冷凝水管采用柔性闭孔橡塑隔热材料保温，要求导热系数 $\leqslant$ 0.033W/(m·K)（0℃时），容重 $K=50$kg/m³，保温必须在管道冲洗、水压试验合格以及管道油漆后进行。空调水管与冷凝水管保温厚度为（按防结露计算）

管径	空调供回水管	冷凝水管
$\leqslant 20$mm	25mm	15mm
25～100mm	32mm	15mm
125～250mm	36mm	
>250mm	45mm	

5）冷冻机房与空调热交换机房内管道保温层外及现场保温的设备外需做厚 0.5mm 的不锈钢板保护壳，施工时注意不得破坏防潮层，保护壳施工详见国标 08K507、08R418《管道与设备绝热》图集。

6）90℃/65℃一次热水供回水管的保温材料采用离心玻璃棉管壳，最高使用温度 350℃。当管径 $\geqslant DN200$ 时，保温厚度为 80mm，$DN150 \geqslant$ 管径 $>DN80$ 时，保温厚度为 70mm，$DN80 \geqslant$ 管径 $>DN50$ 时，保温厚度为 60mm，管径 $\leqslant DN50$ 时，保温厚度为 50mm。"

（2）某地锅炉房工程

"2.3.2 保温 （1）设备和管道防腐完成后进行保温。需要保温的设备及管道有：蒸汽管道、给水管道、凝结水管道、供水管道、回水管道、软化水箱后软化水管道、循环水管道、换热器、软化水箱、除污器、分集水器、分汽缸。保温材料选用岩棉，保温结构见全国通用建筑标准设计 08R418《管道与设备绝热-保温》，采用金属薄板外保护层，管道保温结构图Ⅰ型。蒸汽管道保温厚度为 100mm，其他管道保温厚度见前表（略——编者注），设备保温厚度为 50mm，保护层均采用镀锌钢板，厚度 0.5mm。（2）金属烟道、烟囱进行保温，保温材料选用岩棉缝毡，保温厚度 40mm，保护层采用镀锌钢板，厚度 0.8mm。"

12.1.4　多联机空调系统设计文件深度不够或二次设计要求不明确

【案例 179】　关于多联分体式空调系统施工图设计文件，国家标准《多联机空调系统工程技术规程》JGJ 174—2010 第 3.1.6 条规定，施工图设计文件以施工图纸为主，并应包括目录、设计施工说明、主要设备表、空调系统图、平面图及详图等内容；设计深度应符合《建筑工程设计文件编制深度规定》（2008 年版）的有关要求。但现在许多多联机空调系统施工图的设计深度远远不够，主要是不标注供液回气管的直径，或者只说明由设备厂商进行二次设计，而没有提出具体的要求。

【分析】　多联机空调系统设计文件深度不够或二次设计要求不明确是普遍存在的问题。和任何工程的施工图设计一样，多联机空调系统施工图设计也是在项目的设备招标之前进行的，而设计单位在招标之前又无权选定设备品牌。目前，我国虽然制定了国家标准《多联机空调（热泵）机组》GB/T 18837—2002，但各制造厂产品的技术参数相差较大，因此，设计人员所进行的只是初步设计，仅仅是根据计算的空调冷热负荷确定室内外机的容量、数量；按楼层、使用功能、室内负荷等因素，综合考虑划分区域和系统；配置制冷剂管道、确定走向、分支接头；配置冷凝水排水管直径及走向，在设备招标确定之前，并不能完全达到施工图设计的要求。目前几乎所有多联机空调工程都是分两阶段完成：第一阶段，设计人员完成上述的工作，但无法确定制冷剂管道直径，室内装饰未确定而不能确定管道标高，无法进行室内外机的容量校核等。第二阶段，建设单位根据设计院的图纸组织设备招标，在完成设备招标、确定设备品牌后，由设备供应方配合设计人员进行二次深化设计，此时应进行制冷剂管道直径计算、实际的等效配管长度计算、室内机的校核计算和室外机的校核计算等，二次深化设计也是更重要的阶段，但目前存在的问题比较多，如：（1）设备供应方不具备相应的设计资质；（2）设备供应方并不进行室内外机的容量校核、各项修正和管道直径计算；（3）设计单位完成设计图纸后，并不参与二次深化设计，更不对设备供应方的设计进行确认，而是任凭设备供应方随意操作。为了保证多联机空调系统的工程质量，设计人员应跟踪和参与二次设计，不能放任自流。应根据选定的设备，进行参数调整，由原设计单位出具最终施工图。

12.1.5　将经过热湿处理以后的空气通过未保温的土建风道送至室内

【案例 180】　某地五星级高档度假酒店，总建筑面积 41495.36m²，地上 18 层，建筑高度 62m，1～2 层裙房为公共用房，3～18 层塔楼为客房。设计人员将塔楼的客房横向分为 3 个单元，在每个单元的屋顶设置一台新风机组，经过热湿处理以后的空气，采用集中送风的方式，通过水平风管和送风竖井为客房送新风（图 12.1-1），但是送风竖井是未保温的土建风道。

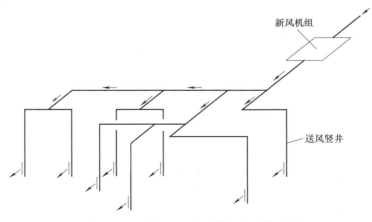

图 12.1-1　未保温土建风道送风系统示图

【分析】　将经过热湿处理后的空气通过未保温的土建风道送至室内也是常见的错误。编者审图中发现，在体量较大的公共建筑中，空调送风管道有时要竖向穿过楼层，或者如本例在屋顶设置集中新风处理机分层送风，容易出现采用土建竖井做风道的情况，这时，一方面会造成漏风严重，另一方面土建竖井不做保温，造成严重的能量损失。国家标准《公共建筑节能设计标准》GB 50189—2015 第 4.3.18 条规定："空气调节风系统不应利用土建风道作为送风道和输送冷、热处理后的新风送风道。当受条件限制利用土建风道时，应采取可靠的防漏风和绝热措施。"因此经热湿处理空气的送回风道不应采用土建风道，即使如剧场等采用土建风道下送风的情况，也应严格进行防漏风和隔热保温施工。

12.1.6　不标注管段设计流量而确定管道直径

【案例181】　进行室外热力网（包括一次网和二次网）设计时，设计人员只会画CAD图，而不知道管道设计流量的情况是十分普遍的。编者审查的施工图几乎全部不注明管道设计流量。某地热电联产供热管网项目共有 12 个管段，主干管的长度从 125m 至 3185m 不等，设计人员只注明管道直径和长度，在"设计说明"中并不说明管段的设计流量

【分析】　不标注管段设计流量而确定管道直径是一种十分严重的陋习，上述项目的12 个管段，全部没有设计流量，但标注的管道直径分别为 DN200 至 DN1200。我们知道，根据管段设计流量确定管道直径是最基本的理论知识，没有管段设计流量就根本无法确定管道直径和进行水力计算，但是现在的设计人员完全忽略了这个问题，没有管段设计流量也能选择管径，希望设计人员从理论上提高，根除这种陋习。

12.1.7　不顾及工程设计的具体技术内容，随意提出错误的技术要求

【案例182】　某财智中心，总建筑面积 38760m^2，地下 3 层，地上 15 层，室内采用多联式空调系统，冬季供热，夏季供冷，夏季冷负荷为 3449kW，冬季热负荷为 2436kW。设计人员在"设计说明"中称：

"……3、VRV 空调可以根据现场装修情况进行二次设计。

4、本工程设计时经过水力平衡计算，在调整各环路管径的基础上增设调节及平衡用阀门，保证各并联环路的压力损失相对差额小于 15％。

5、空调水管、风管及阀门均需保温，保温材料为橡塑棉保温，……"

【分析】　不顾及工程设计的具体技术内容，随意提出错误的技术要求也是一种普遍的现象。由工程施工图设计内容可知，该工程的空调方式为冬季供热、夏季供冷变制冷剂多联式空调系统。（1）"设计说明"中称："VRV 空调可以根据现场装修情况进行二次设计。"这个问题已在〔案例 179〕中作了分析，不再赘述。（2）多联式空调系统是一种夏季制冷剂在室外机中冷凝、在室内机中直接蒸发同化室内余热的系统（冬季相反），连接室外机和室内机之间的管道内，是制冷剂液体和制冷剂气体，根本就没有水。虽然制冷剂液体管和制冷剂气体管也要进行水力计算和进行阻力平衡，但是，进行"水力平衡计算，在调整各环路管径的基础上增设调节及平衡用阀门，保证各并联环路的压力损失相对差额小于 15％"的要求是对水系统而言的，在多联式空调系统中提出这一要求，既是理论上的错误，也是一种极不严肃的态度。（3）"设计说明"要求空调水管均需保温，也是随意提出错误的技术要求，多联式空调系统是没有"空调水管"的，何以提出水管保温的问题

呢。设计人员对于所设计工程，不做具体分析，不论有没有相关内容，认为多写了总是没有错，这是一种极不严肃的态度。

12.1.8　忽视管道设备的减振隔振设计

【案例 183】　石家庄某办公建筑，建筑面积 58790m²，地下 2 层，地上 21 层，采用集中空调系统。冷热源机房位于地下 1 层，夏季选用 2 台水冷离心式冷水机组，3 台冷水循环水泵，单台流量 350m³/h，扬程 31.5m，转速 2900r/min；冬季选用 2 台水-水换热器，3 台热水循环水泵，单台流量 200m³/h，扬程 28m，转速 2900r/min。工程竣工后，经过一个供暖期，发现一层入口大厅处地面感受到明显的振动，一层入口附近的房间噪声也较大，长期处于一层值班室的工作人员感到不适，对正常的工作造成了一定的影响。

【分析】　经查看施工图和现场检查，发现主要原因是忽视了机房内管道设备的减振隔振设计：（1）地下 1 层冷热源机房设置在一层入口大厅的正下方，机房的微小振动都会直接传递到入口大厅；（2）设备基础的施工存在缺陷，浇筑基础时，地脚螺栓的孔洞没有填实，在设备运行时起到了传递振动的作用，振动经过设备基础、管道支架及机房顶板传递到一层入口大厅；（3）水泵的减振设计错误，设计人员选用循环水泵的转速为 2900r/min，但采用的是弹簧减振器减振，影响了隔振效果，因为弹簧减振器对高转速设备的隔振效果不明显。按规定，转速大于 1450r/min 的设备宜使用橡胶减振垫。发现问题后，一方面由施工单位重新制作设备基础，消除了基础中的孔洞，并增加了隔振台座，另一方面，把水泵的弹簧减振器改为橡胶减振垫，振动问题就得到解决了。因此，设计人员应该注意，设置于地下一层的冷热源机房一定要避开一层入口大厅及重要功能的房间，应该与建筑专业很好的配合；根据《民用建筑供暖通风与空气调节设计规范》GB 50736—2012 第 10.3.2 条的规定，对于转速小于或等于 1500r/min 的设备宜使用弹簧减振器，对于转速大于 1500r/min 的设备宜使用橡胶减振器。该工程的设计违反了这些规定。

12.1.9　施工图上没有标注水管、风管的流量和风口风量

【案例 184】　某地的购物中心，建筑面积 17779.37m²，地下 2 层，地上 8 层，地上面积 13934.1m²，夏季空调冷负荷 1454.67kW，冬季空调热负荷 881.91kW。工程中有许多全空气空调系统，设计人员在"设计说明"中称："按动压（或流量）等比法调整系统风量分配，确保与设计值一致"、"按比例法调整水系统水量分配，使之与设计值相同"。

【分析】《建筑工程设计文件编制深度规定》（2016 年版）4.7.5/4 规定施工图上应"标注风口设计风量"，目的在于进行风系统的检测与调试。但是审查的施工图中，在空调、通风的水系统、风系统中，不标注水管段、风管段的流量、风口的风量的现象十分普遍，这样就无法进行水系统、风系统的检测与调试。本案例"设计说明"中虽然要求调整系统风量分配和调整水系统水量分配，这是符合规范要求的，但是审查施工图发现，施工图中却没有一处标注水管段、风管段的流量和风口风量，所谓调整流量分配就没有任何依据，也无法进行水系统、风系统的检测与调试。在供暖、空调及通风系统设计中，不标注水管段、风管段的流量、风口的风量是重大的技术缺失，应该引起设计人员的高度重视。

12.1.10 热力管道固定支架混乱，存在安全隐患

【案例 185】 某县某小区入网工程换热站，负担 12 万 m² 居住建筑的供暖，小区供暖水系统分高低区，高区设置供热量 1.42MW 的换热器 1 台，低区设置供热量 1.57MW 的换热器 3 台，一次侧水温为 120/60℃，二次侧水温为 65/50℃。

【分析】 经审查发现，该工程热力管道固定支架设置十分混乱，设计人员根本不知道如何进行强度计算，随便在图上标注固定支架符号"-×-"，也不知道固定支架的形式、结构、尺寸以及如何生根；更严重的是，有多处是在一根直管段上连续设置了两个甚至三个固定支架，而固定支架之间没有任何补偿装置，这既是违反专业基本理论，也是违反规范强制性条文规定的，存在极大的安全隐患（见图 12.1-2）。

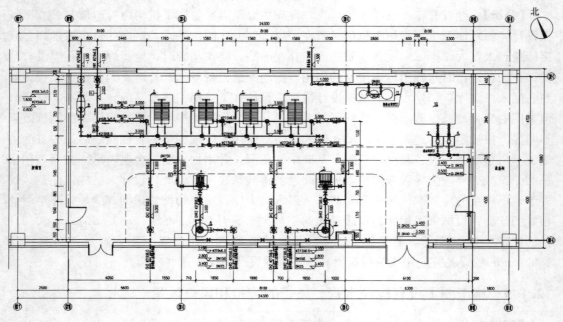

图 12.1-2 某换热站固定支架设置混乱示图

12.1.11 冬季空调要求室内空气达到一定相对湿度，但无加湿装置（或措施）

【案例 186】 河北某产品研制扩建项目，建筑面积 2632m²，地下 1 层，地上 3 层，其中 1、2 层为研制场所，采用变制冷剂流量多联机空调系统，空调面积为 1437.2m²，夏季空调冷负荷 222.7kW，冬季空调热负荷 86.24kW。由于工艺对室内空气含湿量（相对湿度）有一定要求，施工图的"设计说明"室内设计参数要求冬季室内相对湿度大于 45%，室内温度为 20℃，但是设计内容中没有加湿措施。

【分析】 冬季空调要求室内空气达到一定相对湿度而无加湿装置（或措施）的情况在审查的施工图中也是普遍存在的，出现这种现象的原因是设计人员并不熟悉空调的基本原理。专业技术人员应该知道，室外空气参数的规律是：夏季温度高、含湿量大，而相对湿度不一定高；冬季温度低、含湿量小，但相对湿度比较高。以石家庄为例，夏季室外空调干球温度为 35.1℃，湿球温度为 26.8℃，则相对湿度为 22.48%，含湿量为 19.381g/

kg干空气；冬季室外空调计算温度为 －8.8℃，相对湿度为 55％，则含湿量为 1.065g/kg干空气，这些都是基本常识。由于夏季室外空气含湿量较大，所以在空调末端设备中进行的是降温减湿过程，室内的混合过程沿热湿比线 ε 变化达到室内状态点，一般对夏季室内空气相对湿度的界定是"小于"或"不大于"。而冬季室外空气含湿量很小，所以对冬季室内空气相对湿度的界定是"大于"或"不小于"。但是冬季在空调末端设备中进行的只是加热过程，如果不另外采取加湿装置（或措施），就不可能满足"大于"或"不小于"某一值的要求。该例要求冬季室内相对湿度大于 45％，室内温度为 20℃，由湿空气焓湿图可知，此时室内空气的含湿量应达到 6.258g/kg干空气，而石家庄冬季室外空气的含湿量只有 1.065g/kg干空气，所以必须对空气进行加湿。编者提醒设计人员，无论是夏季、还是冬季，对室内设计相对湿度的要求必须跟上相应的措施，尤其在冬季是不可或缺的。对于空气的加（减）湿设计，设计人员首先应该在湿空气的焓湿图上绘制空气处理过程，确定各状态点的参数，再根据湿量平衡计算需要的加（减）湿量，最后选择加（减）湿装置。所以，冬季要求室内空气相对湿度"大于"或"不小于"某一值，但是没有采取加湿装置（或措施）是基本理论的错误，应该予以纠正。

12.1.12　在具体项目设计中假设不存在的前提

【案例 187】　某地阳光新城 1 号楼为居住建筑，建筑面积 8018.5m²，地下 1 层，地上 18 层，采用供回水温度为 55/45℃的地面辐射供暖系统，供暖热负荷为 283.37kW，热负荷指标为 35.34W/m²。对于供暖系统的运行方式，设计人员没有提出明确的要求，在"设计说明"中称，"若设计无特殊说明，均按连续供暖进行设计"。

【案例 188】　某地公寓，建筑面积 4578.78m²，供暖建筑面积 3643.4m²，地下 1 层，地上 7 层，采用供回水温度为 45/35℃的地面辐射供暖系统，供暖热负荷为 133kW，热负荷指标为 36.5W/m²。"设计说明"称，水压试验压力"应符合设计要求。当设计未注明时，应符合下列规定：……"。

【分析】　按照施工图设计的基本要求，对于确定项目的施工图设计，所有技术内容都应该是确定的，除了极个别可能受施工现场影响的情况外，一般都应该在施工图设计中有明确的界定，不应该采用模棱两可的不确定用语。上述两例中的"若设计无特殊说明，……"、"当设计未注明时，……"是设计人员不动脑筋，直接抄录国家标准的条文。这样的条文都是并不针对具体项目的规范用语，是对非特指项目没有明确的界定时，推荐的规定或要求。设计人员对确定的设计项目，理应有明确的规定或要求，不能再用"若设计无特殊说明，……"、"当设计未注明时，……"这种不确定的规范用语。设计人员本身就是在作具体项目的设计，不能也不应该设定"若设计无特殊说明，……"、"当设计未注明时，……"这种根本不存在的前提。根据以上分析，上述两例应分别明确为"本工程按连续供暖进行设计"或"本工程按间歇供暖进行设计"，"本工程的水压试验应符合下列规定：……"。

12.1.13　循环水泵出口未装止回阀造成事故

【案例 189】　某地供热工程，一次网热水供回水温度为 120/60℃，工作压力为 1.6MPa；一次网沿途有 12 个换热站，其中某换热站的供热面积约为 90000m²，居住建筑小区室内为 85/60℃ 散热器供暖系统，竖向分为高低区，低区面积约为 50000m²，高区面积约为 40000m²；高低区各设置换热器 1 台及循环水泵 1 台。审查施工图发现，设计人员在循环水泵出口管道上未安装止回阀（图 12.1-3），编者审查后要求设计人员进行修改。但设计人员称，只有多台水泵并联才安装止回阀，1 台水泵没有必要安装止回阀。

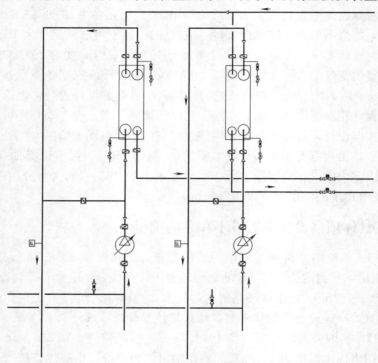

图 12.1-3　水泵出口管道未设置止回阀

【分析】　设计人员的这种解释属于认识上的误区，因为并联运行的水泵在出口管道安装止回阀，一方面是当水泵没有同时运行时，防止运行水泵出水管的水倒流进停止运行的水泵，但另一方面更重要的是防止突然停电时产生水击，损坏水泵和管道。在以水为热媒的供热系统中，由于突然停电或其他原因的突然停泵，会使管道内正在流动的水突然停止流动，产生"涌水"现象，致使原来以一定流速流动的动能转变为压力能，并使循环水泵吸入侧管路中的水压急剧增高，这就叫做水击。以直径 DN300 的管道为例，若循环水泵吸入侧管路中的流速为 1.0m/s，水击发生时产生的压力约为 1.25MPa，压力是非常大的，水击的破坏性是十分严重的。根据实际经验，经常采用的措施有 3 种：（1）最简单的是在水泵出口管道上安装止回阀，不管是多台并联水泵还是单台水泵都应该安装；（2）更安全的措施是在循环水泵进出水管之间设置一根带止回阀的泄压旁通管，止回阀向水泵出口方向开启，便于泄掉水泵入口管道的压力；（3）在循环水泵入口设置泄压放气管或安全阀（见图 12.1-4）。所以，为了防止水击损坏水泵和管道，即使只有 1 台水泵也应该安装止回阀，这样就比较安全。

12.1.14　"设计说明"中的设计依据缺乏针对性

【案例 190】　石家庄市某社区综合服务楼，地上 3 层，建筑面积 2091.9m²，其主要

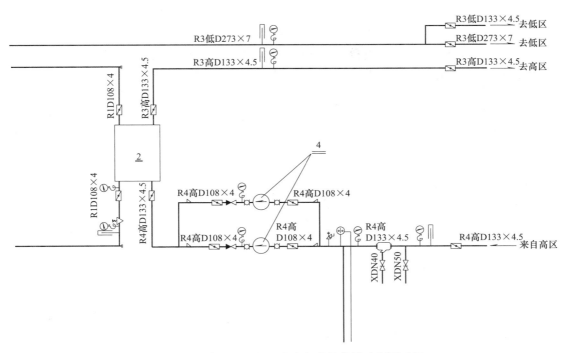

图 12.1-4　水泵入口设置安全阀的换热站流程图示图

功能是物业经营、社区综合服务用房、老年人活动室、文化活动中心等。"设计说明"称该工程采用的主要法规和标准:《建筑设计防火规范》GB 50016—2014、《民用建筑供暖通风与空气调节设计规范》GB 50736—2012、《公共建筑节能设计标准》DB 13（J）81—2009、《公共建筑节能设计标准》GB 50189—2015、《供热计量技术规程》JGJ 173—2009、《严寒和寒冷地区居住建筑节能设计标准》JGJ 26—2010、《建筑给水排水及采暖工程施工质量验收规范》GB 50242—2002。

【分析】　从施工图可以看出,该工程的功能均为公用性质,应界定为公共建筑,设计人员在选用设计规范时,应注意这一特点。但设计人员在设计依据中列举了《严寒和寒冷地区居住建筑节能设计标准》JGJ 26—2010,这样确定的设计依据是缺乏针对性的。这种情况也是十分普遍的,这可能是设计人员在粘贴文档时没有删去上一次的痕迹,但设计人员在正式出图之前,一定要经过认真仔细的检查,不要出现这种明显的错误,设计选用的标准规范一定符合所设计建筑的功能,具有针对性,粘贴文档时应注意删去无关的标准规范。

12.1.15　顶层地暖盘管长度和其他楼层的一样

【案例 191】　河北某住宅小区 7 号楼,地下 1 层,地上 24 层,总建筑面积 19305m²,供暖建筑面积 17691m²,室内为 50/40℃ 地面辐射供暖系统,冬季供暖热负荷为 601.9kW,1～2 层为商业建筑,3～24 层为居住建筑。1～2 层商业建筑的布局有些不同,设计人员为 1～2 层分别出具了供暖平面图;3～24 层居住建筑每层的布局都相同,设计人员只出具了一张供暖平面图。

【分析】　由施工图可以看出，3～24 层供暖平面图显示各层布局相同的房间中，地面辐射供暖盘管的长度、管间距都是一样的，这样的设计是错误的。因为顶层（24 层）有屋面传热热负荷是其他楼层没有的，因此房间热负荷比其他楼层相同房间的热负荷大，相应的要布置较多的盘管，在不改变管道直径和管间距的情况下，顶层地暖盘管长度应该比其他楼层的长一些，这是相对简单的方法，当然如果增加长度的条件有限，也可以减小管间距或加大管道直径，以加大供热量。采用顶层地暖盘管与其他楼层一样的长度（及管间距或管道直径）也是常见的问题之一，这是理论上的错误，设计中应该杜绝这种现象，必须单独出具顶层平面图。

12.2　设计说明、计算书编写问题

【案例 192】　某小区 1 号住宅，总建筑面积 21296m²，地下 2 层，地上 24 层，室内为 50℃/40℃ 地面辐射供暖系统，1～2 层为商业建筑，冬季供暖热负荷为 37.9kW，3～24 层为居住建筑，冬季供暖热负荷为 472.65kW……。设计人员编制的"设计说明"部分内容如下：

"……三、应甲方要求，户内系统为低温热水地板辐射采暖，地暖施工公司可在本设计的基础上，根据使用情况进行二次深化设计。

四、本图尺寸以毫米计，标高以米计。

五、设计参数

5.1 室内采暖计算温度：卧室、起居室、餐厅、商业 18C°；带淋浴设备的卫生间 25C°；厨房 16C°……"

【分析】　按规定，"设计说明"应该全面完整地表述该项目设计范围的技术内容、要求，交代实现这些要求的所有技术措施、设计方案、系统划分、设备选型、监测控制及运行指导等等。本案例的设计人员将完全属于施工操层面的图纸尺寸计量单位——"本图尺寸以毫米计，标高以米计"混杂在"设计说明"中，说明设计人员缺乏最基本的训练。

【案例 193】　某地××职教中心机械加工实训楼施工图的"设计说明"全文如下：

"1 工程名称：××职教中心机械加工实训楼，本工程位于××县××镇，建筑面积：4278.68m²，项目等级为二级。

2　设计参数：t_g＝80℃，t_h＝60℃，t_w＝－16.3℃，t_n：卫生间、走廊 14℃，其他房间 18℃，系统工作压力 0.4MPa。

3　设计依据：

《民用建筑供暖通风与空气调节设计规范》GB 50736—2012

《中小学校建筑设计规范》GBJ 99—86

《民用建筑热工建筑设计规范》GB 50176—93

《建筑给排水及采暖工程施工质量验收规范》GB 50242—2002

《公共建筑节能设计标准》GB 50189—2005

《建筑节能工程施工质量验收规范》GB 50411—2007

《严寒和寒冷地区居住建筑节能设计标准》JGJ 26—2010

《供热计量技术规程》DB 13（J）128—2011

《建筑设计防火规范》GB 50016—2006

《通风与空调工程施工质量验收规范》GB 50243—2002

4 管道采用镀锌钢管，安装前必须调直，阀门为铜质 Z15W-16T。

5 散热器：钢铝复合散热器（供参考），工作压力 0.8MPa，单柱标准散热量 100W。

6 水压试验：铸铁散热器应单组试压合格后进入房间，$P_s=0.6$MPa。10min 压降不大于 0.02MPa，不渗不漏为合格。

7 系统综合试压：$P_S=0.6$MPa，10min 压降不大于 0.02MPa，降至工作压力，稳压 1 小时，不渗不漏为合格。

8 除锈刷漆：刷漆前必须将钢管表面铁锈、污物和内部杂质清除干净，明装管道刷防锈漆一遍。调和漆二遍，地沟内管道刷防锈漆两遍再做保温。

9 系统冲洗调试：采暖系统在投入运行前必须进行冲洗，系统最低处连接临时管道将污水排出，流速不小于 1.5m/s，以水中无固态杂质水清不浊为合格。系统冲洗后要冲水试运行，并进行调试，使各室温度不低于设计 2℃，不高于 1℃。

10 施工参照图集 05N1。

11 采暖系统在非采暖期要满水保养。

12 节能专项说明：

A：每组散热器支管安装温控阀，已达到分室调节温度的目的。

B：室内地沟管道采用柔性橡塑海绵保温，室外部分采用聚氨酯管中管保温厚度均为 30。

C：六层顶棚必须采取保温措施。

D：热计量表技术参数：温度传感器：p_t1000 电池寿命：5 年适用介质温度：4～96℃。使用环境级别：B 级（－5～25℃）准确度等级：3 级；适用范围：$Q_p \leqslant 1.5$m³/h；$DN15$；$Q_p=2.5$m³/h；$DN20$。

E：温控阀技术要求：最大压力：1MPa，调节刻度 0～5，温度调节范围：8～28℃。温控阀手柄数字调节到 3 的位置时，设定温度为 20℃。"

【分析】 这一段"设计说明"完全是杂乱无章——（1）遗漏很多重要的技术内容，如：供暖热负荷、热负荷指标、供暖系统的形式；补水定压措施等；（2）书写内容混杂，如将供、回水温度、室外空气计算温度、室内空气设计温度、系统工作压力等列在同一条里；（3）整个"设计说明"内容不分重点、主次，设计人员想到什么写什么。总之，是一份极不规范的文字，说明设计人员缺乏最必要的基本训练。

【案例 194】 某地学校教学办公楼，地上三层，建筑面积 1660m²，采用 60/50℃地面辐射供暖系统，热负荷 29.75kW，施工图"设计说明"中关于暖通专业节能措施的描述是："十、采暖专业节能措施：1 热源方式：区域锅炉房；采暖形式：地板采暖。2 公用主立管及分户支管均采用 50 厚岩棉外缠玻璃钢保护层保温。3 空调安装预留孔洞见电施图纸。"

【分析】 按规定，暖通空调专业的节能措施应该是十分全面的，主要应包括：冷、热媒温度的确定、供暖空调系统划分、水力平衡计算及设置水力平衡装置、设置计量仪表、配置检测控制系统、选择低耗高效设备、设备管道绝热等。但是本例中的"热源方式"、"采暖形式"并没有涉及节能的技术内容，只有"保温"符合节能要求，而提出"空调安装预留孔洞见电施图纸"更是离题万里，电施图纸怎么可能反映"空调安装预留孔洞"，简直是不可思议的事。

【案例 195】 某地商业建筑，建筑面积 3391m²，地上 3 层，采用碳纤维发热线供暖，设计供暖热负荷 105.8kW，热负荷指标 31.2W/m²。设计人员编制的"设计说明"中"工程概况"的全文为："一工程概况　1本工程为电采暖设计。根据建设单位要求，本建筑物采用碳纤维发热线供暖，并能补充提供相关审批部门手续。故本设计图纸仅在建设单位完备提供相关部门审批手续后方具有效力，否则建设单位不能按本套设计图纸组织建设，施工单位不能按本套设计图纸进行施工，由于此采暖方式的特殊性，本图纸仅供参考，具体应在厂家指导下进行施工。"（注：后无序号'2'，原文如此）

【分析】 我国《建筑工程设计文件编制深度规定》（2016 年版）4.7.3 指出，"设计说明"的"工程概况"要求"简述工程建设地点、规模、使用功能、层数、建筑高度等"，这应该是设计人员具备的基本知识。该例设计人员完全背离《建筑工程设计文件编制深度规定》（2016 年版）的要求，在"工程概况"中叙述的是与要求毫不相干的内容。另外，书写也极不规范，正文中只有序号'1'，没有序号'2'，连起码的写书要求都达不到。

【案例 196】 某地项目一期工程综合办公楼，建筑面积为 12178.91m²，地下 1 层，地上 7 层，采用供回水温度 70/50℃ 的散热器供暖系统，设计供暖热负荷 314.82kW，热负荷指标 42.5W/m²。设计人员编制的"设计说明"中"工程概况"的全文为：

"二．工程概述

1. 图注标高以米计，其他均以毫米计。

2. 本工程为 ×× 市 ×× 项目一期工程综合办公楼室内采暖、通风、防排烟设计。本工程为二类高层公共建筑，地下一层为车库及设备用房，地上为办公。一层层高 6.0m，标准层高 4.8m，七层层高 6.0m，地下一层层高 4.8m，局部层高 4.1m。建筑高度为 36.4m，建筑面积为 12178.91m²，采暖面积 7407.54m²。

3. 图中管道标高指管中标高。标注的水管的管径 DN 均为公称直径。"

【分析】 和上例的情况一样，正确书写"工程概况"应该是设计人员具备的基本功，但是该例中，设计人员将仅仅与施工有关的内容 1，3 两条，写进"工程概况"中，而且"设计说明"中的其他内容也是十分混乱的，说明设计人员缺乏最基本的常识，需要努力提高。

【案例 197】 某地集中供热工程，城市一次热力网的供回水温度为 120/60℃，工作压力为 1.6MPa，在设计的一次热力网管段沿途设置 17 个换热站，换热站的供热面积为 1.5 万 m²～12 万 m² 不等，设计人员进行的是换热站的工艺设计。编者审查发现设计人员提供的设计计算书错误百出，现将 ×× 花园换热站设计计算书全文抄录如下。

"×× 花园换热站设计计算书

一、热负荷情况

本设计为换热站工艺系统设计，此站供热面积 8 万 m² 设计。热指标 50W/m²，设计热负荷为：4000kW。该站为低区，一次网设计温度为 120℃/60℃。二次网设计温度为 65℃/50℃。最远供热半径约 400 米。采暖系统采用散热器采暖。

二、水力计算

（一）8 万 m² 系统

1) 外网总沿程阻力计算：

换热站供热最不利环路长度约 400 米，取管网平均比摩阻 60Pa/m，计算损失：

$$\Delta h_{YC} = 2 \times 400 \times 60 = 48000Pa = 0.048MPa$$

2) 局部阻力计算：

局部阻力取沿程阻力的 30%，即

$$\Delta h_{JB} = 0.048MPa \times 30\% = 0.0144MPa$$

3) 换热站内阻力损失：$\sum \Delta h_{ZN} = 0.07MPa$

4) 用户压头损失：$\sum \Delta h_{YH} = 0.05MPa$

则总阻力损失为：

$$\Delta h = \Delta h_{YC} + \Delta h_{JB} + \Delta h_{ZN} + \Delta h_{YH}$$
$$= 0.048 + 0.0144 + 0.07 + 0.05 = 0.1824MPa$$

（三）管径选择

a) 一次网母管管径选择

取面积指标 $q = 50W/m^2$，供热面积 8 万 m^2，则热负荷为 = 4000kW。供热一次网设计供回水温度 120℃/60℃，则一次网设计流量：

$$G = 0.86 \times 4000kW \div 60℃$$
$$= 57.3t/h$$

选择一次网母管管径 DN200，$\Delta h = 13.76Pa/m$

（四）二次网母管管径选择

1) 二次网母管管径选择

住宅楼取面积指标 $q = 50W/m^2$，供热面积 8 万 m^2。则热负荷为 = 4000kW。二次网供回水温差 $\Delta t_2 = 15℃$（供水温度 65℃，回水温度 50℃）。

二次网水量：

Mg1 = 0.86 × 4000kW ÷ 15℃ = 229.3t/h

选择二次网母管管径 DN300，$\Delta h = 25.98Pa/m$。

3) 换热站内主要设备选型

（一）8 万 m^2 系统

1) 换热器的选择：

以每平方米板式水水换热器面积在对数平均温差 33℃ 的条件下可以带热负荷面积 700m^2 估算。

需换热器面积 F = 80000/700 = 114.29m^2。

选取换热器的型号为

HB052-80HG-1.6/E　　　2 台　　（DN200/DN150）

2) 循环水泵的选择：

由于供热系统最不利环路阻力损失为 $\sum \Delta h = 0.1824MPa$，系统最大流量为：

循环泵扬程：$H = \Delta h + 0.04MPa$（富裕压头）= 0.2224MPa ≈ 24mH$_2$O

4) 补给水泵的选择：mg1 = 0.86 × 4000kW ÷ 15℃ = 229.3t/h

循环水泵流量：GT = 229.3 × 1.1 = 252.23t/h

循环水量选取型号 1 台：

型号为 SLW200-315（Ⅰ）A

参数为 $G=374m^3/h$　$H=28m$　$P=45kW$

a. 补水量：按系统水量的 2% 计算：

补水量：229.3t/h×2%＝4.586t/h

b. 补水泵扬程的确定：

建筑最高点 30m。

H1＝30＋10（余量）＝40m　　　$H＝H1/0.81＝49.38m$

选台补水泵：

型号为：SLG6-12　$G=6m^3/h$　$H=50.4m$　$P=2.2kW$

（三）软化补给水箱的选择：事故补给水量按系统水量 4% 选，即

GB＝G×4%＝229.3t/h×4%＝9.2t/h

选择 4 立方米方形玻璃钢水箱，规格为

2000×1000×2000

$4m^3/(9.2m^3/h)＝0.43h＝25min$

可满足正常状态下 25 分钟的补水量。"

【分析】　该设计计算书存在以下问题：

（1）换热站的换热量（供热量）确定不符合规范的要求。《城镇供热管网设计规范》CJJ 34—2010 第 3.1.1 条规定："热力网支线及用户热力站设计时，采暖、通风、空调及生活热水热负荷，宜采用经核实的建筑物设计热负荷。"即要求设计时采用实际计算的热负荷作为选择换热器供热量的依据；第 3.1.2 条规定"当无建筑物设计热负荷资料时，民用建筑的采暖、通风、空调及生活热水热负荷，可按下列公式计算：……。"即在没有设计热负荷资料时才容许采用《城镇供热管网设计规范》CJJ 34—2010 表 3.1.2-1 推荐的供暖热指标进行估算。表 3.1.2-1 规定，非节能住宅建筑的热指标为 58～64W/m²；节能住宅建筑的热指标为 40～45W/m²。该工程的热指标 50W/m² 为非节能住宅建筑的热指标，如按节能住宅建筑热指标 40W/m² 计算，则总供热量可减少 800kW，相应可减少换热器、循环水泵的容量，减少管道及保温材料量，减小附件的规格尺寸等。

（2）即使按现在的供热量 4000kW，则一次管网流量为 57.3m³/h，设计人员选择一次管网 DN200 的直径明显偏大，此时的水流速度只有 0.5m/s 左右，远小于常规的 2.0～3.0m/s，比摩阻只有 13.76Pa/m，远小于经济比摩阻 60～100Pa/m，造成管道、保温材料及施工工程量的极大浪费，若选择直径 DN150，水流速度约为 0.93m/s，比摩阻约为 78Pa/m，才是比较合理的选择。

（3）即使按现在的供热量 4000kW，则二次管网流量为 229.3m³/h，设计人员选择二次管网 DN300 的直径也明显偏大，此时的水流速度为 0.8m/s 左右，比摩阻只有 25.98Pa/m，远小于经济比摩阻 60～100Pa/m，同样造成管道、保温材料及施工工程量的极大浪费，此时若选择直径为 DN250，水流速度约为 1.30m/s，比摩阻约为 78Pa/m，才是比较合理的选择。

（4）在计算二次侧的系统阻力时，没有采用实际的比摩阻 25.98Pa/m 进行计算，而是仍然采用估计的 60Pa/m 进行计算（结果为 0.1824MPa＝18.24m），这样就估大了二次管网的阻力损失。

（5）在明显偏大的二次管网的阻力损失的基础上，增加富裕压头 0.04MPa＝4m 和数字取整，将系统阻力定为 0.24MPa＝24m，最后选择水泵的扬程为 28m。由于系统的实际阻力损失并不大，运行时会降低水泵的效率，增加系统的能耗，是违反建筑节能设计标准的规定的。

（6）即使按现在的供热量 4000kW、二次管网流量 229.3m³/h，考虑安全系数 1.1，则水泵的选型流量应为 252.23m³/h，但设计人员选择水泵的流量为 374m³/h，比计算流量大 48％，这样的设计也是违反规范规定的；又由于水泵扬程偏大，水泵功率至少高了一档，按照正确的选型计算，水泵功率可以从现设计的 45kW 减少到 37kW。

（7）计算书中所称的"每平方米板式水水换热器面积在对数平均温差 33℃的条件下可以带热负荷面积 700m²"是一个完全没有科学依据、不符合专业基本理论的粗放概念。我们知道，即使在固定的对数平均温差的条件下，每 m² 换热器的换热量与其传热系数有关，不是一个固定值；面积 700m² 的建筑物的热负荷则与建筑物的性质有关，也不是一个固定值，两者怎么存在对应关系呢？编者经计算发现，即使有这样的近似关系，所带"热负荷面积 700m²"也明显偏小，即按此指标估算求出的换热器面积一定偏大。例如，设换热器的传热系数分别为 2500W/(m²·℃) 和 3500W/(m²·℃)，则对数平均温差 33℃时，每 m² 换热器的换热量分别为 82500W 和 115500W，按 700m² 建筑面积计算，则单位面积热指标分别达到 117W/m² 和 165W/m²，这是违反节能规定的，说明设置的换热器面积远远大于实际需要的面积。

（8）即使按粗放的"每平方米板式水水换热器面积在对数平均温差 33℃的条件下可以带热负荷面积 700m²"的指标估算，换热器的计算面积应为 114.29m²，但设计人员选择的

2 台 HB052-80HG-1.6/E 型换热器的面积为 80×2＝160m²，比计算面积大 40％，也是严重违反规范规定的。

（9）进一步检查施工图设备表发现，设计人员选择的 2 台 HB052-80HG-1.6/E 型换热器的面积为每台 80m²，供热量只有 1400kW×2＝2800kW，远远小于所称的"热负荷 4000kW"。

（10）除了技术错误外，整篇计算书的书写也极不规范，序号也是十分混乱，反映的是设计人员一种极不严肃的态度。

下篇　设计实例

为帮助设计人员更好地学习暖通空调及热能动力工程设计的精髓和制图的细节，本书选择以下 5 个设计实例，设计内容包括散热器供暖、低温热水地面辐射供暖、科学实验建筑通风、工业建筑通风空调燃气锅炉房等。介绍了实例的基本情况，并分析了每个实例的特点，供设计人员参考。

【设计实例 1】　居住建筑分户热计量散热器供暖系统设计实例

某地京北·中央公园 1 号楼，总建筑面积 18798.92m²，地下 1 层为地下车库和设备用房，地上由两个单元组成，分别为 18 层和 26 层，建设地区为寒冷 A 区，室外供暖计算温度为－13.6℃。

【特点分析】　该工程为居住建筑，设计内容为冬季散热器热水供暖系统，设计时间为 2016 年 1 月。室内为分户热计量供暖系统，系统制式为共用立管分户水平双管散热器供暖系统，散热器为明装，立管为下供下回异程双管系统，供、回水温度为 75/50℃；单元楼栋总入口和用户入口均设置热计量表，散热器供水管上设置高阻力温控阀，供暖水系统进行竖向分区，1～13 层为低区，14～26 层为高区，供暖热负荷为 543.3kW。对于 26 层的单元，由于低区、高区各有 13 层，楼层平面分户为 1 梯 4 户，各区立管带 52 户。为了防止同一副立管上直接连接住户的数量及焊接点太多而增加故障率，和并联环路太多而引起水力不平衡，《全国民用建筑工程设计技术措施　暖通空调·动力（2009）》2.5.9 规定："室内的热水采暖系统……4 每组共用立管连接的用户数不应过多，一般不宜超过 40 户，每层连接的户数不宜多于 3 户；多于 3 户时，管井内宜分层设置分、集水器，使入户管通过分、集水器进行转接"。该设计在各层管道井内的供、回水立管上设置带调节阀的集管，再从集管上引出分户管，系统试运行时，首先利用集管上调节阀进行层间调节，在层间阻力平衡的基础上，利用分户管上的阀门，进行户间调节，这样就可以减少调节的工作量并容易达到平衡。本设计将"设计说明"和"施工说明"合在一起，而没有分别编写，但叙述条理明晰，表达清楚，并不影响施工人员识图。施工图共有图纸 14 张（含目录），绘制了各层平面图、供暖水系统图、竖向分区立管图，编制了"主要设备材料表"，列举了图例；在各层平面图上列表注明了各楼层的楼地面标高图纸内容基本齐全，达到《建筑工程设计文件编制深度规定》（2008 年版）所规定的内容，能满足施工要求。

建设单位名称	河北建海房地产开发有限公司
工程名称	京北·中央公园
子项名称	一期1#楼
图纸名称:	

图纸目录及图例　暖施
设计及施工说明(一)

设计编号	HCCD2014-1008
图纸类别	KS-1/14
图纸编号	KS-1/14
设计日期	2016.01

项目总监	
专业负责	
设计	
制图	
校对	
审核	

郑重申明:

1. 未加盖本公司出图专用章的图纸无效。
2. 若本设计所依据的国家或地方现行设计规范或标准被废止,本设计原则上自当日起失效。
3. 对本设计图所设计的条件与现场地状有差异之处,建造方应在开工前及时告知本公司。
4. 本图纸必须对照所有规范、规范和标准一起使用,如有疑问,建造方应在施工前及时告知本公司。

总平面简图:

供暖通风设计及施工说明

一 设计依据:
《民用建筑供暖通风与空气调节设计规范》GB 50736-2012
《建筑设计防火规范》GB 50016-2014
《住宅设计规范》GB 50096-2011
《住宅建筑规范》GB 50368-2005
《供暖通风工程施工规范》GB 50178-93
《供热计量技术规程》JGJ 26-2010
《严寒和寒冷地区居住建筑节能设计标准》JGJ 26-2010
《建筑给水排水设计规范》GB 50015-2003
《建筑抗震设计规范》GB 50011-2010
《建筑设计防火规范》DBJ 01-605-2000
《建筑工程建筑面积计算规范》GB 50353-2005
《通风与空调工程施工质量验收规范》GB 50243-2002
《建筑给水排水及采暖工程施工质量验收规范》GB 50242-2002

二 工程概况:

三 设计内容:

四 室外设计计算参数:

房间名称	夏季温度干球湿球温度	冬季温度	新风量
居室	25~27℃	20℃	0.5次/h
卫生间	<65%	20℃	8次/h

设计图纸目录

序号	图纸编号	图纸名称	规格	备注
1	KS-1/14	图纸目录及图例	A1	工程专用图
2	KS-2/14	设计及施工说明(二)		工程专用图
3	KS-3/14	主要设备材料表		
4	KS-4/14	标准层采暖平面图	A1*1/4	工程专用图
5	KS-5/14	一层采暖通风平面图	A1*1/4	工程专用图
6	KS-6/14	二层采暖通风平面图	A1*1/4	工程专用图
7	KS-7/14	三层采暖通风平面图	A1*1/4	工程专用图
8	KS-8/14	四至十三层采暖通风平面图	A1*1/4	工程专用图
9	KS-9/14	十四至十六层采暖通风平面图	A1*1/4	工程专用图
10	KS-10/14	十七至十九层采暖通风平面图	A1*1/4	工程专用图
11	KS-11/14	二十层采暖通风平面图	A1*1/4	工程专用图
12	KS-12/14	二十一至二十六层采暖通风平面图	A1*1/4	工程专用图
13	KS-13/14	屋顶采暖通风平面图	A1*1/4	工程专用图
14	KS-14/14	电梯机房采暖通风平面图	A1*1/4	工程专用图

标准图纸目录

序号	图别	图集号	图纸名称	备注
1	12N1		供暖工程	河北省标准图集
2	12N5		通风与防排烟工程	河北省标准图集
3	12N6		动力工程	河北省标准图集
4	12N9		民用建筑供暖管道设计与安装	河北省标准图集
5	03K404		管道及设备保温	
6	03(05)K404	2005年采暖与空调专用	通风空调	
7	K101-1~3		通风机安装	国家标准图
8	K103-1~2		管道支吊架	国家标准图
9	05K102		风机安装	国家标准图
10	07T133		离心式水泵安装	国家标准图
11	08K132		金属矩形风管配件及法兰	国家标准图
12	07K120		风机盘管安装	国家标准图
13	94K302		风机箱安装	国家标准图
14	94K300		分体空调安装	国家标准图
15	K507-1~2		管道吊架	国家标准图
16	K150-1~3		管道及设备支吊架	国家标准图
17	07J201		平屋面建筑构造	国家标准图
18	01K405		温度计安装	国家标准图
19	01K406		压力表安装	国家标准图
20	05K417-1		室内热力管道支吊架	国家标准图
21	072J08		管道穿墙、穿楼板防水套管	国家标准图
22	01K409		管道标志	国家标准图

主要设备材料表

编号	名称	型号及规格	单位	数量	备注
1	轴流式风机	T35-11 No3.15 风量 2000 m³/h 全压 60 Pa 电机功率 0.06 kW	台	2	电机驱动防爆风 卫生间排风
2	静音换气扇	FV-24CTC 风量 140 m³/h 全压 100 Pa 电机功率 15 W	台	220	卫生间排风
3	消防加压风机	HTF-9 No.9 风量 28400 m³/h 全压 230 Pa 电机功率 4 kW	台	1	JS-1WD-1
4	户用热表	LCD型 DN15 (PN10)	个	176	户内热表
5	超声水水表	SR-45 DN65 (PN16)	个	3	热力入口
		SR-40 DN40 (PN16)	个	1	热力入口
6	过滤器	WSG101-16T	个		热量计量
7	测温装置		个		热量计量
8	除污器	STAF-5G	个		热量计量
9	手动阀	D341H-16T	个		热量计量
10	静流阀	Q11T-16C	个		热量计量
11	自动流量	Q41K-16	个		热量计量
12	铜排软接头				热量计量
13	不锈钢波纹管	CZ11-1.5/70 散热量 102W/台			热量计量
14	绝热材料	BaC-24/1060 散热量 55W/m/台			热量计量
15	暖气乙烯阀门				
16	内外丝铜球阀				
17	柔性接头软接头				

河北建海房地产开发有限公司

建设单位

工程名称: 京北·中央公园
手项名称: 一期1#楼
图纸名称: 设计及施工说明(二) 主要设备材料表

设计编号 HCCD2014-1008
图纸类别 暖施
图纸编号 KS-2/14
设计日期 2016.01

项目总监
专业负责
设计
制图
校对
审核

总平面简图

郑重申明:
1. 未加盖本公司出图专用章的图纸无效。
2. 若未设计图所依据的国家或地方现行设计规范或标准被废止,本设计应参照新修订的国家或地方标准执行。
3. 对本设计图所设定的条件与图纸若有差异之处,建造方应在开工前及时告知本公司。
4. 本图纸、规范和标准一起使用,如有疑问,建造方应在施工前及时告知本公司。

图例

名称	图例	名称	图例
采暖空调供水管	—GL—	采暖空调回水管	—IL—
采暖空调凝水管	—LBG—	采暖空调冷凝水管	—LBR—
电动调节阀		电动二通阀	
电动球阀		自力式压差调节阀	
水过滤器		过滤器	
手动放气阀		截止阀	
减压阀		压力表	
Y型过滤器		温度计	
不锈钢金属软管		自力式流量控制阀	
可曲挠橡胶接头		除污器	
风机盘管		风量调节阀	
轴流风机		风机	
离心风机		风口	
消声器		加湿器	
送风管系统	P(T)-	空调系统	JS-****
排风系统	PF-****	补风系统	BF-****
送新风系统	SF-****	新风系统	XF-****

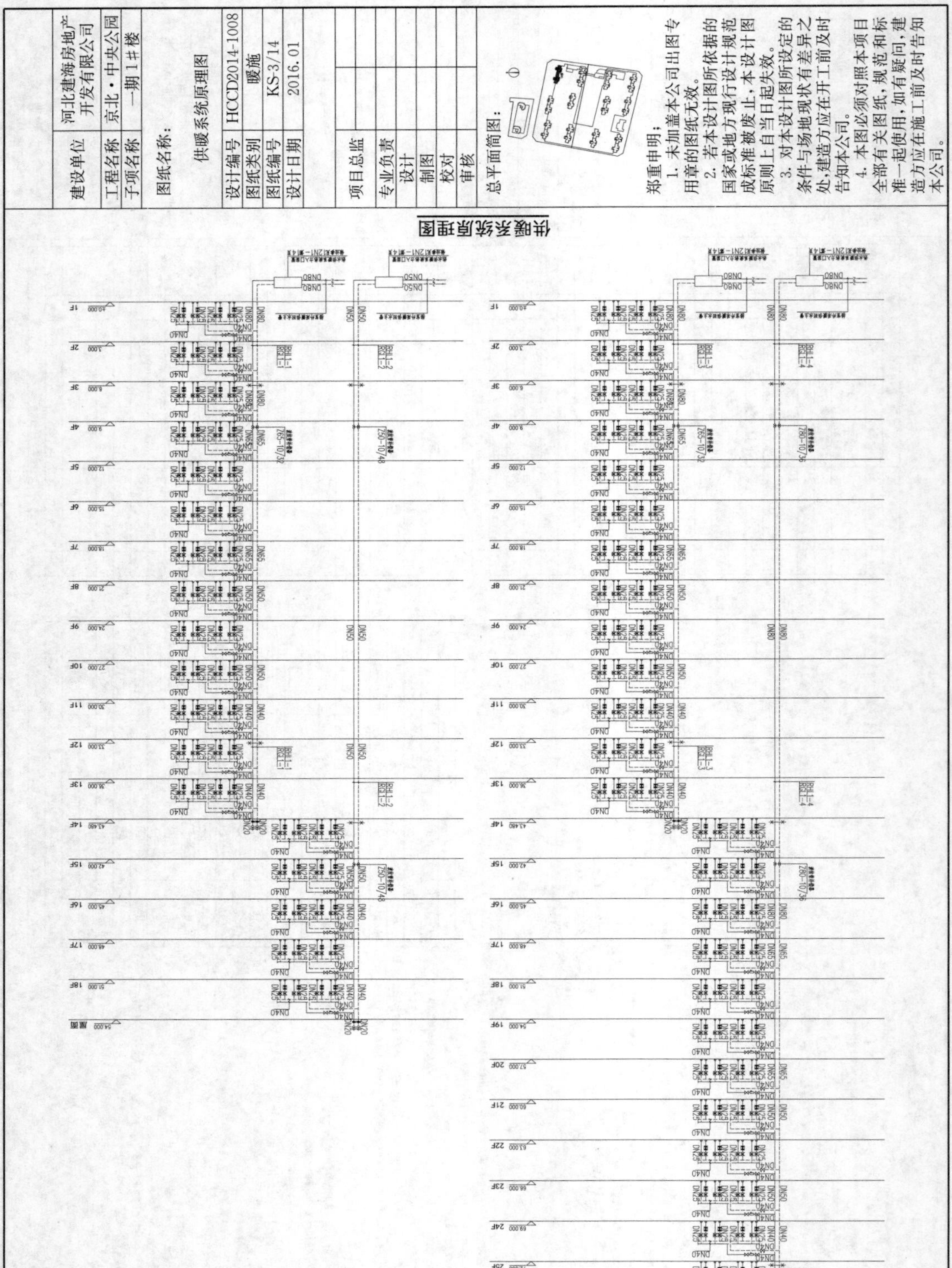

建设单位： 河北建海房地产开发有限公司

工程名称： 京北·中央公园

子项名称： 一期1#楼

图纸名称：

标准编号 HCCD2014-1008

设计类别 暖施

图纸编号 KS-4/14

设计日期 2016.01

项目总监

专业负责

设计

制图

校对

审核

总平面简图：

标准层系统原理图

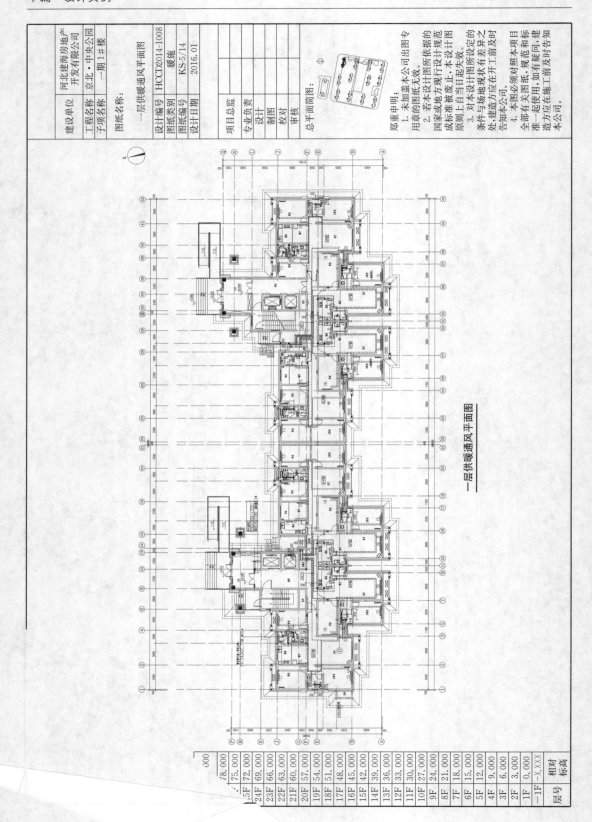

一层供暖通风平面图

建设单位	河北建海房地产开发有限公司
工程名称	京北·中央公园
子项名称	一期1#楼
图纸名称	一层供暖通风平面图
设计编号	HCCD2014-1008
图纸类别	暖施
图纸编号	KS-5/14
设计日期	2016.01
项目总监	
专业负责	
设计	
制图	
校对	
审核	

总平面简图：

郑重申明：
1. 未加盖本公司出图专用章的图纸无效。
2. 若本设计图所依据的国家或地方现行设计规范、标准被废止，本设计图成标准自当日起失效。
3. 对本设计图所设定的原则上自当日起生效。
3. 对本设计图所设定的条件与现场地现状有差异之处，建造方应在开工前及时告知本公司。
4. 本图必须对照本项目全部有关图纸、规范和标准一起使用，如有疑问，建造方应在施工前及时告知本公司。

层号	相对标高
25F	78.000
24F	75.000
23F	72.000
22F	69.000
21F	66.000
20F	63.000
19F	60.000
18F	57.000
17F	54.000
16F	51.000
15F	48.000
14F	45.000
13F	42.000
12F	39.000
11F	36.000
10F	33.000
9F	30.000
8F	27.000
7F	24.000
6F	21.000
5F	18.000
4F	15.000
3F	12.000
2F	9.000
1F	6.000
-1F	3.000
	0.000
	-X.XXX

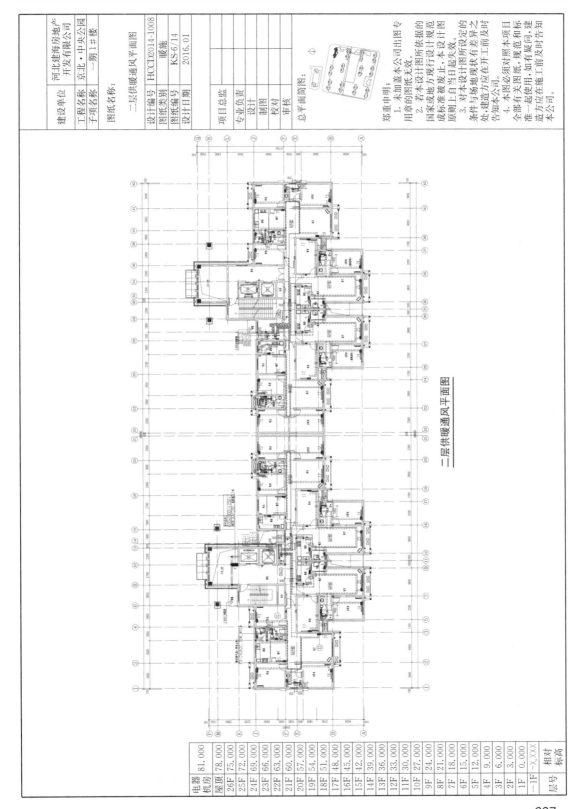

二层供暖通风平面图

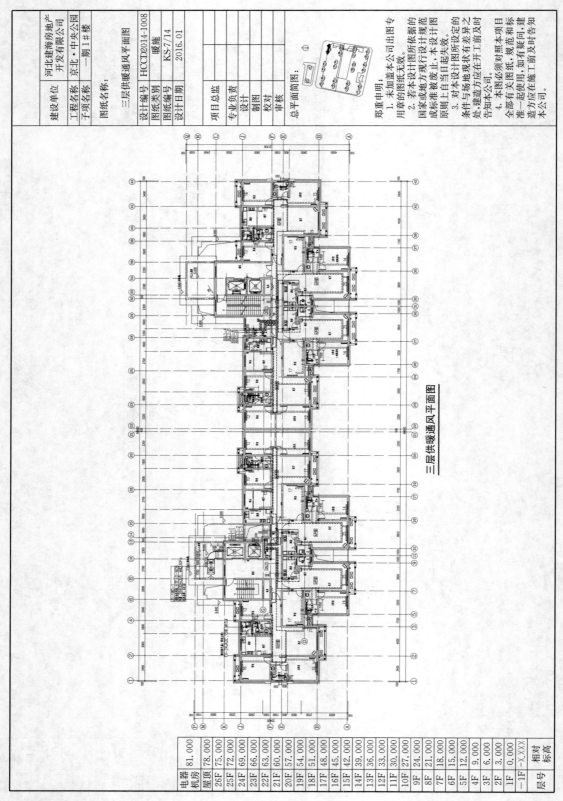

三层供暖通风平面图

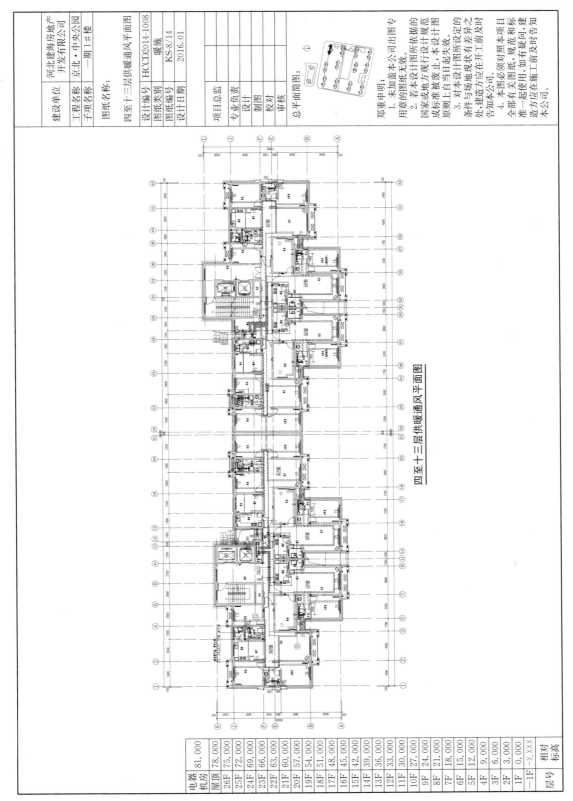

四至十三层供暖通风平面图

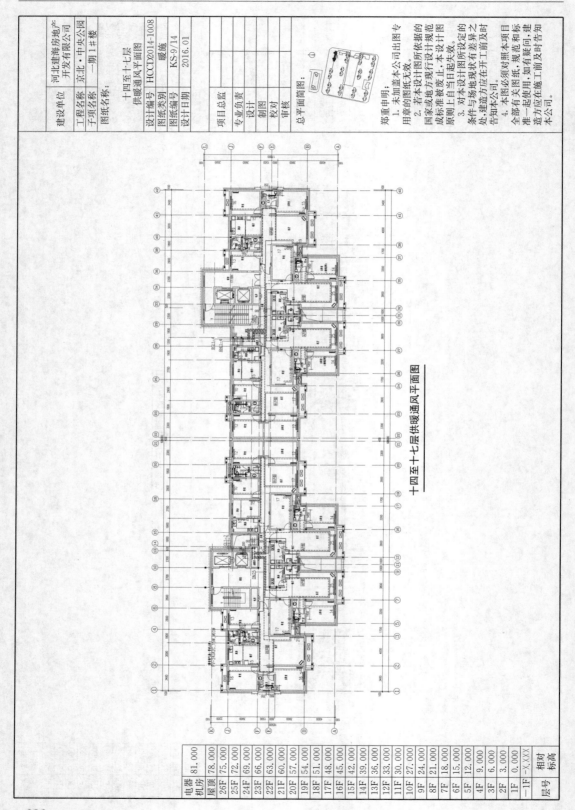

十四至十七层供暖通风平面图

建设单位	河北建海房地产开发有限公司
工程名称	京北·中央公园
子项名称	一期 1#楼
图纸名称	十四至十七层供暖通风平面图
设计编号	HCCD2014-1008
图纸类别	暖施
图纸编号	KS-9/14
设计日期	2016.01

项目总监	
专业负责	
设计	
制图	
校对	
审核	

总平面简图：

郑重申明：
1. 未加盖本公司出图专用章的图纸无效。
2. 若本设计现行依据的国家或地方现行规范成标准被废止，本设计图原则上自当日起失效。
3. 对本设计地现状有差异之条件与场地现状有差异之处，建造方应在开工前及时告知本公司。
4. 本图有关图纸，规范和标准一起使用，如有疑问，建造方应在施工前及时告知本公司。全部有关图纸，规范和标准一起使用，建造方应在施工前及时告知本公司。

层号	相对标高
电器机房	81.000
屋顶	78.000
26F	75.000
25F	72.000
24F	69.000
23F	66.000
22F	63.000
21F	60.000
20F	57.000
19F	54.000
18F	51.000
17F	48.000
16F	45.000
15F	42.000
14F	39.000
13F	36.000
12F	33.000
11F	30.000
10F	27.000
9F	24.000
8F	21.000
7F	18.000
6F	15.000
5F	12.000
4F	9.000
3F	6.000
2F	3.000
1F	0.000
一1F	-X.XXX

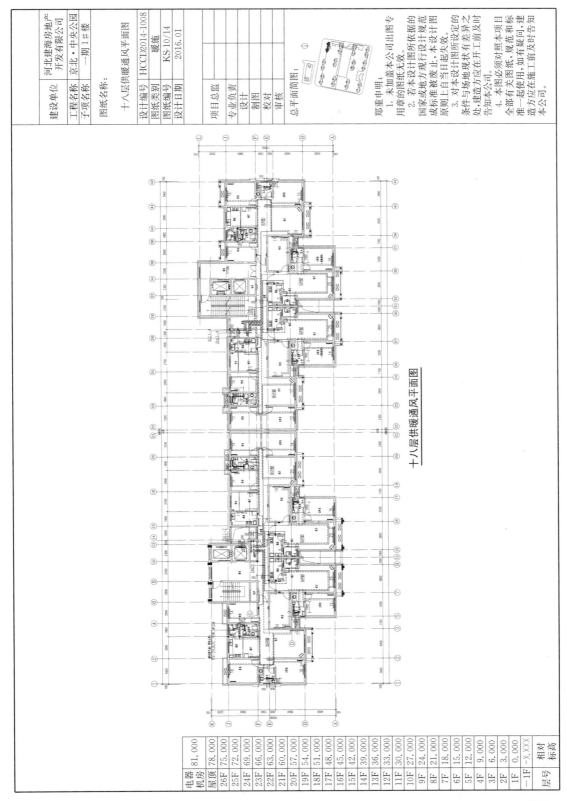

十八层供暖通风平面图

建设单位	河北建海房地产开发有限公司
工程名称	京北·中央公园
子项名称	一期1#楼
图纸名称	十八层供暖通风平面图
设计编号	HCCD2014-1008
图纸类别	暖施
图纸编号	KS10/14
设计日期	2016.01

郑重申明：
1. 未加盖本公司出图专用章的图纸无效。
2. 若本设计图所行设计规范国家或地方现行设计规范成标准被废止，本设计图原则上自当日起失效。
3. 对本设计图所设定的条件与场地现状有差异时处，建造方应在开工前及时告知本公司。
4. 本图必须对照本项目全部有关图纸、规范和标准一起使用，如有疑问，建造方应在施工前及时告知本公司。

层号	相对标高
电器机房	81.000
屋顶	78.000
26F	75.000
25F	72.000
24F	69.000
23F	66.000
22F	63.000
21F	60.000
20F	57.000
19F	54.000
18F	51.000
17F	48.000
16F	45.000
15F	42.000
14F	39.000
13F	36.000
12F	33.000
11F	30.000
10F	27.000
9F	24.000
8F	21.000
7F	18.000
6F	15.000
5F	12.000
4F	9.000
3F	6.000
2F	3.000
1F	0.000
-1F	-X.XXX

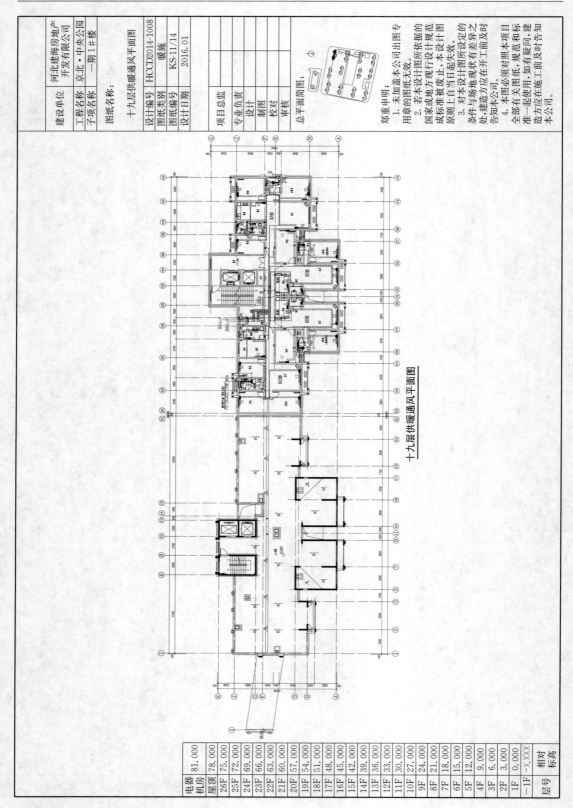

十九层供暖通风平面图

建设单位	河北建海房地产开发有限公司
工程名称	京北·中央公园
子项名称	一期 1#楼
图纸名称	十九层供暖通风平面图
设计编号	HCCD2014-1008
图纸类别	暖施
图纸编号	KS-11/14
设计日期	2016.01

项目总监	
专业负责	
设计	
制图	
校对	
审核	

总平面简图：

郑重申明：

1. 未加盖本公司出图专用章的图纸无效。

2. 若本设计图所依据的国家或地方现行设计规范或标准被废止，本设计图成原则上自当日起失效。

3. 对本设计图所设定的条件与现场地现状有差异之处，建造方应在开工前及时告知本公司。

4. 本图必须对照本项目全部有关图纸使用，规范和标准一起使用，如有疑问及时告知，建造方应在施工前及时告知本公司。

相对标高	层号
81.000	电器机房
78.000	屋顶
75.000	26F
72.000	25F
69.000	24F
66.000	23F
63.000	22F
60.000	21F
57.000	20F
54.000	19F
51.000	18F
48.000	17F
45.000	16F
42.000	15F
39.000	14F
36.000	13F
33.000	12F
30.000	11F
27.000	10F
24.000	9F
21.000	8F
18.000	7F
15.000	6F
12.000	5F
9.000	4F
6.000	3F
3.000	2F
0.000	1F
-X.XXX	-1F

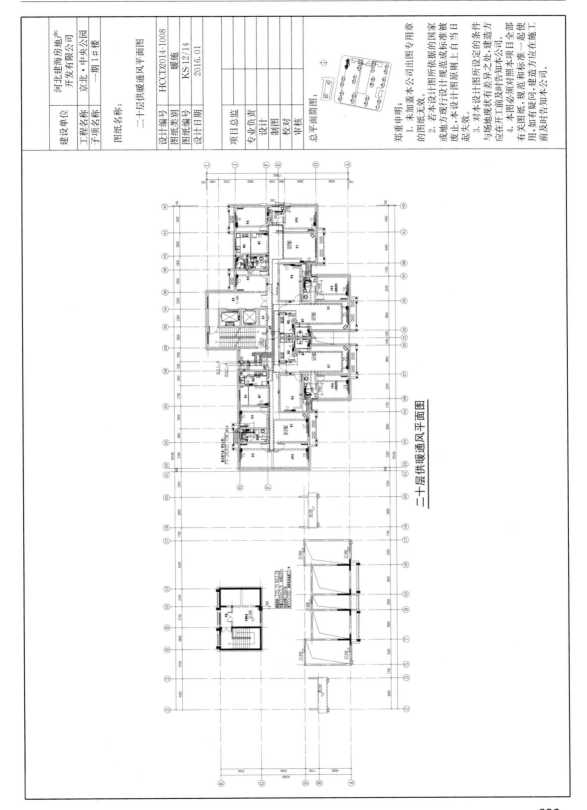

建设单位	河北建海房地产开发有限公司		设计编号	HCCD2014-1008
工程名称	京北·中央公园		图纸类别	暖施
子项名称	一期1#楼		图纸编号	KS-12/14
图纸名称	二十层供暖通风平面图		设计日期	2016.01

二十层供暖通风平面图

郑重申明：
1. 未加盖本公司出图专用章的图纸无效。
2. 若本设计图所依据的国家或地方现行设计规范成标准被废止，本设计图原则上自当日起失效。
3. 对本设计图所设定的条件与场地现状有差异之处，建造方应在开工前及时告知本公司。
4. 本图纸、规范和标准一起使用，如有疑问，建造方应在施工前及时告知本公司。

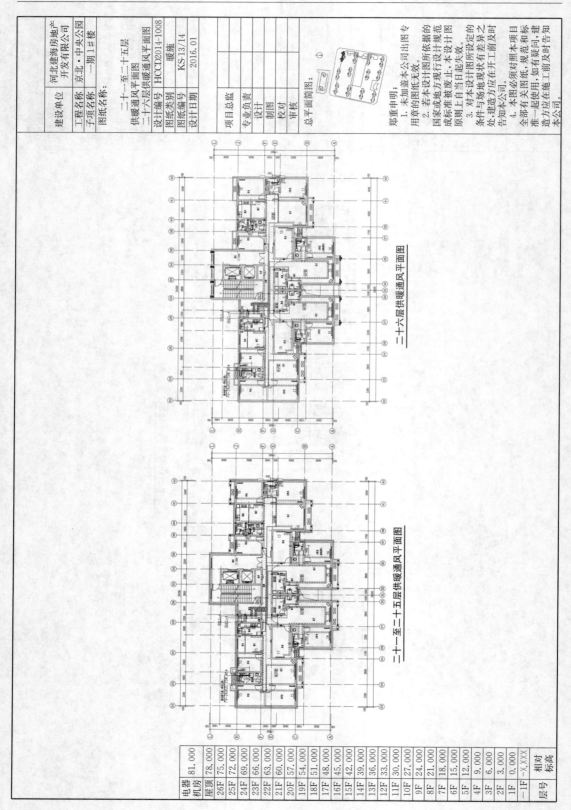

建设单位	河北建海房地产开发有限公司
工程名称	京北·中央公园
子项名称	一期1#楼
图纸名称	二十一至二十五层供暖通风平面图 二十六层供暖通风平面图
设计编号	HCCD2014-1008
图纸类别	暖施
图纸编号	KS-13/14
设计日期	2016.01
项目总监	
专业负责	
设计	
制图	
校对	
审核	

总平面简图：

郑重声明：
1. 未加盖本公司出图专用章的图纸无效。
2. 若本设计图所依据的国家或地方现行设计规范、标准被废止，本设计图自当日起失效。原则上自本设计图所设定的条件与现场地现状有差异之处，建造方应在开工前及时告知本公司。
3. 对本设计图所有有关条件与现场地现状有差异之处，建造方应在开工前及时告知本公司。
4. 本图有关图纸、规范和标准一起使用，如有疑问及时告知建造方应在施工前及时告知本公司。

二十六层供暖通风平面图

二十一至二十五层供暖通风平面图

	相对标高
电器机房	81.000
屋顶	78.000
26F	75.000
25F	72.000
24F	69.000
23F	66.000
22F	63.000
21F	60.000
20F	57.000
19F	54.000
18F	51.000
17F	48.000
16F	45.000
15F	42.000
14F	39.000
13F	36.000
12F	33.000
11F	30.000
10F	27.000
9F	24.000
8F	21.000
7F	18.000
6F	15.000
5F	12.000
4F	9.000
3F	6.000
2F	3.000
1F	0.000
-1F	-X.XXX
层号	相对标高

建设单位	河北建海房地产开发有限公司
工程名称	京北·中央公园
子项名称	一期1#楼
图纸名称：	电梯机房通风平面图
设计编号	HCCD2014-1008
图纸类别	暖施
图纸编号	KS-14/14
设计日期	2016.01
项目总监	
专业负责	
设计	
制图	
校对	
审核	
总平面简图	

郑重申明：
1. 未加盖本公司出图专用章的图纸无效。
2. 本设计图所依据的国家或地方现行设计规范标准被废止，本设计图原则上自当日起失效。
3. 对本设计图所现状有差异之条件与场地现应在开工前及时处理。建造方应在开工前及时告知本公司。
4. 本图有关使用、图纸、规范和标准一起使用，如有疑问，建造方应在施工前及时告知本公司。

电梯机房通风平面图

层号	相对标高
电器机房	81.000
屋顶	78.000
26F	75.000
25F	72.000
24F	69.000
23F	66.000
22F	63.000
21F	60.000
20F	57.000
19F	54.000
18F	51.000
17F	48.000
16F	45.000
15F	42.000
14F	39.000
13F	36.000
12F	33.000
11F	30.000
10F	27.000
9F	24.000
8F	21.000
7F	18.000
6F	15.000
5F	12.000
4F	9.000
3F	6.000
2F	3.000
1F	0.000
-1F	-X.XXX

【设计实例 2】 居住建筑（含商业）地面辐射供暖系统及人防工程设计实例

某地天鸿荣城二期 11 号楼，总建筑面积 29520.55m²，地下 3 层，地上 34 层，共有 2 个单元；地下 1～3 层为住户储藏间，其中地下 3 层战时为人防工程甲类核 6 级二等人员掩蔽所。地上 1、2 层局部为商业网店（商业服务网点建筑面积 957.44m²），其余均为住宅。建设地区为寒冷 B 区，冬季供暖室外计算温度为－7.5℃。

【特点分析】 该工程为高层居住建筑，设计内容为冬季分户热计量地面辐射供暖系统和人防工程战时通风系统，设计时间为 2012 年 7 月。室内供暖系统制式为共用立管分户地面辐射供暖系统，立管为下供下回异程双管系统，供、回水温度为 50/40℃（在小区换热站由室外管网的 95/50℃的一次水交换成 50℃/40℃的二次水）；在单元楼栋总入口和用户入口均设置热计量表，商业网店独立设置热计量表，并在室内设置无线远传温控器，符合节能设计的规定。住宅供暖系统竖向进行分区，1～6 层为低区，7～20 层为中区，21～34 层为高区，商业网店设置 6 个热力入口。住宅部分供暖热负荷为 550.77kW，商业网店热负荷为 23.86kW。该工程与常规工程在锅炉房（或换热站）内进行竖向系统分区不同的是，换热站内只为低区设置供回水环路，而在住宅地下车库的设备间设置 2 套高层供暖直连机组，分别为中区和高区供水，这是该工程的最大特点。编者在《民用建筑暖通空调施工图设计实用读本》一书 5.5 节讨论高层供暖直连系统的几种形式时指出："1) 外网低压管道直接接到楼栋单元入口处，低区由外网直供，在入口处设置两套直连机组，分别供高区和中区，如图 5-15a 所示。其特点为：小区内只有低压管网，室外土建及管道工程量小；但每一单元入口设 2 套机组，机组容量小，数量多，管理分散复杂，故障机会较多。这是目前采用最多的一种形式。这种形式适用于小区内高层建筑的楼栋（单元）数量所占比例很少的情况，主要考虑低层建筑，高区和中区小容量直连机组数量不太多。"该工程采用的这种形式在小区内高层建筑的楼栋（单元）数量所占比例很少的情况下，从减少锅炉房（或换热站）的设备及投资、减少室外土建和管道工程量及投资的角度出发，不失为一种优化的设计方案。

地下 3 层战时为人防工程甲类核 6 级二等人员掩蔽所，人防有效面积 573.06m²，人员掩蔽区面积 436.67m²，掩蔽人数 436 人，战时设置清洁通风、滤毒通风和隔绝通风三种形式，平时为采用通风井的自然通风形式。该设计将"设计说明"和"施工说明"合在一起，而没有分别编写，但叙述条理明晰，表达清楚，并不影响施工人员识图。施工图共有图纸 22 张（不含目录），绘制了各层平面图、立管系统及管井大样图、商业网店管道系统图、人防通风工程的平面图、剖面图及大样图，在七～三十一层平面图上列表注明了各楼层的楼地面标高。独立编写了"节能专篇"和"人防地下室通风系统设计说明"，图纸内容基本齐全，达到《建筑工程设计文件编制深度规定》（2008 年版）所规定的内容，能满足施工要求。

工程编号	11-1-107(11)	图纸资料目录		建筑	
建筑面积				结构	
地上/下层数				给排水	
总高度				暖通	
耐火等级				电气	
设防烈度				日期	2012.07
序号	图号	图 纸 内 容		图幅	备注
		暖 通			
1	暖通-01	室内采暖工程统一说明及图例		A2+	
2	暖施-01	设计说明		A2+	
3	暖施-02	节能专篇		A2+	
4	暖施-03	人防地下室通风系统设计说明及通风系统图		A2+	
5	暖施-04	地下三层战时人防通风平面图		A1+	
6	暖施-05	地下三层人防通风原理图、机房大样图及剖面图		A1+	
7	暖施-06	地下三层平时通风平面图		A1+	
8	暖施-07	地下二层采暖通风平面图		A1+	
9	暖施-08	地下一层采暖通风平面图		A1+	
10	暖施-09	一层采暖平面图		A0	
11	暖施-10	二层采暖平面图		A0	
12	暖施-11	三层采暖平面图		A0	
13	暖施-12	四~六层采暖平面图		A1+	
14	暖施-13	七~三十一层采暖平面图		A1+	
15	暖施-14	三十二、三十三层采暖平面图		A1+	
16	暖施-15	三十四层采暖平面图		A1+	
17	暖施-16	屋顶通风平面图		A1+	
18	暖施-17	管井布置详图(1)		A1+	
19	暖施-18	管井布置详图(2)		A1+	
20	暖施-19	住宅部分采暖系统图(1)		A2+	
21	暖施-20	住宅部分采暖系统图(2)		A2+	
22	暖施-21	一、二层商业采暖系统图		A2+	

室内采暖工程统一说明及图例

一、管材

1. 系统工作压力 ≤1.0MPa，温度 ≤150℃ 的热水、蒸汽管采用低压流体输送镀锌钢管（GB/T 3091-2001）；工作压力 >1.0MPa、温度 >200℃ 的热水、蒸汽管采用无缝钢管。

2. 用于住宅楼的户外引入管、立管采用热镀锌钢管，具有保温材料，具有良好的保温性能。

3. 管道敷设
   - 焊接钢管 DN≤32mm时用可锻铸铁丝扣连接，DN>40mm的焊接钢管采用焊接连接，为了检修方便，变径处应设活接头或法兰连接。

二、阀门

三、伸缩器

四、设备安装

五、管道安装

六、油漆与绝热

七、其他

		工号	11-1-07(11)	图别	暖通
建设单位		图号	01	日期	2012.07
工程名称					
图纸名称	室内采暖工程 统一说明及图例				

审定		项目负责人	
校对		专业负责人	
设计		审核	
计算			
制图			

设计说明

一、工程概况

本工程为唐山市×××房地产开发有限公司××二期11#住宅楼，地上一至二十四层为住宅，一、二层部分为商业用房。地下三层，其中地下三层及部分二层为设备用房及人防，剪力墙结构。总建筑面积为29520.55㎡，住宅部分计算建筑面积为21364.36㎡，商业网点部分计算建筑面积为957.44㎡。

二、设计依据

1. 甲方提供的原始资料、建筑专业条件图。
《采暖通风与空气调节设计规范》（GB 50019-2003）
《南京民用建筑设计防火规范》（GB 50045-95 2005版）
《住宅建筑规范》（GB 50368-2005）
《公共建筑节能设计标准》（GB 50189-1999 2003年版）
《城镇燃气设计规范》（GB 50028-2004）
河北省工程建设标准《居住建筑节能设计标准》（DB 13（J）63-2011）
《采暖工程》（DB 13（J）128-2007）
《供热计量技术规程》（JGJ 142-2004）
《建筑给水排水设计规范》（GB 50024-2002）

2. 本工程建筑物各房间冬季室内设计计算参数。
本工程建筑物各房间采暖及人防通风设计及人防工程设计。

三、设计参数

1. 室外采暖计算温度-5.7℃。
　室内采暖计算温度：卧室、客厅、餐厅、厨房20℃；卫生间25℃；厨房15℃。
　卫生间采暖室内设计计算温度25℃。
　电梯机房通风换气次数10次/h/台。

四、采暖设计

1. 本工程采暖热源为城市集中供热，供热介质为95～60℃，经小区换热站加热后供本工程。
　室内采暖热水供回水温度为50～40℃。
2. 本工程住宅采暖总热负荷为550.77kW，采暖热负荷为179.864kW，热负荷指标为28.36kW/㎡。
　商业网点部分采暖设计总热负荷为29.42㎡/㎡采暖系统负荷为4.73kW。
N1系统采暖热负荷为32.84kPa，N2系统采暖热负荷为25.33kPa；N3系统热负荷
为4.23kW；N4系统采暖热负荷为34kW；N5系统热负荷
为4.844kW。系统阻力损失为25.95kPa，系统阻力损失为25.80kPa。

三、系统形式

1. 住宅部分分设计分集水器控制温度T回回厨房井给水管。一户一表。热表及分户控制阀门设于公共楼井设计每层公共楼井热量表及设于每户入口处，分户式控制阀，供回水总管及户内户户分户控温表均采用热量表，入口处设计公共楼井内热量表及热表及设于每户入口DN15（立式作为）。

建设单位	工号	11-1-07(11)
工程名称	图别	暖施
图纸名称	图号	01
设计说明	日期	2012.07

项目负责人		审定		校对	
专业负责人		审核		设计	
				计算	
				制图	

住宅集分水器接管详图及自动温控原理示意图

1 分水器　　2 集水器　　3 进水丝扣(DN20)　　4 聚乙烯套管　　5 放气阀　　6 箱体　　7 两管手动截止阀　　8 全铜球阀　　9 球阀　　10 电动温控阀

节能专篇

3. 其他节能措施：

1) 设计安装热计量表，一户一表。户用热表均选用DN15采暖型热量表及水表，热力入户设超声波流量计及静态平衡阀，整体控制室内温度变化。热力入户供水管上设电动调节阀，户内无线远传远程控制器在形成井内每户供水管下，分集水器附近设中央本地发热物的远传温度控制器。整体控制室内温度变化，分集水器附设的输出信号（课室内的温度变化。

2) 管井内每户供水管与户表的连接均设调节阀，户内无线远传远程控制在距地面1.4m的位置（课室阳台的直表及发热物的远传温度控制器。

3) 保温选用，位于未采暖房间内及管道井内的管道要保温，采暖供水管无线远传远程温控阀，管壁材质要保温，外管接地，对接防火套管。外墙防火层。保温管道，管道厚度为30mm。采暖立管要保温，安装于室内的立管采用30mm厚保温材料。对接防火套管。

1. 居部围护结构构造做法见下表：

工程建设地点			衡水市	建筑层数			地下3层,地上34层	建筑面积		28563.11m²
所属地区气候分区			寒冷地区	体形系数			0.258	计算建筑面积(A₀)		20406.92m²
系统形式			低温热水地板辐射采暖	采暖气密性等级			6	灵活采用太阳能热水系统达密性等级		否
窗墙比	南	0.50	东	0.30	水平	0.35				0.05
	北	0.46	西	0.28		0.34				0.012

围护结构		主体结构及保温材质与厚度	传热系数计算值 K [W/(m²·K)]	本标准限值
屋面		丰层屋200厚钢筋混凝土墙板+35厚聚苯板保温系统(ρ=70kg/m³)	0.44	0.45
外墙	南	外墙为250/200厚钢筋混凝土墙+35厚聚苯板保温系统(ρ=70kg/m³)	0.56	0.60
	北	外墙为30厚钢筋混凝土墙+35厚聚苯板保温系统(ρ=70kg/m³)	0.43	0.45
单元式楼山墙				
支形缝两侧墙	东	60厚岩棉保温板	2.30	2.30
	北	60厚岩棉保温板	2.00	2.00
外窗	普通窗	60厚中空玻璃	2.30	2.80
	凸窗	60厚中空玻璃	2.70	2.50
	东	断桥铝中空玻璃24，4mm(6+12A)	2.30	2.80
	西	断桥铝中空玻璃24，4mm(6+12A)	2.70	2.80
阳台门下部门芯板		断桥铝中空玻璃24，4mm(6+12A)	1.30	1.70
不采暖 公共部分	隔墙	中心核一侧采30厚MPC保温砂浆	1.23	1.50
	户门	平开30厚防火门	1.30	2.00
地板	接触室外空气地板	100厚钢筋混凝土楼板+35厚岩棉保温层	0.37	0.45
	不采暖地下顶板	100厚钢筋混凝土楼板+35厚岩棉保温层	0.41	0.45
地面	周边地面			
	非周边地面			
项目		做法说明	传热系数K [W/(m²·K)]	本标准限值
分户墙		200厚钢筋混凝土+加气混凝土墙	1.28	1.60
分户楼板		低层地板100厚钢筋混凝土楼板+25厚EPS聚苯乙烯泡沫塑料	1.18	1.20
项目阳台合顶板		100厚钢筋混凝土墙+35厚岩棉保温层(ρ=40kg/m³)	0.44	1.60
封闭 阳台	普通平合顶板	100厚钢筋混凝土墙+35厚岩棉保温系统(ρ=70kg/m³)	1.37	1.60
	岩棉板	150厚钢筋混凝土墙外墙+15厚岩棉保温层	1.28	1.60

2. 商业网点及围护结构构造做法见下表：

工程建设地点			衡水市	所属地区气候分区		一区	建热层数		地上2层	建筑分类		乙类
体形系数			0.29	建热层数		2	外门窗气密性等级		6级	建筑面积		957.44M²
系数工程设计值			0.40	外门窗透明幕墙气密性等级								

	项目	做法说明	传热系数 K[W/(m²·K)]	本标准限值
外墙护结构	屋面		工程设计值	
		200厚钢筋混凝土墙+35厚聚苯板保温系统	0.44	0.50
	南	200厚钢筋混凝土墙+35厚聚苯板保温系统	0.56	0.60
外墙	北	200厚钢筋混凝土墙+35厚聚苯板保温系统	0.56	0.60
	东	200厚钢筋混凝土墙+35厚聚苯板保温系统	0.43	0.60
	西		0.41	0.50
地面接触室外空气 的架空或外挑楼板		地面200厚钢筋混凝土+35厚挤塑聚苯板保温层	1.50	1.50
非采暖空调间与 采暖空调间的隔墙	楼板			
采暖空调地下室的顶板				
		周边地面地面200厚钢筋混凝土+35厚挤塑聚苯板保温层		
地面	周边地面	地面200厚钢筋混凝土+35厚挤塑聚苯板保温层	0.36	0.52
	非周边地面	地面200厚钢筋混凝土+35厚挤塑聚苯板保温层	0.20	0.30
外窗	朝向	窗墙面积比		
	南	11%	断桥铝中空玻璃窗	K/SC
	北	39%		
外 窗	东		断桥铝窗+铝合金框中空玻璃	2.70/	2.8/
	西		断桥铝窗+铝合金框中空玻璃	2.70/0.54	2.70/0.7
	水平			K/SC

该设计未采取的体形系数、窗墙面积比、外窗遮阳系数、外窗透明幕墙等均符合节能规定，满足节能要求的外挑楼板。幕墙的气密性未全部围护结构的传热系数均同本标准以上传热系数均。计算标准采暖表系数。

设备表

编号	名称	规格及型号	数量	单位	备注
24	手动多叶调节阀	150×100	1	个	
23	手动多叶调节阀	400×150	1	个	
22	手动多叶调节阀	500×200	1	个	
21	单层百叶排风口	铝合金风口 500×250	2	个	
20	单层百叶送风口	铝合金风口 200×200	6	个	
19	单层百叶送风口	铝合金风口 150×100	1	个	
18	防火阀	500×250 70℃熔断 常开	1	个	
17	悬板式防爆波活门	BMH3600×15 500×800	2	个	
16	球阀	DN15	1	个	
15	倾斜式微压计	量程:0~200Pa	1	个	
14	超压排气活门	PS-D250-0.05	2	个	
13	尾气测量取样管	DN15 热镀锌钢管，末端设截止阀	2	段	
12	过滤吸收器压差测量管	DN15 热镀锌钢管，末端设球阀	4	段	
11	滤尘器压差测量管	DN15 热镀锌钢管，末端设球阀	2	段	
10	放射性检测取样管	DN32 热镀锌钢管，末端设球阀	1	段	
9	增压管(闸阀)	DN25	1	报	
8	对开多叶阀阀门	内径φ315	1	个	
7	手动密闭阀门	D40J-0.5 DN300	3	个	接管内径φ315
6	手动密闭阀门	D40J-0.5 DN400	5	个	接管内径φ441
5	换气堵头	φ441	5	个	隔绝通风用
4	换气堵头	φ315	4	块	
3	油网滤尘器	LWP-X4型 1060×1060×670	4	块	LWP-X4 由 4 块 LWP 组成
2	过滤吸收器	RFP-1000 S=1000m³/h Do=300	2	台	
1	电动脚踏两用风机	DJF-1型 2878-700-3000-1.1 (D)/2878-420/27850(R)	1	台	m³·h-Pa·rpm-kW

建设单位		建设名称	
图纸名称		人防地下室通风系统 设计说明及通风系统图	
审定		核对	设计
项目负责人			计算
专业负责人		审核	制图

工号 11-1-07(11)　图别 暖施　图号 03　日期 2012.07

人防地下室通风系统设计说明

1. 工程概况：
本项目为佛山市某房地产开发有限公司某某某第一期11#住宅楼地下三层人防工程设计，某楼小区一等人员掩蔽所，平时为住户工具间，战时为人防工程。防护级别为核6级、常6级，掩蔽面积687.72m²，人防掩蔽面积573.90m²，人防掩蔽面积436.67m²，可掩蔽人员436人。

2. 设计依据：
《人防防空地下室设计规范》（GB 50038-2005）
《采暖通风与空气调节设计规范》（FK01-02）《2007年合订本》
《高层民用建筑设计防火规范》（GB 50045-95）《2005年版》
《人民防空工程设计防火规范》（GB 50098-2009）
《暖风与空调工程设计通用图集》

3. 设计说明：战时按滤毒通风、隔绝通风、清洁通风三种通风方式设计。平时利用战时通风井对人防自然通风系统。

4. 本工程战时进风系统设室内外压差测量管，隔绝防护测量管，放射性测量管，气密测量管，滤尘器压差测量管。

5. 人防工程战时隔绝防护时间为3.00小时，设计计算隔绝防护时间为3287m³/h，滤毒通风量为287m³/h，清洁通风量为436.67m³，脚踏电动风机功率为
合DJF-1型电动、脚踏两用风机效能为

6. 过滤吸收器上DN15的气密测量管（热镀锌钢管）应向防护密闭隔墙处引出，便民作一次测试用，测试后再引气送入方向。

7. LWP-X型滤尘器安装要求详见RK01-02-p71。安装时应使单孔大的那层置于空气上面。

8. 设置余压阀组件时应向密闭通道。密闭通道内余压阀（楼梯间或室外），密封门密闭门隔墙上。密封门面后引出管，管的两端就应加密。

9. 防空地下室专用的防爆波活门应向有节点集中处详见RK01-02-p96。增设过滤设备。

10. 设置余压阀组件时应向密闭通道。并应加上3mm厚钢板密封堵，留出长度详见RK01-02-p79、80。设备货看后与人防工程同步装置。

11. 风管安装详见人防工程技术规程大样图集。此管与气瓶气瓶瓶隔毒用。是关与放性测量在安设密闭处。

12. 本说明未详尽详见人防工程技术规程大样图集（05SFK10）执行。

13. 人防工程图例应当选人防《通风专业》（05SFK10）执行。

人防送风系统图

人防排风系统图

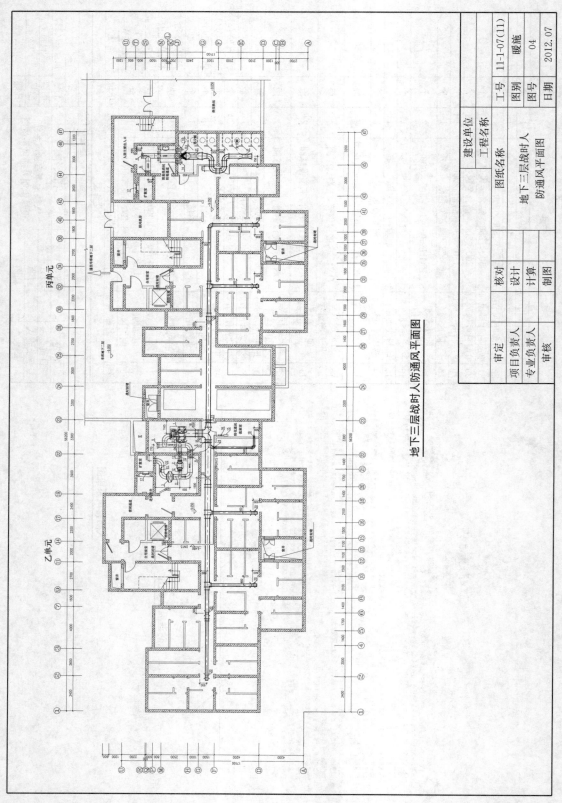

地下三层战时人防通风平面图

	工号	11-1-07(11)	图别	暖施
建设单位			图号	04
工程名称			日期	2012.07
图纸名称				
地下三层战时人防通风平面图				

审定		核对	
项目负责人		设计	
专业负责人		计算	
审核		制图	

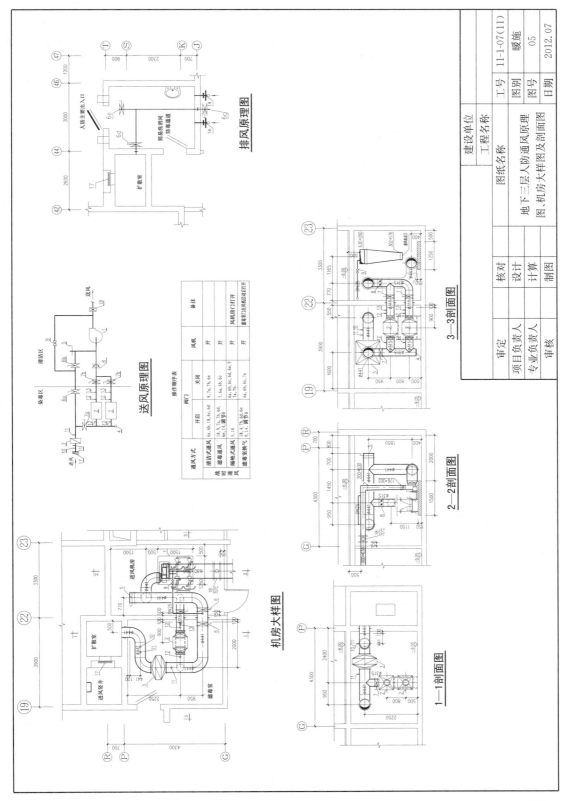

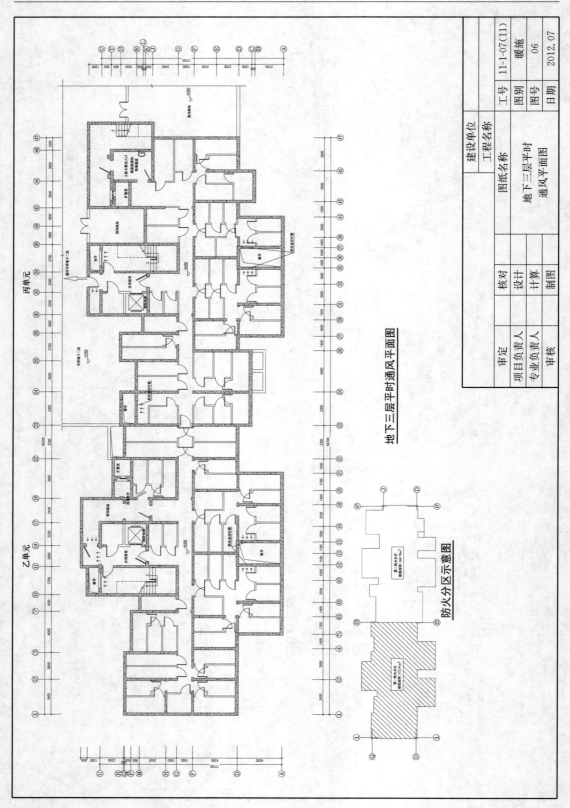

地下三层平时通风平面图

防火分区示意图

建设单位	工程名称		工号	11-1-07(11)	图别	暖施
	图纸名称	地下三层平时通风平面图			图号	06
					日期	2012.07

审定		核对	
项目负责人		设计	
专业负责人		计算	
审核		制图	

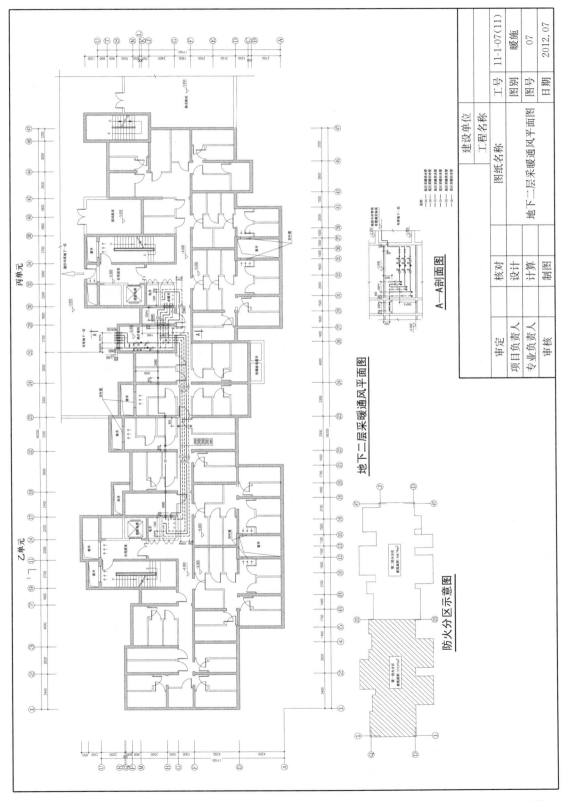

地下二层采暖通风平面图

A—A剖面图

防火分区示意图

建设单位		工号	图别	暖施	图号	07
工程名称					日期	2012.07
图纸名称						
地下二层采暖通风平面图						

审定		核对	
项目负责人		设计	
专业负责人		计算	
审核		制图	

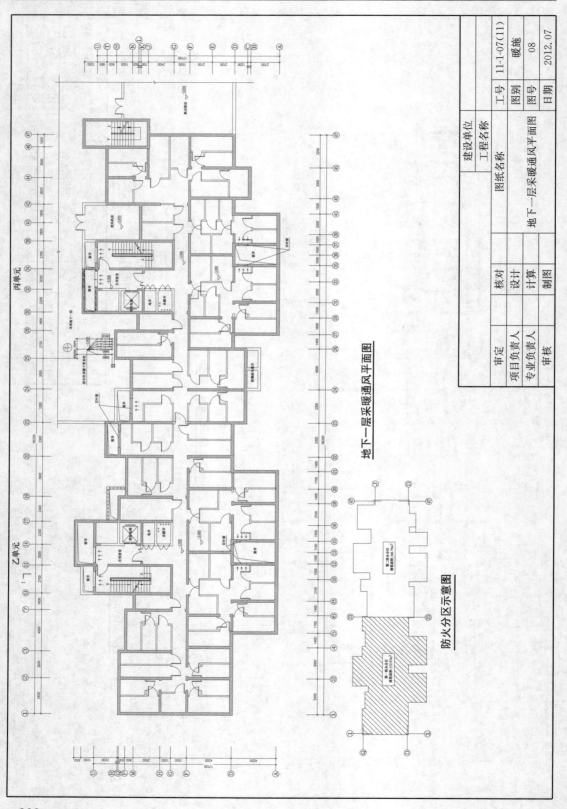

地下一层采暖通风平面图

防火分区示意图

			工号	11-1-07(11)	图别	暖施
建设单位					图号	08
工程名称					日期	2012.07
图纸名称			地下一层采暖通风平面图			
审定		核对		设计		计算
项目负责人						制图
专业负责人						
审核						

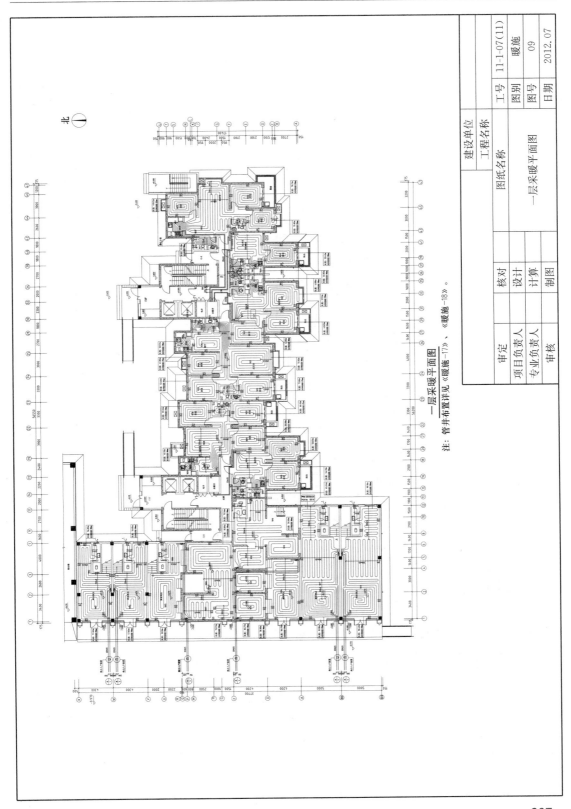

一层采暖平面图

注：管井布置详见《暖施-17》、《暖施-18》。

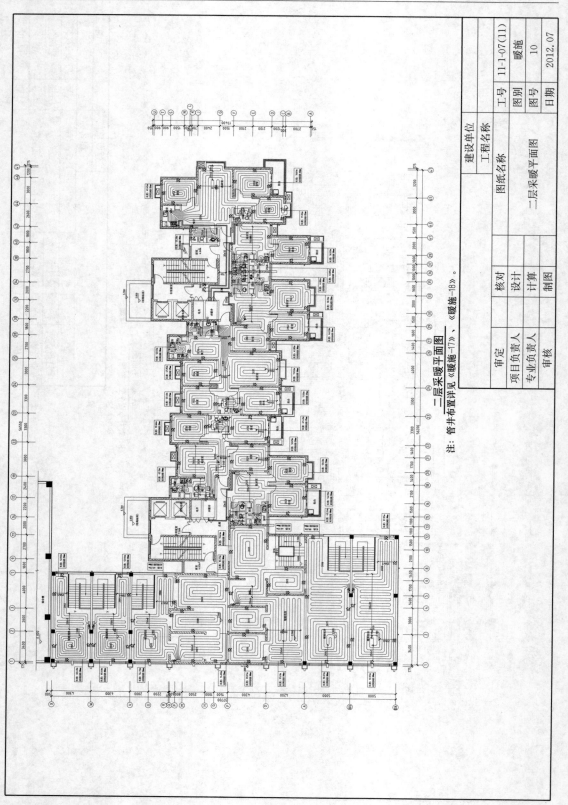

二层采暖平面图

注：管井布置详见《暖施-17》、《暖施-18》。

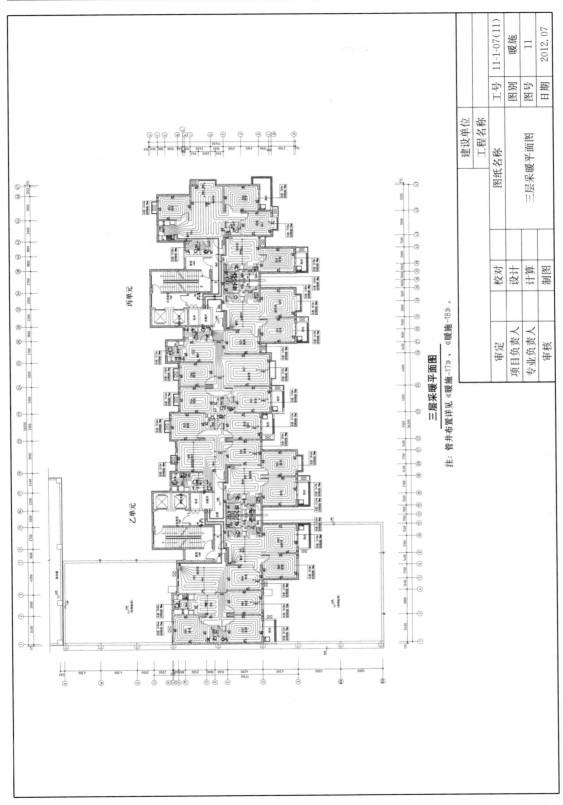

三层采暖平面图

注：管井布置详见《暖施-17》、《暖施-18》。

建设单位			
工程名称			
图纸名称	三层采暖平面图		
工号	11-1-07(11)	图别	暖施
		图号	11
		日期	2012.07
审定		校对	
项目负责人		设计	
专业负责人		计算	
审核		制图	

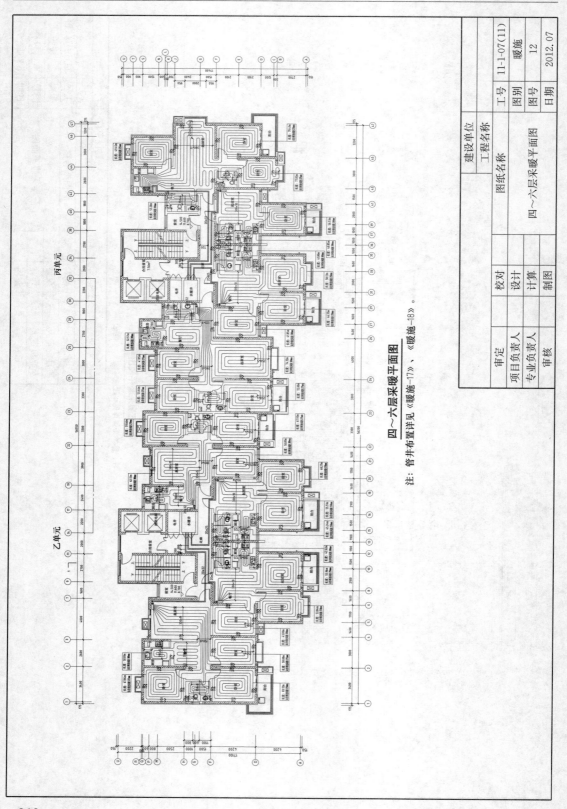

四~六层采暖平面图

注：管井布置详见《暖施-17》、《暖施-18》。

	工号	11-1-07(11)	图别	暖施
			图号	12
建设单位			日期	2012.07
工程名称				
图纸名称				
四~六层采暖平面图				

校对	设计	计算	制图
审定			
项目负责人			
专业负责人			
审核			

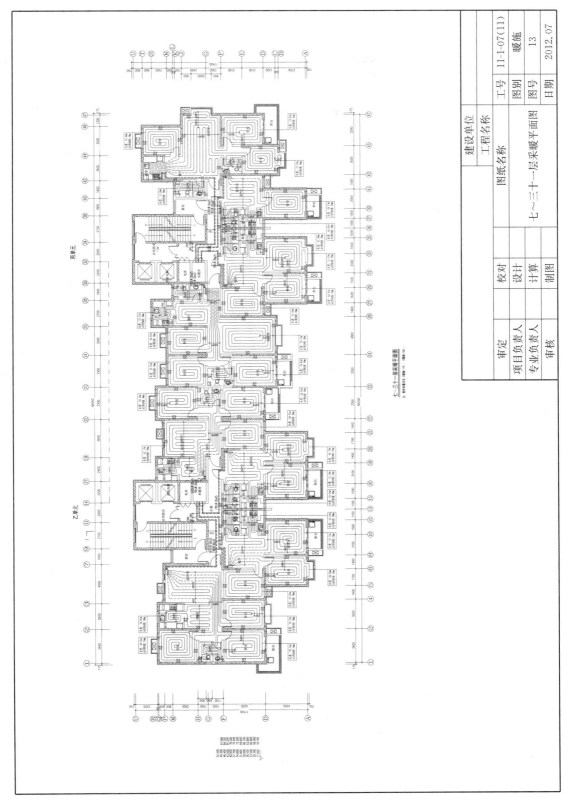

七～三十一层采暖平面图

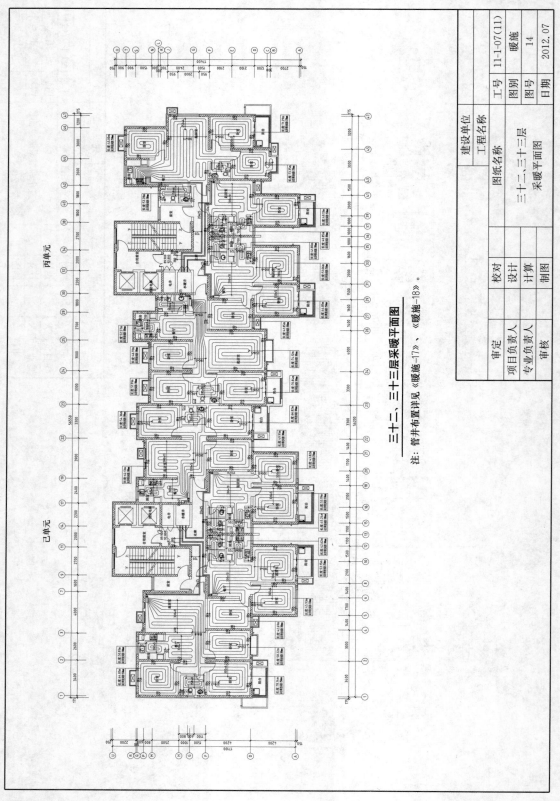

三十二、三十三层采暖平面图

注：管井布置详见《暖施-17》、《暖施-18》。

建设单位		工号	11-1-07(11)	图别	暖施
工程名称				图号	14
图纸名称				日期	2012.07
	三十二、三十三层采暖平面图				
审定		校对		设计	
项目负责人			计算		
专业负责人		审核		制图	

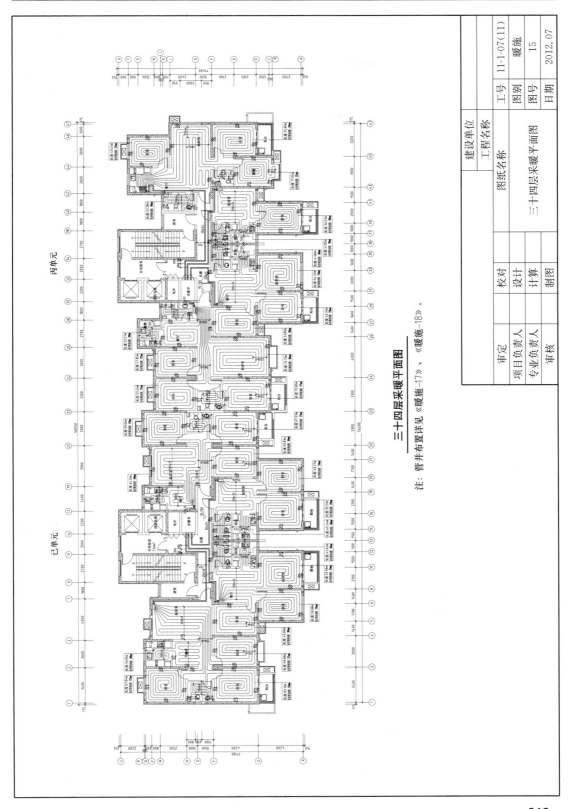

三十四层采暖平面图

注：管井布置详见《暖施-17》、《暖施-18》。

建设单位			工号	11-1-07(11)	图别	暖施
工程名称					图号	15
图纸名称					日期	2012.07
三十四层暖平面图						
审定		校对				
项目负责人		设计				
专业负责人		计算				
审核		制图				

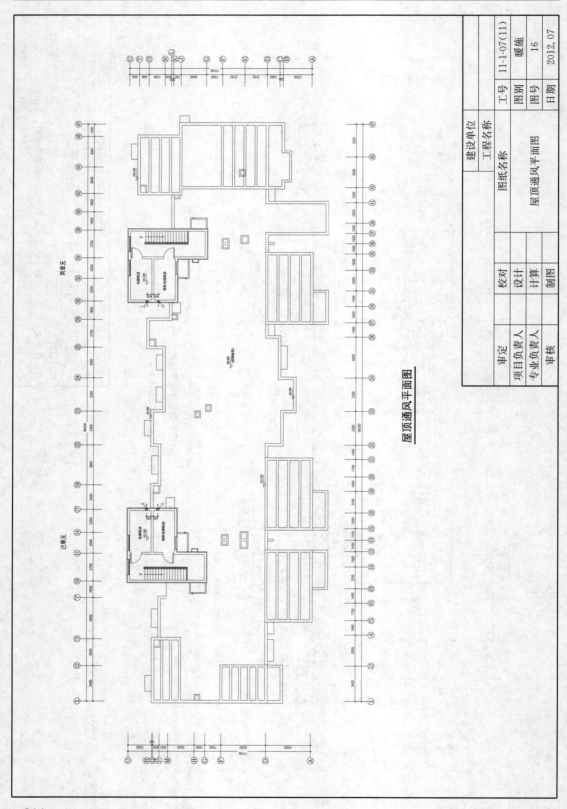

屋顶通风平面图

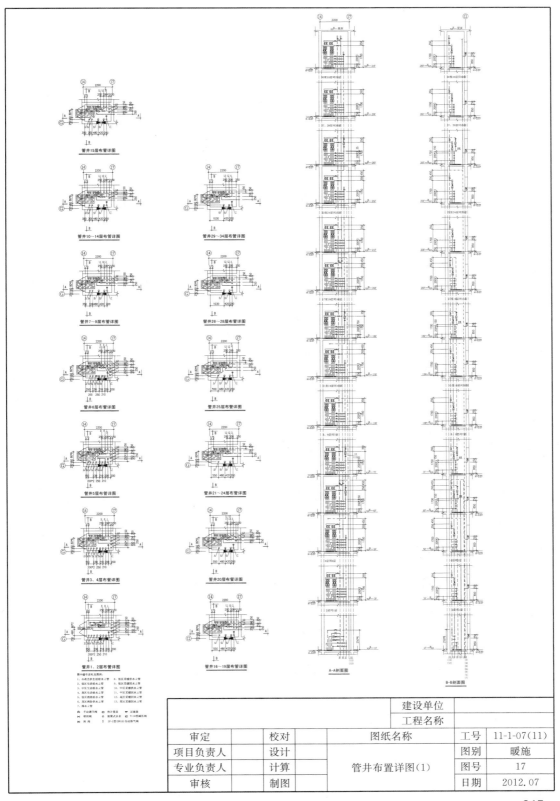

管井15层布管详图

管井10～14层布管详图

管井29～34层布管详图

管井7～9层布管详图

管井26～28层布管详图

管井6层布管详图

管井25层布管详图

管井5层布管详图

管井21～24层布管详图

管井3、4层布管详图

管井20层布管详图

管井1、2层布管详图

管井16～19层布管详图

A—A剖面图

B—B剖面图

		建设单位		
		工程名称		
审定	校对	图纸名称	工号	11-1-07(11)
项目负责人	设计		图别	暖施
专业负责人	计算	管井布置详图(1)	图号	17
审核	制图		日期	2012.07

315

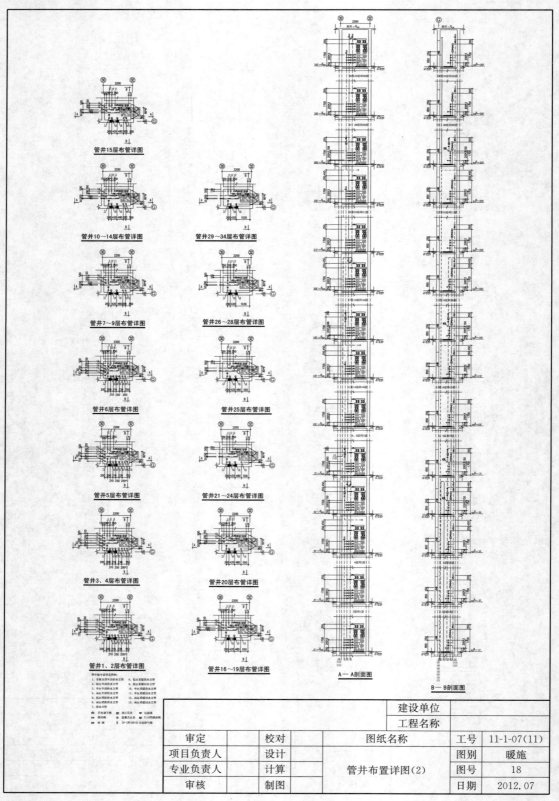

管井15层布管详图

管井10～14层布管详图

管井29～34层布管详图

管井7～9层布管详图

管井26～28层布管详图

管井6层布管详图

管井25层布管详图

管井5层布管详图

管井21～24层布管详图

管井3、4层布管详图

管井20层布管详图

管井1、2层布管详图

管井16～19层布管详图

A—A剖面图

B—B剖面图

建设单位				
工程名称				
审定		校对		图纸名称	工号	11-1-07(11)
项目负责人		设计			图别	暖施
专业负责人		计算		管井布置详图(2)	图号	18
审核		制图			日期	2012.07

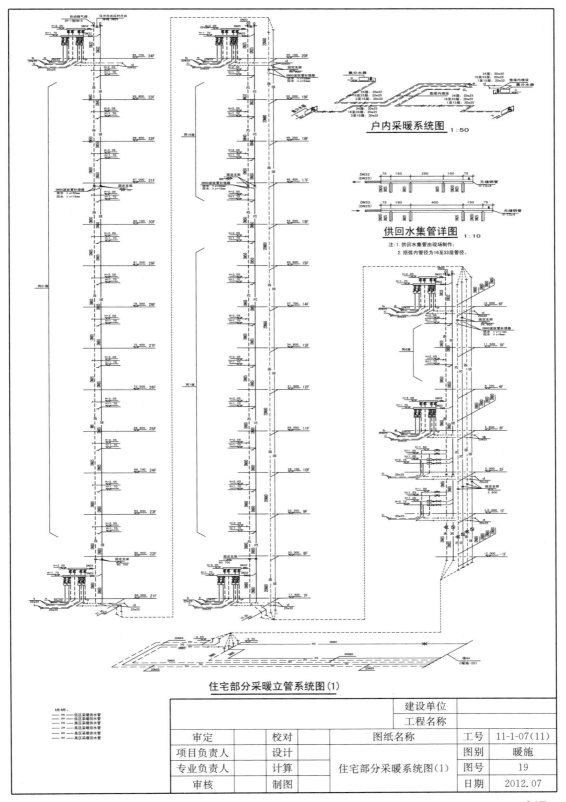

户内采暖系统图 1:50

供回水集管详图 1:10

注:1.供回水集管由现场制作;
2.括弧内管径为16至33层管径。

住宅部分采暖立管系统图(1)

建设单位					
工程名称					
审定		校对		图纸名称	工号
项目负责人		设计			图别
专业负责人		计算		住宅部分采暖系统图(1)	图号
审核		制图			日期

工号 11-1-07(11)
图别 暖施
图号 19
日期 2012.07

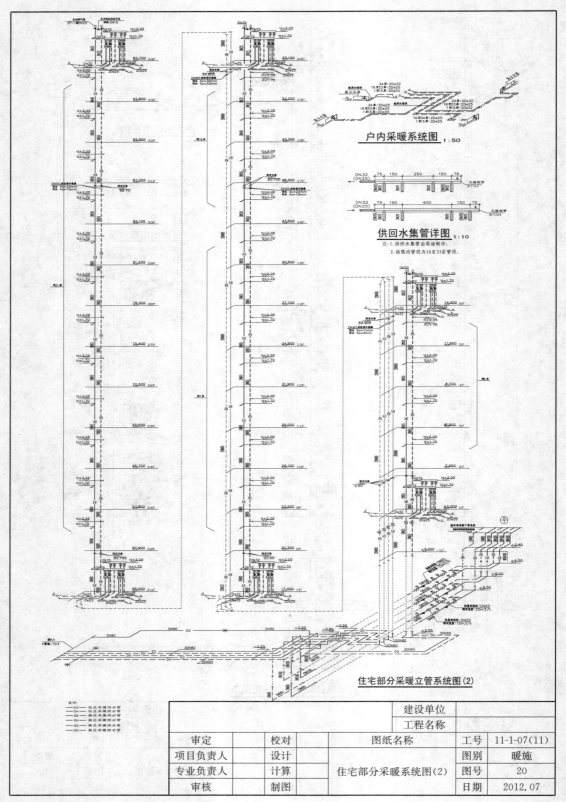

户内采暖系统图 1:50

供回水集管详图 1:10

注:1.供回水集管由现场制作;
2.括弧内管径为16至33层管径.

住宅部分采暖立管系统图(2)

建设单位						
工程名称						
审定		校对		图纸名称	工号	11-1-07(11)
项目负责人		设计			图别	暖施
专业负责人		计算		住宅部分采暖系统图(2)	图号	20
审核		制图			日期	2012.07

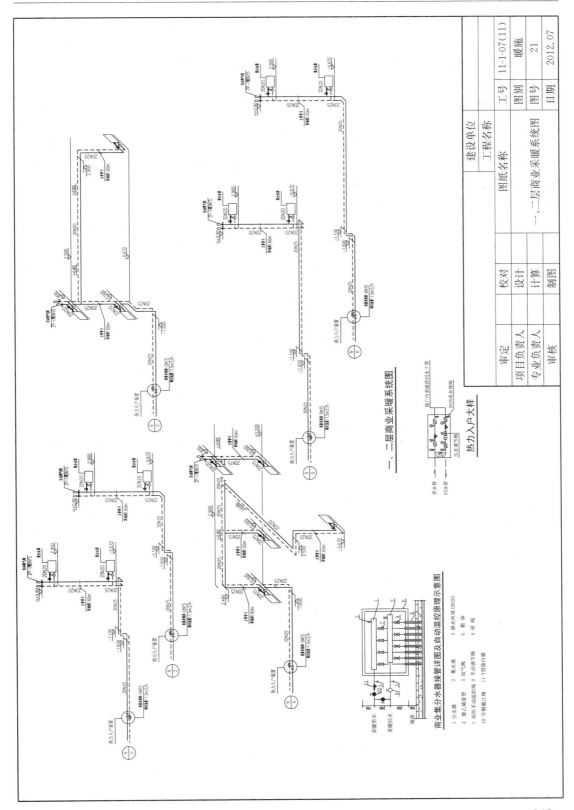

一、二层商业采暖系统图

热力入户大样

商业集分水器接管详图及自动温控原理示意图

工号		图别	暖施	
		图号	21	
		日期	2012.07	

建设单位	
工程名称	
图纸名称	一、二层商业采暖系统图

校对		设计		计算		制图	
审定		项目负责人		专业负责人		审核	

【设计实例 3】 工业类厂房空调、压缩空气、吸尘系统设计实例

某地纺织印染有限公司升级改造织造车间项目，总建筑面积 10630.28m²，地上 1 层，局部 2 层，建设地区为寒冷 B 区，夏季空调室外计算干球温度为 35.1℃，冬季空调室外计算干球温度为 −8.8℃。

【特点分析】 该工程为工业类厂房，根据工艺的要求，设计内容包括集中空调系统、压缩空气系统、吸尘系统和排烟系统，设计时间为 2013 年 9 月。织布车间室内空气计算参数按《棉纺织工厂设计规范》GB 50481—2009 的规定选用，集中空调最大冷负荷为 819.2kW。该工程最大的特点，除了设置压缩空气系统、吸尘系统外，集中空调系统的制冷设备不是采用常规的表面换热方式，即冷水机组—冷冻水—末端设备表冷器—送风的方式，而是采用淋水室空调机组，即冷水机组—冷冻水—淋水室喷雾冷却—送风的方式，冷冻水的供、回水温度为 7/12℃，冷却水的供、回水温度为 32/37℃，冬季加热采用光管加热器。设计选用 4 套淋水室空调机组，每套机组的制冷量为 210kW，分为 4 个送风系统，采用条型送风口往车间送风，采用圆形回风口及地沟回风道回风，淋水室空调机组内设置送风机、回风机、淋水室（喷管、喷嘴及挡水板）、水池、光管加热器、循环水泵、循环水过滤器、回风过滤器等。由于工艺的特殊要求，夏季和冬季的室内空气相对湿度均为 75%，对空气加湿提出了严格的要求，采用淋水室喷雾冷却和要求高相对湿度是该工程的最大特点（特殊之处）。该设计编写的"空调设计说明"比较简单，也包括了施工的内容，"设备表"附在图页上。施工图共有图纸 10 张（含目录），绘制了送风平面图、回风平面图、压缩空气系统平面图、吸尘系统平面图、排烟系统剖面图，绘制了淋水式空调室的详细构造图。图纸内容基本齐全，达到《建筑工程设计文件编制深度规定》（2008 年版）所规定的内容，能满足施工要求。

图纸目录							暖施-01
序号	图纸编号	图纸名称	图纸类型及张数				备注
			A0	A1	A2	A3	
1	暖施-01	图纸目录				1	
2	暖施-02	空调设计说明			1		
3	暖施-03	车间空调送风管道平面图		1.25			
4	暖施-04	车间空调回风地沟平面图		1.25			
5	暖施-05	空调室设备平面图		1			
2	暖施-06	空调室平面图		1			
6	暖施-07	空调室剖面图		1			
7	暖施-08	车间压缩空气管道平面图		1.25			
8	暖施-09	真空吸尘管道平面图		1.25			
9	暖施-10	车间通风排烟平面图		1.25			

空调设计说明

一、设计范围及工程概况

本设计图为纺织车间内的空调设计,设计范围为车间内部及出墙外1m处的管线,不包含至外线设计。

1. 设计车集市本大纺织印染有限公司产品升级改造搬迁项目织造车间。
2. 本工程车间内建筑面积10050.75m²,总建筑面积10630.28m²。
   建筑占地面积10050.75m²,建筑层数为一层局部两层,建筑主体高度7.55m。厂房的火灾危险性等级为丙类。

二、设计依据

1.《民用建筑供暖通风与空气调节设计规范》(GB 50019-2003);
2.《纺织建筑设计规范》(GB 50036-2012);
3.《建筑设计防火规范》(GB 50016-2006);
4.《通风与空调工程施工规范》(GB 50738-2011);
5.《建筑给水排水及采暖工程施工质量验收规范》(GB 50242-2002);
6.《纺织工程设计防火规范》(GB 50565-2010);
7.《纺织工程设计规范》(GB 50481-2009);
8. 甲方提供的相关资料和工艺、建筑等专业提供的条件图。

三、室内外计算参数

1. 室外空调计算干球温度 t_g=35.1℃　夏季空调计算湿球温度 t_s=26.8℃
   冬季空调计算干球温度 t_g=-8.8℃　冬季空调计算相对湿度 φ=55%

2. 各车间室内计算参数:

车间名称	温度(℃)		相对湿度(%)		送风量 (10⁴m³/h)	回风量 (10⁴m³/h)	空调室 (4小均相同)
	夏季	冬季	夏季	冬季			
织造车间	31	23	75	75	1.1	0.9	

四、空调系统气流组织

本车间内为送风、回风,风口采用铝合金双层百叶风口,风口处置于设备操作区内。

五、空调系统冷源

1. 夏季空调冷负荷及冷源:空调车间夏季最大冷负荷819.2kW,夏季空调系统采用制冷机制冷,每台空调车间配置一台制冷机,风口采用铝合金叶宝口。
2. 冬季采用新风直接引入补充。满足供暖要求。其中整组,储油柜、除尘器等,其余车间放散热。

六、空调水系统设计

1. 冷冻水进出水管供回水温为一级三管,大小水系统合用。回风,下喷淋等。喷雾室过滤清洗。除。
2. 由车间内排水,新风量最大冷负荷的制冷机制冷,每台空调车间配置一台制冷机。后整理区域采用压力式过滤的余系同丰作冷冻水池;喷淋水池面积...
   喷淋水池:采用地下室冷冻室空循环。排水管空管外径、洞标标准在-管室高标高-0.2m。
   $B×H(DM+200)×(DM+600)DM$ 为管室基础预留开距,管穿过基础预留面积六个。

七、送风管、回风风速

1. 车间送风管采用镀锌钢板制风管,回风管为非金属钢板送风道,不包含至外线设计。

   风管板厚及风速:

   壁厚:　$L≤1000mm$,　0.75mm;
   　　　$1000<L≤2000mm$,　1mm;
   L 为风管长边尺寸,风速见本图表中直径尺寸。

八、空调水系统管

1. 送风管采用离心玻璃棉保温,保温层厚40mm,做法见河北标 05N4-2 P147.
2. 风管室外装置架及支吊架做法见河北标 05N4-2,做法先装专业图。

八、空调水系统管

1. 空调供水管道:$DN<150$采用焊接钢管,$DN≥150$采用无缝钢管。
   空调保温管道:$DN<150$采用离心玻璃棉管壳,厚度40mm,做法见河北标 05N4-2。
2. 空调冷媒水管采用离心玻璃棉管壳,空调冷凝水管采用PE双壁波纹管,橡胶圈柔性接口。
3. 供冷水管保温:排水管采用水管保温壳等保留各领领管相应除锈处理。
4. 星循管采用吊架及设备支地上罐器做法做保留管相的除锈做现制作。
5. 管道支吊架做法见河北标 05S9.

九、管道试验

空调水系统管道工作压力0.4MPa,试压方法见《通风与空调工程施工质量验收规范》(GB 50243-2002)-

9.1 管道系统水压力强度试验压力为试验压力为试验压力至试验压力压力后,稳压10min,压力下降不得大于0.02MPa,再将系统
工作压力下降至试验工作压力,外观检查无渗漏为合格。

9.2 系统阀门的所有阀门在安装前及阀前及安装后,系统最高点处10min,系统压力不得超过试验压力。

9.3 系统工作压力下试验压力为0.6MPa,外观检查无渗漏。

十、设备安装及施工注意事项:

1. 可现行施工,设备必须与有变化,则回收含各验货。本系统均与4墙的缝接器与室器相应变化。
2. 风机、回风过滤器等阀门,设备安装器里器过安装前,安装件,费里过,报设备安装后,根据产品样本及说明书。使其不漏风。
   后,将设备的密封门,将阀、挡水板百叶等墙门的搭接与室间产生安装的品样本与说明书将安装平。
   公司车间,排水板基础预制。
   地面回风口外框由专业安装完后。后整理区域应压力式由建专业安装。

十一、防火阀

1. 送风及风管入口处均设的防火阀排装置,70℃自动关闭,手动关节。手动复位。
2. 防火阀安装见河北标 05N4-2。
3. 机械排烟风系统设计的见《通风与空调工程施工规范》(GB50738-2011)及当地标准。

十二、 其余未说明之处详见《通风与空调工程施工规范》(GB50738-2011)及当地方标准。

给排水	
暖通	
电气	
总图	
建筑	
结构	
备注	

资质章

注册章

签署

	姓名	签署
项目总负责人		
专业负责人		
审定		
审核		
校对		
设计		

建设单位

工程名称：升级改造搬迁项目

子项名称：织造车间

图名：空调设计说明

工号	SJ1317-1	版次	1
图号	暖施-02	阶段	施工图
比例		日期	2013.09

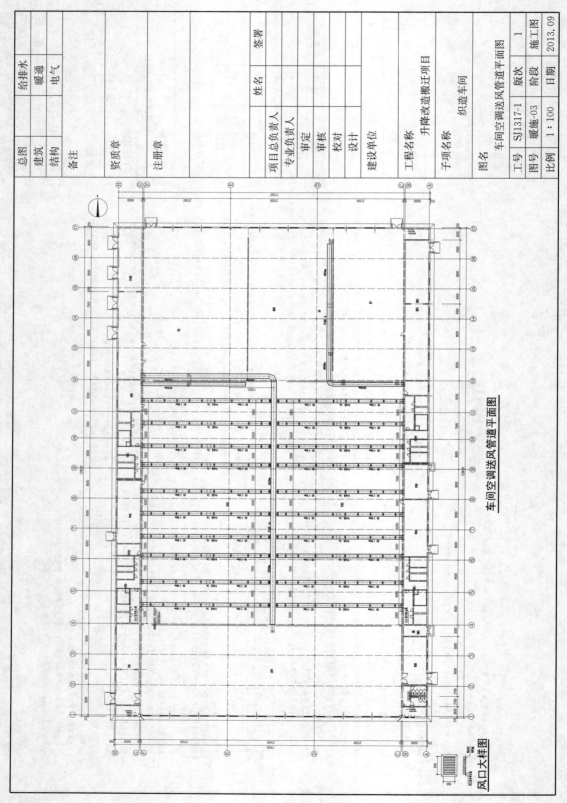

车间空调送风管道平面图

风口大样图

图名	车间空调送风管道平面图			1
工号	SJ1317-1	版次		施工图
图号	暖施-03	阶段		
比例	1:100	日期		2013.09

子项名称	织造车间
工程名称	升降改造搬迁项目
建设单位	
设计	
校对	
审核	
审定	
专业负责人	
项目总负责人	
	姓名	签署

给排水	
暖通	
电气	
备注	
资质章	
注册章	
总图	
建筑	
结构	

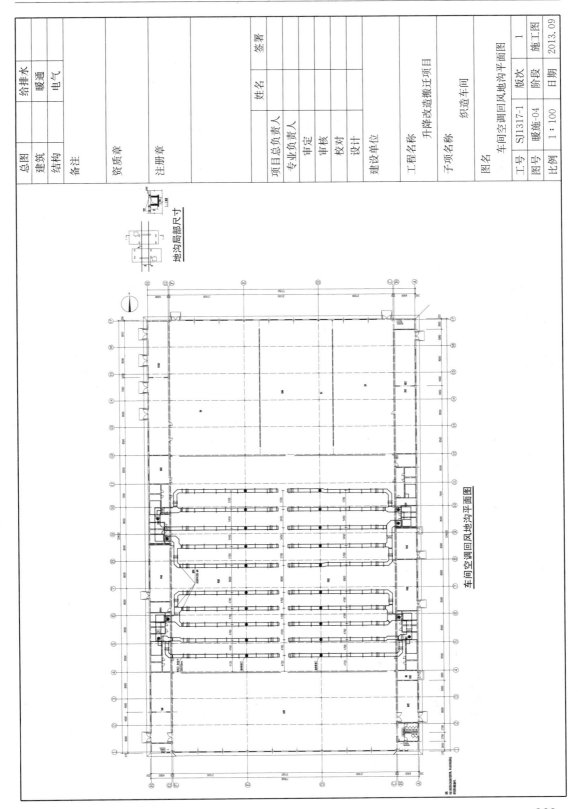

	签署		
给排水			
暖通			
电气	姓名		
	项目总负责人		工程名称
	专业负责人		升降改造搬正项目
资质章	审定		子项名称
	审核		织造车间
注册章	校对		图名
备注	设计		车间空调回风地沟平面图
	建设单位		

总图		工号	SJ1317-1	版次	1
建筑		图号	暖施-04	阶段	施工图
结构		比例	1：100	日期	2013.09

地沟局部尺寸

车间空调回风地沟平面图

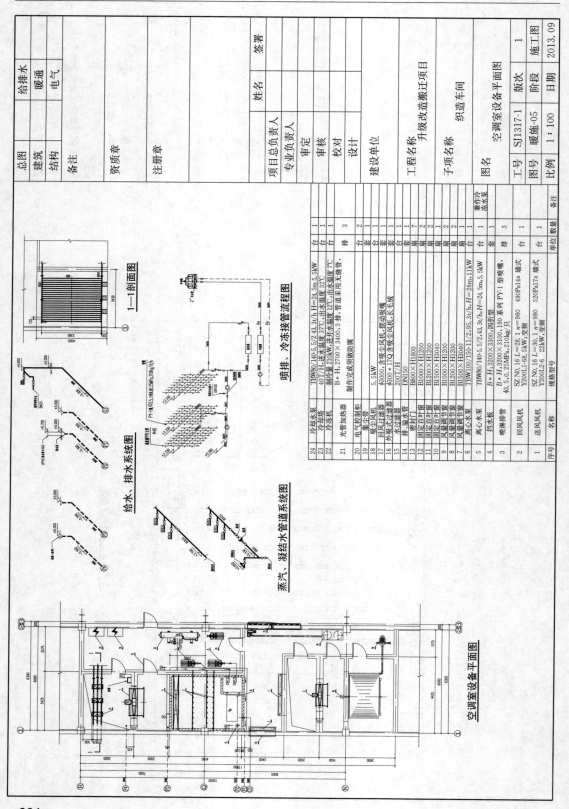

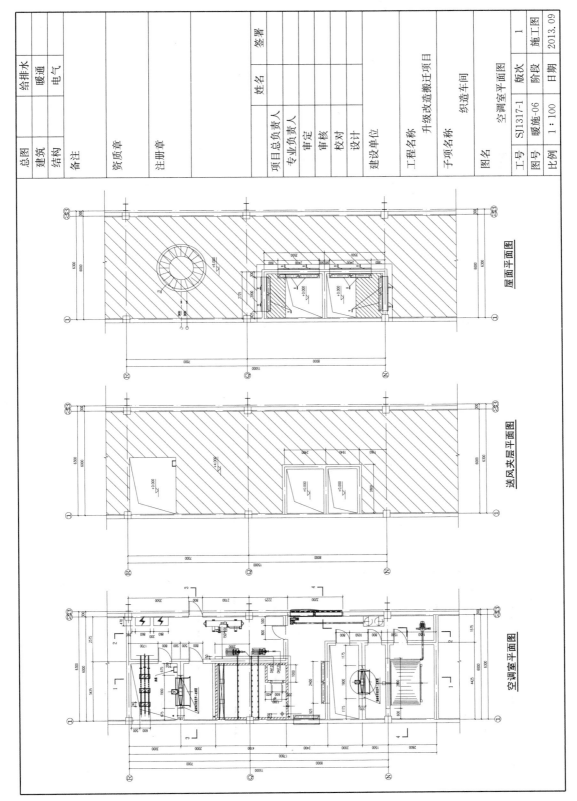

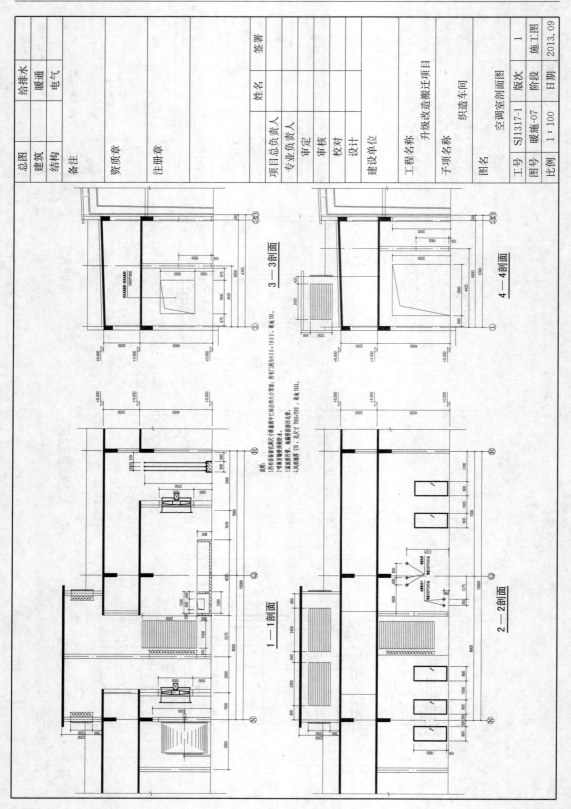

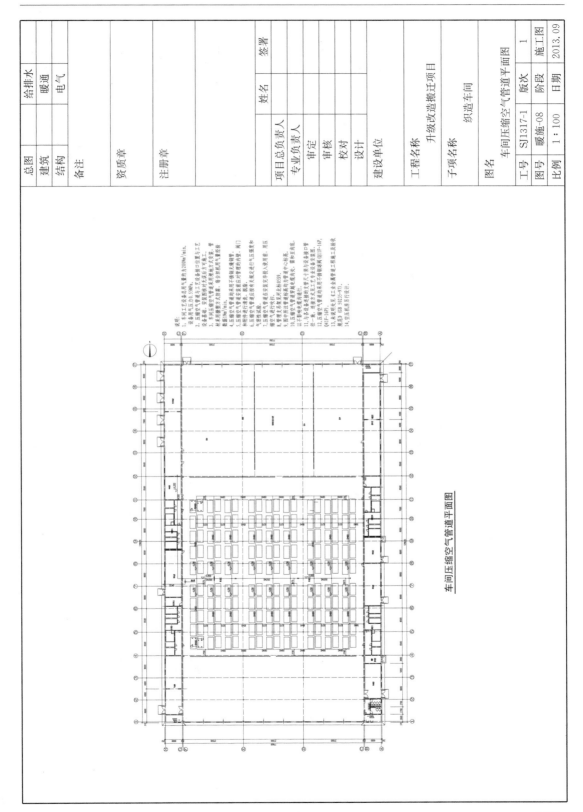

车间压缩空气管道平面图

	给排水		
总图	暖通		
建筑	电气		
结构			
备注			签署
资质章		姓名	
注册章	项目总负责人		
	专业负责人		
	审定		
	审核		
	校对		
	设计		
	建设单位		
	工程名称	升级改造搬迁正项目	
	子项名称	织造车间	
	图名	车间压缩空气管道平面图	
	工号 SJ1317-1	版次 1	
	图号 暖施-08	阶段 施工图	
	比例 1:100	日期 2013.09	

说明:
1. 车间工艺设备总用气量暂定为3100m³/min。
设备用气压力为0.5MPa。
2. 压缩空气管道与工艺设备中位置与工艺
设备本体、安装图样相关联及现场施工。
3. 车间内压缩空气管道采用现地方架安装,管
材采用镀锌大焊钢管,每台机用气暂定给
额定1m³/min。
4. 压缩空气管道末端不锈钢无缝钢管。
5. 压缩空气管道断面时管理的内膜,阀门
和附件选行清洗、图层。
6. 压缩空气管道安装完成须进行气压强度和
气密性试验。
7. 压缩空气管道安装单报立半固定使用用,用压
缩气速行放气。
8. 管道气速行放气。
9. 阀件所注管道标布的管道中心标高。
10. 压缩空气管道管线路和随无接头、要和生冷凝。
设备最低处设置排水口管。
11. 与身设备相接的管汇上连与随设备接口管
在一起、连接分关工艺主体与设备连接。
12. 压缩空气管道中末采用不锈钢焊钢(DN15-DN100),
04以下采用不锈钢焊钢(DN15-DN100)。
13. 本表用先见《工业金属管道工程施工验收
规范》GB50235-97)。
14. 空压机房另行设计。

车间压缩空气管道平面图

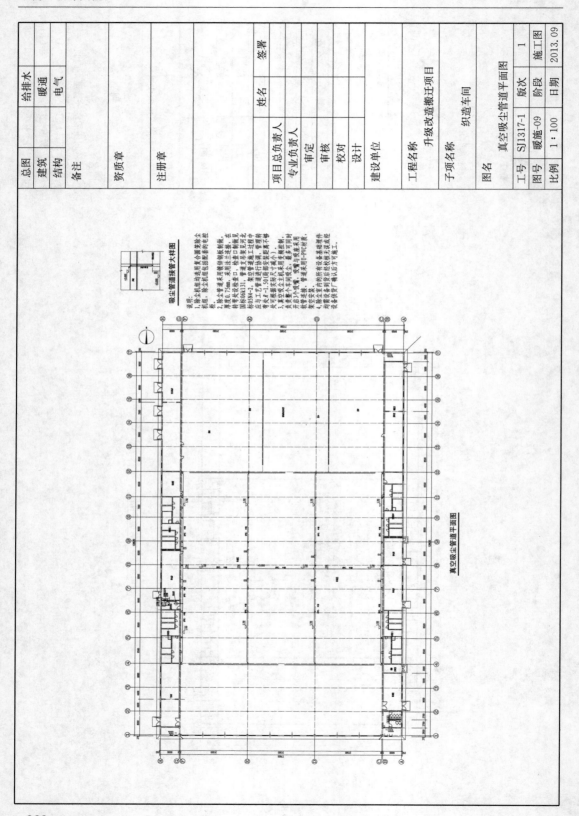

真空吸尘管道平面图

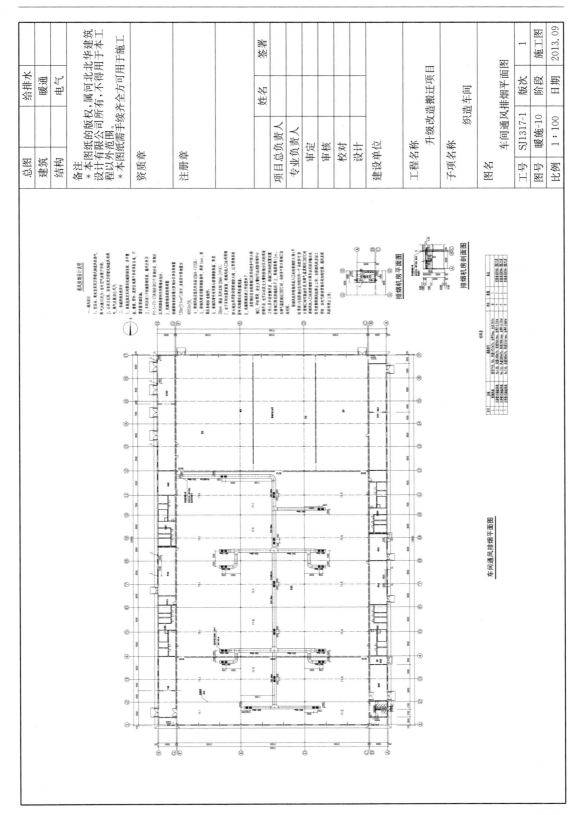

车间通风排烟平面图

排烟机房平面图

排烟机房剖面图

总图		给排水
建筑		暖通
结构		电气

备注 * 本图纸的版权,属河北北华建筑设计有限公司所有,不得用于本工程以外范围。
* 本图纸需手续齐全方可用于施工

资质章

注册章

	姓名	签署
项目总负责人		
专业负责人		
审定		
审核		
校对		
设计		

建设单位	
工程名称	升级改造搬迁项目
子项名称	织造车间
图名	车间通风排烟平面图

工号	SJ1317-1	版次	1
图号	暖施-10	阶段	施工图
比例	1:100	日期	2013.09

【设计实例4】 基础实验楼的实验室通风系统设计实例

该工程为某大学的基础实验楼，总建筑面积约 11800m^2，地上 4 层，局部 5 层，实验楼有综合实验室、普通实验室、无机实验室、等离子实验室、化学分析室、物化室等，供从事基础实验用。建设地区为夏热冬冷地区，夏季通风室外计算温度为 32℃。

【特点分析】 该工程为科学实验建筑工程，设计内容为各实验室的通风系统设计，设计时间为 2006 年 6 月。该实验楼共设置有 28 套排风系统和风机，分别是：1 层的 P-1-1～P-1-6 系统、2 层的 P-2-1～P-2-5 系统、3 层的 P-3-1～P-3-3 系统、4 层的 P-4-1～P-4-13 系统和 5 层的 P-5-1 系统。1、2 层普化实验室、综合实验室、无机实验室、化学分析室、仪器分析室设置全面通风系统和通风柜的局部通风系统，全面通风风量按换气次数 10 次/h 计算，局部通风风量按通风柜开口面积迎面风速 0.5m/s 计算。3、4、5 层的药品库、天平室、高温炉室、物化室、综合实验室、准备室设置全面通风，全面通风风量按换气次数 10 次/h 计算；4 层化学合成室设置通风柜的局部通风系统，局部通风风量按通风柜开口面积迎面风速 0.5m/s 计算。该设计将"设计说明"和"施工说明"合在一起，而没有分别编写；编制了完整的设备表，设备种类及参数十分详细，能满足订货要求。施工图共有图纸 8 张（不含目录），绘制了各层平面图、局部剖面图。图纸内容基本齐全，达到《建筑工程设计文件编制深度规定》（2008 年版）所规定的内容，能满足施工要求。

图纸目录						
图纸编号				图纸名称(包括标通统重用图)	图幅	附注
专业	图号	修改	版本(二)			
风施				图纸目录	A4	
	01			设计与施工说明 图例	A2	
	02			主要设备表	A2	
	03			一层平面图	A2+	
	04			二层平面图	A2+	
	05			三层平面图	A2+	
	06			四层平面图	A2+	
	07			五层平面图	A2+	
	08			剖面图	A2	

	实名	签名	工程总称		设计号	2006102-1
审定			项目	化学楼	图别	风施
校核					图号	
主持设计				图纸目录		
设计					日期	2006.06

通风工程设计施工说明

一、设计依据

1. 我院土建专业编制的施工设计图纸；
2. 《建筑设计防火规范》(GB 50016-2006)；
3. 《采暖通风与空气调节设计规范》(GB 50019-2003)；
4. 甲方提供的工艺要求、资料及设计委托。

二、设计范围

本工程各房间设双层固定式分空气调器。

三、设计范围

本工程暖通专业设计范围如下：

一、二层分析室设全面通风系统同时辅助设计局部通风系统，甲方经专家经设全面通风系统，局部通风柜门开启时局部通风系统同时需要设计局部通风系统，局部通风柜门开启时开面积为0.8m²，迎面风速为0.5m/s。

三、四、五层药品库、天平室、高温炉室、物化室、综合实验室、准备室、实验室、综合实验室设仪设计全面通风系统；甲方经实验室设计局部通风系统，四楼化学合成实验室，迎面风速为0.5m/s。

仪器分析室设计全面通风系统同时辅要设计局部通风系统，局部通风柜门开启时开面积为0.8m²，迎面风速为0.5m/s。

四、系统分述

本工程通风设计范围如下：

综合实验室、化学合成室、实验室、无机实验室、高温炉室、高温分析室等离子实验室、化学分析室、物化室、化学合成室、实验室、准备室设实验室、高温炉室、天平室室平室通风换气。

甲方提供资料甲每面实验室平面积每平面方米为大为水，不同意预留通风竖井在每间实验室内，因此通风竖井式系统，各排风系统采用电动风阀。全面排风系统的实验室排风及管竖上设电动风阀。局部排风系统使用时开启单速排风及管上设电动风阀，并联动排风机，当所有风阀关闭时，风机关闭。各排风系统采用电动风阀。实验室接入设设动排风阀。局部风阀入至设防火阀门端。当排风机使用时开启单速排风系统接入通风及管竖上电动风阀。全面排风系统的实验室排风及管竖上设电动风阀，并联动排风机，风阀关闭。各排风用排风阀接入至回风阀止回阀出口端，直接排入大气。

留可以混合排气。由于每间实验室平面积每面方米为大为水，不会发生后不会发生化学反应同时不存在任何危险，可以混合排气。

排风系统并在每间实验室内，因此排风竖井式系统。实验室排风及管上端设防火阀门端。

屋面、排风阀阀接入至回风阀止回阀出口端，直接排入大气。

根据甲方提供的工艺设计资料实验室所产生的有害气体扩散稀释后符合国家有害物的排放标准。

五、施工说明

1) 排风风管均采用阻燃型有机玻璃矩形材料制作，防腐性好，防腐风管，满足消防要求。

有机玻璃圆形风管的壁厚及阀件材料规格 单位：mm

外径D mm	壁厚δ mm	法兰规格 宽×厚 mm
320		30×5.5
360	3.5	
400		
450		40×7.5
500	4.0	
560		
630		

有机玻璃矩形风管的壁厚及阀件材料材料规格 单位：mm

托板风管长边L mm	壁厚δ mm	法兰规格 宽×厚 mm
L≤200		30×5.5
250≤L≤400	3.0	
400≤L≤630	4.0	40×7.5
630≤L≤1000	4.5	
1000≤L≤2000	5.0	50×9.5

本工程进风以自然进风为主，应设置进风装置详见建筑，断面进风采用侧进风，进风不小于排风量的70%，风机未用防腐糊轴流风机安装在内墙上。

其尺寸与安装位置详见建筑口。在每间实验室内墙上设百叶风口；四层化学合成室进风采用阻燃进风，进风室内迎面风速应小于0.7m/s；四层风机未用防腐糊轴流风机安装在内墙上。

2) 非消防风机进风出口处，应设置L=200～300mm的人造革或帆布软布油(刷不燃漆)软接；软接进口应牢固，严密，在软接处禁止变径。

3) 水平或垂直的风管须安装支、吊或托架，吊或托架支架位置保证牢固，可靠定；其构造形可根据原则下根据现场选定，由施工单位参照新标准图集。

4) 管道穿过隔墙、楼板时应用不燃烧材料将其周围的缝隙填塞密实。

5) 风管均采用镀锌薄钢板支吊架。

6) 风管支吊架均须除锈刷防锈漆二道。

7) 风机安装详见图集《防排烟设备安装图》(参照新标准图集)

8) 防烟防火阀超过70°C关闭，手动复位，手动关阀，输出关闭电讯号。

9) 防火阀设独立的支吊架。

10) 消声风管采用不燃烧材料或难燃材料制作。

11) 其他详见《通风与空调工程施工质量验收规范》(GB 50243-2002)。

图例

图例	名称	图例	名称
⊡	风管		手动风量调节阀
⊞	风机		电动风量调节阀
▨	软接头		防火阀
⊡	散流器		止回阀

设计号	2006102-1	图别	风施
		图号	01
		日期	2006.06

实名	签名		工程总称	项目	化学楼
审定				设计与施工说明 图例	
校核					
主持设计					
设计					

主要设备表

序号	名　称	型号及规格	单位	数量	备注
1	低噪声双吸离心风机箱	DBF60 风量:6000m³/h 全压:720Pa 电功率:2.2kW 机壳噪声:63dB(A) 重量:305kg	台	3	防腐型风机
2	低噪声双吸离心风机箱	DBF100 风量:10000m³/h 全压:862Pa 电功率:5.5kW 机壳噪声:65dB(A) 重量:419kg	台	2	防腐型风机
3	低噪声双吸离心风机箱	DBF110 风量:11000m³/h 全压:805Pa 电功率:5.5kW 机壳噪声:60dB(A) 重量:534kg	台	6	防腐型风机
4	低噪声双吸离心风机箱	DBF150 风量:15000m³/h 全压:678Pa 电功率:5.5kW 机壳噪声:64dB(A) 重量:628kg	台	2	防腐型风机
5	低噪声双吸离心风机箱	DBF210 风量:21000m³/h 全压:851Pa 电功率:11kW 机壳噪声:68dB(A) 重量:639kg	台	3	防腐型风机
6	低噪声双吸离心风机箱	DBF280 风量:28000m³/h 全压:662Pa 电功率:11kW 机壳噪声:69dB(A) 重量:657kg	台	12	防腐型风机

序号	名　称	型号及规格	单位	数量	备注
7	防腐轴流通风机	FT-11-5.6 风量:8471m³/h 全压:103Pa 电功率:0.318kW 主轴转数:960r/min	台	24	配单向电机
8	防烟防火阀 (70℃自动关闭,输出关闭电信号,手动复位)	500×630	个	2	
		500×900	个	2	
		630×500	个	1	
		800×1200	个	11	
		900×500	个	4	
		1050×800	个	3	
		1200×630	个	1	
		1100×1000	个	1	
9	消声型静压箱	1200×1200×900	个	3	
10	电动风阀	φ400	个	52	
		φ300	个	34	
11	手动风阀	φ400	个	52	
		400×400	个	34	
		500×500	个	52	
		630×500	个	34	
		800×500	个	52	
		900×500	个	34	
12	散流器	200×200	个	465	
13	GT J2型弹簧减震器	GT J2-15	个	112	

实名	签名		工程总称	化学楼	设计号	2006102-1	图别	风施
审定			项目		图号	02		
校核				主要设备表	日期	2006.06		
主持设计								
设计								

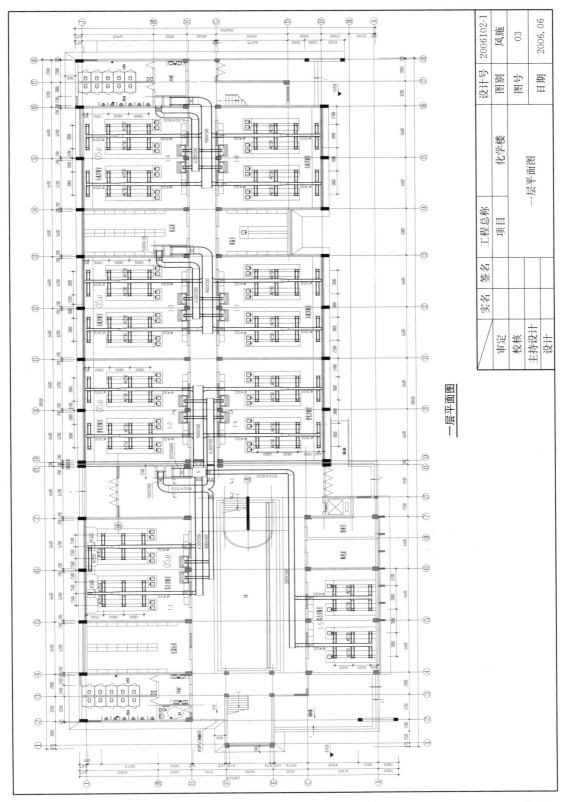

一层平面图

设计号	图别	风施	2006102-1
图号	03
日期	2006.06

| 工程总称 | | 化学楼 |
| 项目 | | 一层平面图 |

实名	签名	
审定		
校核		
主持设计		
设计		

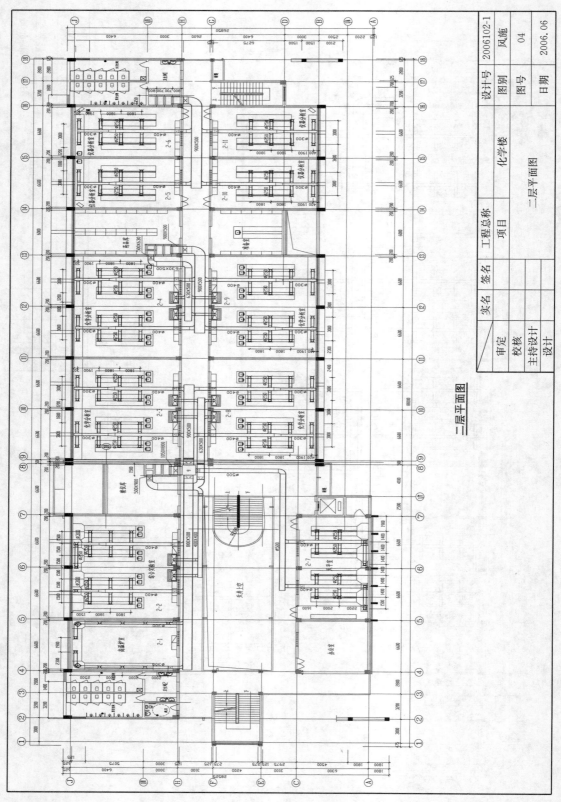

二层平面图

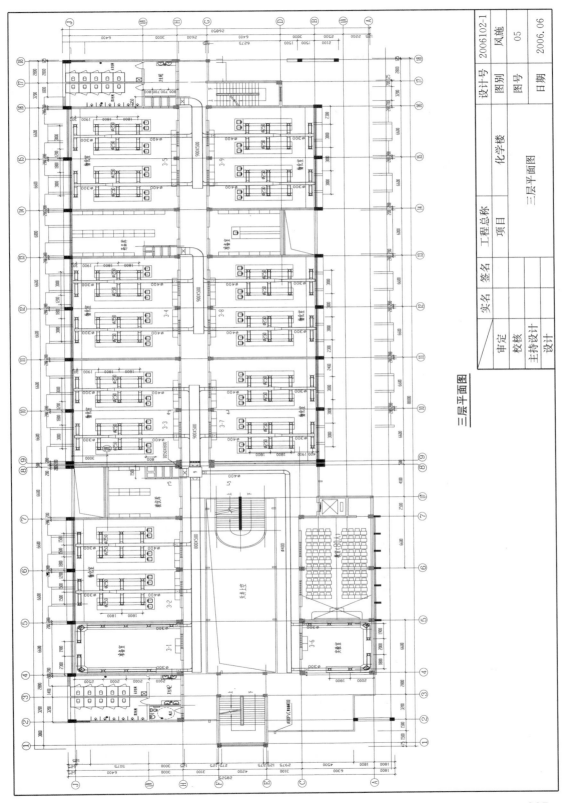

三层平面图

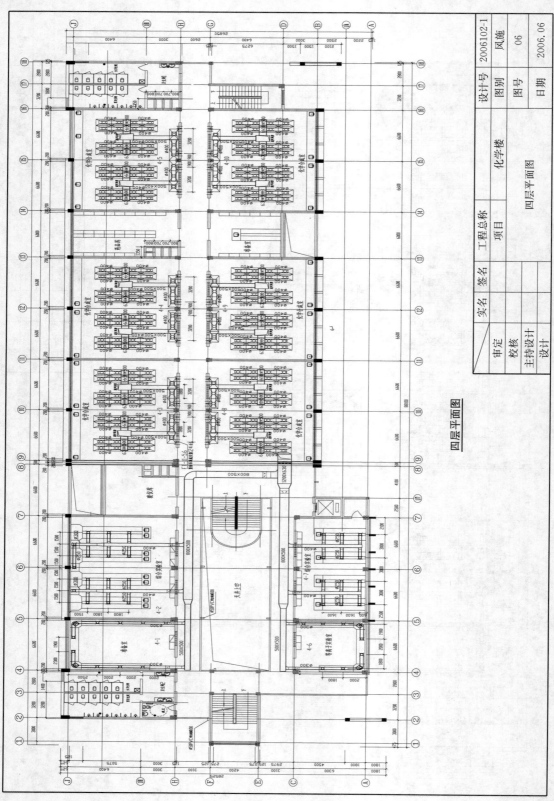

四层平面图

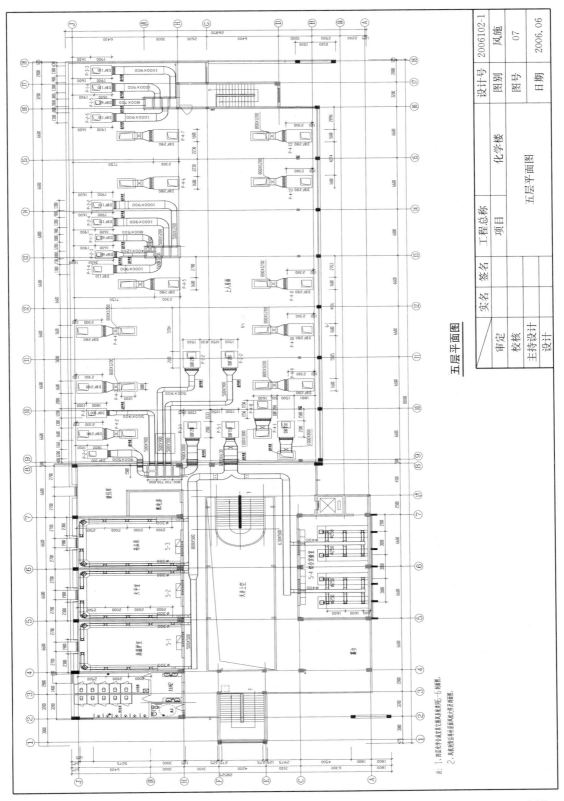

五层平面图

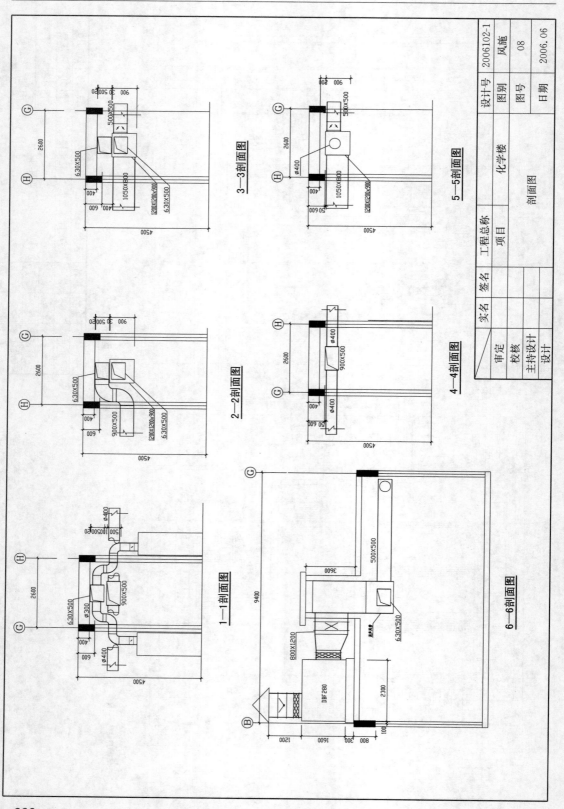

3—3剖面图

5—5剖面图

2—2剖面图

4—4剖面图

1—1剖面图

6—6剖面图

设计号	2006102-1	图别	风施
图号	08		
日期	2006.06		

工程总称	化学楼
项目	
	剖面图

签名	
实名	
审定	
校核	
主持设计	
设计	

【设计实例 5】 燃气蒸汽锅炉房工程设计实例

该工程为某地妇幼保健院的燃气蒸汽锅炉房工程，配置蒸发量为 4t/h 的蒸汽锅炉 2 台，燃料为天然气，锅炉房为妇幼保健院的医疗、办公用房等提供蒸汽和热水。

【特点分析】 该锅炉房设计属于动力站房设计，按压力容器规定和锅炉安全技术监察规程进行管理。设计内容包括锅炉房工艺布置、热力系统、风烟系统和换热系统设计（不包括天然气管道系统），设计时间为 2015 年 6 月。该锅炉房配置 2 台蒸发量为 4t/h 的蒸汽锅炉，额定蒸汽压力 1.25MPa，饱和温度。产生的蒸汽输送到使用蒸汽的场所；在锅炉房设置 2 台汽—水换热机组（配置管壳式换热器），换热量为 2.8MW，一次侧为 0.6MPa 的饱和蒸汽，饱和温度，二次侧为 85/60℃ 的热水输送到使用热水的场所。锅炉房配置了锅炉给水泵、冷凝器循环水泵、二次网补水泵、分气缸和分集水器等。锅炉房配置流量 5m³/h 的锅炉给水泵 2 台（一用一备），流量 5m³/h 的冷凝器循环水泵 2 台（一用一备），二次侧配置流量 200m³/h 的循环水泵 2 台，流量 12m³/h 的补水泵 2 台。"设计说明"中不仅注明了循环水泵耗电输热比 EHR 的计算结果，而且列举了所有的数据和详细的计算过程，是该设计的一个特点。施工图共有图纸 11 张（含目录），平面布置图用双线绘制，有完善的热力系统图和必要的断面图，设计人员在"设计施工说明"中详细列举了需要保温的设备及管道的部位，是比较罕见的，也是该设计的另一个特点。该设计将"设计说明"和"施工说明"合在一起，而没有分别编写；编制了完整的"设备表"和"材料表"，设备材料种类及参数十分详细，能满足订货要求。图纸内容基本齐全，达到《建筑工程设计文件编制深度规定》（2008 年版）所规定的内容，能满足施工要求。

序号	说明书或图纸名称	图号	图纸规格	新旧分别	折合	附注
1	燃气锅炉房施工图图纸目录	3508-01[01]R-1	A4	新	0.125	
2	设备表	3508-01[01]R-2	A4	新	0.125	
3	材料表	3508-01[01]R-3	A4×2	新	0.25	
4	设计及施工说明	3508-01[01]R-4	15A2	新	0.75	
5	热力系统图	3508-01[01]R-5	1.25A2	新	0.625	
6	平面布置图	3508-01[01]R-6	A2	新	0.5	
7	A—A、B—B、C—C 断面图	3508-01[01]R-7	A2	新	0.5	
8	烟囱系统图	3508-01[01]R-8	A2	新	0.5	
9	分汽缸接管及安装图	3508-01[01]R-9	A4	新	0.125	
10	分、集水缸接管及安装图	3508-01[01]R-10	A4	新	0.125	
					3.625	

工程名称		秦皇岛市妇幼保健院燃气锅炉房及燃气管道工程			
图号		3508-01[01]R-1		第 1 页	共 1 页
设计经理		燃气锅炉房施工图 图纸目录		专业	热力
审定				阶段	施工图
审核				比例	
校核		中冶京诚(秦皇岛)工程技术有限公司		日期	2015.06
设计				修改	R00

序号	设备名称	型号及技术规格性能	单位	数量	重量(t) 单重	重量(t) 总重	非标准设备图号或附注
1	燃气蒸汽锅炉	WNS4-1.25-Q　燃料:天然气	台	2			
		额定蒸发量:4t/h 额定蒸汽压力:1.25MPa					
2	锅炉给水泵(耐温100℃)	$Q=5m^3/h, H=1.5MPa$	台	2			锅炉配套设备
	配防爆电动机	$P=5.5kW$　$n=2900r/min$	台	2			
3	冷凝器循环水泵(耐温100℃)	$Q=5m^3/h, H=0.2MPa$	台	2			锅炉配套设备
	配防爆电动机	$P=1.1kW$　$n=2900r/min$	台	2			
4	软水箱	$V=12m^3$ 3000mm×2000mm×2000mm	台	1			锅炉配套设备
5	全自动软水器	8~12t/h	台	1			双头双罐
6	汽-水换热机组		台	1			
	配管壳式换热器	$Q=2.8MW$　$PN16$ 一次侧0.6MPa饱和蒸汽 二次侧85/60℃热水	台	2			带过冷段 凝结水温度≤80℃
	配热网循环水泵	$Q=200m^3/h, H=0.3MPa$	台	2			一用一备,变频
		配防爆电机 $P=30kW$, $n=1450r/min$ IP44	台	2			
	配热网补水泵(耐温100℃)	$Q=12m^3/h, H=0.5MPa$	台	2			一用一备,变频
		配防爆电机 $P=5.5kW$, $n=1450r/min$ IP44	台	2			
	配立式直通除污器	$DN200$ $PN16$	台	1			
7	分汽缸	$DN400$ $PN16$	台	1			3508-01[01]R-9
8	分集水缸	$DN400$ $PN16$	台	2			3508-01[01]R-10
9	钢烟囱	$DN500$ 33m	座	2			锅炉配套设备

工程名称	秦皇岛市妇幼保健院燃气锅炉房及燃气管道工程			
图号	3508-01[01]R-2		第1页	共1页
审定		燃气锅炉房 设备表	专业	热力
审核			阶段	施工图
校核			比例	
设计		中冶京诚(秦皇岛)工程技术有限公司	日期	2015.06
制图			修改	R00

序号	材料名称	材质	单位	数量	重量(kg)		附注
					单重	总重	
1	GB/T 3091—2008　螺旋缝埋弧焊钢管 φ273×6	Q235-B	m	85	39.26	3336.8	
2	GB/T 8163—2008　无缝钢管 φ219×6	30	m	32	31.32	1002.1	
3	GB/T 8163—2008　无缝钢管 φ159×4.5	20	m	33	17.04	562.2	
4	GB/T 8163—2008　无缝钢管 φ133×4	20	m	16	12.64	202.3	
5	GB/T 8163—2008　无缝钢管 φ108×4	20	m	24	10.19	244.65	
6	GB/T 8163—2008　无缝钢管 φ76×3.5	20	m	150	6.22	932.7	
7	GB/T 8163—2008　无缝钢管 φ57×3.5	20	m	60	4.59	275.3	
8	GB/T 8163—2008　无缝钢管 φ45×3	20	m	20	3.09	61.75	
9	GB/T 8163—2008　无缝钢管 φ32×3	20	m	13	2.57	33.44	
10	GB/T 8163—2008　无缝钢管 φ18×3	20	m	2	0.78	3.52	
11	D343H-16C　法兰蝶阀 DN250 PN16	WCB	个	2			
12	D343H-16C　法兰蝶阀 DN200 PN16	WCB	个	5			
13	D343H-16C　法兰蝶阀 DN65 PN16	WCB	个	4			
14	D343H-16C　法兰蝶阀 DN50 PN16	WCB	个	9			
15	UJ41H-16C　法兰柱塞截止阀 DN150 PN16	WCB	个	2			
16	UJ41H-16C　法兰柱塞截止阀 DN125 PN16	WCB	个	1			
17	UJ41H-16C　法兰柱塞截止阀 DN100 PN16	WCB	个	3			
18	UJ41H-16C　法兰柱塞截止阀 DN50 PN16	WCB	个	1			
19	UJ41H-16C　法兰柱塞截止阀 DN40 PN16	WCB	个	6			
20	UJ41H-16C　法兰柱塞截止阀 DN25 PN16	WCB	个	5			
21	J11H-16C　内螺纹截止阀 DN15 PN16	WCB	个	1			
22	CS41H-16C　自由浮球式疏水阀 DN25 PN16	WCB	个	1			
23	Z41H-16C　法兰闸阀 DN50 PN16	WCB	个	4			
24	TJ41H-16C　手动调节阀 DN200 PN16	WCB	个	2			
25	H44H-16C　旋启式止回阀 DN65 PN16	WCB	个	1			

工程名称	秦皇岛市妇幼保健院燃气锅炉房及燃气管道工程			
图号	3508-01[01]R-3		第1页	共2页
审定	燃气锅炉房 材料表		专业	热力
审核			阶段	施工图
校核			比例	
设计			日期	2015.06
制图	中冶京诚(秦皇岛)工程技术有限公司		修改	R00

序号	材料名称	材质	单位	数量	重量(kg) 单重	重量(kg) 总重	附注
26	H44H-16C 旋启式止回阀 DN50 PN16	WCB	个	4			
27	电磁阀 DN50 PN16	WCB	个	1			
28	KXT-（Ⅰ）型可曲挠橡胶接头 DN50 PN16	橡胶	个	4			
29	KXT-（Ⅰ）型可曲挠橡胶接头 DN40 PN16	橡胶	个	2			
30	浮球阀 DN50 PN16	铜	个	1			
31	弹簧压力表套装 Y-150 0~1.0MPa		组件 个	13			按图集99R101 安装
32	双金属温度计 0 100℃ WSS411 插入深度：L＝333mm		组件 个	2			分集水器用
33	双金属温度计 0 100℃ WSS411 插入深度：L＝229mm			4			换热机组用
34	双金属温度计 0 100℃ WSS411 插入深度：L＝149mm			4			冷凝器循环 水管道用
35	双金属温度计接头 M27×2 H＝60mm			4			冷凝器循环 水管道用
36	各规格弯头	20	个	按需			GB/T 12459— 2005
37	LXS 旋翼式水表 DN65		个	2			
38	DN500 烟道，材质、壁厚同烟囱		m	21			
39	烟道方圆节，现场制作，材质、壁厚同烟囱		个	2			
40	重力式防爆门 ZM-400		个	2			图集02R110-5-10
41	支吊架用钢材	Q235-B	kg				按需备料
42	岩棉保温材料、镀锌钢板、铁丝等		m³				按需备料

说明：
1. 螺栓、螺母、垫圈、法兰等与阀门配套。
2. 本材料表不含设备厂家配套材料。
3. 不足管材量根据现场实际情况按需补足。
4. 本工程必须选用持证单位生产的压力管道元件。

工程名称			秦皇岛市妇幼保健院燃气锅炉房及燃气管道工程			
图号			3508-01[01]R-3		第2页	共2页
审定		燃气锅炉房 材料表		专业	热力	
审核				阶段	施工图	
校核				比例		
设计		中冶京诚（秦皇岛）工程技术有限公司		日期	2015.06	
制图				修改	R00	

设计施工说明

1 设计说明

1.1 工程概况

本工程是秦皇岛市妇幼保健院燃气锅炉房及燃气管道工程。锅炉房选用燃气热水锅炉，为江苏双能锅炉有限公司生产的 WNS4-1.25-Q燃气热水锅炉，燃料为天然气。

1.2 设计依据

(1) 建设方提供的有关外部接口设计条件。
(2) 《锅炉安全技术监察规程》TSG G0001-2012。
(3) 《压力管道安全技术监察规程 工业管道》TSGD0001-2009。
(4) 《动力管道设计规范》GB 50041-2008。
(5) 《工业金属管道设计规范》GB 50316-2000。
(6) 《城镇燃气设计规范》GB 50028-2006。
(7) 《锅炉房设计规范》GB 50041-2008。
(8) 《采暖通风与空气调节设计规范》GB 50019-2003。
(9) 《国家建筑标准设计图集》D-ZD0101。

1.3 设计参数

1.4 其他说明

2 施工说明

2.1 设备安装

2.2 管道安装

工程名称	秦皇岛市妇幼保健院燃气锅炉房及燃气管道工程
图号	3508-01[01]R-4
审定	燃气锅炉房
审核	设计及施工说明
校核	
设计	中冶京诚(秦皇岛)工程技术有限公司
制图	

第1页	共1页	专业	热力
		阶段	施工图
		比例	
		日期	2015.06
		修改	R00

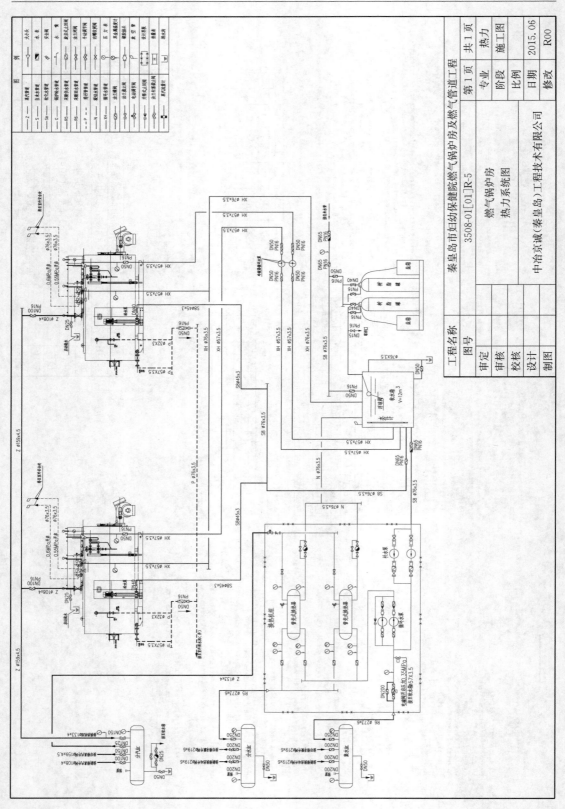

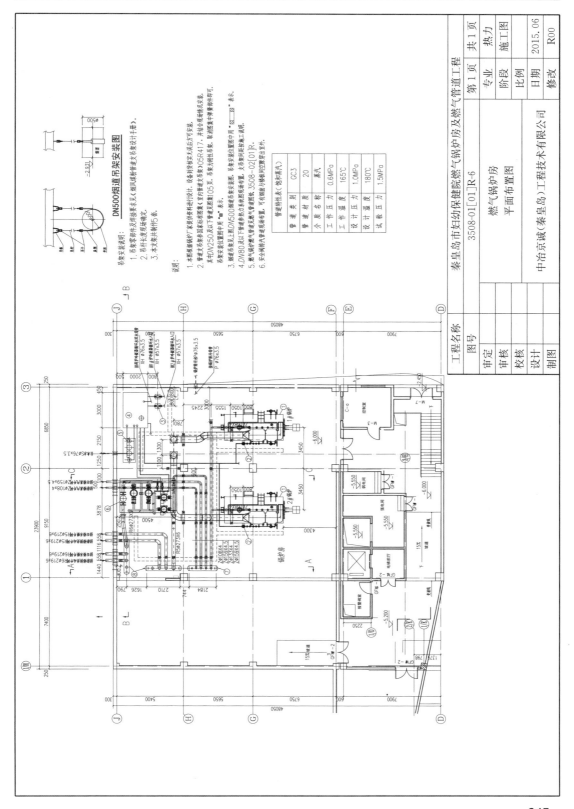

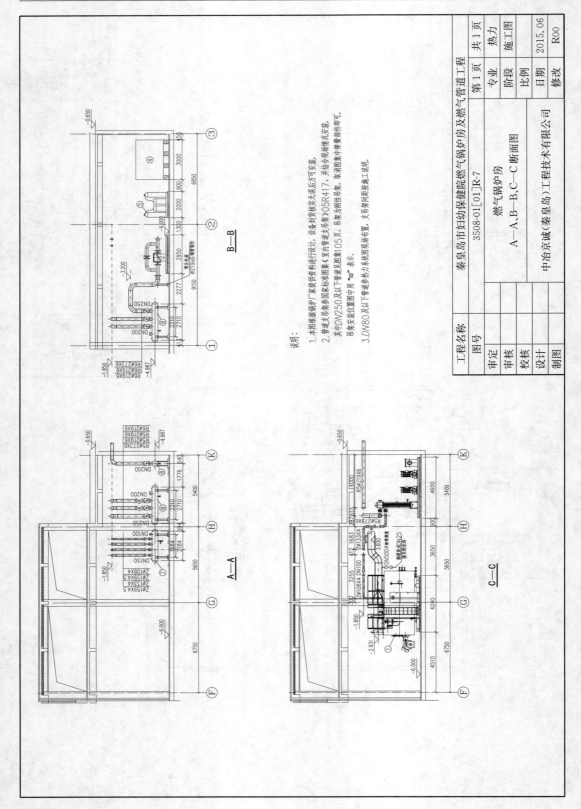

B—B

A—A

C—C

说明：

1. 本图根据锅炉厂家表供资料进行设计，设备到货后无误后方可安装。

2. 管道支吊架参见国家标准图集《室内管道支吊架》05R417，并结合现场情况安装。其中DN250及以下管道支吊架集105页；保温时的管道集中管件即可。取消管集中管件即可。吊架安装位置图中用"φ3"表示。

3. DN80及以下管道参见热力系统图现场布置，支吊架间距详施工说明。

工程名称	秦皇岛市妇幼保健院燃气锅炉房及燃气管道工程	第1页	共1页	专业	热力
图号	3508-01[01]R-7			阶段	施工图
	燃气锅炉房			比例	
	A—A、B—B、C—C断面图			日期	2015.06
				修改	R00
审定					
审核		中冶京诚(秦皇岛)工程技术有限公司			
校核					
设计					
制图					

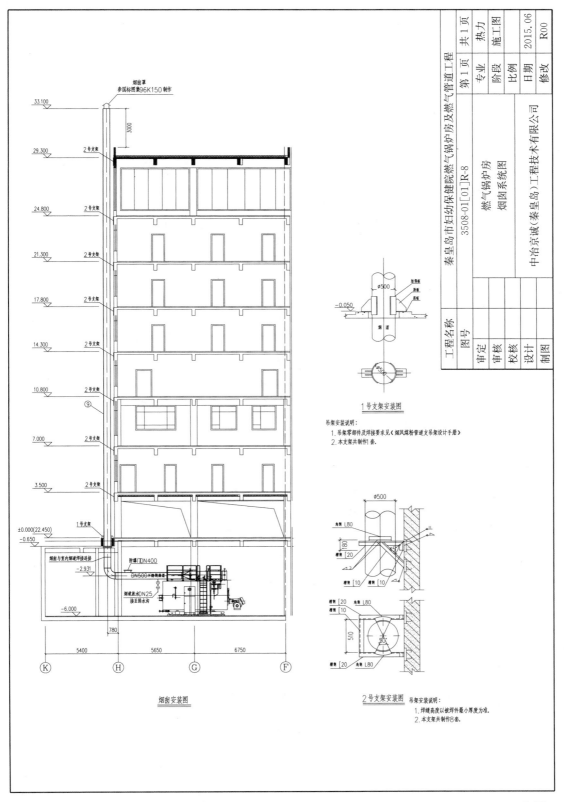

烟囱罩
参国标图集96K150制作

33.100

29.300　　2号支架

24.800　　2号支架

21.300　　2号支架

17.800　　2号支架

14.300　　2号支架

10.800　　2号支架
⑨

7.000　　2号支架

3.500　　2号支架

1号支架
±0.000(22.450)
-0.650

烟囱与室内烟道焊接连接
防爆门DN400
-2.931
DN500不锈钢波纹管

烟道放水DN25
接至排水沟

-6.000

780

5400　　　5650　　　6750

Ⓚ　　Ⓗ　　Ⓖ　　Ⓕ

烟囱安装图

φ500
-0.050
烟道

1号支架安装图

吊架安装说明:
1. 吊架零部件及焊接要求见《烟风煤粉管道支吊架设计手册》
2. 本支架共制作1套.

φ500
角钢 L80
180
20
槽钢 [20
槽钢 [10
45°
槽钢 [10

槽钢 [20
10
510
20
槽钢 [20
角钢 L80

2号支架安装图　吊架安装说明:
1. 焊缝高度以被焊件最小厚度为准.
2. 本支架共制作8套.

工程名称	秦皇岛市妇幼保健院燃气锅炉房及燃气管道工程		第1页 共1页	专业	热力
图号	3508-01[01]R-8	燃气锅炉房 烟囱系统图		阶段	施工图
				比例	
				日期	2015.06
				修改	R00
审定		中冶京诚(秦皇岛)工程技术有限公司			
审核					
校核					
设计					
制图					

347

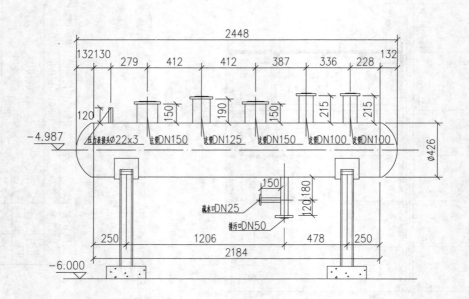

说明:

1. 分汽缸的安装位置见图3508-01[01]R-6。

2. 分汽缸蒸汽介质为0.6MPa饱和蒸汽，设计压力1.6MPa。

3. 分汽缸支架按国家标准图集05K232-22制作。

4. 分汽缸安装时注意接管位置，对照图3508-01[01]R-6中管道安装。

5. 分汽缸根据此图由压力容器制造厂家设计制造。

工程名称		秦皇岛市妇幼保健院燃气锅炉房及燃气管道工程			
图号		3508-01[01]R-9		第1页	共1页
审定		燃气锅炉房 分汽缸接管及安装图		专业	热力
审核				阶段	施工图
校核				比例	
设计		中冶京诚(秦皇岛)工程技术有限公司		日期	2015.06
制图				修改	R00

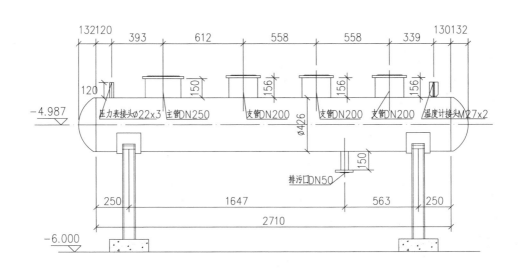

说明:

1. 分、集水缸的安装位置见图3508-01[01]R-6.

2. 分、集水缸热水介质温度为85/60°C,设计压力1.6MPa.

3. 分、集水缸支架按国家标准图集05K232-22制作.

4. 分、集水缸安装时注意接管位置,对照图3508-01[01]R-6中管道安装.

5. 分、集水缸根据此图由压力容器制造厂家设计制造.

工程名称	秦皇岛市妇幼保健院燃气锅炉房及燃气管道工程			
图号	3508-01[01]R-10		第1页	共1页
审定		燃气锅炉房 分、集水缸接管及安装图	专业	热力
审核			阶段	施工图
校核			比例	
设计		中冶京诚(秦皇岛)工程技术有限公司	日期	2015.06
制图			修改	R00

附录 A 专业技术标准规范
（暖通空调·动力）目录①

《房屋建筑制图统一标准》GB/T 50001—2010

《建筑设计防火规范》GB 50016—2014

《工业建筑供暖通风与空气调节设计规范》GB 50019—2015

《压缩空气站设计规范》GB 50029—2014

《氧气站设计规范》GB 50030—2013

《乙炔站设计规范》GB 50031—91

《室外给水排水和燃气热力工程抗震设计规范》GB 50032—2003

《人民防空地下室设计规范（限内部发行)》GB 50038—2005

《锅炉房设计规范》GB 50041—2008

《小型火力发电厂设计规范》GB 50049—2011

《烟囱设计规范》GB 50051—2013

《汽车库、修车库、停车场设计防火规范》GB 50067—2014

《小型水力发电站设计规范》GB 50071—2014

《冷库设计规范》GB 50072—2010

《洁净厂房设计规范》GB 50073—2013

《石油库设计规范》GB 50074—2014

《工业企业噪声控制设计规范》GB/T 50087—2013

《住宅设计规范》GB 50096—2011

《中小学校设计规范》GB 50099—2011

《工业循环水冷却设计规范》GB/T 50102—2014

《暖通空调制图标准》GB/T 50114—2010

《工业电视系统工程设计规范》GB 50115—2009

《火灾自动报警系统设计规范》GB 50116—2013

《民用建筑隔声设计规范》GB 50118—2010

《工业设备及管道绝热工程施工规范》GB 50126—2008

《人民防空工程施工及验收规范》GB 50134—2004

《供暖通风与空气调节术语标准》GB/T 50155—2015

《汽车加油加气站设计与施工规范》GB 50156—2012

《地铁设计规范》GB 50157—2013

《石油化工企业设计防火规范》GB 50160—2008

---

① 本附录所列规范日期截至 2016 年 10 月 31 日。

《烟花爆竹工程设计安全规范》GB 50161—2009

《火灾自动报警系统施工及验收规范》GB 50166—2007

《电子信息系统机房设计规范》GB 50174—2008

《民用建筑热工设计规范》GB 50176—93

《氢气站设计规范》GB 50177—2005

《建筑气候区划标准》GB 50178—93

《石油天然气工程设计防火规范》GB 50183—2015

《工业金属管道工程施工质量验收规范》GB 50184—2011

《工业设备及管道绝热工程施工质量验收规范》GB 50185—2010

《工业企业总平面设计规范》GB 50187—2012

《公共建筑节能设计标准》GB 50189—2015

《发生炉煤气站设计规范》GB 50195—2013

《城市道路交通规划设计规范》GB 50220—95

《建筑内部装修设计防火规范》GB 50222—95（2001 年版）

《人民防空工程设计规范》GB 50225—2005

《铁路旅客车站建筑设计规范》GB 50226—2007（2011 年版）

《火力发电厂与变电站设计防火规范》GB 50229—2006

《机械设备安装工程施工及验收通用规范》GB 50231—2009

《工业金属管道工程施工规范》GB 50235—2010

《现场设备、工业管道焊接工程施工规范》GB 50236—2011

《建筑给水排水及采暖工程施工质量验收规范》GB 50242—2002

《通风与空调工程施工质量验收规范》GB 50243—2002

《输气管道工程设计规范》GB 50251—2015

《工业安装工程施工质量验收统一标准》GB 50252—2010

《输油管道工程设计规范》GB 50253—2014

《工业设备及管道绝热工程设计规范》GB 50264—2013

《泵站设计规范》GB 50265—2010

《锅炉安装工程施工及验收规范》GB 50273—2009

《制冷设备、空气分离设备安装工程施工及验收规范》GB 50274—2010

《风机、压缩机、泵安装工程施工及验收规范》GB 50275—2010

《飞机库设计防火规范》GB 50284—2008

《城市工程管线综合规划规范》GB 50289—98

《水泥工厂设计规范》GB 50295—2008

《地下铁道工程施工及验收规范》GB 50299—1999

《建筑工程施工质量验收统一标准》GB 50300—2013

《工业金属管道设计规范》GB 50316—2000（2008 年版）

《猪屠宰与分割车间设计规范》GB 50317—2009

《建设工程监理规范》GB/T 50319—2013

《粮食平房仓设计规范》GB 50320—2014

《粮食钢板筒仓设计规范》GB 50322—2011

《民用建筑工程室内环境污染控制规范》GB 50325—2010（2013 年版）

《医院洁净手术部建筑技术规范》GB 50333—2013

《城市环境卫生设施规划规范》GB 50337—2003

《智能建筑工程质量验收规范》GB 50339—2013

《老年人居住建筑设计标准》GB/T 50340—2003

《生物安全实验室建筑技术规范》GB 50346—2011

《民用建筑设计通则》GB 50352—2005

《建筑内部装修防火施工及验收规范》GB 50354—2005

《剧场、电影院和多用途厅堂建筑声学设计规范》GB/T 50356—2005

《民用建筑太阳能热水系统应用技术规范》GB 50364—2005

《空调通风系统运行管理规范》GB 50365—2005

《地源热泵系统工程技术规范》GB 50366—2005（2009 年版）

《住宅建筑规范》GB 50368—2005

《气体灭火系统设计规范》GB 50370—2005

《建筑工程施工质量评价标准》GB/T 50375—2006

《橡胶工厂节能设计规范》GB 50376—2015

《绿色建筑评价标准》GB/T 50378—2014

《机械通风冷却塔工艺设计规范》GB/T 50392—2006

《煤炭工业小型矿井设计规范》GB 50399—2006

《钢铁工业资源综合利用设计规范》GB 50405—2007

《钢铁工业环境保护设计规范》GB 50406—2007

《建筑节能工程施工质量验收规范》GB 50411—2007

《钢铁冶金企业设计防火规范》GB 50414—2007

《煤矿井下热害防治设计规范》GB 50418—2007

《纺织工业企业环境保护设计规范》GB 50425—2008

《印染工厂设计规范》GB 50426—2007

《平板玻璃工厂设计规范》GB 50435—2007

《炼钢工程设计规范》GB 50439—2015

《石油化工设计能耗计算标准》GB/T 50441—2007

《水泥工厂节能设计规范》GB 50443—2007

《实验动物设施建筑技术规范》GB 50447—2008

《煤矿主要通风机站设计规范》GB 50450—2008

《医药工业洁净厂房设计规范》GB 50457—2008

《煤炭工业供热通风与空气调节设计规范》GB/T 50466—2008

《橡胶工厂环境保护设计规范》GB 50469—2008

《电子工业洁净厂房设计规范》GB 50472—2008

《纺织工业企业职业安全卫生设计规范》GB 50477—2009

《棉纺织工厂设计规范》GB 50481—2009

《铝加工厂工艺设计规范》GB 50482—2009

《腈纶工厂设计规范》GB 50488—2009

《聚酯工厂设计规范》GB 50492—2009

《城镇燃气技术规范》GB 50494—2009

《太阳能供热采暖工程技术规范》GB 50495—2009

《麻纺织工厂设计规范》GB 50499—2009

《民用建筑设计术语标准》GB/T 50504—2009

《涤纶工厂设计规范》GB 50508—2010

《非织造布工厂设计规范》GB 50514—2009

《加氢站技术规范》GB 50516—2010

《石油化工金属管道工程施工质量验收规范》GB 50517—2010

《矿井通风安全装备标准》GB/T 50518—2010

《核工业铀矿冶工程设计规范》GB 50521—2009

《电子工业职业安全卫生设计规范》GB 50523—2010

《平板玻璃工厂节能设计规范》GB 50527—2009

《烧结砖瓦工厂节能设计规范》GB 50528—2009

《维纶工厂设计规范》GB 50529—2009

《煤矿井底车场设计规范》GB 50535—2009

《煤矿综采采区设计规范》GB 50536—2009

《埋地钢质管道防腐保温层技术标准》GB/T 50538—2010

《石油化工厂区管线综合技术规范》GB 50542—2009

《建筑卫生陶瓷工厂节能设计规范》GB 50543—2009

《水泥工厂环境保护设计规范》GB 50558—2010

《玻璃工厂环境保护设计规范》GB 50559—2010

《建筑卫生陶瓷工厂设计规范》GB 50560—2010

《纺织工程设计防火规范》GB 50565—2010

《钢铁企业热力设施设计规范》GB 50569—2010

《水泥工厂职业安全卫生设计规范》GB 50577—2010

《航空工业理化测试中心设计规范》GB 50579—2010

《水泥工厂余热发电设计规范》GB 50588—2010

《洁净室施工及验收规范》GB 50591—2010

《有色金属矿山节能设计规范》GB 50595—2010

《粘胶纤维工厂设计规范》GB 50620—2010

《城镇供热系统评价标准》GB/T 50627—2010

《有色金属工程设计防火规范》GB 50630—2010

《钢铁企业节能设计规范》GB 50632—2010

《锦纶工厂设计规范》GB 50639—2010

《建筑工程绿色施工评价标准》GB/T 50640—2010

《橡胶工厂职业安全与卫生设计规范》GB 50643—2010

《石油化工绝热工程施工质量验收规范》GB 50645—2011

《水利水电工程节能设计规范》GB/T 50649—2011

《化工厂蒸汽系统设计规范》GB/T 50655—2011

《大中型火力发电厂设计规范》GB 50660—2011

《节能建筑评价标准》GB/T 50668—2011

《飞机喷漆机库设计规范》GB 50671—2011

《空分制氧设备安装工程施工与质量验收规范》GB 50677—2011

《城镇燃气工程基本术语标准》GB/T 50680—2012

《机械工业厂房建筑设计规范》GB 50681—2011

《现场设备、工业管道焊接工程施工质量验收规范》GB 50683—2011

《传染病医院建筑施工及验收规范》GB 50686—2011

《食品工业洁净用房建筑技术规范》GB 50687—2011

《酒厂设计防火规范》GB 50694—2011

《涤纶、锦纶、丙纶设备工程安装与质量验收规范》GB 50695—2011

《烧结砖瓦工厂设计规范》GB 50701—2011

《硅太阳能电池工厂设计规范》GB 50704—2011

《服装工厂设计规范》GB 50705—2012

《水利水电工程劳动安全与工业卫生设计规范》GB 50706—2011

《电子工程节能设计规范》GB 50710—2011

《电磁屏蔽室工程技术规范》GB/T 50719—2011

《建设工程施工现场消防安全技术规范》GB 50720—2011

《工业设备及管道防腐蚀工程施工规范》GB 50726—2011

《工业设备及管道防腐蚀工程施工质量验收规范》GB 50727—2011

《民用建筑供暖通风与空气调节设计规范》GB 50736—2012

《石油储备库设计规范》GB 50737—2011

《通风与空调工程施工规范》GB 50738—2011

《核电厂常规岛设计防火规范》GB 50745—2012

《医用气体工程技术规范》GB 50751—2012

《有色金属冶炼厂收尘设计规范》GB 50753—2012

《有色金属加工厂节能设计规范》GB 50758—2012

《秸秆发电厂设计规范》GB 50762—2012

《无障碍设计规范》GB 50763—2012

《电厂动力管道设计规范》GB 50764—2012

《火炸药工程设计能耗指标标准》GB 50767—2013

《民用建筑太阳能空调工程技术规范》GB 50787—2012

《地热电站设计规范》GB 50791—2013

《光伏发电站设计规范》GB 50797—2012

《可再生能源建筑应用工程评价标准》GB/T 50801—2013

《硅集成电路芯片工厂设计规范》GB 50809—2012

《燃气系统运行安全评价标准》GB/T 50811—2012

《化工厂蒸汽凝结水系统设计规范》GB/T 50812—2013

《电子工程环境保护设计规范》GB 50814—2013

《煤炭工业环境保护设计规范》GB 50821—2012

《中密度纤维板工程设计规范》GB 50822—2012

《农村居住建筑节能设计标准》GB/T 50824—2013

《电磁波暗室工程技术规范》GB 50826—2012

《刨花板工程设计规范》GB 50827—2012

《城市综合管廊工程技术规范》GB 50838—2015

《传染病医院建筑设计规范》GB 50849—2014

《养老设施建筑设计规范》GB 50867—2013

《水电工程设计防火规范》GB 50872—2014

《绿色工业建筑评价标准》GB/T 50878—2013

《疾病预防控制中心建筑技术规范》GB 50881—2013

《人造板工程环境保护设计规范》GB/T 50887—2013

《人造板工程节能设计规范》GB 50888—2013

《人造板工程职业安全卫生设计规范》GB 50889—2013

《饰面人造板工程设计规范》GB 50890—2013

《供热系统节能改造技术规范》GB/T 50893—2013

《机械工业环境保护设计规范》GB 50894—2013

《装饰石材工厂设计规范》GB 50897—2013

《建筑工程绿色施工规范》GB/T 50905—2014

《绿色办公建筑评价标准》GB/T 50908—2013

《机械工业工程节能设计规范》GB 50910—2013

《有色金属冶炼厂节能设计规范》GB 50919—2013

《丝绸工厂设计规范》GB 50926—2013

《氨纶工厂设计规范》GB 50929—2013

《冷轧带钢工厂设计规范》GB 50930—2013

《急救中心建筑设计规范》GB/T 50939—2013

《光纤厂工程技术规范》GB 50945—2013

《化纤工厂验收规范》GB 50956—2013

《生物液体燃料工厂设计规范》GB 50957—2013

《核电厂常规岛设计规范》GB/T 50958—2013

《电动汽车充电站设计规范》GB 50966—2014

《循环流化床锅炉施工及质量验收规范》GB 50972—2014

《电力调度通信中心工程设计规范》GB/T 50980—2014

《建筑机电工程抗震设计规范》GB 50981—2014

《有色金属工业环境保护工程设计规范》GB 50988—2014

《加气混凝土工厂设计规范》GB 50990—2014

《冷轧电工钢工程设计规范》GB/T 50997—2014

《乳制品厂设计规范》GB 50998—2014

《水泥工厂余热发电工程施工与质量验收规范》GB 51005—2014

《火炸药生产厂房设计规范》GB 51009—2014

《铝电解厂通风除尘与烟气净化设计规范》GB 51020—2014

《多晶硅工厂设计规范》GB 51034—2014

《综合医院建筑设计规范》GB 51039—2014

《国家森林公园设计规范》GB/T 51046—2014

《毛纺织工厂设计规范》GB 51052—2014

《煤炭工业矿井节能设计规范》GB 51053—2014

《城市消防站设计规范》GB 51054—2014

《精神专科医院建筑设计规范》GB 51058—2014

《中药药品生产厂工程技术规范》GB 51069—2014

《医药工业仓储工程设计规范》GB 51073—2014

《城市供热规划规范》GB/T 51074—2015

《电动汽车电池更换站设计规范》GB/T 51077—2015

《试听室工程技术规范》GB/T 51091—2015

《制浆造纸厂设计规范》GB 51092—2015

《风力发电场设计规范》GB 51096—2015

《城镇燃气规划规范》GB/T 51098—2015

《绿色商店建筑评价标准》GB/T 51100—2015

《火力发电厂节能设计规范》GB/T 51106—2015

《纤维增强硅酸钙板工厂设计规范》GB 51107—2015

《洁净厂房施工及质量验收规范》GB 51110—2015

《针织工厂设计规范》GB 51112—2015

《光伏压延玻璃工厂设计规范》GB 51113—2015

《固相缩聚工厂设计规范》GB 51115—2015

《风力发电工程施工与验收规范》GB/T 51121—2015

《集成电路封装测试厂设计规范》GB 51122—201

《马铃薯贮藏设施设计规范》GB/T 51124—2015

《印刷电路板工厂设计规范》GB 51127—2015

《工业化建筑评价标准》GB/T 51129—2015

《工业有色金属管道工程施工及质量验收规范》GB/T 51132—2015

《医药工业环境保护设计规范》GB 51133—2015

《转炉煤气净化及回收工程技术规范》GB 51135—2015

《纤维素纤维用浆粕工厂设计规范》GB 51139—2015

《建筑节能基本术语标准》GB/T 51140—2015

《既有建筑绿色改造评价标准》GB/T 51141—2015

《液化石油气供应工程设计规范》GB 51142—2015

《城镇防灾避难场所设计规范》GB 51143—2015

《绿色医院建筑评价标准》GB/T 51153—2015

《液化天然气接收站工程设计规范》GB 51156—2015

《色织和牛仔布工厂设计规范》GB 51159—2016

《纤维增强塑料设备和管道工程技术规范》GB 51160—2016

《绿色饭店建筑评价标准》GB/T 51165—2016

《人民防空工程施工及验收规范》GB 50134—2004

《档案馆建筑设计规范》JGJ 25—2010

《严寒和寒冷地区居住建筑节能设计标准》JGJ 26—2010

《体育建筑设计规范》JGJ 31—2003

《建筑气象参数标准》JGJ 35—87

《宿舍建筑设计规范》JGJ 36—2005

《图书馆建筑设计规范》JGJ 38—2015

《托儿所、幼儿园建筑设计规范》JGJ 39—87

《疗养院建筑设计规范》JGJ 40—87

《文化馆建筑设计规范》JGJ/T 41—2014

《商店建筑设计规范》JGJ 48—2014

《剧场建筑设计规范》JGJ 57—2000

《电影院建筑设计规范》JGJ 58—2008

《交通客运站建筑设计规范》JGJ/T 60—2012

《旅馆建筑设计规范》JGJ 62—2014

《饮食建筑设计规范》JGJ 64—89

《博物馆建筑设计规范》JGJ 66—2015

《办公建筑设计规范》JGJ 67—2006

《夏热冬暖地区居住建筑节能设计标准》JGJ 75—2012

《特殊教育学校建筑设计规范》JGJ 76—2003

《科学实验建筑设计规范》JGJ 91—83

《车库建筑设计规范》JGJ 100—2015

《老年人建筑设计规范》JGJ 122—99

《殡仪馆建筑设计规范》JGJ 124—99

《看守所建筑设计规范（内部发行）》JGJ 127—2000

《既有居住建筑节能改造技术规程》JGJ/T 129—2012

《居住建筑节能检测标准》JGJ/T 132—2009

《夏热冬冷地区居住建筑节能设计标准》JGJ 134—2010

《通风管道技术规程》JGJ 141—2004

《辐射供暖供冷技术规程》JGJ 142—2012

《民用建筑能耗数据采集标准》JGJ 154—2007

《镇（乡）村文化中心建筑设计规范》JGJ 156—2008

《蓄冷空调工程技术规程》JGJ 158—2008

《供热计量技术规程》JGJ 173—2009

《多联机空调系统工程技术规程》JGJ 174—2010

《公共建筑节能改造技术规范》JGJ 176—2009

《公共建筑节能检测标准》JGJ/T 177—2009

《民用建筑太阳能光伏系统应用技术规范》JGJ 203—2010

《展览建筑设计规范》JGJ 218—2010

《民用建筑绿色设计规范》JGJ/T 229—2010

《冰雪景观建筑技术规程》JGJ 247—2011

《采暖通风与空气调节工程检测技术规程》JGJ/T 260—2011

《被动式太阳能建筑技术规范》JGJ/T 267—2012

《中小学校体育设施技术规程》JGJ/T 280—2012

《公共建筑能耗远程监测系统技术规程》JGJ/T 285—2014

《城市居住区热环境设计标准》JGJ 286—2013

《建筑通风效果测试与评价标准》JGJ/T 309—2013

《低温辐射电热膜供暖系统应用技术规程》JGJ 319—2013

《蒸发冷却制冷系统工程技术规程》JGJ 342—2014

《变风量空调系统工程技术规程》JGJ 343—2014

《建筑节能气象参数标准》JGJ/T 346—2014

《建筑热环境测试方法标准》JGJ/T 347—2014

《围护结构传热系数现场检测技术规程》JGJ/T 357—2015

《家用燃气燃烧器具安装及验收规程》CJJ 12—2013

《城市公共厕所设计标准》CJJ 14—2005

《城市道路公共交通站、场、厂工程设计规范》CJJ/T 15—2011

《城镇供热管网工程施工及验收规范》CJJ 28—2014

《城镇燃气输配工程施工及验收规范》CJJ 33—2005

《城镇供热管网设计规范》CJJ 34—2010

《公园设计规范》CJJ 48—92

《城镇燃气设施运行、维护和抢修安全技术规程》CJJ 51—2006

《供热术语标准》CJJ/T 55—2011

《聚乙烯燃气管道工程技术规程》CJJ 63—2008

《粪便处理厂设计规范》CJJ 64—2009

《供热工程制图标准》CJJ/T 78—2010

《城镇供热直埋热水管道技术规程》CJJ/T 81—2013

《城镇供热系统运行维护技术规程》CJJ 88—2014

《城镇燃气室内工程施工与质量验收规范》CJJ 94—2009

《城镇燃气埋地钢质管道腐蚀控制技术规程》CJJ 95—2013

《城镇供热直埋蒸汽管道技术规程》CJJ/T 104—2014

《城镇供热管网结构设计规》CJJ 105—2005

《燃气工程制图标准》CJJ/T 130—2009

《城镇地热供热工程技术规程》CJJ 138—2010

《燃气冷热电三联供工程技术规程》CJJ 145—2010

《城镇燃气报警控制系统技术规程》CJJ/T 146—2011

《城镇燃气加臭技术规程》CJJ/T 148—2010

《城镇燃气标志标准》CJJ/T 153—2010

《城镇供热系统节能技术规范》CJJ/T 185—2012

《城镇供热系统抢修技术规程》CJJ 203—2013

《城镇燃气管网泄漏检测技术规程》CJJ/T 215—2014

《燃气热泵空调系统工程技术规程》CJJ/T 216—2014

《城镇供热系统标志标准》CJJ/T 220—2014

《供热计量系统运行技术规程》CJJ/T 223—2014

附录 B 国家建筑标准设计图集
（暖通空调·动力）目录

05K210：采暖空调循环水系统定压

05K232：分（集）水器 分汽缸

06K301-1：空气-空气能量回收装置选用与安装（新风换气机部分）

06K301-2：空调系统热回收装置选用与安装

94K302：卫生间通风器安装

94K303：分体式空调器安装

07K304：空调机房设计与安装

16K310：空调系统用加湿装置选用与安装

13K312：空气幕选用与安装

K402-1～2：散热器系统安装（2002 合订本）

（包含 02K402-1：集气罐制作及安装、02K402-2：散热器及管道安装图）

01K403、01（03）K403：风机盘管安装（含 2003 年局部修改版）

12K404：地面辐射供暖系统施工安装

05K405：新型散热器选用与安装

11K406：暖（冷）风机选用与安装

12SK407：辐射供冷末端施工安装

03K501-1：燃气红外线辐射供暖系统设计选用及施工安装

04K502：热水集中采暖分户热计量系统施工安装

06K503：太阳能集热系统设计与安装

06K504：水环热泵空调系统设计与安装

07K505：洁净手术部和医用气体设计与安装

07K506：多联式空调机系统设计与施工安装

K507-1～2　R418-1～2：管道与设备绝热（2008 年合订本）

（包含 08K507-1 08R418-1：管道与设备绝热－保温、08K507-2 08R418-2：管道与设备绝热－保冷）

08K508-1：通风管道沿程阻力计算选用表

10K509 10R504：暖通动力施工安装图集（一）（水系统）

13K511：分布式冷热输配系统用户装置设计与安装

12K512、12R116：污水泵热泵系统设计与安装

15K515：蒸发冷却通风空调系统设计与安装

15K519：暖通空调设计常用数据

09K601：民用建筑工程暖通空调及动力施工图设计深度图样

09K602：民用建筑工程暖通空调及动力初步设计深度图样

06K610：冰蓄冷系统设计与施工图集

16K702：水泵安装

13K704：供暖空调水处理设备选用与安装

99R101：燃煤锅炉房工程设计施工图集

03R102：蓄热式电锅炉房工程设计施工图集

05R103：热交换站工程设计施工图集

14R106：民用建筑内燃气锅炉房工程设计

02R110：燃气（油）锅炉房工程设计施工图集

R111、R112：油罐（2006 年合订本）

（包含 06R111：小型立、卧式油罐图集、06R112：拱顶油罐图集）

06R115：地源热泵冷热源机房设计与施工

12R116、12K512：污水泵热泵系统设计与安装

06R201：直燃型溴化锂吸收式制冷（热）水机房设计与安装

07R202：空调用电制冷机房设计与施工

08R301：气体站工程设计与施工

98R401-1：常压密闭水箱

03R401-2：开式水箱

05R401-3：常压蓄热水箱（蓄热式水箱选用与安装）

03R402：除污器

06R403：锅炉房风烟道及附件

94R404：热力管道焊制管件设计选用图

01R405：压力表安装图 _

01R406：温度仪表安装图

05R407：蒸汽凝结水回收及疏水装置的选用与安装

07R408：蒸汽管道附件

01R409：管道穿墙、屋面防水套管

05R410：热水管道直埋敷设

03R411-1：室外热力管道安装（地沟敷设）

03R411-2：室外热力管道地沟

97R412：室外热力管道支座

01（03）R413：室外热力管道安装（架空敷设）（2003 年局部修改版）

01（03）R414：室外热力管道安装（架空支架）（2003 年局部修改版）

01R415：室内动力管道装置安装（热力管道）

01R416：室内动力管道装置安装（乙炔氧气管道）

05R417-1：室内管道支吊架

R418-1～2　K507-1～2：管道与设备绝热（2008 年合订本）

（包含 08R418-1 08K507-1：管道与设备绝热－保温、08R418-2 08K507-2：管道与设备绝热－保冷）

08R419：混凝土模块砌体热力管道地沟

03R420：流量仪表管路安装图

03R421：物（液）位仪表安装图

12R422：混凝土模块砌体燃气阀室及管沟

05R501：建筑公用设备专业常用压力管道设计

05R502：燃气工程设计施工

13R503：动力专业设计常用数据

R4（一）：动力专业标准图集　水箱制作及管道附件安装（2007 年合订本）

R4（二）：动力专业标准图集　室内热力管道安装（2006 年合订本）

R4（三）：动力专业标准图集　室外热力管道安装（2007 年合订本）

R4（四）：动力专业标准图集　蒸汽系统附件（2009 年合订本）

09CK134：机制玻镁复合板风管制作与安装（国家建筑标准设计参考图）

03SR113：中央液态冷热源环境系统设计施工图集

03SR417-2：装配式管道吊挂支架安装图

13SR425：室外热力管道检查井

03S402：室内管道支架及吊架

FK01～02：防空地下室通风设计（2007 年合订本）

（包含 07FK01：防空地下室通风设计示例 、07FK02：防空地下室通风设备安装）

05SFK10：《人民防空地下室设计规范》图示——通风专业

08FJ04：防空地下室固定柴油电站

07FJ05：防空地下室移动柴油电站

08FJ06：防空地下室施工图设计深度要求及图样

05SK510：小城镇住宅采暖通风设备选用与安装

05SK603：民用建筑工程设计互提资料深度及图样—暖通空调专业

05SK604 民用建筑工程设计常见问题分析及图示—暖通空调及动力专业

05SK605：暖通空调实践教学及见习工程师图册

06SS127：热泵热水系统选用与安装

2009JSCS-4：全国民用建筑工程设计技术措施—暖通空调·动力

2007JSCS-KR：全国民用建筑工程设计技术措施 节能专篇—暖通空调·动力

2009JSCS-6：全国民用建筑工程设计技术措施-防空地下室

参 考 文 献

[1] 陆耀庆主编. 实用供热空调设计手册（第2版）. 北京：中国建筑工业出版社，2008

[2] 电子工业部第十设计研究院主编. 空气调节设计手册（第2版）. 北京：中国建筑工业出版社，1995

[3] 赵荣义主编. 简明空调设计手册. 北京：中国建筑工业出版社，2003

[4] 李竹光主编. 暖通空调规范实施手册. 北京：中国建筑工业出版社，2006

[5] 北京市建筑设计研究院. 建筑设备专业技术措施. 北京：中国建筑工业出版社，2006

[6] F. C. 麦奎斯顿等编著. 俞炳丰主译. 供暖、通风及空气调节-分析与设计（原著第六版）. 北京：化学工业出版社，2005

[7] GB 50736—2012. 民用建筑供暖通风与空气调节设计规范. 北京：中国建筑工业出版社，2012

[8] GB 50016—2014. 建筑设计防火规范. 北京：中国计划出版社，2014

[9] GB 50067—2014. 汽车库、修车库、停车场设计防火规范. 北京：中国计划出版社，2014

[10] GB 50038—2005. 人民防空地下室设计规范. 2005

[11] GB 50098—2009. 人民防空工程设计防火规范. 北京：中国计划出版社，2009

[12] JGJ 26—2010. 严寒和寒冷地区居住建筑节能设计标准. 北京：中国建筑工业出版社，2010

[13] GB 50189—2015. 公共建筑节能设计标准. 北京：中国建筑工业出版社，2015

[14] CJJ 34—2010. 城镇供热管网设计规范. 北京：中国建筑工业出版社，2010

[15] GB/T 50114—2010. 暖通空调制图标准. 北京：中国建筑工业出版社，2010

[16] GB 50242—2002. 建筑给水排水及采暖工程施工质量验收规范. 北京：中国建筑工业出版社，2002

[17] GB 50243—2002. 通风与空调工程施工质量验收规范. 北京：中国计划出版社，2002

[18] JGJ 142—2012. 辐射供暖供冷技术规程. 北京：中国建筑工业出版社，2012

[19] JGJ 174—2010. 多联机空调系统工程技术规程. 北京：中国建筑工业出版社，2010

[20] 建设部工程质量安全监督与行业发展司等. 全国民用建筑工程设计技术措施—暖通空调·动力. 北京：中国计划出版社，2009

[21] 建设部工程质量安全监督与行业发展司等. 全国民用建筑工程设计技术措施—节能专篇暖通空调·动力. 北京：中国计划出版社，2007

[22] 建设部工程质量安全监督与行业发展司等. 全国民用建筑工程设计技术措施—防空地下室. 北京：中国计划出版社，2009

[23] 住房和城乡建设部. 建筑工程设计文件编制深度规定（2016年版），2016

后　记

　　自拙著《民用建筑暖通空调施工图设计实用读本》出版之日起，很多同行在网络上给予了热情的评价——"热情的评价"不一定是高度评价，因为编者深知，那本书还没有达到那样的水平，可以赢得同行的"高度评价"；但可以肯定地说，同行们的评价是中肯的、发自肺腑的。有的同行说："每节内容都引用实际案例，读书就像真的在做设计，在实践，增长经验，获益良多。不像一般教科书，只是把知识罗列出来"；有的同行说："而且是里面实际工程经验的总结，和千篇一律的书相比，是非常少有的"；更有的同行说："书籍相当不错，现在的人都忙着赚钱，没几个好心人有时间写书给你看"。"话糙理不糙"，这些评价表达了广大同行对编者的首肯和厚爱。编者当初奢望的目标是"人生大考，祈望及格"，看到这些评价，编者可以长长地舒一口气了。后来有同行建议编者组织一本有关暖通空调施工图设计实际操作的资料，在同行的鼓励下，编者边上班、边组稿，经过一年多的努力，完成了现在奉献给同行们的《暖通空调施工图设计实务》一书。

　　拙著《民用建筑暖通空调施工图设计实用读本》贯穿了专业理论基础的主线，用相对较多的篇幅帮助读者复习专业理论基础知识，结合案例探讨专业理论基础知识的应用，而施工图设计文件编制的篇幅就比较少。本书则以施工图设计文件编制和施工图绘制细节为主，帮助广大设计人员弥补因工作忙碌而没有时间思考这些细节的缺憾。可以认为两本书互为姊妹篇，彼此可以互补。

　　编者对本书上篇施工图绘制细节中的70个举例作了必要的介绍，以期给读者以深切的体会。中篇的近200个案例绝大部分是编者审查项目的真实案例，编者尽其所能对每个案例作了分析，希望对读者的设计有所帮助。下篇的5个设计实例绝大部分也是编者审查的真实项目，在常规的暖通空调设计范围内似具有一定的代表性，编者也尝试作了特点分析，可供设计人员参考。

　　编者需要特别申明的是，这两本书既不是教科书，也不是设计手册，只是编者从业多年的心得和体会，没有检索和查询的功能，希望不要误导读者。和许多经典的著作相比，本书只是暖通空调专业文献浩瀚海洋中的一朵浪花，祈望对同行们的成长进步尽绵薄之力。如果本书的面世能有益于广大的设计工作者、有益于专业的进步，便是对编者最大的慰藉。

　　谨向本书的责任编辑、出版社工作人员及参考文献的提供者表示诚挚地感谢。

　　李海华高工做了大量辅助工作，付出了辛勤的劳动，谨此致谢。

　　由于编者学识有限，难免存在错误和不足之处，诚望广大读者斧正。

邬守春

2016年11月28日羁旅石家庄